高职高专机电专业"互联网+"创新规划教材

机械设计基础

主　编　王雪艳

副主编　李金亮　杨莉莉

北京大学出版社

PEKING UNIVERSITY PRESS

内 容 简 介

　　本书是根据高等职业教育课程综合化的教学需求编写而成的项目化教材,可用于线上线下混合教学。教学内容涉及工程力学、机械工程材料和机械设计 3 大模块,8 个项目,每一个项目都有若干个任务来驱动,以成果为导向,学、用、练、评相结合。使读者在完成任务的过程中学习知识、应用知识,不仅可以激发其求知欲和探索欲,而且可以培养其职业能力和创新思维,适应当前学生的认知规律及学习特点。

　　本书可作为高等职业院校机械制造装备类各专业的"教、学、做"一体化通用教材,也可供职工大学、业余大学、函授大学、中等职业学校的师生及有关工程技术人员、企业管理人员选用或参考。

图书在版编目(CIP)数据

机械设计基础/王雪艳主编. —北京:北京大学出版社,2017.7
(高职高专机电专业"互联网+"创新规划教材)
ISBN 978-7-301-28308-0

Ⅰ. ①机…　Ⅱ. ①王…　Ⅲ. ①机械设计—高等职业教育—教材　Ⅳ. ①TH122

中国版本图书馆 CIP 数据核字(2017)第 112973 号

书　　　　名	机械设计基础
	Jixie Shiji Jichu
著作责任者	王雪艳　主编
策 划 编 辑	刘晓东
责 任 编 辑	黄红珍
数 字 编 辑	刘志秀　刘 蓉
标 准 书 号	ISBN 978-7-301-28308-0
出 版 发 行	北京大学出版社
地　　　　址	北京市海淀区成府路 205 号　100871
网　　　　址	http://www.pup.cn　新浪微博:@北京大学出版社
电 子 邮 箱	编辑部 pup6@pup.cn　总编室 zpup@pup.cn
电　　　　话	邮购部 62752015　发行部 62750672　编辑部 62750667
印 刷 者	北京虎彩文化传播有限公司
经 销 者	新华书店
	787 毫米×1092 毫米　16 开本　26 印张　612 千字
	2017 年 7 月第 1 版　2023 年 1 月修订　2024 年 1 月第 6 次印刷
定　　　　价	62.00 元

前　　言

　　本书是根据国家教育部对职业教育的基本要求，结合高等职业教育机械类专业的人才培养目标和岗位技能要求，并结合近年来高职高专院校课程综合化的教学需求编写的线上线下混合教学配套教材。

　　编者主要根据高职高专"机械设计基础"课程标准，综合选取了理论力学、材料力学、金属工艺学、机械原理与机械零件、公差配合与技术测量等传统课程的部分内容，遵循"必须"、"够用"为度原则，以机械传动装置设计为主线，采用任务驱动模式，打破传统的学科型课程架构，对内容进行了系统性和项目化的重组，与企业合作共同编写形成 3 大模块 8 个项目 13 个任务。每个任务分为任务导入、任务资讯、任务实施、任务评价、实作练习五个部分。另外在整本教材学习结束后，学生或教师能依托和本教材配套的课程设计指导书有针对性地选择集中实训课题，使教材内容更具实用性、先进性、通用性、针对性和典型性。此外，本书还配有二维码，可以通过手机扫描、直接观看相关的动画视频，配有授课电子课件和相关素材，以及课程思政资源。同时，本书在修订时融入了党的二十大报告内容，突出职业素养的培养，全面贯彻党的二十大精神。

　　编写内容主要突出了以下特色：

　　（1）从个人、行业、社会三个层面，文化、情怀、精神、思维四个维度，根据教材内容的不同特点，以拓展思考的形式恰当融入相应的思政主题。

　　（2）工程力学、机械工程材料和机械设计三大模块内容通过机械传动装置设计主线有机融合，又相对独立，可根据学生的专业需要灵活选用。

　　（3）纸质教材+云端资源的呈现方式，适应信息化时代学生学习习惯，符合线上线下混合教学需要。

　　（4）本书有配套的《机械设计基础课程设计指导书》(978-7-301-27778-2)，项目来源于合作企业，依据各设计环节间的依赖关系确定详细的设计步骤，并对每一步骤的设计给出了具体方法，方便学习查阅。

　　本书为校企合作教材，由淄博职业学院王雪艳主编负责全书统稿，李金亮、杨莉莉任副主编。山东莱茵科斯特智能科技有限公司姜瀚协助本书完成新技术新工艺企业案例确定等工作，山东星科智能科技股份有限公司协助本书完成微课视频录制，动画制作等工作。同时编者在编写过程中参考了大量的文献，在此没能全部列出，一并深表感谢！尽管我们在编写过程中做出了很多的努力，但由于编者的水平有限，书中难免有疏忽和不当之处，恳请各位读者多提一些宝贵的意见和建议。

编　者

【资源索引】

目　　录

绪 论

0.1 机械概述

为了满足生活和生产的需要，人类创造并发展了机械。当今世界，品种繁多的机械进入了社会的各个领域，承担着大量人力所不能或不便进行的工作，大大改善了劳动条件，提高了生产率，人们越来越离不开机械了。学习机械知识，掌握一定的机械设计、制造、运用、维护与修理方面的理论、方法和技能是十分必要的。

机械是机器和机构的总称。

0.1.1 机器和机构

机器在人们感性认识中早已形成，如蒸汽机、内燃机、发电机、电梯、机器人及各种机床。

图 0.1 所示为带式输送机示意图，它是由电动机 1、小带轮 2、大带轮 3、主动齿轮 4、从动齿轮 5、联轴器 6、滚筒 7、输送带 8、箱体和支承轴等组成。以电动机为动力，通过带传动、齿轮传动使滚筒转动，从而实现输送带输送物料的功能。

【参考图文】

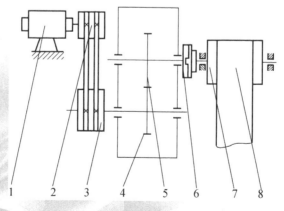

图 0.1　带式输送机示意图

1—电动机；2—小带轮；3—大带轮；4—主动齿轮；5—从动齿轮；6—联轴器；7—滚筒；8—输送带

以上仅为机器实例之一。尽管机器品种繁多，形式多样，用途各异，但都具有如下特征：都是人为的各种实物的组合；组成机器的各种实物间具有确定的相对运动；可代替或减轻人的劳动，完成有用的机械功或转换机械能。凡具备上述三个特征的实物组合体就称为机器。

所谓机构，它也是具有确定相对运动的各种实物的组合，即符合机器的前两个特征。如图 0.1 所示，齿轮 4、5 及箱体等组成齿轮传动机构；滚筒与输送带组成工作机构。机构主要用来传递和变换运动，而机器主要用来传递和变换能量，从结构和运动学的角度分析，机器与机构之间并无区别。

0.1.2 零件与构件

【参考图文】

从制造的角度看，机器是由若干不同零件装配而成的。零件是组成机器的基本要素，即机器的最小制造单元。各种机器经常用到的零件称为通用零件，如螺钉、螺母、轴、齿轮、弹簧等。另一类是专用零件，仅用于某些机器中，常可表征该机器的特点，如汽轮机中的叶片、牛头刨床的滑枕、起重机的吊钩、内燃机中的曲轴、连杆、活塞等。有时为了装配方便，先将一组组协同工作的零件分别装配或制造成一个个相对独立的组合体，然后装配成整机，这种组合体常称为部件(或组件)，如牛头刨床的刀架，车床的主轴箱、尾座、滚动轴承及自行车的脚蹬子等。将机器看成是由零部件组成的，不仅有利于装配，而且有利于机器的设计、运输、安装和维修等。

从运动的角度看，机器是由若干个运动的单元所组成的，这种运动单元称为构件。构件可以是单一的零件，也可以是若干个零件的刚性组合体，如机器中的齿轮、轴和键就组合为一个构件。

0.1.3 机器的组成

根据功能的不同，一部完整的机器由以下几部分组成：

(1) 原动机部分。如图 0.1 所示的电动机，是机器的动力来源。常用的原动机有电动机、内燃机及液压机等。

(2) 工作机部分。处于整个机械传动路线终端，是完成工作任务的部分，如图 0.1 中的滚筒和输送带。

(3) 传动部分。介于原动机与工作机之间，所起作用是把原动机的运动和动力传递给工作机，如图 0.1 中的带传动和齿轮传动。但也有一些机器原动机直接驱动工作机。

较复杂的机器还包括控制部分，如离合器、制动器、变速器等，能够使机器的原动机部分、传动部分和工作机部分按一定的顺序和规律运动，完成给定的工作循环。

0.1.4 机械的类型

机械种类较多，根据用途不同，可分为以下几类：

(1) 动力机械，如电动机、内燃机、发电机、液压机等，主要用来实现机械能与其他形式能量间的转换。

(2) 加工机械，如轧钢机、包装机及各类机床，主要用来改变物料的结构形状、性质及状态。

(3) 运输机械，如汽车、飞机、轮船、输送机等，主要用来改变人或物料的空间位置。

(4) 信息机械，如复印机、传真机、摄像机等，主要用来获取或处理各种信息。

0.2　本课程的性质、内容和任务

本课程是高职院校机械类专业的一门综合性的技术基础课，主要介绍机械中的基本知识、基本方法。通过本课程的学习，可以培养学生的机械系统分析及简单机械传动装置设计的能力，为学习后续专业课程和技术改造奠定必要的基础。

0.2.1　具体内容

(1) 工程力学。介绍构件的受力分析、平衡计算方法及构件的变形分析和强度计算方法。

(2) 机械工程材料。介绍机械工程材料的组织结构、成分和性能，提高及挖掘材料潜能的热处理方法，以及如何合理地选择机械工程材料。

(3) 公差与配合。介绍机械零件精度、互换性、标准化及有关公差与配合的基本知识，学习国家标准的相关内容。

(4) 机械设计。主要讲述机械中常用机构和通用零件的工作原理、运动特性、结构特点和设计方法等。同时，简要地介绍国家标准，标准零部件的选用原则，以及机器设备的使用与维护。

0.2.2　本课程的任务

(1) 能熟练地运用力学平衡条件求解简单力系的平衡问题，掌握零部件的受力分析和强度计算方法。

(2) 了解常用工程材料的种类、牌号、性能、应用和热处理知识，合理选用常用金属材料，正确选定零件的热处理技术条件。

(3) 掌握有关公差标准基本内容和主要规定。能正确理解图样上的常见公差配合，具有初步选用公差与配合的能力。

(4) 熟悉通用零部件和常用机械传动(含机构)的工作原理、特点、应用及其结构和标准，掌握通用零部件和常用机械传动(含机构)的选用和设计方法。

(5) 具有与本课程有关的解题、运算、绘图能力和应用标准、手册、图册等有关技术资料的能力，具备正确分析、使用及维护机械的能力，初步具有设计简单机械传动装置的能力。

项目 1
构件的承载能力分析

【知识目标】

● 力的基本概念及公理
● 力矩和力偶
● 力在坐标轴上的投影
● 约束与约束反力的特点及受力图的画法
● 各种力系的平衡方程及其应用
● 四种基本变形的受力特点、变形特点及内力图的画法
● 四种基本变形的强度条件及其应用
● 组合变形的分析方法
● 交变应力作用下构件的疲劳强度

┌─ 育人小课堂 ─────────┐
│   │
│   力学之美   │
│   │
└──────────────────────┘

【能力目标】

● 会对构件进行受力分析并画受力图
● 具有利用平衡方程求解力系平衡问题的能力
● 掌握拉伸与压缩、剪切与挤压、扭转、弯曲四种基本变形的强度计算方法
● 会进行构件弯扭组合变形的强度计算
● 熟悉工程中提高构件承载能力的方法和措施

【素质目标】

● 引导学生感受力学之美、热爱机械,增强科技自信和民族自豪感。
● 引导学生关注国家重器,增强社会责任感和国家使命感。
● 培养学生精益求精、一丝不苟的规范意识与安全意识。

【参考视频】

　　工程中的机械设备都是由若干构件组成的,如单缸内燃机,包括连杆、齿轮、曲轴等多个构件。这些构件工作时承受载荷作用,这就需要正确运用力学分析的方法,对构件承载能力进行分析,使之充分发挥材料的性能并且工作可靠。

任务 1

构件的静力分析

1.1 任务导入

机器的运行是由于力的作用引起的，构件的受力情况直接影响机器的工作能力。因此，在设计或使用机器时需要对构件进行受力分析。机器平稳工作时，许多构件的运动处于相对静止或匀速运动的状态，即平衡状态。本任务将学习分析构件处于平衡状态时所受各力之间的关系，并能利用平衡方程求解未知力。

减速器输出轴如图 1.1 所示，以 A、B 两轴承支承。轴上直齿圆柱齿轮的分度圆直径 $d=17.3\text{mm}$，压力角 $\alpha=20°$，在法兰盘上作用一力偶，其力偶矩 $M=1030\text{N} \cdot \text{m}$。如不计输出轴自重和摩擦，求输出轴匀速转动时 A、B 两轴承的支反力及齿轮所受的啮合力 F。

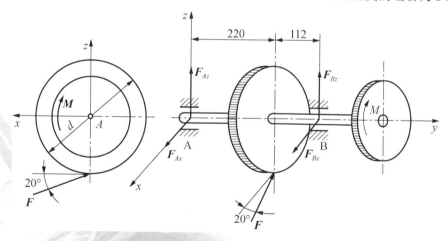

图 1.1 减速器输出轴受力分析

1.2 任 务 资 讯

1.2.1 力的概念及其性质

1. 力的概念

力是物体之间相互的机械作用,这种作用使物体的机械运动状态发生改变,或使物体产生变形。力使物体的运动状态发生改变的效应称为外效应,而使物体发生变形的效应称为内效应。刚体(在力的作用下不变形的物体,是一种为方便研究的科学抽象)只考虑外效应,变形固体还要研究内效应。在外力分析时构件视为刚体,在内力分析时,构件视为变形体。变形分为除去外力后能恢复的弹性变形和不能恢复有残余变形的塑性变形。变形体的变形是指小变形,它比构件本身尺寸要小得多,以致在分析构件所受外力(写出静力平衡方程)时,通常不考虑变形的影响,而仍可以用变形前的尺寸。

力的三要素:①力的大小。在国际单位制中,力的单位是 N(牛顿)或 kN(千牛),$1kN=10^3N$。②力的方向。③力的作用位置,即物体上承受力的部位。一般来说是一块面积或体积,此时的力称为分布力,如结构的自重,风、雪等荷载都是分布力;而有些分布力分布的面积很小,可以近似看作一个点时,这样的力称为集中力。当以刚体为研究对象时,作用在结构上的分布力可用其合力(集中荷载 F_q)代替,如图 1.2 所示。

力是有大小和方向的量,所以力是矢量,可以用一带箭头的线段来表示,如图 1.3 所示。线段 AB 长度按一定的比例表示力 F 的大小,线段的方位和箭头的指向表示力的方向。线段的起点 A 或终点 B 表示力的作用点。线段 AB 的延长线(图中虚线)表示力的作用线。

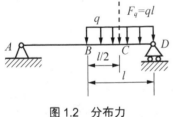

图 1.2 分布力

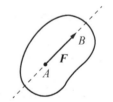

图 1.3 力的矢量表示

2. 力的基本公理

公理一:二力平衡公理

作用于同一刚体上的两个力平衡的必要与充分条件是:力的大小相等,方向相反,作用在同一直线上,如图 1.4 所示。

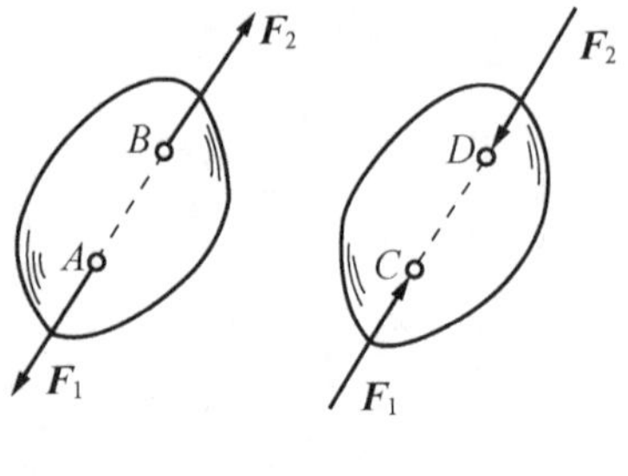

在两个力的作用下处于平衡的构件称为二力构件,若物体是杆件,也称二力杆。二力杆上的力必须满足二力平衡条件,在物体的受力分析中,据此可以确定二力杆中未知力作用线的位置。

公理二:加减平衡力系公理

在作用于刚体的任意力系(作用于物体上的一群力)中,加上或减去平衡力系,并不改变原力系对刚体的作用效应。

图 1.4 二力平衡

推论：力的可传性原理

作用于刚体上的力可以沿其作用线移至刚体内任意一点，而不改变该力对刚体的效应。

证明：设力 $\boldsymbol{F}$ 作用于刚体上的点 A，如图 1.5 所示。在力 $\boldsymbol{F}$ 的作用线上任选一点 B，在点 B 上加一对平衡力 $\boldsymbol{F}_1$ 和 $\boldsymbol{F}_2$，使

$$F_1 = -F_2 = F$$

则 $\boldsymbol{F}_1$、$\boldsymbol{F}_2$、$\boldsymbol{F}$ 构成的力系与 $\boldsymbol{F}$ 等效。减去平衡力系 $\boldsymbol{F}$、$\boldsymbol{F}_2$，则 $\boldsymbol{F}_1$ 与 $\boldsymbol{F}$ 等效。此时，相当于力 $\boldsymbol{F}$ 已由点 A 沿作用线移到了点 B。

由此可知，作用于刚体上的力是滑移矢量，因此作用于刚体上力的三要素为大小、方向和作用线。

公理三：力的平行四边形法则

作用于物体上同一点的两个力可以合成为作用于该点的一个合力，它的大小和方向由以这两个力的矢量为邻边所构成的平行四边形的对角线来表示。如图 1.6 所示，以 $\boldsymbol{F}_R$ 表示力 $\boldsymbol{F}_1$ 和力 $\boldsymbol{F}_2$ 的合力，则可以表示为

$$F_R = F_1 + F_2$$

即作用于物体上同一点两个力的合力等于这两个力的矢量和。

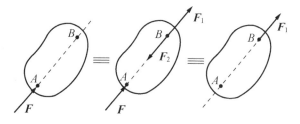

图 1.5　力的可传性

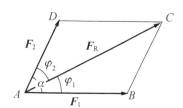

图 1.6　平行四边形法则

公理四：作用与反作用公理

两个物体间相互作用的力，总是同时存在，它们的大小相等，指向相反，并沿同一直线分别作用在这两个物体上。

应该注意，作用力与反作用力虽然等值、反向、共线，但它们不能平衡，因为二者分别作用在两个物体上，不可与二力平衡公理混淆起来。作用力与反作用力符号表示方法如图 1.7 所示，如车刀在工件上切削，车刀作用在工件上的切削力为 $\boldsymbol{F}_P$，车刀受到工件的反作用力则为 $\boldsymbol{F}_P'$。

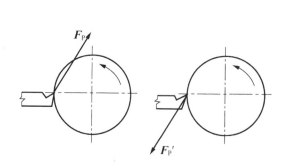

图 1.7　作用力与反作用力

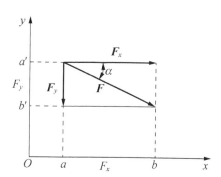

图 1.8　力在直角坐标轴上的投影

3. 力在平面直角坐标轴上的投影

求解力系常用的方法是解析法，解析法是以力在坐标轴上的投影为基础的。

力在直角坐标轴上的投影定义：过 F 两端分别向两坐标轴引垂线(图 1.8)得垂足 a、b 及 a' 和 b'。线段 ab、$a'b'$ 分别为 F 在 x 轴和 y 轴上投影的大小，记作 F_x、F_y。

投影的正负号规定：当力的指向与坐标轴正向一致时，力在该轴上的投影为正；反之为负。

如图 1.8 所示，若已知 F 的大小及其与 x 轴所夹的锐角 α，则力 F 的投影为

$$\left.\begin{array}{l} F_x = F\cos\alpha \\ F_y = -F\sin\alpha \end{array}\right\} \tag{1-1}$$

若将 F 沿坐标轴方向分解，所得分力 F_x、F_y 的值与 F 在同轴上的投影 F_x、F_y 相等，但力的分力是矢量，力的投影是代数量。

若已知 F_x、F_y 的值，可反求 F 的大小及方向，即

$$\left.\begin{array}{l} F = \sqrt{F_x^2 + F_y^2} \\ \tan\alpha = \left|\dfrac{F_y}{F_x}\right| \end{array}\right\} \tag{1-2}$$

1.2.2 力矩和力偶

育人小课堂

假如你有撬动地球的支点

1. 力对点之矩

1) 概念

力对点之矩是力使物体绕某点转动效应的度量。用扳手旋转螺母，使螺母能绕点 O 转动，如图 1.9 所示。由经验可知，螺母能否转动，不仅取决于作用在扳手上的力 F 的大小，而且还与点 O 到 F 的作用线的垂直距离 d 有关。因此，用 F 与 d 的乘积作为力 F 使螺母绕点 O 转动效应的度量。其中，距离 d 称为 F 对 O 点的力臂，点 O 称为矩心。由于转动有逆时针和顺时针两个转向，则力 F 对 O 点之矩定义为：力的大小 F 与力臂 d 的乘积并冠以适当的正负号，以符号 $M_O(F)$ 表示，记为

$$M_O(F) = \pm Fd \tag{1-3}$$

通常规定：力使物体绕矩心逆时针方向转动时，力矩为正，反之为负。

在国际单位制中，力矩的单位是 N·m(牛顿米)或 kN·m(千牛米)。

2) 性质

(1) 力对点之矩，不仅取决于力的大小，还与矩心的位置有关。力矩随矩心的位置变化而变化。

(2) 力对任一点之矩，不因该力的作用点沿其作用线移动而改变。

(3) 力的大小等于零或其作用线通过矩心时，力矩等于零。

3) 求解

求解力矩有两种方法：一种是用定义式(1-3)直接求解，另一种是利用合力矩定理式 (1-4)，将力分解为两个易确定力臂的分力(通常是正交分解)，分别计算各分力的力矩，然后相加得出原力对该点之矩。

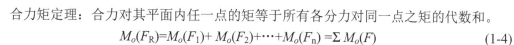

合力矩定理：合力对其平面内任一点的矩等于所有各分力对同一点之矩的代数和。

$$M_O(F_R)=M_O(F_1)+M_O(F_2)+\cdots+M_O(F_n)=\Sigma M_O(F) \tag{1-4}$$

下面以实例计算说明。

【例 1.1】　为了竖起塔架，在 O 点处以固定铰链支座与塔架相连接，如图 1.10 所示。设在图示位置钢丝绳的拉力为 F，图中 a、b 和 α 均为已知量。计算力 F 对 O 点之矩。

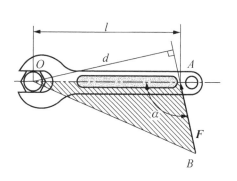

图 1.9　扳手旋转螺母

图 1.10　例 1.1 图

解：若用式(1-3)计算，必须求出力臂 OA，而 OA 在图中可通过几何关系求得，但不直观。若用合力矩定理，则可根据已知条件直接进行计算，先把力 F 分解为与塔架两边相互平行的二分力 F_1 与 F_2，其大小分别为

$$F_1=F\sin\alpha ，\quad F_2=F\cos\alpha$$

由合力矩定理得

$$\begin{aligned} M_O(F)&= M_O(F_1)+M_O(F_2)\\ &=F_1b+F_2a\\ &=Fb\sin\alpha+Fa\cos\alpha \end{aligned}$$

显然，用合力矩定理计算比较简便。

【例 1.2】　图 1.11 所示直齿圆柱齿轮的齿面受一压力角 $\alpha=20°$ 的法向压力 $F_n=1$kN 的作用，齿面分度圆直径 $d=60$mm。试计算力 F_n 对轴心 O 的力矩。

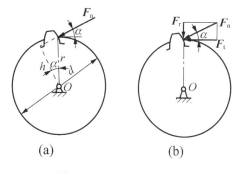

(a)　　　　(b)

图 1.11　齿轮力矩的计算

解 1：按力对点之矩的定义，由图 1.11(a)有

$$M_O(F_n)=F_n h=F_n\frac{d}{2}\cos\alpha=1000\times\frac{60\times10^{-3}}{2}\times\cos20°=28.2(\text{N}\cdot\text{m})$$

解 2：将 F_n 沿半径和垂直于半径的方向分解成正交的圆周力 $F_t=F_n\cos\alpha$ 与径向力 $F_r=F_n\sin\alpha$[图 1.11(b)]，按合力矩定理，有

$$M_O(F_n)=M_O(F_t)+M_O(F_r)=F_t\frac{d}{2}+0=F_n\cos\alpha\cdot\frac{d}{2}+0=28.2(\text{N}\cdot\text{m})$$

2. 力偶

1) 概念

日常生活和工程实际中经常见到物体受到两个大小相等、方向相反，但不在同一直线上的两个平行力作用的情况。例如，驾驶人驾驶汽车时两手作用在转向盘上的力[图 1.12(a)]，

工人用丝锥攻螺纹时两手加在手柄上的力[图1.12(b)]，以及用两个手指拧动水龙头所加的力[图1.12(c)]等。在力学中把这样一对等值、反向而不共线的平行力称为力偶。力偶只能使物体产生转动效应。两个力作用线之间的垂直距离称为力偶臂，两个力的作用线所决定的平面称为力偶的作用面，如图1.13所示。

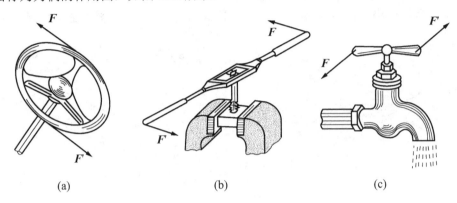

(a)   (b)   (c)

图1.12 力偶应用实例

  力偶对物体的转动效应可用力偶矩来度量。力偶中一个力的大小与力偶臂的乘积并冠以相应的正负号，称为力偶矩。用符号 M 表示，即

$$M=Fd \tag{1-5}$$

通常规定：力偶使物体逆时针方向转动时，力偶矩为正；反之为负。

在国际单位制中，力偶矩的单位是 N·m(牛顿米)或 kN·m(千牛米)。

2) 性质

(1) 力偶在任一轴上投影的代数和为零，故力偶无合力，即力偶不能与一个力等效，也不能简化为一个力。因此力偶不能与一个力平衡，力偶只能与力偶平衡。

(2) 力偶对其作用面内任一点的矩恒等于力偶矩，与矩心位置无关。如图1.14所示，不论点 O 选在何处，其结果都不会变。

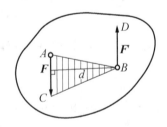

图1.13 力偶的作用面

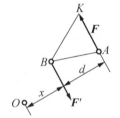

图1.14 力偶的性质

由上述性质可得下面的推论：

推论1：力偶可在其作用面内任意移动和转动，而不会改变它对物体的效应。

推论2：只要保持力偶矩不变，可同时改变力偶中力的大小和力偶臂的长度，而不会改变它对物体的作用效应。故力偶通常在力偶作用面内简单表示为一带箭头的弧线，如图1.15(b)所示。其中箭头表示力偶的转向，M 表示力偶矩的大小。

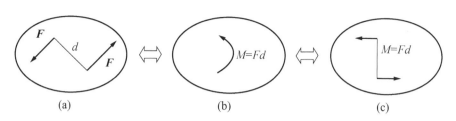

图 1.15 力偶的表示

3. 平面力偶系

当物体作用有两个或两个以上的力偶时即组成力偶系。平面力偶系可合成为一个合力偶，合力偶矩等于各个分力偶矩的代数和，即

$$M = M_1 + M_2 + \cdots + M_n = \Sigma M_i \tag{1-6}$$

由平面力偶系的合成结果进一步可知，当力偶系平衡时，其合力偶矩等于零。因此，平面力偶系平衡的必要和充分条件是各力偶的力偶矩代数和等于零，即

$$\Sigma M_i = 0 \tag{1-7}$$

4. 力的平移定理

作用于刚体上的力沿其作用线移至任意一点，不改变力对刚体的作用效应。但是力如果离开作用线，平移到刚体内任意一点，就会改变它对刚体的作用效应。

假设有一力 F 作用在刚体上点 A 处[图 1.16(a)]，若要把它平移到刚体上的另一点 B 处，则根据加减平衡力系原理，在点 B 处加一对平衡力 F' 和 F''，使它们与力 F 平行，而且 $F'=F''=F$，如图 1.16(b)所示。在三个力中，力 F 与 F'' 组成一力偶。显然，它们对刚体的作用与原来的一个力 F 对刚体的作用等效。由此可以认为，作用于点 A 的力 F 可以平行移动到另一点 B，但同时还要附加一个力偶[图 1.16(c)]，这个附加力偶的力偶矩为

$$M = M_B(F) = Fd$$

其中，d 为附加力偶的力偶臂，也就是平移点 B 到力 F 作用线的垂直距离。推广到一般情形可以得到结论：作用于刚体上某点的力可以平移到刚体内任意一点，但必须同时附加一个力偶，此附加力偶的力偶矩等于原力对新作用点的力矩，力偶转向决定于原力对新作用点的力矩的转动方向，这一结论称为力的平移定理。但须注意，力的平移定理只适用于刚体，而且只能在同一刚体上进行。

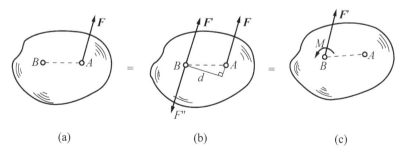

图 1.16 力的平移定理

1.2.3 约束与约束反力

机械和工程结构中，每个零部件都是相互联系并相互制约的，它们之间存在相互作用力。

限制其他物体某些位移的周围物体称为约束。例如，绳子对电灯、铁轨对火车、轴承对转子等都是约束。当物体在约束限制的运动方向上有运动趋势时，就会受到约束的阻碍，这种阻碍作用就是约束作用于物体的力，称为约束反力或约束力。物体所受的力，除约束力外，还有重力、水压力、风力等，它们是促使物体运动或使物体有运动趋势的力，称为主动力。

在一般情况下，主动力是已知的，而由主动力引起的约束力的大小往往是未知的，方向总是与约束限制的物体的位移方向相反，并且作用点在物体与约束相接触的那一点。下面介绍工程实际中常见的几种约束类型，并分析约束力的特征。

1. 柔性约束

柔软的绳索、链条、皮带等均属于柔性约束。其约束反力作用于接触点，方向沿柔体的中心线背离物体，为拉力，如图 1.17 和图 1.18 所示。

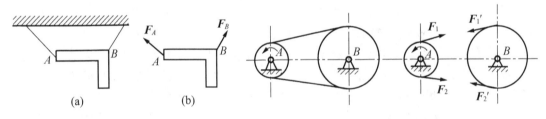

图 1.17　柔性约束实例一　　　　　　　图 1.18　柔性约束实例二

2. 光滑面约束

当物体接触面上的摩擦力可以忽略时，即可看作光滑接触面，光滑接触面约束反力作用于接触点，沿接触面的公法线指向物体，为压力，如图 1.19 和图 1.20 所示。

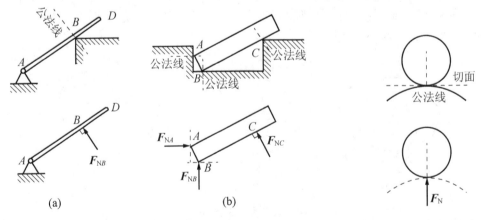

图 1.19　光滑面约束实例一　　　　　　　图 1.20　光滑面约束实例二

3. 光滑铰链约束

工程上常用销钉来连接构件或零件，忽略销钉与构件间的摩擦，这种约束称为光滑铰链约束，如图 1.21(a)所示，此时受约束的两个构件都只能绕销钉轴线相对转动。如图 1.21(b)所示，由于销钉与构件的圆孔表面都是光滑的，两者之间总有缝隙，构件受主动力后形成线接触点 K，根据光滑面约束反力的特点，销钉对构件的约束反力应沿接触点 K 的公法线通过构件圆孔中心(及铰链中心)，使被约束构件受压力。但由于销钉与销钉孔壁的接触点与被约束构件所受的主动力有关，一般不能预先确定，所以约束反力 F_R 的方向也不能确定。因此，其约束反力作用在垂直于销钉轴线的平面内，通过销钉中心，方向不定。为计算方便，铰链约束的约束反力常用过铰链中心的两个大小未知的正交分力 F_x、F_y 来表示，两个分力的指向可以假设。

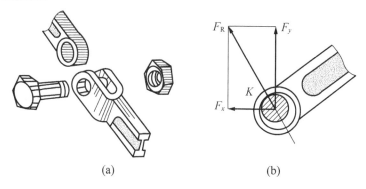

(a) (b)

图 1.21　光滑铰链约束

根据被连接构件的形状、位置及作用，光滑圆柱铰链又可分为：中间铰链、固定铰支座和活动铰支座及球铰链支座等。

1) 中间铰链

两构件用直径相同的圆柱形孔通过圆柱形销钉相连接[图 1.22(a)]，即构成中间铰链[图 1.22(b)]。中间铰链所连接的两构件互为其中一个的约束，其约束力用两个正交的分力 F_x 和 F_y 表示[图 1.22(c)]。

【参考图文】

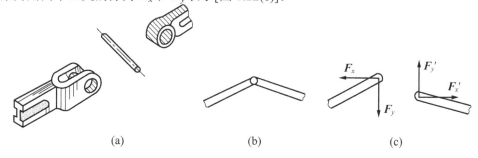

(a) (b) (c)

图 1.22　中间铰链

2) 固定铰支座

将构件与地面或机座连接就构成了固定铰支座，如图 1.23(a)所示。固定铰支座的约束与中间铰链约束完全相同。简化记号和约束反力如图 1.23(b)、图 1.23(c)所示。

【参考图文】

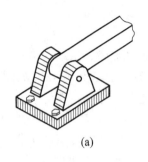

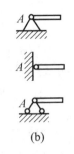

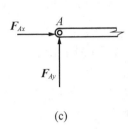

(a)　　　　　　　　(b)　　　　　　　　(c)

图 1.23　固定铰支座

3) 活动铰支座

【参考视频】

在固定铰支座和支承面间装有辊轴,就构成了活动铰支座,又称辊轴支座,如图 1.24(a)所示。这种约束只能限制物体沿支承面法线方向运动,而不能限制物体沿支承面移动和相对于销钉轴线转动。所以其约束反力垂直于支承面,过销钉中心,指向可假设。简化记号和约束反力如图 1.24(b)、图 1.24(c)所示。

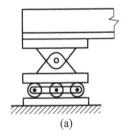

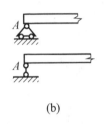

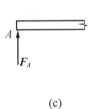

(a)　　　　　　　　(b)　　　　　　　　(c)

图 1.24　活动铰支座

4) 球铰链支座

物体的一端为球形,置于固定的球窝支座内[图 1.25(a)],即构成了球铰链支座,简称球铰,其简图如图 1.25(b)所示。球铰链支座是一种空间约束,它限制物体沿空间任何方向移动,但物体可以绕其球形端的球心任意转动。因不计摩擦,故球铰链支座的约束力用三个正交的分力 F_x、F_y 和 F_z 表示[图 1.25(c)]。

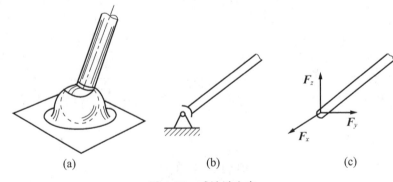

(a)　　　　　　　　(b)　　　　　　　　(c)

图 1.25　球铰链支座

4. 固定端约束

将构件的一端嵌于另一固定物体(如墙)中,就构成了固定端约束。如车床卡盘上的工件[图 1.26(a)]、刀架上的刀具[图 1.26(b)]等都属于这种约束。被约束的构件在该处被完全固

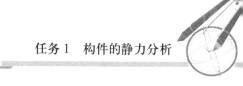

定，既不允许相对移动又不可转动，其简化符号如图1.26(c)所示。固定端的约束反力，一般用两个正交分力和一个约束力偶来代替，如图1.26(d)所示。

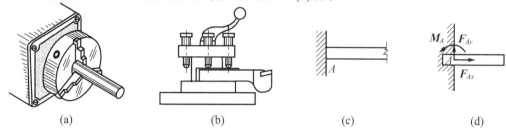

图 1.26　固定端约束

5. 轴承约束

机器中的滚动轴承是转轴的约束，其中向心轴承[图 1.27(a)中轴承 A]允许转轴转动，但限制转轴在径向平面内任何方向的移动，因此只有垂直于轴线方向的径向反力，当该反力的方向不能预先确定时，通常用径向平面内的两个正交分力 F_x 和 F_y 来表示，如图1.27(c)所示。

向心推力轴承[图 1.27(a)中轴承 B]除了限制转轴在径向平面内任何方向的移动外，还能限制轴的轴向移动，起到轴向止推作用，因此约束反力除了径向反力外还有轴向反力，可用三个正交分力 F_x、F_y 和 F_z 来表示，如图1.27(c)所示。

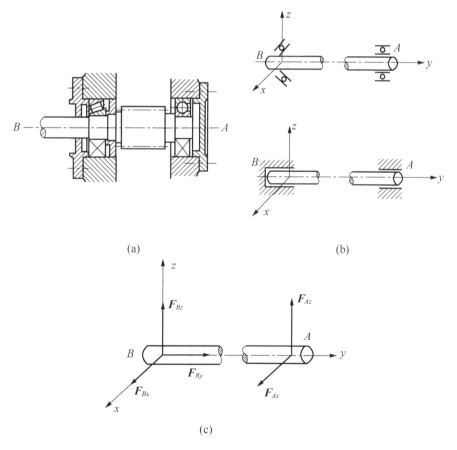

图 1.27　轴承约束

1.2.4 受力分析与受力图

求解构件所受外力时，首先需要分析构件受到哪些力的作用，分析每个力作用线的位置和方向，这一过程称为物体的受力分析。构件的受力分析包含两个步骤：一是把该物体从与它相联系的周围物体中分离出来，解除全部约束，单独画出该物体的图形，称为取分离体；二是在分离体上画出全部主动力和约束反力，称为画受力图。

下面举例说明受力分析步骤。

【例 1.3】 水平梁 AB 用斜杆 CD 支撑，A、C、D 三处均为光滑铰链连接，如图 1.28(a) 所示。梁上放置一重为 G_1 的电动机。已知梁重为 G_2，不计杆 CD 自重，试分别画出杆 CD 和梁 AB 的受力图。

解： (1) 取 CD 为研究对象。由于斜杆 CD 自重不计，只在杆的两端分别受有铰链的约束反力 F_C 和 F_D 的作用，由此判断 CD 杆为二力杆，所以 F_C 和 F_D 两力大小相等、沿铰链中心连线 CD 方向且指向相反。杆 CD 的受力图如图 1.28(b)所示。

(2) 取梁 AB(包括电动机)为研究对象。它受 G_1、G_2 两个主动力的作用，并在铰链 D 处受二力杆 CD 给它的约束反力 F_D' 的作用，根据公理四，$F_D'=-F_D$；梁在 A 处受固定铰支座的约束反力，由于方向未知，可用两个大小未知的正交分力 F_{Ax} 和 F_{Ay} 表示。梁 AB 的受力图如图 1.28(c)所示。

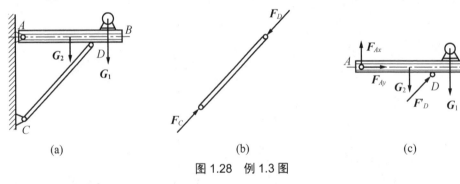

图 1.28 例 1.3 图

1.2.5 力系的平衡方程及其应用

机器平稳工作时，构件在多个外力的作用下处于平衡状态，故外力求解是利用平衡方程进行的。多个外力组成力系，平衡方程的形式由力系类型决定。

育人小课堂

四年磨一剑，就为一个数

1. 力系类型

根据力系中各力作用线的位置，力系可分为平面力系和空间力系。各力的作用线都在同一平面内的力系称为平面力系；否则，为空间力系。平面力系又可以分为平面一般力系(各力作用线既不全汇交也不全平行)、平面汇交力系(各力作用线汇交于一点)、平面平行力系(所有力相互平行)和平面力偶系(构件所受外力均是力偶)。

2. 平面一般力系及其平衡方程

如图 1.28(c)所示，作用在水平梁 AB 上的力系就是平面一般力系。

若平面一般力系平衡，则须满足以下条件

$$\begin{cases} \Sigma F_x = 0 \\ \Sigma F_y = 0 \\ \Sigma M_O(F) = 0 \end{cases} \qquad (1\text{-}8)$$

式(1-8)为平面一般力系平衡方程的基本形式，表明平面汇交力系平衡的必要与充分条件是：力系各力在任选直角坐标系 xOy 中各坐标轴上的投影代数和分别等于零，以及各力对任意一点的力矩的代数和也等于零。

用平面一般力系的平衡方程只能求解三个未知量。

平面一般力系平衡方程还有其他形式(二矩式和三矩式)，二矩式为

$$\begin{cases} \Sigma F_x = 0 \\ \Sigma M_A(F) = 0 \\ \Sigma M_B(F) = 0 \end{cases} \qquad (1\text{-}9)$$

其中矩心 A、B 两点的连线不能与 x 轴垂直。

三矩式为

$$\begin{cases} \Sigma M_A(F) = 0 \\ \Sigma M_B(F) = 0 \\ \Sigma M_C(F) = 0 \end{cases} \qquad (1\text{-}10)$$

其中 A、B、C 三点不能共线。

3. 各种平面力系的平衡方程

每种平面力系的平衡方程形式各不相同，为方便使用，现将其汇总于表 1-1。

表 1-1　各种平面力系的平衡方程形式汇总

力 系 类 型	平 衡 方 程	方 程 个 数
平面一般力系	$\begin{cases} \Sigma F_x = 0 \\ \Sigma F_y = 0 \\ \Sigma M_O(F) = 0 \end{cases}$ 或 $\begin{cases} \Sigma F_x = 0 \\ \Sigma M_A(F) = 0 \\ \Sigma M_B(F) = 0 \end{cases}$ 或 $\begin{cases} \Sigma M_A(F) = 0 \\ \Sigma M_B(F) = 0 \\ \Sigma M_C(F) = 0 \end{cases}$	3
平面汇交力系	$\begin{cases} \Sigma F_x = 0 \\ \Sigma F_y = 0 \end{cases}$	2
平面平行力系	$\begin{cases} \Sigma F_x = 0 \\ \Sigma M_A(F) = 0 \end{cases}$ 或 $\begin{cases} \Sigma M_A(F) = 0 \\ \Sigma M_B(F) = 0 \end{cases}$	2
平面力偶系	$\Sigma M = 0$	1

4. 求解物体的平衡问题

1) 单个物体的平衡问题

单个物体的平衡问题的求解步骤如下：

(1) 取研究对象，画其受力图。

(2) 选择适当的坐标轴和矩心。选择投影轴和矩心的技巧是尽可能使多个未知力与投影轴垂直，尽可能把未知力的交点作为矩心，力求做到列一个平衡方程解一个未知量，以避免联立解方程。

(3) 列平衡方程。

(4) 解平衡方程得结果。若由平衡方程解出的未知量为负值，则要说明其负号的含义，即说明受力图上原设定的该未知量的方向与其实际方向相反，而不要去改动受力图中原先假设的方向。

【例 1.4】 图 1.29(a)所示为一悬臂式起重机，A、B、C 都是铰链连接。梁 AB 自重 F_G=1kN，作用在梁的中点，提升重量 F_P=8kN，杆 BC 自重不计，求支座 A 的约束反力和杆 BC 所受的力。

解： (1) 取梁 AB 为研究对象，受力图如图 1.29(b)所示。A 处为固定铰支座，其约束反力用两正交分力表示，杆 BC 为二力杆，它的约束反力沿 BC 轴线，并假设为拉力。

(2) 取投影轴和矩心。为使每个方程中未知量尽可能少，以 A 点为矩心，选取直角坐标系 xAy。

(3) 列平衡方程并求解。梁 AB 所受各力构成平面一般力系，用三矩式求解。

由 $\sum M_A(F)=0$ 　　　　　　　 $-F_G \times 2 - F_P \times 3 + F_T \sin 30° \times 4 = 0$

得

$$F_T = \frac{2F_G + 3F_P}{4 \times \sin 30°} = \frac{2 \times 1 + 3 \times 8}{4 \times 0.5} = 13 \text{(kN)}$$

由 $\sum M_B(F)=0$ 　　　　　　　 $-F_{Ay} \times 4 + F_G \times 2 + F_P \times 1 = 0$

得

$$F_{Ay} = \frac{2F_G + F_P}{4} = \frac{2 \times 1 + 8}{4} = 2.5 \text{(kN)}$$

由 $\sum M_C(F)=0$ 　　　　　　　 $F_{Ax} \times 4 \times \tan 30° - F_G \times 2 - F_P \times 3 = 0$

得

$$F_{Ax} = \frac{2F_G + 3F_P}{4 \times \tan 30°} = \frac{2 \times 1 + 3 \times 8}{4 \times 0.577} = 11.26 \text{(kN)}$$

(4) 校核。

$$\sum F_x = F_{Ax} - F_T \times \cos 30° = 11.26 - 13 \times 0.866 = 0$$

$$\sum F_y = F_{Ay} - F_G - F_P + F_T \times \sin 30° = 2.5 - 1 - 8 + 13 \times 0.5 = 0$$

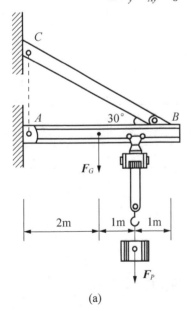

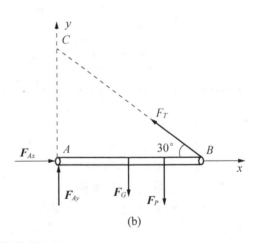

(a)　　　　　　　　　　　　　　　(b)

图 1.29　悬臂式起重机

【**例 1.5**】　重 G=20kN 的物体被绞车匀速吊起，绞车的绳子绕过光滑的定滑轮 A [图 1.30(a)]，滑轮由不计重量的杆 AB、AC 支撑，A、B、C 三点均为光滑铰链。试求 AB、AC 所受的力。

解：杆 AB 和 AC 都是二力杆，其受力如图 1.30(b)所示，假设两杆都受拉。取滑轮连同销钉 A 为研究对象。重物 G 通过绳索直接加在滑轮的一边，在其匀速上升时，拉力 T_1=G，而绳索又在滑轮的另一边施加同样大小的拉力，即 T_1=T_2。受力图如图 1.30(c)所示，很显然是汇交力系，建立坐标系 xAy。

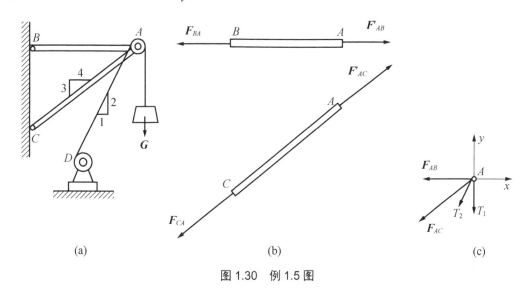

(a)　　　　　　　　　　　(b)　　　　　　　　　　　(c)

图 1.30　例 1.5 图

列平衡方程

由 ΣF_x=0

$$-F_{AB}-F_{AC}\frac{4}{\sqrt{4^2+3^2}}-T_2\frac{1}{\sqrt{1^2+2^2}}=0$$

解得

$$F_{AB}=41.6\text{kN}$$

由 ΣF_y=0

$$-F_{AC}\frac{3}{\sqrt{4^2+3^2}}-T_2\frac{2}{\sqrt{1^2+2^2}}-T_1=0$$

解得

$$F_{AC}=-63.2\text{kN}$$

力 F_{AC} 是负值，表示该力的假设方向与实际方向相反，因此杆 AC 是受压杆。

【**例 1.6**】　塔式起重机如图 1.31 所示。机身重 G=220kN，作用线过塔架的中心。已知最大起吊重量 P=50kN，起重悬臂长 12m，轨道 A、B 的间距为 4m，平衡锤重 Q 至机身中心线的距离为 6m。试求：(1)确保起重机不至翻倒的平衡锤重 Q 的大小；(2)当 Q=30kN，而起重机满载时，轨道对 A、B 的约束反力。

解：取起重机整体为研究对象，其正常工作时受力如图 1.31 所示。

(1) 求确保起重机不至翻倒的平衡锤重 Q 的大小。

起重机满载时有顺时针翻倒的可能，要保证机身满载时平衡而不翻倒，则必须满足

$$N_A\geqslant 0$$

由 $\Sigma M_B(F)$=0

$$Q(6+2)+2G-4N_A-P(12-2)=0$$

解得

$$Q\geqslant(5P-G)/4=7.5(\text{kN})$$

起重机空载时有逆时针翻倒的可能，要保证机身空载时平衡而不翻倒，则必须满足

$$N_B \geq 0$$

由 $\sum M_A(F)=0$ $Q(6-2)+4N_B-2G=0$

解得 $Q \leq G/2=110\text{kN}$

因此平衡锤重 **Q** 的大小应满足

$$7.5\text{kN} \leq Q \leq 110\text{kN}$$

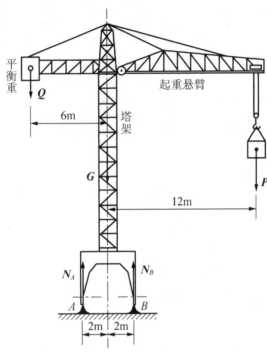

图 1.31 塔式起重机

(2) 当 $Q=30\text{kN}$，起重机满载时求约束反力 N_A、N_B 的大小。

由 $\sum M_B(F)=0$ $Q(6+2)+2G-4N_A-P(12-2)=0$

解得 $N_A=(4Q+G-5P)/2=45(\text{kN})$

由 $\sum F_y=0$ $N_A+N_B-Q-G-P=0$

解得 $N_B=Q+G+P-N_A=255(\text{kN})$

【例 1.7】电动机轴通过联轴器与工作轴相连接，联轴器上 4 个螺栓 A、B、C、D 的孔心均匀分布在一直径为 0.15m 的圆周上，如图 1.32 所示。电动机传给联轴器的力偶矩 $M=2.5\text{kN}\cdot\text{m}$，试求每个螺栓所受力的大小。

解： 取联轴器为研究对象。作用于联轴器上的力有力偶 **M** 和 4 个螺栓的反力，方向如图 1.32 所示。现假设 4 个螺栓受力均匀，即 $F_1=F_2=F_3=F_4=F$，则它们组成两个力偶(F_1, F_3)和(F_2, F_4)并与 **M** 平衡。由平面力偶系平衡条件可得

$$\sum M=0 \qquad M-F\times AC-F\times BD=0$$

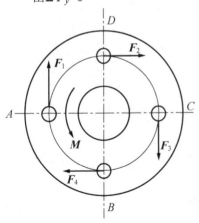

图 1.32 联轴器

其中
$$AC=BD=0.15\text{m}$$

所以
$$F=\frac{M}{2AC}=\frac{2.5}{2\times0.15}=\frac{2.5}{0.3}=8.33(\text{kN})$$

2) 物体系统的平衡问题

工程中机构和结构都是由若干个物体通过一定形式的约束组合在一起的，称为物体系统，简称物系。

求解物系平衡问题的步骤如下：

(1) 适当选择研究对象(研究对象可以是物系整体、单个物体，也可以是物系中几个物体组成的部分系统)，画出各研究对象的分离体的受力图。

(2) 分析各受力图，确定求解顺序。研究对象的受力图可分为两类，一类是未知力数等于独立平衡方程数，称为可解的；另一类是未知力数超过独立平衡方程数，称为暂不可解的。若是可解的，应先取其为研究对象，求出某些未知量，再利用作用与反作用关系，扩大求解范围。有时也可利用其受力特点，列出平衡方程，解出某些未知量。如某物体受平面一般力系作用，有 4 个未知量，但有 3 个未知量汇交于一点(或 3 个未知量平行)，则可取该三力汇交点为矩心(或取垂直于三力的投影轴)，列方程解出不汇交于该点的那个未知力(或不与三力平行的未知力)。这也许是全题的突破口，因为某些未知量的求出，其他不可解的研究对象可以成为可解的，这样便可确定求解顺序。

(3) 根据确定的求解顺序，逐个列出平衡方程求解。

【例 1.8】　如图 1.33(a)所示的曲柄连杆机构，已知曲柄 OA=230mm，当机构在图示位置平衡时，已知活塞所受阻力 F_P=519.6N，试求此时缸壁对活塞的侧压力和曲柄所受的力偶矩 M，以及轴承 O 的约束力。

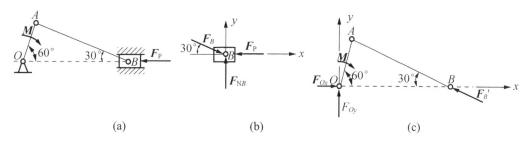

图 1.33　曲柄连杆机构

解：取活塞 B 为研究对象，杆 AB 为二力杆，画受力图，如图 1.33(b)所示，建立坐标系 xBy，列平衡方程
$$\begin{cases}\Sigma F_x=0,&F_B\cos30°-F_P=0\\\Sigma F_y=0,&F_{NB}-F_B\sin30°=0\end{cases}$$

解上述方程，得
$$F_B=600\text{N},\quad F_{NB}=300\text{N}$$

再取曲柄 OA 和连杆 AB 组成的部分系统为研究对象，画受力图，如图 1.33(c)所示，建立坐标系 xOy，取 O 点为距心，列平衡方程
$$\begin{cases}\Sigma F_x=0,&F_{Ox}-F_B'\cos30°=0\\\Sigma F_y=0,&F_{Oy}+F_B'\sin30°=0\\\Sigma M_O(F)=0,&F_B'\times OA-M=0\end{cases}$$

解上述方程，引入 $F_B' = F_B = 600\text{N}$，得

$$F_{Ox} = 519.6\text{N},\quad F_{Oy} = -300\text{N},\quad M = 138\text{N} \cdot \text{m}$$

负号说明 $\boldsymbol{F}_{Oy}$ 实际方向与受力图中假定方向相反。

5. 空间力系平衡问题的平面解法

若物体在空间力系作用下平衡，则其三视图所表示的每个平面力系也一定平衡，因此可将空间问题转化为平面问题来处理。将空间平衡问题转化为平面平衡问题的求解过程，称为平面解法。在机械工程中，轮轴类零件的空间力系平衡问题常采用平面解法。

【例 1.9】 带轮轮轴右边通过联轴器受电动机给予的驱动力偶矩 $M = 30\text{N} \cdot \text{m}$，如图 1.34 所示。若带的紧边拉力 $F_{T1} = 2F_{T2}$，带轮直径 $d = 30\text{cm}$，$a = 20\text{cm}$，$\alpha = 30°$，轮轴自重不计，试求带的拉力和 A、B 轴承的约束力。

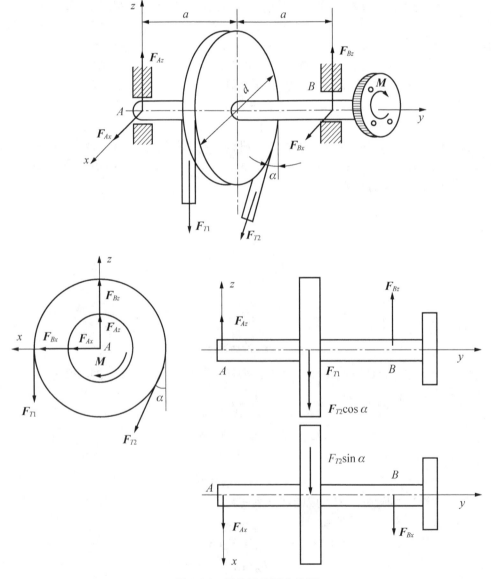

图 1.34 带轮轮轴受力分析

解:(1)取带轮整体为研究对象,选取坐标系,并作受力图。

(2) 将轮轴的轮廓及所受的力向三个坐标平面投影,作出三个投影图。

(3) 求解三个平面力系。

xz 平面

$$\Sigma M_A(F) = 0, \quad (F_{T1} - F_{T2})\frac{d}{2} - M = 0$$

将 $F_{T1}=2F_{T2}$ 代入上式,可得

$$F_{T2} = \frac{2M}{d} = \frac{2 \times 30}{0.3} = 200(\text{N})$$

$$F_{T1} = 2F_{T2} = 2 \times 200 = 400(\text{N})$$

yz 平面

$$\Sigma M_B(F) = 0, \quad -2aF_{Az} + (F_{T1} + F_{T2}\cos\alpha)a = 0$$

$$F_{Az} = \frac{F_{T1} + F_{T2}\cos\alpha}{2} = \frac{400 + 200\cos 30°}{2} = 286.6(\text{N})$$

$$\Sigma M_A(F) = 0, \quad 2aF_{Bz} - (F_{T1} + F_{T2}\cos\alpha)a = 0$$

$$F_{Bz} = \frac{F_{T1} + F_{T2}\cos\alpha}{2} = \frac{400 + 200\cos 30°}{2} = 286.6(\text{N})$$

xy 平面

$$\Sigma M_B(F) = 0, \quad 2aF_{Ax} + aF_{T2}\sin\alpha = 0$$

$$F_{Ax} = \frac{-F_{T2}\sin\alpha}{2} = \frac{-200\sin 30°}{2} = -50(\text{N})$$

$$\Sigma M_A(F) = 0, \quad -2aF_{Bx} - aF_{T2}\sin\alpha = 0$$

$$F_{Bx} = \frac{-F_{T2}\sin\alpha}{2} = \frac{-200\sin 30°}{2} = -50(\text{N})$$

负号说明 $\boldsymbol{F_{Ax}}$、$\boldsymbol{F_{Bx}}$ 实际方向与受力图中假定方向相反。

1.3 任 务 实 施

如图 1.1 所示,减速器输出轴的受力属于空间力系,将空间力系转化为平面力系,利用空间力系的平面解法来求解。

解:(1)取整个系统为研究对象,画其受力图。设 A、B 两轴承的支反力分别为 $\boldsymbol{F_{Ax}}$、$\boldsymbol{F_{Az}}$ 和 $\boldsymbol{F_{Bx}}$、$\boldsymbol{F_{Bz}}$,并沿 x、z 的正向,此外还有力偶 $\boldsymbol{M}$ 和齿轮所受的啮合力 $\boldsymbol{F}$,这些力构成空间一般力系。

(2) 取坐标轴如图 1.1 中所示,将 $\boldsymbol{F}$ 分解为

$$F_t = F\cos 20°$$

$$F_r = F\sin 20°$$

(3) 列 xAy 平面的平衡方程

$$\begin{cases} \Sigma F_x = 0, & -F_t + F_{Ax} + F_{Bx} = 0 \\ \Sigma M_A(F) = 0, & F_t \times 220 - F_{Bx} \times 332 = 0 \end{cases}$$

(4) 列 yAz 平面的平衡方程

$$\begin{cases} \Sigma F_z = 0, & F_r + F_{Az} + F_{Bz} = 0 \\ \Sigma M_A(F) = 0, & F_r \times 220 + F_{Bz} \times 332 = 0 \end{cases}$$

(5) 列 xAz 平面的平衡方程

$$F_t \times \frac{d}{2} = M$$

联立以上各式，求解，得

$F=126.7$kN，$F_{Ax}=40.2$kN，$F_{Az}=-14.6$kN，$F_{Bx}=78.9$kN，$F_{Bz}=-28.7$kN

F_{Az}、F_{Bz} 结果为负值，说明其实际方向与图示方向相反。

1.4 任务评价

本任务评价考核见表 1-2。

表 1-2 任务评价考核

序号	考核项目	权重	检查标准	得分
1	力的基本概念及公理	10%	(1) 掌握力的性质； (2) 正确计算力在坐标轴上的投影	
2	力矩和力偶	25%	(1) 灵活运用两种方法计算力矩； (2) 正确计算力偶矩	
3	约束与约束反力	15%	掌握各种约束的特点及约束反力的画法	
4	物体的受力分析与受力图	25%	(1) 掌握构件受力分析的方法； (2) 会画受力图	
5	平衡方程及其应用	25%	能应用平衡方程求解各种力系的平衡问题	

习 题

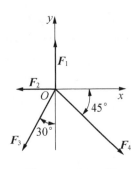

图 1.35 题 1.1 图

1.1 已知：$F_1 = 500$N，$F_2 = 300$N，$F_3 = 600$N，$F_4 = 1000$N，方向如图 1.35 所示。试分别求各力在 x 轴和 y 轴上的投影。

1.2 试计算图 1.36 中力 F 对点 O 之矩。

1.3 画出图 1.37 所示各物体的受力图。

1.4 分别画出图 1.38 所示各物体系统中每个物体的受力图。

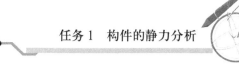

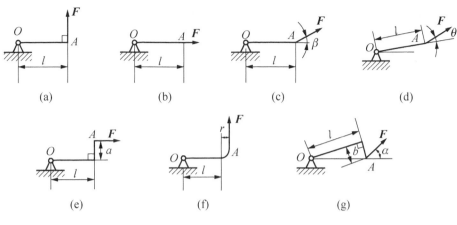

图 1.36　题 1.2 图

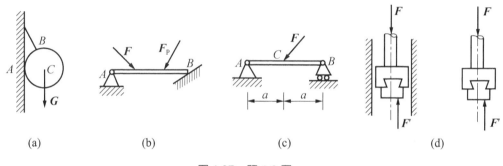

图 1.37　题 1.3 图

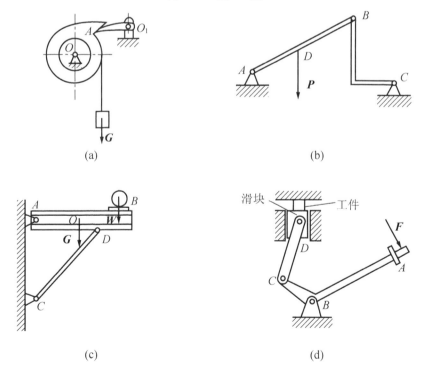

图 1.38　题 1.4 图

1.5 一均质杆 *AB* 重 1kN，将其竖起，如图 1.39 所示。在图示位置平衡时，求绳子的拉力和铰支座 *A* 的约束力。

1.6 钢索牵引加料小车沿倾斜角为 α 的轨道等速上升，如图 1.40 所示。*C* 为小车的重心。已知小车的重力 **G**，尺寸 *a*、*b*、*h*、*e* 和倾角 α。若不计小车和斜面的摩擦，试求钢索拉力 **F**$_T$ 和轨道作用于小车的约束反力。

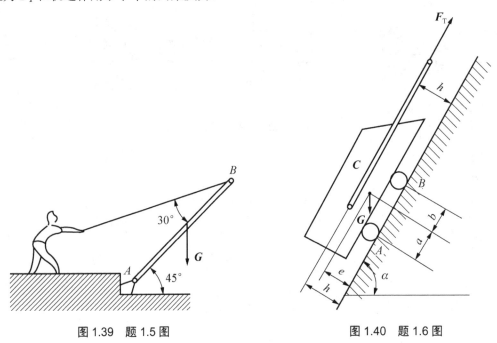

图 1.39 题 1.5 图   图 1.40 题 1.6 图

1.7 如图 1.41 所示，汽车起重机车体重力 G_1=26kN，吊臂重力 G_2=4.5kN，起重机旋转及固定部分重力 G_3=31kN。设吊臂在起重机对称面内，试求汽车的最大起重量 *G*。

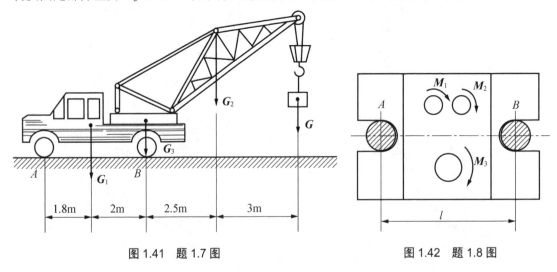

图 1.41 题 1.7 图   图 1.42 题 1.8 图

1.8 用多轴钻床在水平放置的工件上钻孔，如图 1.42 所示。若每个钻头对工件施加的力偶矩分别为 M_1=M_2=10N·m，M_3=20N·m，固定工件的螺栓 *A* 和 *B* 的距离 *l*=200mm。试求两个螺栓所受的力。

1.9　图 1.43 所示为小型推料机的简图。电动机转动曲柄 OA，靠连杆 AB 使推料板 O_1C 绕轴 O_1 转动，从而把料推到运输机上。已知装有销钉 A 的圆盘重 $G_1=200$N，均质杆 AB 重 $G_2=300$N，推料板 O_1C 重 $G=600$N。设料作用于推料板 O_1C 上 B 点的力 $F=1000$N，并且与板垂直，$OA=0.2$m，$AB=2$m，$O_1B=0.4$m，$\alpha=45°$。若在图示位置机构处于平衡，求作用于曲柄 OA 上的力偶矩 M 的大小。

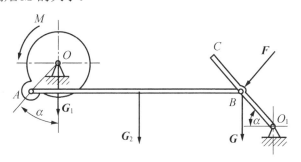

图 1.43　题 1.9 图

1.10　一车床的主轴如图 1.44(a)所示，齿轮 C 直径为 200mm，卡盘 D 夹住一直径为 100mm 的工件，A 为向心推力轴承，B 为向心轴承。切削时工件匀速转动，车刀给工件的切削力 $F_x=466$N，$F_y=352$N，$F_z=1400$N。齿轮 C 在啮合处受力为 F，作用在齿轮的最低点 [图 1.44(b)]。不考虑主轴及其附件的重量与摩擦，试求力 F 的大小及 A、B 处的约束力。

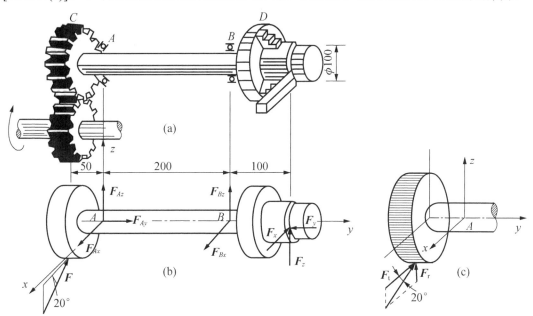

图 1.44　题 1.10 图

任务 **2**

构件的变形与强度计算

2.1 任 务 导 入

【参考视频】

实际构件受力后，都会产生一定程度的变形。构件变形过大，会丧失工作精度、引起噪声、降低使用寿命，甚至发生破坏。为了保证机器安全可靠地工作，要求每一个构件在外力的作用下，应具有足够抵抗破坏的能力(强度)、抵抗变形的能力(刚度)和维持原有平衡状态的能力(稳定性)。强度、刚度和稳定性决定了构件的承载能力，因此在设计每个构件时要正确运用力学知识，对其进行承载能力分析，为构件确定合理的截面形状和尺寸，做到既安全又经济。本任务将学习机械设计过程中构件变形与强度计算的方法。

传动轴如图 2.1 所示，其上 C、D 两直齿轮的节圆直径分别为 d_C=200mm，d_D=100mm，作用在 D 轮上的啮合力 F_2=5321N，两轮的压力角均为 α =20°，轴材料的许用应力 $[\sigma]$=120MPa。试设计轴的直径 d。

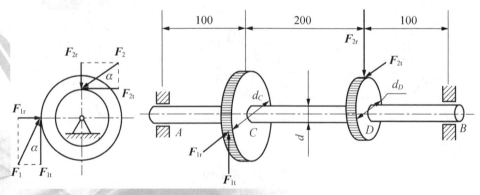

图 2.1　传动轴受力分析

2.2 任 务 资 讯

构件所受的外力不同，其变形也不同。归纳起来，杆类构件(杆件)变形的基本形式有 4 种：①轴向拉伸和压缩[图 2.2(a)]；②剪切[图 2.2(b)]；③扭转[图 2.2(c)]；④弯曲[图 2.2(d)]。其他复杂的变形都可以看成这几种基本变形的组合。

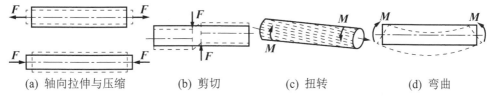

(a) 轴向拉伸与压缩   (b) 剪切   (c) 扭转   (d) 弯曲

图 2.2 杆件的基本变形

2.2.1 轴向拉伸与压缩

受力特点：外力的合力作用线与杆的轴线重合。

变形特点：主要是杆沿轴线方向伸缩，伴随横向缩扩。

产生轴向拉伸与压缩变形的杆件称为拉压杆。图 2.3 所示屋架中的弦杆、牵引桥的拉索和桥塔、阀门启闭机的螺杆等均为拉压杆。

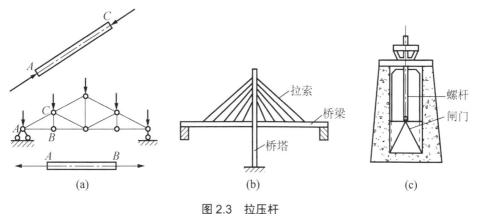

(a)   (b)   (c)

图 2.3 拉压杆

1. 内力概念

在对构件进行承载能力分析时，构件受到的其他物体的作用力都称为外力，包括载荷和约束反力。由于外力作用，构件产生变形而引起的受力构件内部质点之间相互作用力的改变量称为附加内力，简称内力。内力随外力的变化而变化，外力增大，内力也增大，外力撤销后，内力也随着消失。

2. 截面法

内力的计算是分析构件强度、刚度、稳定性等问题的基础。截面法是求解内力的基本方法，其步骤可归纳如下：

(1) 截：假想沿欲求内力截面截开。

(2) 取：取截面左侧或右侧为研究对象。

(3) 代：将弃去部分对研究对象的作用以作用在截开面上相应的内力(力或力偶)代替。

(4) 平：对留下的研究对象建立平衡方程，根据其上的已知外力来计算杆件在截开面上的未知内力(此时截开面上的内力对所留部分而言是外力)。

如图 2.4 所示，设留左段，由 $\Sigma F_x=0$，$F_N-P=0$，解得 $F_N=P$。

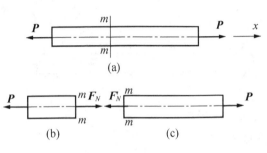

图 2.4　截面法求内力

3. 轴力与轴力图

拉压的内力均沿轴线方向，故又称为轴力(F_N)。轴力也有大小和方向，其方向规定：拉为正、压为负。从图 2.4(b)和图 2.4(c)可判断杆件受拉，轴力为正。计算横截面上的轴力除了用截面法之外，还可利用简捷方法：拉压杆横截面上的轴力等于该截面任一侧(左侧或右侧)所有外力的代数和。其中外力方向背离截面时取正号，指向截面时取负号。注意约束反力也应视为外力，不要忽略。

若杆件上作用多个外力，不同横截面的轴力会不同。为了直观地反映各横截面上轴力沿轴线的变化情况，常用轴力图来表示。其中平行于轴线方向的坐标表示横截面的位置，垂直于轴线方向的坐标表示对应截面轴力的大小，下面举例说明轴力图的绘制方法。

【例 2.1】 如图 2.5(a)所示的等截面直杆，在 B、C、D、E 处分别作用已知外力 F_4、F_3、F_2、F_1，并且 $F_1=10kN$、$F_2=20kN$、$F_3=15kN$、$F_4=8kN$。作其轴力图。

解：(1) 外力分析：以整个杆件为研究对象，A 端的约束力 F_R 可由平衡方程求得。

由 $\Sigma F_x=0$ 　　　　　　$F_1+F_3-F_2-F_4-F_R=0$

$$F_R=F_1+F_3-F_2-F_4=10+15-20-8=-3(kN)$$

(2) 内力分析：直杆在 A、B、C、D、E 五处受外力作用，应分别计算 AB、BC、CD、DE 段的轴力。

设 1—1 为 AB 段任意截面，考虑截面左侧

$$F_{N1}=F_R=-3(kN)　　(受压)$$

设 2—2 为 BC 段任意截面，考虑截面左侧

$$F_{N2}=F_R+F_4=-3+8=5(kN)　　(受拉)$$

设 3—3 为 CD 段任意截面，考虑截面左侧

$$F_{N3}=F_R+F_4-F_3=-3+8-15=-10(kN)　　(受压)$$

设 4—4 为 DE 段任意截面，考虑截面左侧

$$F_{N4}=F_R+F_4-F_3+F_2=-3+8-15+20=10(kN)　　(受拉)$$

若研究截面 4—4 右侧，则

$$F_{N4}=F_1=10(kN)　　(受拉)$$

(3) 画轴力图，如图 2.5(c)所示。

从此例题可以看出，用截面法求轴力时，选择外力较少的一侧，计算比较方便。另外，对于悬臂梁，由截面至自由端梁段上的外力来计算指定截面上的轴力，可不必求支座反力。

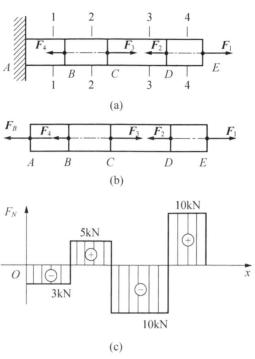

图 2.5　例 2.1 图

4. 应力

构件的强度不仅与内力有关，而且与截面的尺寸有关。例如，两根材料相同、粗细不同的直杆，在相同的拉力作用下，随着拉力的增加，细杆首先被拉断，因此应力(即单位面积上的内力)才是决定强度的条件。

应力分为两种类型，与横截面垂直的称为正应力 σ，与横截面平行的称为切应力 τ。在国际单位制中，应力的单位是帕斯卡，以 Pa(帕)表示，$1Pa=1N/m^2$。由于 Pa 这一单位甚小，工程常用 kPa(千帕)、MPa(兆帕)、GPa(吉帕)。$1kPa=10^3Pa$，$1MPa=10^6Pa$，$1GPa=10^9Pa$。

拉压杆的变形特点如图 2.6(a)所示。由此可推出杆件横截面上内力均布且其方向垂直于横截面[图 2.6(b)]，即横截面上只有正应力 σ，其大小为

$$\sigma = \frac{F_N}{A} \tag{2-1}$$

式中，A 为横截面面积。σ 的符号规定与轴力的符号一致，即拉应力 σ_t 为正，压应力 σ_c 为负。

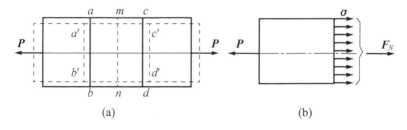

图 2.6　拉压杆的变形

5. 应力集中

受轴向拉伸或压缩的等截面直杆，其横截面上的应力是均匀分布的。但实际工程中，这样外形均匀的等截面直杆是不多见的。由于结构和工艺等方面的要求，杆件上常常带有孔、退刀槽、螺纹、凸肩等。在这些地方，杆件的截面形状和尺寸有突然的改变。实验证明，在杆件截面发生突变的地方，即使是在最简单的轴向拉伸或压缩的情况下，截面上的应力也不再是均匀分布。图 2.7 所示为具有圆孔的受拉伸直杆，在孔附近的局部范围内，应力显著增大，而在较远处应力趋于均匀。这种由于截面突然改变而引起的应力局部增大的现象，称为应力集中。

进一步实验证明，截面尺寸改变得越急剧、角越尖、孔越小，应力集中的程度就越严重。图 2.8(a)和图 2.8(b)分别表示带有圆槽及切口的两个杆件，它们受力相同，但圆槽和切口两截面处应力集中程度是不同的。

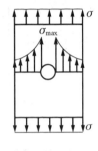 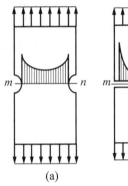 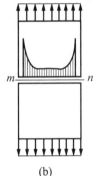

图 2.7　应力集中实例一　　　图 2.8　应力集中实例二

育人小课堂

获得一级建筑奖和鲁班奖的大桥如何解决应力集中问题

各种材料对应力集中的敏感程度并不相同。在静应力作用下，对于塑性材料制成的零件可以不考虑应力集中的影响；而对于脆性材料制成的零件则必须考虑应力集中的影响。当零件受交变应力或冲击载荷作用时，无论是塑性材料还是脆性材料，应力集中对零件的强度都有严重影响，往往是零件破坏的根源。

6. 拉伸和压缩时的变形

1) 变形与应变

实验表明，杆件受拉时轴向尺寸伸长，横向尺寸缩短；受压时，轴向尺寸缩短，横向尺寸伸长。设 l、d 为等直杆变形前的长度与直径(图 2.9)，l_1、d_1 为变形后的长度与直径。

杆件的轴向变形量为 　　　　　　　$\Delta l = l_1 - l$

横向变形量为 　　　　　　　　　　$\Delta d = d_1 - d$

其中，Δl 称为轴向绝对变形，Δd 称为横向绝对变形。拉伸时 Δl 为正，Δd 为负；压缩时 Δl 为负，Δd 为正。

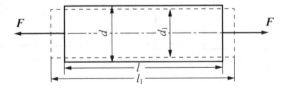

图 2.9　变形与应变

绝对变形表达的是总的变形量，它与杆件原始尺寸有关。为消除原始尺寸的影响，通常用单位长度的变形来表示杆件变形的程度，即

$$\varepsilon = \frac{\Delta l}{l}, \quad \varepsilon' = \frac{\Delta d}{d} \tag{2-2}$$

ε、ε'分别称为轴向线应变和横向线应变。显然二者的符号恒相反，它们是量纲为 1 的量。

2) 胡克定律

实验表明，受轴向拉伸或压缩的杆件，当应力未超过一定限度时，其轴向绝对变形Δl与轴力F_N及杆原长l成正比，与杆件的横截面积A成反比，即

$$\Delta l \propto \frac{F_N l}{A}$$

引进比例系数E，则有

$$\Delta l = \frac{F_N l}{EA} \tag{2-3}$$

式(2-3)称为胡克定律，比例系数E称为弹性模量，其值随材料的不同而异。弹性模量E体现材料的弹性性质，是材料的刚度指标，可用实验进行测定。由式(2-3)可以看出，当F_N、l值不变时，EA值越大，杆件变形量Δl就越小。EA称为抗拉(压)刚度，它反映拉(压)杆抵抗拉(压)变形的能力。

将$\sigma = F_N/A$和$\varepsilon = \Delta l/l$代入式(2-3)，则得到

$$\sigma = E\varepsilon \tag{2-4}$$

式(2-4)是胡克定律的另一种表达式。所以胡克定律又可表述为：当应力不超过某一限度时，应力与应变成正比。由于ε是个无量纲的量，所以E的单位与σ相同，E的常用单位是 GPa。

7. 强度条件

1) 失效

构件不能正常工作称为失效。构件失效一般有两种形式：①塑性屈服：材料失效时产生明显的塑性变形，并伴有屈服现象，如低碳钢、铝合金等塑性材料。②脆性断裂：材料失效时几乎不产生塑性变形而突然断裂，如铸铁、混凝土等脆性材料。

2) 强度条件

强度条件是指保证构件不发生强度破坏并有一定安全余量的条件准则。为保证构件正常工作，必须使它的最大工作应力不超过构件材料的许用应力，即

$$\sigma_{\max} \leqslant [\sigma] \text{或} \tau_{\max} \leqslant [\tau] \tag{2-5}$$

(1) 构件所承受的最大应力。从前面的内力计算中可得，构件上的各处应力因外载荷变化而变化，在进行强度计算时只需找出最大应力所在截面即可，此截面即危险截面。而同一截面各点的应力大小不一定相同，故强度条件中应力的最大值是指整个构件危险点的应力。

(2) 许用应力。许用应力是工程中人为规定的保证构件安全工作所允许承担的最大应力值，即

$$[\sigma] = \frac{\sigma_s (\text{或} \sigma_{0.2})}{n_s} \quad \text{或} \quad [\sigma] = \frac{\sigma_b}{n_b} \tag{2-6}$$

式中，σ_s 或 $\sigma_{0.2}$ 为塑性材料的极限应力；σ_b 为脆性材料的极限应力；n_s 和 n_b 分别为塑性材料和脆性材料的安全系数。

安全系数或许用应力的选定应根据有关规定或查阅国家有关规范、设计手册，通常在静载荷设计中按如下取值。

塑性材料安全系数：$n_s=1.5\sim2.0$，有时可取 $n_s=1.25\sim1.5$；

脆性材料安全系数：$n_b=2.5\sim3.0$，有时甚至大于 3.5。

3) 拉压强度条件及其应用

拉压强度条件

$$\sigma_{max}=\frac{F_{N\max}}{A}\leqslant[\sigma] \tag{2-7}$$

应用此强度条件可解决以下三类问题：

① 校核强度：直接套用式(2-7)判断是否满足。

② 设计截面尺寸：整理式(2-7)，得 $A\geqslant F_{N\max}/[\sigma]$，设计构件的最小尺寸。

③ 确定许可载荷：整理式(2-7)，得 $F_N\leqslant A[\sigma]$，确定构件所能承受的最大载荷。

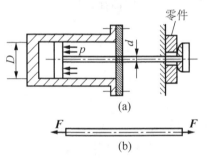

图 2.10　气动夹具

【例 2.2】 气动夹具如图 2.10(a)所示。已知气缸内径 D=140mm，缸内气压 p=0.6MPa，活塞杆材料为 45 钢，$[\sigma]$=80MPa，试设计活塞杆直径。

解：活塞杆左端承受活塞上气体压力，右端承受工件的阻力，所以活塞杆为轴向拉伸构件[图 2.10(b)]。拉力 F 可由气体压强及活塞面积求得。设活塞杆横截面面积远小于活塞面积，在计算气体压力作用面的面积时，前者可略去不计，故有

$$F=\frac{p\pi D^2}{4}=\frac{0.6\times10^6\times\pi\times(140\times10^{-3})^2}{4}=9236(N)$$

活塞杆的轴力为

$$F_N=F=9232(N)$$

由拉压强度条件

$$\sigma_{max}=\frac{F_N}{A}\leqslant[\sigma]$$

得

$$A=\frac{\pi d^2}{4}\geqslant\frac{F_N}{[\sigma]}$$

所以

$$d\geqslant\sqrt{\frac{4F_N}{\pi[\sigma]}}=\sqrt{\frac{4\times3292}{3.14\times80}}=12.1mm$$

2.2.2　剪切与挤压

1. 剪切

受力特点：杆件受到垂直杆件轴线方向的一组等值、反向、作用线相距极近的平行力的作用。

变形特点：剪切面(两相邻反向外力之间的横截面)产生相对的错动。

从剪切的受力和变形特点可知，剪切面总是与外力作用线平行。

机械中产生剪切变形的杆件通常为传递横向载荷的联接件，如图 2.11 所示铰制孔用螺栓、销联接中的销钉，均产生剪切变形，还有冲裁、剪切钢板也属于剪切问题。

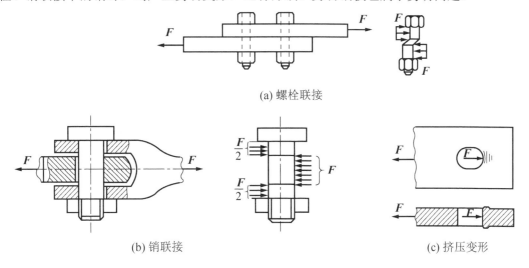

(a) 螺栓联接

(b) 销联接　　　　　　　　　　　　　　　　(c) 挤压变形

图 2.11　剪切与挤压

2．挤压

一般出现剪切的场合同时伴随挤压变形。如图 2.11(a)中螺栓和图 2.11(b)中销的圆柱侧面受到力 F 的挤压，同时被联接的板也受到挤压，会产生如图 2.11(c)所示的变形。

受力特点：杆件受到与挤压面(平行于杆件轴线方向的面)垂直的作用力。

变形特点：挤压面凹陷或被压溃。

3．剪切的强度计算

1) 切应力

由于内力作用线切于截面，故称为剪力，用符号 F_Q 表示。以螺栓为例，运用截面法分析剪切面上的内力。如图 2.12(a)所示，由平衡条件可知：$F_Q=F$。

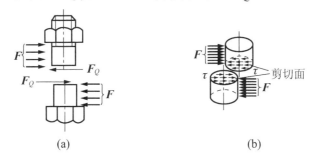

(a)　　　　　　　　　　　　　　(b)

图 2.12　螺栓受力分析

既然剪力 F_Q 的方向切于截面，因此构件受剪切时，剪切面上的应力，为切应力。其计算公式为

$$\tau = \frac{F_Q}{A} \tag{2-8}$$

2) 剪切强度条件

为了保证构件工作时有足够的剪切强度，则剪切的强度条件为

$$\tau = \frac{F_Q}{A} \leqslant [\tau] \qquad (2\text{-}9)$$

通常

塑性材料 $\qquad\qquad\qquad [\tau] = (0.6 \sim 0.8)[\sigma_t]$

脆性材料 $\qquad\qquad\qquad [\tau] = (0.8 \sim 1.0)[\sigma_t]$

式中，$[\sigma_t]$ 为材料的许用拉应力。

与轴向拉伸或压缩一样，应用剪切强度条件也可解决工程上剪切变形的三类强度计算问题。

4. 挤压的强度计算

1) 挤压应力

作用于挤压面上的压力，称为挤压力，用符号 F_{jy} 表示。单位挤压面积上的挤压力，称为挤压应力，用符号 σ_p 表示。

$$\sigma_p = \frac{F_{jy}}{A_{jy}} \qquad (2\text{-}10)$$

2) 挤压面积的计算

(1) 平面接触的挤压面积。如常见的键、键槽、平面与平面接触的构件等，它们的挤压面积是其接触面面积。以键联接为例，如图 2.13 所示，$A_{jy} = hl/2$。

(2) 半圆柱面接触的挤压面面积。如销钉、铆钉和螺栓等侧面受挤压的构件，其接触面近似为半圆柱面，以垂直于挤压力的圆柱直径投影平面作为挤压面的计算面积。以铆钉联接为例，如图 2.14 所示，挤压面积为图 2.14(d)中矩形 *ABCD* 面积，即 $A_{jy} = dt$，其中 d 为铆钉的直径，t 为铆钉与孔的接触长度。

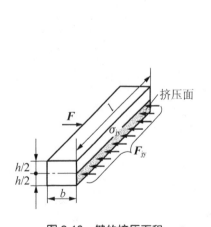

图 2.13 键的挤压面积

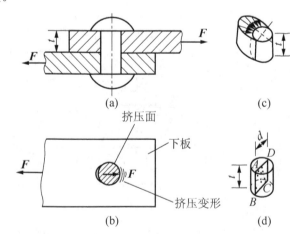

图 2.14 铆钉的挤压面积

3) 挤压强度条件

为了保证受挤压构件有足够的挤压强度，则挤压的强度条件为

$$\sigma_p = \frac{F_{jy}}{A_{jy}} \leqslant [\sigma_p] \qquad (2\text{-}11)$$

式中$[\sigma_p]$可从有关资料中查到或采用下列关系式求得：

塑性材料　　　　　　　　　$[\sigma_p]=(1.5\sim2.5)[\sigma_t]$

脆性材料　　　　　　　　　$[\sigma_p]=(0.9\sim1.5)[\sigma_t]$

应该注意，如果相互挤压的材料不同，只对许用挤压应力$[\sigma_p]$值较小的材料进行挤压强度核算。

应当指出的是，对于联接件，一般都是首先进行剪切强度计算，然后进行挤压强度校核。

【例 2.3】如图 2.15 所示，齿轮和传动轴用键联接，已知轴所传递的转矩 $M=200\text{N}\cdot\text{m}$，轴的直径 $d=32\text{mm}$，键的尺寸为 $b\times h\times l=10\text{mm}\times8\text{mm}\times50\text{mm}$，键的许用切应力$[\tau]=87\text{MPa}$，许用挤压应力$[\sigma_p]=100\text{MPa}$，试校核键的联接强度。

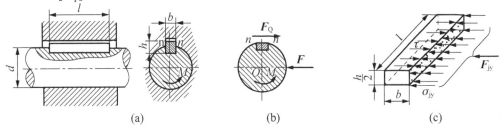

图 2.15　例 2.3 图

解：(1) 内力分析。从图 2.15(a)所示键联接的左视图看，键的右下半个侧面受到轴对键的作用力，方向水平向左，左上半个侧面受到齿轮给其水平向右的力，在这样一对力的作用下，键中间的水平面是受剪面，发生剪切变形，同时键的右下侧和左上侧是受挤面，发生挤压变形。剪切面是半个键的上表面，挤压面是侧面，如图 2.15(c)所示，故面积分别是

$$A = bl = 10 \times 50 = 500(\text{mm}^2)$$

$$A_{jy} = \frac{hl}{2} = \frac{8 \times 50}{2} = 200(\text{mm}^2)$$

将键沿截面 n—n 截开，留半个键和轴，如图 2.15(b)所示，由平衡条件 $\Sigma M_O(F)=0$ 可得

$$-F_Q \cdot \frac{d}{2} + M = 0$$

$$F_Q = \frac{2M}{d} = \frac{2 \times 200}{32 \times 10^{-3}} = 12.5(\text{kN})$$

$$F_{jy} = F_Q = 12.5(\text{kN})$$

(2) 校核强度。

$$\tau = \frac{F_Q}{A} = \frac{12.5 \times 10^3}{500 \times 10^{-6}} = 25(\text{MPa}) \leqslant [\tau]$$

剪切强度足够。

$$\sigma_p = \frac{F_{jy}}{A_{jy}} = \frac{12.5 \times 10^3}{200 \times 10^{-6}} = 62.5(\text{MPa}) \leqslant [\sigma_p]$$

挤压强度足够。

【例 2.4】如图 2.16 所示，两直径 $d=100\text{mm}$ 的圆轴由凸缘联轴器和螺栓联接，凸缘联轴器 $D_0=200\text{mm}$ 的圆周上均匀分布 8 个螺栓。已知轴传递的外力偶矩 $M=14\text{kN}\cdot\text{m}$，螺栓的许用切应力$[\tau]=60\text{MPa}$，试求螺栓的直径 d_1。

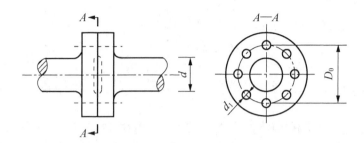

图 2.16 例 2.4 图

解：(1) 计算单个螺栓受到的剪力。

由平衡条件可知

$$F_Q \times \frac{D_0}{2} \times 8 = M$$

得

$$F_Q = \frac{M}{4D_0} = \frac{14}{4 \times 200 \times 10^{-3}} = 17.5(\text{kN})$$

(2) 求所需螺栓的直径。

根据抗剪强度条件 $\tau = \dfrac{F_Q}{A} = \dfrac{F_Q}{\dfrac{\pi d_1^2}{4}} \leqslant [\tau]$，得

$$d_1 \geqslant \sqrt{\frac{4F_Q}{[\tau]\pi}} = \sqrt{\frac{4 \times 17.5 \times 10^3}{60 \times 3.14}} = 19.3(\text{mm})$$

取螺栓的直径 $d_1 = 20\text{mm}$。

【参考视频】

2.2.3 扭转

受力特点：杆件受到作用面垂直于杆轴线的力偶的作用。

变形特点：相邻横截面绕杆轴产生相对旋转变形。

产生扭转变形的杆件多为传动轴，如图 2.17 所示。

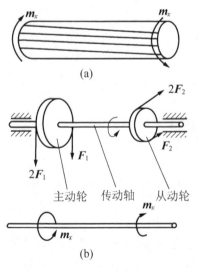

(a)

主动轮　传动轴　从动轮

(b)

图 2.17 受扭轴

1. 外力偶矩

在工程计算中，作用于轴上的外力偶矩往往不是直接给出其数值，而是根据轴所传递的功率和轴的转速来确定，其计算公式为

$$M = 9550\frac{P}{n} \qquad (2\text{-}12)$$

式中，M 为外力偶矩($\text{N} \cdot \text{m}$)；P 为轴传递的功率(kW)；n 为轴的转速(r/min)。

2. 扭矩与扭矩图

如图 2.18(a)为一受扭轴，用截面法来求 $n-n$ 截面上的内力。取左段[图 2.18(b)]，作用于其上的外力仅有一力偶 M_A，因其平衡，则作用于 $n-n$ 截面上的内力必为一力偶 T。

由 $\Sigma M_x = 0$　　　　　　　　　　　$T - M_A = 0$

解得　　　　　　　　　　　　　　　$T = M_A$

杆件受到外力偶矩作用而发生扭转变形时，在杆的横截面上产生的内力称为扭矩(T)，单位为 N·m 或 kN·m。

符号规定：按右手螺旋法则将 T 表示为矢量，当矢量方向与截面外法线方向相同为正，反之为负，如图 2.19 所示。

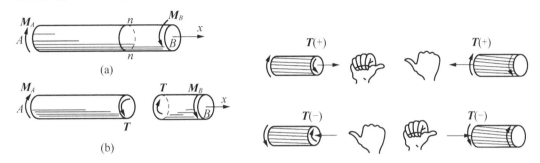

图 2.18　受扭轴内力计算　　　　　　　图 2.19　扭矩符号规定

为了一目了然地表明圆轴的各横截面上扭矩的分布情况，通常需要画扭矩图。下面举例说明绘制方法。

【例 2.5】　图 2.20(a)所示的传动轴的转速 $n=300$r/min，主动轮 A 的功率 $P_A=400$kW，3 个从动轮输出功率分别为 $P_C=120$kW，$P_B=120$kW，$P_D=160$kW，试求指定截面的扭矩，并画出扭矩图。

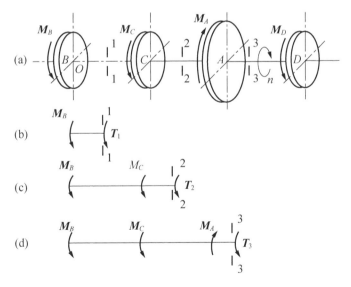

图 2.20　例 2.5 图

解：由 $M = 9550\dfrac{P}{n}$，得

$$M_A = 9550\frac{P_A}{n} = 9550 \times \frac{400}{300} = 12.73\,(\text{kN}\cdot\text{m})$$

$$M_B = M_C = 9550\frac{P_B}{n} = 9550 \times \frac{120}{300} = 3.82 \,(\text{kN} \cdot \text{m})$$

$$M_D = M_A - (M_B + M_C) = 12.73 - (3.82 + 3.82) = 5.09 \,(\text{kN} \cdot \text{m})$$

如图 2.20(b)所示，由 $\Sigma M_x = 0$ $T_1 + M_B = 0$

解得 $T_1 = -M_B = -3.82 \,(\text{kN} \cdot \text{m})$

如图 2.20(c)所示，由 $\Sigma M_x = 0$ $T_2 + M_B + M_C = 0$

解得 $T_2 = -M_B - M_C = -3.82 - 3.82 = -7.64 \,(\text{kN} \cdot \text{m})$

如图 2.20(d)所示，由 $\Sigma M_x = 0$ $T_3 - M_A + M_B + M_C = 0$

解得 $T_3 = M_A - M_B - M_C = 5.09 \,(\text{kN} \cdot \text{m})$

按绘制轴力图的方法绘制扭矩图，如图 2.21(b)所示。

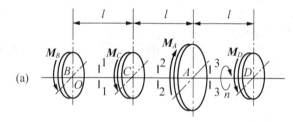

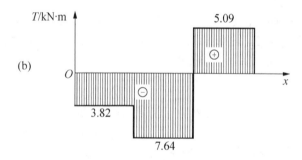

图 2.21   例 2.5 的扭矩图

当轴受多个外力偶作用时，由截面法可总结出计算扭矩的简捷方法：圆轴扭转时各横截面上的扭矩等于该截面任一侧(左侧或右侧)所有外力偶矩的代数和。其中外力偶矩矢方向背离该截面时为正，指向该截面时为负。

3. **圆轴扭转时横截面上的切应力**

圆轴扭转时，横截面上没有正应力，只有垂直于半径方向的切应力。

横截面上各点切应力的计算公式为

$$\tau_\rho = \frac{T\rho}{I_P} \tag{2-13}$$

式中，τ_ρ 为横截面上距圆心处 ρ 的切应力(MPa)；T 为横截面上的扭矩(N·mm)；ρ 为横截面上任一点距圆心的距离(mm)；I_P 为横截面对圆心的极惯性矩(mm⁴)，其大小与截面形状和尺寸有关。

式(2-13)说明：横截面上任一点处的切应力的大小与该点到圆心处的距离 ρ 成正比，圆心处的切应力为零，同一圆周上的切应力相等。切应力分布规律如图 2.22 所示。

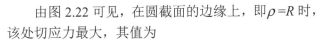

由图 2.22 可见，在圆截面的边缘上，即 $\rho=R$ 时，该处切应力最大，其值为

$$\tau_{\max}=\frac{TR}{I_P}$$

令 $W_P=\frac{I_P}{R}$，则上式变为

$$\tau_{\max}=\frac{T}{W_P} \qquad (2\text{-}14)$$

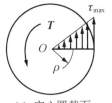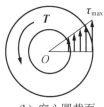

(a) 实心圆截面　(b) 空心圆截面

图 2.22　扭转切应力分布

式中，W_P 称为抗扭截面系数，它的大小仅与截面形状和尺寸有关，常用单位为 mm³。

工程中，轴的横截面通常采用实心圆和空心圆两种形状，其极惯性矩和抗扭截面系数的计算公式见表 2-1。

表 2-1　圆和圆环截面的 W_P 和 I_P

横 截 面	极 惯 性 矩	抗扭截面系数
圆 D	$I_P=\dfrac{\pi D^4}{32}$	$W_P=\dfrac{\pi D^3}{16}$
圆环 d D	$I_P=\dfrac{\pi D^4}{32}(1-\alpha^4)$ 式中，$\alpha=\dfrac{d}{D}$	$W_P=\dfrac{\pi D^3}{16}(1-\alpha^4)$ 式中，$\alpha=\dfrac{d}{D}$

4. 圆轴扭转的强度与刚度计算

1) 强度计算

圆轴扭转时的强度条件：整个圆轴横截面上的最大切应力不超过材料的许用切应力，即

$$\tau_{\max}=\frac{T_{\max}}{W_P}\leqslant[\tau] \qquad (2\text{-}15)$$

式中，$T_{\max}$ 为圆轴危险截面上的扭矩；W_P 为危险截面的抗扭截面系数。

圆轴扭转时许用切应力 $[\tau]$，可查有关手册。在静载荷作用下，它与许用正应力有如下关系：

塑性材料　　　　　　　$[\tau]=(0.5\sim0.6)[\sigma]$
脆性材料　　　　　　　$[\tau]=(0.8\sim1.0)[\sigma]$

圆轴扭转的强度条件同样可以解决强度校核、设计截面尺寸、确定许可载荷三类问题。

【例 2.6】 一阶梯钢轴如图 2.23(a)所示，已知材料的许用切应力 $[\tau]=80$MPa，受外力偶矩为 $M_{e1}=10$kN·m，$M_{e2}=7$kN·m，$M_{e3}=3$kN·m。试校核该轴的强度。

解：(1) 作扭矩图，如图 2.23(b)所示。

(2) 强度校核。因 AB 段、BC 段的扭矩及直径各不相同，整个轴的危险截面的位置无法确定，故分别校核。

AB 段 $\tau_{\max} = \dfrac{T_{AB}}{W_{PAB}} = \dfrac{10 \times 10^6}{\dfrac{\pi \times 100^3}{16}} = 50.96(\text{MPa}) < [\tau]$

BC 段 $\tau_{\max} = \dfrac{T_{BC}}{W_{PBC}} = \dfrac{3 \times 10^6}{\dfrac{\pi \times 60^3}{16}} = 70.74(\text{MPa}) < [\tau]$

故该轴满足强度要求。

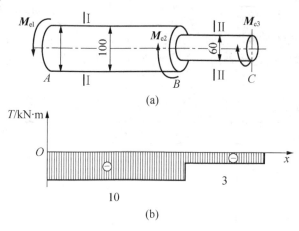

图 2.23 例 2.6 图

2) 刚度计算

(1) 圆轴扭转时的变形。对某些要求较高的轴,如车床丝杠,若扭转变形过大,会影响机器的正常工作,降低工件的加工精度。因此这类构件除满足强度条件外,还要具有足够的刚度,即不允许轴向产生过大的变形。

圆轴扭转时的变形是以任意两横截面的相对扭转角 φ 来度量的。如图 2.24 中的 φ_{AB} 就是截面 B 相对于截面 A 的扭转角。

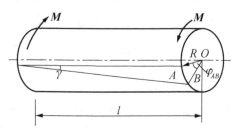

图 2.24 圆轴扭转变形

通过圆轴扭转实验证明,等截面圆轴的扭转角 φ 与轴的长度 l 及扭矩 T 成正比,与截面的极惯性矩 I_P 成反比,引入比例系数 G,则有

$$\varphi = \frac{Tl}{GI_P} \tag{2-16}$$

式中,扭转角 φ 的单位为 rad(弧度);G 为材料的切变模量(GPa),其值可由试验测得。从式(2-16)可知,当轴的长度 l 和扭矩 T 一定时,GI_P 越大,扭转角 φ 就越小。GI_P 反映了圆轴抵抗扭转变形的能力,称为圆轴的扭转刚度。

需要指出的是,对于阶梯状圆轴及扭矩分段变化的等截面圆轴,须分段计算相对扭转角,然后求代数和。

在工程实际中,为了消除轴长 l 的影响,通常采用单位长度扭转角 θ 来衡量扭转变形的程度。

$$\theta = \frac{\varphi}{l} = \frac{T}{GI_P} \tag{2-17}$$

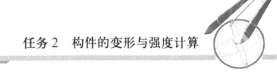

(2) 刚度条件。对于等截面圆轴，轴的刚度条件为

$$\theta_{max} = \left(\frac{\varphi}{l}\right)_{max} = \frac{T_{max}}{GI_P} \leqslant [\theta] \qquad (2\text{-}18a)$$

式中，$[\theta]$为许用单位长度扭转角(rad/m)。工程上常用(°/m)表示，所以用 1rad=180°/π代入式(2-18a)换算成度，得

$$\theta_{max} = \frac{T_{max}}{GI_P} \times \frac{180}{\pi} \leqslant [\theta] \qquad (2\text{-}18b)$$

$[\theta]$的数值由圆轴的工作条件、载荷性质和机器的精度要求等因素确定。一般情况下，规定精密机械轴$[\theta]=(0.25\sim0.5)$°/m；一般传动轴$[\theta]=(0.5\sim1.0)$°/m；精度要求较低的轴$[\theta]=(1.0\sim2.5)$°/m。

与强度计算类似，圆轴的刚度条件也可以解决三类问题，即刚度校核，设计截面尺寸和确定许可载荷。

【例 2.7】　等截面传动圆轴如图 2.25(a)所示。已知该轴转速 $n=300$r/min，主动轮输入功率 $P_C=30$kW，从动轮输出功率 $P_A=5$kW，$P_B=10$kW，$P_D=15$kW，材料的切变模量 $G=80$GPa，许用切应力$[\tau]=40$MPa，单位长度许用扭转角$[\theta]=1$°/m。试按强度条件和刚度条件设计此轴直径。

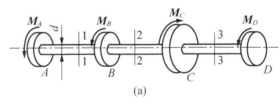

(a)

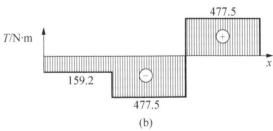

(b)

图 2.25　例 2.7 图

解：(1) 计算外力偶矩。由公式 $M=9550\frac{P}{n}$，可分别求得 $M_A=159.2$N·m，$M_B=318.3$N·m，$M_C=955$N·m，$M_D=477.5$N·m。

(2) 分段计算扭矩并画出扭矩图[图 2.25(b)]。

AB 段：$T_1=-159.2$N·m

BC 段：$T_2=-477.5$N·m

CD 段：$T_3=477.5$N·m

由扭矩图可知，$T_{max}=477.5$N·m。

(3) 按强度条件设计轴的直径。由强度条件 $\tau_{max}=\frac{T_{max}}{W_P} \leqslant [\tau]$ 得

$$W_P = \frac{\pi d^3}{16} \geqslant \frac{T_{max}}{[\tau]}$$

$$d \geqslant \sqrt[3]{\frac{16T}{\pi[\tau]}} = \sqrt[3]{\frac{16 \times 477.5 \times 10^3}{3.14 \times 40}} = 39.3\,(mm)$$

(4) 按刚度条件设计轴的直径。由刚度条件 $\theta_{max} = \frac{T_{max}}{GI_P} \times \frac{180}{\pi} \leqslant [\theta]$ 得

$$I_P = \frac{\pi d^4}{32} \geqslant \frac{T_{max} \times 180}{G\pi[\theta]}$$

$$d \geqslant \sqrt[4]{\frac{32\,T_{max} \times 180}{\pi^2 G\,[\theta]}} = \sqrt[4]{\frac{32 \times 477.5 \times 10^3 \times 180}{3.14^2 \times 80 \times 10^3 \times 1 \times 10^{-3}}} = 43.2\,(mm)$$

综上所述，圆轴须同时满足强度和刚度条件，则取 $d=44mm$。

【参考视频】

2.2.4 平面弯曲

受力特点：杆件受到垂直于杆件轴线方向的外力或受到在包含杆轴线的平面内的外力偶的作用，如图 2.26(a)所示。

变形特点：杆的轴线由直变弯。

各种以弯曲为主要变形的杆件称为梁。工程中常见梁的横截面多有一根对称轴[图 2.26(b)]，各截面对称轴形成一个纵向对称面，梁的轴线也在该平面内弯成一条曲线，这样的弯曲称为平面弯曲，如图 2.26(c)所示。平面弯曲是最简单的弯曲变形，下面重点讨论静定梁的平面弯曲问题。

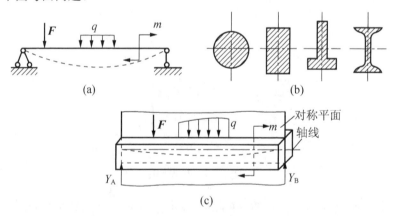

图 2.26 梁的平面弯曲

静定梁有三种基本形式：悬臂梁、简支梁和外伸梁，如图 2.27 所示。

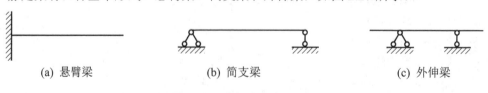

(a) 悬臂梁   (b) 简支梁   (c) 外伸梁

图 2.27 静定梁的基本形式

1．梁弯曲时的内力——剪力与弯矩

如图 2.28(a)所示的简支梁，受集中载荷 P_1、P_2、P_3 的作用，为求距 A 端 x 处横截面 m—m 上的内力，首先求出支座反力 R_A、R_B，然后用截面法沿截面 m—m 假想地将梁一分为二，取如图 2.28(b)所示的左半部分为研究对象。因为作用于其上的各力在垂直于梁轴方向的投影之和一般不为零，为使左段梁在垂直方向平衡，则在横截面上必然存在一个切于该横截面的力 F_Q，称为剪力。同时左段梁上各力对截面形心 O 之矩的代数和一般也不为零，为使该段梁不发生转动，在横截面上一定存在一个位于载荷平面内的内力偶，其力偶矩用 M 表示，称为弯矩。由此可知，梁弯曲时横截面上一般存在两种内力：剪力和弯矩。

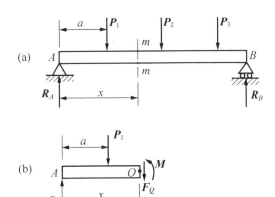

图 2.28　弯曲梁内力计算

由 $\Sigma F_y = 0$ 　　　　　　　　　　$R_A - P_1 - F_Q = 0$

解得　　　　　　　　　　　　　　$F_Q = R_A - P_1$

由 $\Sigma M_O(F) = 0$ 　　　　　　$-R_A x + P_1(x - a) + M = 0$

解得　　　　　　　　　　　　　$M = R_A x - P_1(x - a)$

工程中，对于一般的梁(跨度与横截面高度之比 $l/h > 5$)，弯矩起着主要的作用，而剪力则是次要因素，在强度计算中可以忽略。因此，下面仅讨论有关弯矩作用的问题。

计算梁的弯矩，除了用截面法外，还可用简捷方法：

梁任一横截面上的弯矩等于该截面任一侧(左侧或右侧)所有外力(包括外力偶)对截面形心所产生的力矩的代数和。其中，使梁产生向下凸的弯曲变形的弯矩规定为正，使梁产生向上凸的弯曲变形的弯矩规定为负，如图 2.29 所示。

【例 2.8】　图 2.30 所示悬臂梁受均布载荷 q 作用，图中距离 $\Delta \to 0$。试计算指定截面的弯矩。

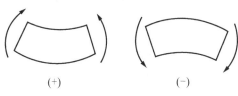

图 2.29　弯矩符号规定

解：对于悬臂梁，由截面至自由端梁段上的外力来计算指定截面上的弯矩，可不必求支座反力。

1—1 截面：$M_1 = -qx \cdot \dfrac{x}{2} = -\dfrac{qx^2}{2}$

2—2 截面：$M_2 = -q(l-\Delta) \cdot \dfrac{(l-\Delta)}{2} = -\dfrac{ql^2}{2}$

【例2.9】 如图2.31所示，外伸梁受集中力 $\boldsymbol{F}$ 和力偶 $M = \dfrac{1}{2}Fa$ 的作用，已知 $\boldsymbol{F}$、a，图中距离 $\Delta \to 0$。试计算指定截面的弯矩。

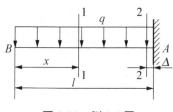

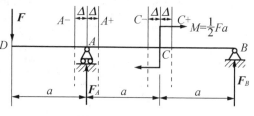

图2.30　例2.8图　　　　　　　图2.31　例2.9图

解：(1) 求支座反力。设 F_A、F_B 方向向上，由平衡方程 $\sum M_A(F)=0$ 及 $\sum F_y=0$ 求得

$$F_A = \frac{5}{4}F , \qquad F_B = -\frac{1}{4}F$$

(2) 求指定截面的弯矩。

A^-截面：$M_{A^-} = -F(a-\Delta) = -Fa$

A^+截面：$M_{A^+} = -F(a+\Delta) + F_A\Delta = -Fa$

可见，集中力作用处左右两侧无限接近的截面上，弯矩相等。

C^-截面：$M_{C^-} = -F \cdot (2a-\Delta) + F_A(a-\Delta) = -\dfrac{3}{4}Fa$

C^+截面：$M_{C^+} = -F(2a+\Delta) + F_A(a+\Delta) + M = -\dfrac{1}{4}Fa$

可见，集中力偶作用处左右两侧无限接近的截面上弯矩发生突变，突变值等于集中力偶矩的大小。

2. 弯矩图

1) 由弯矩方程画弯矩图

一般情况下，梁横截面上弯矩随截面位置而变化。若以横坐标 x 表示横截面的位置，则弯矩可表示为 x 的函数，即 $M = M(x)$，此式即为梁的弯矩方程。在列弯矩方程时，应根据梁上载荷的分布情况分段进行，集中力(包括支座反力)、集中力偶的作用点和分布载荷的起、止点均为分段点。

为了一目了然地表明梁的各横截面上弯矩沿梁轴线的分布情况，通常需要画弯矩图。下面举例说明如何由弯矩方程绘制弯矩图。

【例2.10】 齿轮轴如图2.32(a)所示，作用于齿轮上的径向力 $\boldsymbol{F}$ 通过轮毂传给轴[可简化为图2.32(b)所示的简支梁 AB，在 C 点受集中力 $\boldsymbol{F}$ 作用]。试列出梁的弯矩方程，并画出弯矩图。

解：(1) 求支座反力。由静力平衡方程得

$$F_A = \frac{Fb}{l}, \qquad F_B = \frac{Fa}{l}$$

(2) 列弯矩方程。由于 C 点受集中力 **F** 作用，故 AC、CB 两段的弯矩方程不同，须分段列出。建立如图 2.32(b)所示的坐标系，对 AC 段，取 x_1 截面的左段梁为研究对象，可得弯矩方程为

$$M(x_1) = F_A x_1 = \frac{Fb}{l} x_1 \qquad (0 \leqslant x_1 \leqslant a) \qquad ①$$

对 CB 段，取 x_2 截面的右段梁为研究对象，可得弯矩方程为

$$M(x_2) = F_B(l - x_2) = \frac{Fa}{l}(l - x_2) \qquad (a \leqslant x_2 \leqslant l) \quad ②$$

(3) 绘制弯矩图。由式①和式②可知，在 AC 段和 BC 段内，弯矩都是 x 的一次方程，所以两段的弯矩图都是斜直线，只要定出两个端点，就可以画出斜直线来。

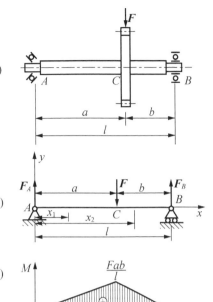

图 2.32　例 2.10 图

$$AC段：\left.\begin{array}{l} x_1 = 0,\ M = 0 \\ x_1 = a,\ M = \dfrac{Fab}{l} \end{array}\right\}连接这两点，就得到AC段的弯矩图$$

$$CB段：\left.\begin{array}{l} x_2 = a,\ M = \dfrac{Fab}{l} \\ x_2 = l,\ M = 0 \end{array}\right\}连接这两点，就得到CB段的弯矩图$$

从图 2.32(c)即 M 图可看出，在集中力作用处，弯矩图形成一折角，即 M 图在此点的斜率发生改变。

【**例 2.11**】 图 2.33(a)所示简支梁 AB，在 C 截面处受集中力偶 $\pmb{M}_e$ 作用。试列出梁的弯矩方程，并画出弯矩图。

解：(1) 求支座反力。按力偶系平衡条件得 $F_A = F_B = \dfrac{M_e}{l}$ [方向如图 2.33(a)所示]。

(2) 列弯矩方程。在 C 截面处有集中力偶作用，故 AC、CB 两段的弯矩方程不同，须分段列出。建立图 2.33(a)所示的坐标系，对 AC 段，取 x_1 截面的左段梁为研究对象，可得弯矩方程为

$$M(x_1) = F_A x_1 = \frac{M_e}{l} x_1 \qquad (0 \leqslant x_1 < a) \qquad\qquad ①$$

对 CB 段，取 x_2 截面的右段梁为研究对象，可得弯矩方程为

$$M(x_2) = -F_B(l - x_2) = -\frac{M_e}{l}(l - x_2) \qquad (a < x_2 \leqslant l) \qquad ②$$

(3) 绘制弯矩图。由式①和式②可知，在 AC 段和 BC 段内，弯矩都是 x 的一次方程，所以两段的弯矩图都是斜直线，只要定出两个端点，就可以画出斜直线来。

AC段：$x_1 = 0$，$M = 0$
$x_1 = a$，$M = \dfrac{M_e}{l}a$ 连接这两点，就得到AC段的弯矩图

CB段：$x_2 = a$，$M = -\dfrac{M_e}{l}b$
$x_2 = l$，$M = 0$ 连接这两点，就得到CB段的弯矩图

从图 2.33(b)即 M 图可看出，在集中力偶作用处，弯矩图发生突变，突变值等于集中力偶矩的大小。突变的方向，从左到右，当力偶为逆时针方向时，弯矩图向下突变；当力偶为顺时针方向时，弯矩图向上突变。

【例2.12】 图 2.34(a)所示简支梁 AB，受向下均布载荷 q 作用。试列出梁的弯矩方程，并画出弯矩图。

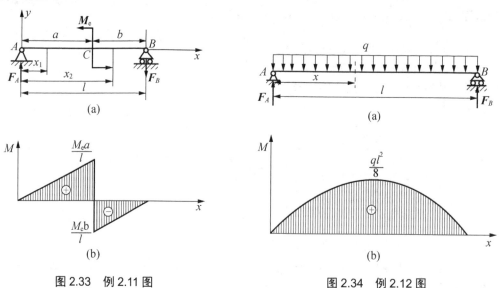

图 2.33 例 2.11 图 　　图 2.34 例 2.12 图

解： (1) 求支座反力。由梁的对称关系，可得

$$F_A = F_B = \frac{ql}{2}$$

(2) 列弯矩方程。如图 2.34(a)所示，假想在距 A 端 x 处将梁截开，取左段梁为研究对象，可得弯矩方程为

$$M(x) = F_A \cdot x - qx \cdot \frac{x}{2} = \frac{ql}{2}x - \frac{q}{2}x^2 \qquad (0 \leq x \leq l) \qquad ①$$

(3) 绘制弯矩图。式①表示弯矩图为一条开口向下的二次抛物线。作此抛物线，需要确定几个坐标点，列表计算如下：

x	0	$l/4$	$l/2$	$3l/4$	l
$M(x)$	0	$3ql^2/32$	$ql^2/8$	$3ql^2/32$	0

标出以上各点的 M 值，并连以光滑曲线，可绘出弯矩图[图 2.34(b)]

从 M 图可看出，最大弯矩发生在梁的跨度中点截面上，其值为 $M_{max} = \dfrac{ql^2}{8}$。

2) 根据弯矩图与载荷之间的规律画弯矩图

通过前面几个例题的求解，可知弯矩图和梁上载荷之间存在下列几点规律：

(1) 在无载荷的梁段上，弯矩图为斜直线(图 2.32、图 2.33)。

(2) 在均布载荷作用的梁段上，弯矩图为抛物线(图 2.34)。

(3) 在集中力作用处，弯矩图出现折角(图 2.32)。

(4) 在集中力偶作用处，其左右两截面上的弯矩值发生突变，突变量等于集中力偶的大小(图 2.33)。

利用以上规律，既可以校核弯矩图是否正确，又可以不必再列出弯矩方程而直接绘制弯矩图。这种方法画图的步骤是：先求出梁的支座反力，根据外力情况将梁分段，并定性判断各段弯矩图的形状，然后计算分界点的弯矩值，画出弯矩图。

【例 2.13】　利用弯矩图与载荷之间的规律，绘制图 2.35(a)所示梁的弯矩图。

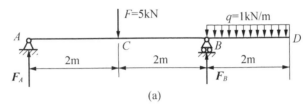

(a)

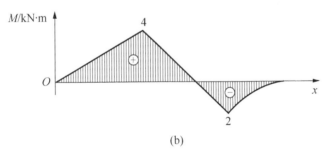

(b)

图 2.35　例 2.3 图

解：(1) 求支座反力

$$F_A=2\text{kN}, \quad F_B=5\text{kN}$$

(2) 分段，并判断各段 M 图的大致形状

梁应分 AC、CB、BD 三段：

AC 段：无载荷作用，M 图为斜直线。

CB 段：无载荷作用，M 图为斜直线。

BD 段：q 向下，M 图为上凸抛物线。

(3) 计算分界点的 M 值，绘制弯矩图

$$M_A=0, \quad M_C=4\text{ kN}\cdot\text{m}, \quad M_B=-2\text{kN}\cdot\text{m}, \quad M_D=0$$

根据 M 图的大致形状和分界点的 M 值，可画出梁的 M 图[图 2.35(b)]。

3. 纯弯曲时梁横截面上的正应力

前面曾经指出，梁弯曲时横截面上一般存在两种内力：剪力和弯矩。剪力 F_Q 由横截面上的切应力形成，而弯矩 M 由横截面上的正应力形成。而且当梁比较细长时，正应力是决定梁是否破坏的主要因素，切应力的影响可不必考虑。

梁的横截面上既有弯矩又有剪力的弯曲称为横力弯曲。若梁的横截面上只有弯矩而无剪力，称为纯弯曲。图 2.36 所示梁 CD 段发生的弯曲即为纯弯曲。下面针对纯弯曲梁分析横截面上正应力的分布规律。

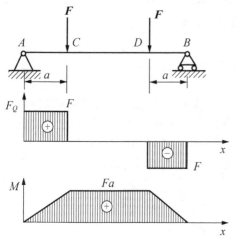

图 2.36　梁的弯曲形式

1) 中性层与中性轴

如图 2.37 所示，取一矩形截面等直梁，在其两端作用外力偶 M，梁发生纯弯曲变形后，一边凹陷，一边凸出。设想梁由无数条纵向纤维组成，则凹边的纵向纤维层缩短，凸边的纵向纤维层伸长。由于变形是连续的，沿梁的高度一定有一层纵向纤维层既不伸长也不缩短，这一长度不变的纤维层称为中性层。中性层与横截面的交线称为中性轴，即图 2.37 中的 z 轴。

可以证明，中性轴过横截面的形心且与横截面的纵向对称轴垂直。位于中性层上、下两侧的纤维，如一侧伸长另一侧必缩短，从而引起横截面绕中性轴转动微小角度。纤维伸长，横截面上对应各点受拉应力；纤维缩短，横截面上对应各点受压应力。所以，中性轴是横截面上拉应力区域与压应力区域的分界线。

2) 横截面上正应力的分布规律

梁纯弯曲时，横截面上只有正应力，没有切应力。中性轴一侧为拉应力，另一侧为压应力，其大小沿截面高度呈线性分布；距中性轴最远的截面上、下边缘上，分别具有最大拉应力和最大压应力；截面上距中性轴等距离的各点正应力相等，中性轴上各点正应力为零。正应力的分布规律如图 2.38 所示。

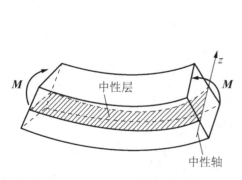

图 2.37　纯弯曲梁的变形　　　　　　图 2.38　纯弯曲梁的应力分布

3) 梁的正应力计算

纯弯曲梁横截面上任一点正应力的计算公式为

$$\sigma = \frac{My}{I_z} \tag{2-19}$$

式中，M 为横截面上的弯矩；y 为欲求应力的点到中性轴的距离；I_z 为横截面对中性轴的惯性矩，常用单位是 mm^4。

实际使用时，M 和 y 都取绝对值，由梁的变形直接判断 σ 的正负。

从式(2-19)可知，在离中性轴最远的梁的上下边缘处正应力最大，即

$$\sigma_{max} = \frac{M y_{max}}{I_z}$$

令 $W_z = \dfrac{I_z}{y_{max}}$，$W_z$ 称为横截面对中性轴的抗弯截面系数，常用单位是 mm^3，则

$$\sigma_{max} = \frac{M}{W_z} \tag{2-20}$$

当截面的形状对称于中性轴时，如矩形、工字形、圆形等，其上、下边缘距中性轴的距离相等，即 $y_1 = y_2 = y_{max}$ [图 2.39(a)～图 2.39(c)]，因而最大拉应力与最大压应力相等，即 $\sigma_{max}^{t} = \sigma_{max}^{c}$ [图 2.39(d)]。

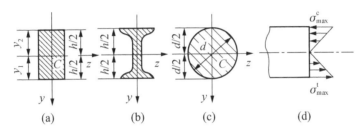

图 2.39 对称截面梁

当中性轴不是截面的对称轴时，如 T 形截面[图 2.40(a)]，$y_1 \neq y_2$，所以最大拉应力与最大压应力不相等[图 2.40(b)]，其值分别为

$$\sigma_{max}^{t} = \frac{M y_1}{I_z} \tag{2-21a}$$

$$\sigma_{max}^{c} = \frac{M y_2}{I_z} \tag{2-21b}$$

上述正应力的分布规律和计算公式是由纯弯曲梁推导得到的，但理论与实验证明，对于横力弯曲的细长梁(截面高度 h 与梁跨度 l 之比 $\dfrac{h}{l} \leqslant 0.2$ 的梁)，横截面上正应力分布与纯弯曲很接近，剪力的影响很小，因此只要在弹性范围内，上述结论和公式仍然适用。

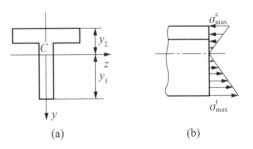

图 2.40 非对称截面梁

4) 常用截面的惯性矩和抗弯截面系数

惯性矩 I 与抗弯截面系数 W 取决于截面的形状和尺寸。截面的面积分布离中性轴越远，截面对该轴的惯性矩越大，抗弯截面系数也越大。常用截面的 I、W 计算公式见表 2-2，常用型钢的 I、W 可查型钢表。

表 2-2　常用截面的 I、W 计算公式

截 面 形 状	惯 性 矩	抗弯截面系数
	$I_z = \dfrac{bh^3}{12}$ $I_y = \dfrac{hb^3}{12}$	$W_z = \dfrac{bh^2}{6}$ $W_y = \dfrac{hb^2}{6}$
	$I_z = I_y = \dfrac{\pi d^4}{64}$	$W_z = W_y = \dfrac{\pi d^3}{32}$
	$I_z = I_y = \dfrac{\pi D^4}{64}(1-\alpha^4)$ 式中，$\alpha = \dfrac{d}{D}$	$W_z = W_y = \dfrac{\pi D^3}{32}(1-\alpha^4)$ 式中，$\alpha = \dfrac{d}{D}$
	$I_z = \dfrac{b(H^3-h^3)}{12}$　$I_y = \dfrac{b^3(H-h)}{12}$	$W_z = \dfrac{b(H^3-h^3)}{6H}$　$W_y = \dfrac{b^2(H-h)}{6}$

4. 梁的正应力强度计算

为了保证梁能安全地工作，必须使梁危险截面上危险点处的工作应力不超过材料的许用应力，即

$$\sigma_{max} = \frac{M_{max}}{W_z} \leqslant [\sigma] \tag{2-22}$$

需要指出的是，式(2-22)只适用于许用拉应力和许用压应力相等的塑性材料。对于像铸铁之类的脆性材料，许用拉应力$[\sigma^t]$和许用压应力$[\sigma^c]$并不相等，应分别建立相应的强度条件，即

$$\sigma^t_{max} \leqslant [\sigma^t], \ \ \sigma^c_{max} \leqslant [\sigma^c] \tag{2-23}$$

根据梁的正应力强度条件，同样可以解决三类强度计算问题：校核强度、设计截面尺寸和确定许可载荷。

【例 2.14】 如图 2.41(a)所示的一螺旋压板夹紧装置，已知工件受到的压紧力 F=3kN，板长为 $3a$，其中 a=50mm，压板材料的许用应力$[\sigma]$=140MPa。试校核压板的弯曲正应力强度。

解： 压板可简化为图 2.41(b)所示的外伸梁。

(1) 画出梁的弯矩图，计算危险截面的 M_{max}。

梁的弯矩图如图 2.41(c)所示，由图可知，B 截面弯矩最大，而且有螺栓孔，抗弯截面系数最小，为危险截面，其上弯矩为

$$M_{max} = Fa = (3\times10^3 \times 50\times10^{-3}) = 150(\text{N}\cdot\text{m})$$

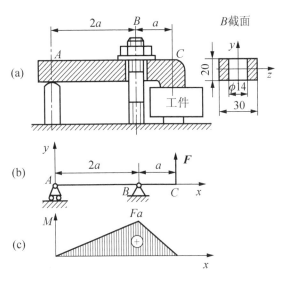

图 2.41 螺旋压板夹紧装置

(2) 计算危险截面的抗弯截面系数 W_z。

B 截面对中性轴的惯性矩为

$$I_z = \left(\frac{30 \times 20^3}{12} - \frac{14 \times 20^3}{12}\right) = 1.07 \times 10^4 \text{(mm}^4\text{)}$$

$$y_{max} = 10\text{mm}$$

故

$$W_z = \frac{I_z}{y_{max}} = \frac{1.07 \times 10^4}{10} = 1.07 \times 10^3 \text{(mm}^3\text{)}$$

(3) 校核压板的强度。

$$\sigma_{max} = \frac{M_{max}}{W_z} = \frac{150 \times 10^3}{1.07 \times 10^3} = 140.2 \text{(MPa)} > [\sigma] = 140\text{MPa}$$

一般设计规范规定：最大工作应力不超过材料许用应力的 5%，也是允许的。显然，压板工作时的最大弯曲正应力未超过许用应力 $[\sigma]$ 的 5%，故认为压板满足强度要求。

【例 2.15】 图 2.42(a)所示的桥式起重机大梁由 32b 型工字钢制成，已知跨度 $l=10$m，材料的许用应力 $[\sigma]=140$MPa，电葫芦自重 $G=0.5$kN，不计梁的自重。试求梁能够承受的最大载荷 F。

解：(1) 画出梁的弯矩图，计算危险截面的 M_{max}。

起重机大梁的计算简图如图 2.42(b)所示。当电葫芦移动到梁跨度的中点时，引起的弯矩值最大，画出此时梁的弯矩图[图 2.42(c)]。由图可知，梁中点截面弯矩最大，为危险截面，其上弯矩为

$$M_{max} = \frac{(F+G)l}{4}$$

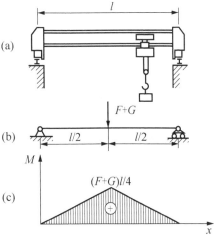

图 2.42 桥式起重机

(2) 计算许可载荷 F。

由弯曲正应力强度条件 $\sigma_{max} = \dfrac{M_{max}}{W_z} \leqslant [\sigma]$，得

$$M_{max} = \frac{(F+G)\,l}{4} \leqslant W_z[\sigma]$$

查型钢表得 32b 工字钢抗弯截面系数 W_z=726.33cm³，代入上式得

$$F \leqslant \frac{4\,W_z[\sigma]}{l} - G = \frac{4 \times 726.33 \times 10^3 \times 140}{10 \times 10^3} - 0.5 \times 10^3 = 40.2 \times 10^3 \text{(N)} = 40.2\text{(kN)}$$

故梁能够承受的最大载荷，即许可载荷为[F]=40.2kN。

【例 2.16】 T 形截面铸铁梁的载荷和截面尺寸如图 2.43 所示。材料的许用拉应力 [σ^t]=30MPa，许用压应力 [σ^c]=140MPa，T 形截面对中性轴 z 的惯性矩 I_z=136×10⁴mm⁴，且 y_1=30mm。试校核梁的强度。

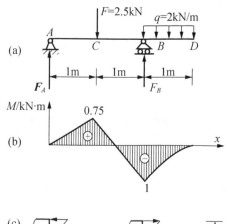

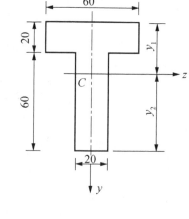

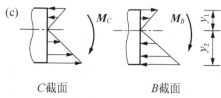

C截面　　　　B截面

图 2.43　例 2.16 图

解： (1) 由静力平衡方程求出支座反力为

$$F_A = 0.75\text{kN}, \qquad F_B = 3.75\text{kN}$$

(2) 画出梁的弯矩图，计算危险截面的 M_{max}。

梁的弯矩图如图 2.43(b)所示。C 截面产生最大正弯矩，M_C=0.75kN·m；B 截面产生最大负弯矩，M_B=-1kN·m。

(3) 校核强度。由于 T 形截面对中性轴不对称，同一截面上的最大拉应力和最大压应力并不相等，因此必须分别对危险截面 B 和 C 进行强度校核。

分别作出 B 截面和 C 截面的正应力分布图[图 2.43(c)]，因为 $|M_B| > |M_C|$，所以最大压应力发生在 B 截面的下边缘，即

$$\sigma_{max}^c = \frac{M_B y_2}{I_z} = \frac{1 \times 10^6 \times 50}{136 \times 10^4} = 36.8\text{(MPa)} < [\sigma^c] = 140\text{MPa}$$

至于最大拉应力究竟发生在 C 截面的下边缘还是 B 截面的上边缘，则要通过计算后才能决定。

在 C 截面下边缘

$$\sigma^t_{max} = \frac{M_C y_2}{I_z} = \frac{0.75 \times 10^6 \times 50}{136 \times 10^4} = 27.6 (MPa) < [\sigma^t] = 30 MPa$$

在 B 截面上边缘

$$\sigma^t_{max} = \frac{M_B y_1}{I_z} = \frac{1 \times 10^6 \times 30}{136 \times 10^4} = 22.1 (MPa) < [\sigma^t] = 30 MPa$$

可见最大拉应力发生在 C 截面的下边缘。

综上所述，该铸铁梁的强度足够。

5. 梁的弯曲刚度简介

对于某些要求高的构件，不但要有足够的弯曲强度，而且要有足够的弯曲刚度，才能保证其正常工作。如车床齿轮轴变形过大，将影响齿轮的啮合和轴承的配合，工作时产生振动和噪声，增加齿轮、轴承的磨损，降低使用寿命；车床主轴外伸端变形过大将会影响零件加工精度，甚至造成废品[图 2.44(a)]；起重机横梁的变形过大，电葫芦将行驶不到指定位置[图 2.44(b)]；桥梁的变形过大，当火车通过时，会引起桥梁严重振动。

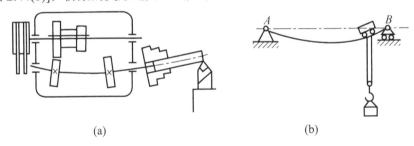

(a)   (b)

图 2.44   弯矩变形实例

梁的弯曲变形用挠度和转角来度量。挠度是梁轴线上的一点在垂直于轴线方向的位移，用 y 表示，常用单位为 mm，并规定挠度向上时为正，反之为负。如图 2.45 中 CC_1 即为 C 点的挠度。转角是横截面相对原来的位置绕中性轴转过的角度，用 θ 表示，常用单位为 rad，并规定逆时针转向的转角为正，反之为负。如图 2.45 中 θ 即为 $m—m$ 截面的转角。从图 2.45 可以看出，梁不同截面的挠度和转角均不相同。

工程中对梁的最大挠度和最大转角有一定的限制，即梁应满足弯曲刚度条件

$$\left.\begin{array}{c} |y_{max}| \leqslant [y] \\ |\theta_{max}| \leqslant [\theta] \end{array}\right\} \qquad (2-24)$$

式中，$[y]$、$[\theta]$ 分别为梁的许用挠度和许用转角，其具体数值可参照有关手册确定。

机械设计手册上常备有各种梁受不同载荷单独作用时的挠度和转角计算公式，设计时可直接查取。

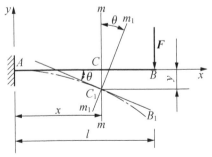

图 2.45   梁的弯曲变形计算

6. 提高梁的强度和刚度的措施

从梁的弯曲正应力公式 $\sigma_{\max} = \dfrac{M_{\max}}{W_z}$ 可以看出，梁的最大弯曲正应力与梁上的最大弯矩 $M_{\max}$ 成正比，与抗弯截面系数 W_z 成反比；从梁的挠度和转角的计算公式(查机械设计手册)可知梁的变形与跨度 l 的高次方成正比，与梁的抗弯刚度 EI_z 成反比。依据这些关系，可以采用以下措施来提高梁的强度和刚度，在满足梁的抗弯能力的前提下，尽量减少材料的消耗。

【参考视频】

1) 合理安排梁的支承

在梁的尺寸和截面形状已经设定的条件下，合理安排梁的支承，可以起到降低梁上最大弯矩的作用，同时也缩小了梁的跨度，从而提高了梁的强度和刚度。以图2.46(a)所示均布载荷作用下的简支梁为例，若将两端支座各向里侧移动 $0.2l$[图2.46(b)]，梁上的最大弯矩只是原来的 1/5，同时梁上的最大挠度和最大转角也变小了。

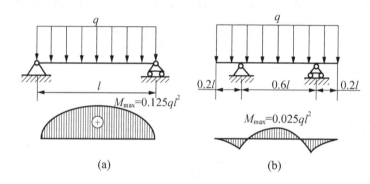

图 2.46　合理安排梁的支承

工程上常见的龙门吊车大梁(图2.47)、锅炉筒体(图2.48)、汽车底盘和火车车厢的大梁及运动场上的双杠，其支承都不在两端，而向中间移动了一定的距离，就是这个道理。

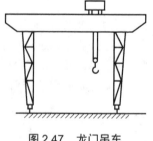

图 2.47　龙门吊车

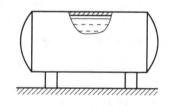

图 2.48　锅炉筒体

2) 合理布置载荷

当梁上的载荷大小一定时，合理地布置载荷，可以减小梁上的最大弯矩，提高梁的强度和刚度。以简支梁承受集中力 F 为例(图2.49)，集中力 F 的布置形式和位置不同，梁的最大弯矩明显减少。传动轴上齿轮靠近轴承安装[图2.49(b)]，运输大型设备的多轮平板车[图2.49(c)]，吊车增加副梁[图2.49(d)]，均可作为简支梁上合理地布置载荷、提高抗弯能力的实例。

3) 选择梁的合理截面

梁的合理截面应该是用较小的截面面积获得较大的抗弯截面系数(或较

【参考视频】

大的截面惯性矩)。从梁横截面正应力的分布情况来看，应该尽可能将材料放在离中性轴较远的地方。因此工程上许多受弯构件都采用工字形、箱形、槽形等截面形状。各种型材，如型钢、空心钢管等的广泛采用也是这个道理。

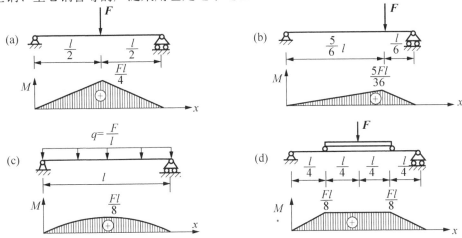

图 2.49　合理布置荷载

当然，除了上述三条措施外，还可以采用增加约束(即采用超静定梁)及等强度梁[图 2.50(a)所示摇臂钻床的横臂、图 2.50(b)所示汽车的板弹簧、图 2.50(c)所示阶梯轴]等措施来提高梁的强度和刚度。需要指出的是，由于优质钢与普通钢的 E 值相差不大，但价格悬殊，所以用优质钢代替普通钢达不到提高梁刚度的目的，反而增加了成本。

【参考视频】

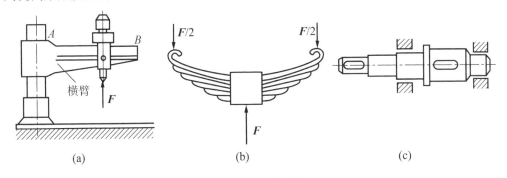

图 2.50　等强度梁

2.2.5　组合变形的强度计算

工程上大多数构件的受力情况较复杂，其变形往往是两种或两种以上基本变形的组合。同时产生两种或两种以上基本变形的复杂变形称为组合变形。

1. 拉(压)弯组合

如图 2.51(a)所示的三角支架，其中 AB 杆的受力图如图 2.51(b)所示。进行外力分析可得，假设各力方向如图 2.51(b)所示，那么杆 AB 受到沿轴线方向的一对力会使杆受压，另外，与轴线垂直的三个力会使杆受弯。

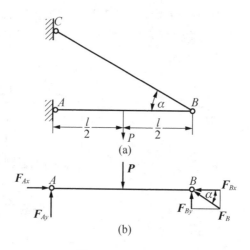

图 2.51　三角支架

拉(压)弯组合变形是工程中常见的一种组合变形。现以矩形截面梁为例说明其强度计算方法。

矩形等截面梁受力如图 2.52(a)所示，作用于自由端的外力 F 位于梁的纵向对称面内，并与梁的纵向轴线成 α 角。

1) 外力分析

将外力分解为轴向力 $F_x=F\cos\alpha$ 和横向力 $F_y=F\sin\alpha$，如图 2.52(b)所示。力 F_x 使梁产生拉伸变形，力 F_y 使梁产生平面弯曲，所以梁产生弯曲与拉伸的组合变形。

2) 内力分析

画出梁的轴力图和弯矩图[图 2.52(c)和图 2.52(d)]，由图可知危险截面在悬臂梁的根部（O 截面）。

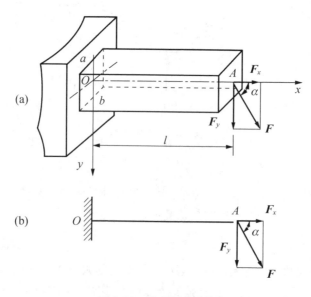

图 2.52　拉弯强度计算

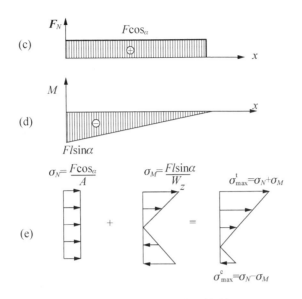

图 2.52　拉弯强度计算(续)

3) 应力分析

截面 O 上的应力分布如图 2.52(e)所示。它由轴力 $F_N=F\cos\alpha$ 引起的正应力 $\sigma_N = \dfrac{F\cos\alpha}{A}$

和弯矩 $M=Fl\sin\alpha$ 引起的正应力 $\sigma_M = \dfrac{Fl\sin\alpha}{W_z}$ 叠加而得。从截面 O 的应力分布可以看出，

上、下边缘各点为危险点[如图 2.52(a)中的 a、b 点]，其应力值分别为

$$\sigma_a = \sigma_{max}^t = \sigma_N + \sigma_M = \frac{F_N}{A} + \frac{M_{max}}{W_z} = \frac{F\cos\alpha}{A} + \frac{Fl\sin\alpha}{W_z}$$

$$\sigma_b = \sigma_{max}^c = \sigma_N - \sigma_M = \frac{F_N}{A} - \frac{M_{max}}{W_z} = \frac{F\cos\alpha}{A} - \frac{Fl\sin\alpha}{W_z}$$

4) 强度计算

从图 2.52(a)、图 2.52(e)中可以看出当发生弯曲与拉伸组合变形时，最大拉应力发生在 O 截面的上边缘；当发生弯曲与压缩组合变形时，最大压应力发生在 O 截面的下边缘。

对于抗拉与抗压性能相同的塑性材料，强度条件可以写成统一的式子，即

$$\sigma_{max} = \frac{|F_N|}{A} + \frac{|M_{max}|}{W_z} \leqslant [\sigma] \tag{2-25}$$

对于抗拉与抗压性能不相同的脆性材料，可根据危险截面上、下边缘应力分布的实际情况，按上述方法分别进行计算。

2. 弯扭组合

机械工程上中的轴类零件，大多发生弯曲与扭转的组合变形。现以图 2.53(a)所示电动机转轴为例，说明弯扭组合变形的强度计算方法。

1) 外力分析

力 $\boldsymbol{F}$ 使轴发生弯曲变形，力偶 $\boldsymbol{M}_e$ 使轴发生扭转变形。可见，电动机转轴发生弯扭组合变形。

2) 内力分析

如图 2.53(b)和图 2.53(c)所示，分别考虑力 F 和力偶 M_e 对轴的作用，画出弯矩图和扭矩图。由图可知固定端 A 截面为危险截面。其上弯矩值和扭矩值分别为

$$M=Fl, \qquad T=M_e$$

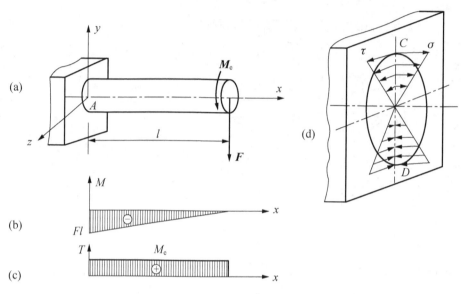

图 2.53　弯扭强度计算

3) 应力分析

由于在 A 截面上同时产生弯矩和扭矩，因此在该截面上产生相应的弯曲正应力和扭转切应力，其应力分布如图 2.53(d)所示。由图可看出，危险截面的危险点发生在 C、D 两点，危险点的最大弯曲正应力值和最大扭转切应力值分别为

$$\sigma = \frac{M}{W_z}, \qquad \tau = \frac{T}{W_P}$$

4) 强度计算

由于危险点上同时产生正应力和切应力，属于复杂应力状态。在复杂应力状态下，不能将正应力和切应力简单地代数相加，而必须根据不同材料在复杂应力状态下的破坏特点，应用强度理论(关于材料破坏原因的假说)将截面上的应力折算成相当应力 σ_{xd}，然后运用 $\sigma_{xd} \leqslant [\sigma]$ 进行强度计算。在机械工程中，发生弯扭组合变形的圆轴都是塑性材料制成的，此时可应用第三、第四强度理论来进行强度计算。圆轴弯扭组合变形时第三、第四强度理论的强度条件分别为

$$\sigma_{xd3} = \frac{\sqrt{M^2 + T^2}}{W_z} \leqslant [\sigma] \tag{2-26}$$

$$\sigma_{xd4} = \frac{\sqrt{M^2 + 0.75T^2}}{W_z} \leqslant [\sigma] \tag{2-27}$$

式中，σ_{xd3} 为第三强度理论的相当应力；σ_{xd4} 为第四强度理论的相当应力；M 为危险截面的弯矩；T 为危险截面的扭矩；W_z 为圆截面的抗弯截面系数；$[\sigma]$ 为材料的许用应力。

【例 2.17】　图 2.54(a)所示转轴 AB，通过作用在联轴器上的力偶 M 带动，通过皮带轮

C 输出。已知皮带直径 D=500mm，带紧边拉力 F_1=8kN，带松边拉力 F_2=4kN。轴的直径 d=90mm，a=0.5m，材料许用应力$[\sigma]$=50MPa。试按第三强度理论校核轴的强度。

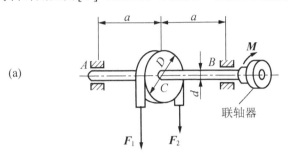

(a)

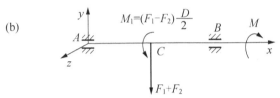

(b)

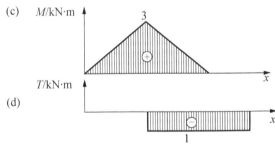

(c)

(d)

图 2.54　例 2.17 图

解：(1) 外力分析。将作用在带轮上的拉力 F_1 和 F_2 向截面圆心简化，结果如图 2.54(b) 所示。可以看出，此轴属于弯扭组合变形。

根据轴的力偶平衡条件得

$$M = F_1 \cdot \frac{D}{2} - F_2 \cdot \frac{D}{2} = (F_1 - F_2) \cdot \frac{D}{2}$$

$$= (8 - 4) \times \frac{0.5}{2} = 1 (\text{kN} \cdot \text{m})$$

转轴受垂直向下的合力为

$$F_1 + F_2 = 8 + 4 = 12 (\text{kN})$$

(2) 内力分析。分别画出轴的弯矩图和扭矩图[图 2.54(c)和图 2.54(d)]，由内力图可以判断带轮右侧截面为危险截面。危险截面上的弯矩和扭矩的数值分别为

$$M = 3\text{kN} \cdot \text{m}, \quad T = 1\text{kN} \cdot \text{m}$$

(3) 强度校核。危险截面的上、下边缘点是危险点，按第三强度理论，由式(2-26)得

$$\sigma_{\text{xd3}} = \frac{\sqrt{M^2 + T^2}}{W_z} = \frac{32\sqrt{M^2 + T^2}}{\pi d^3}$$

$$= \frac{32 \times \sqrt{(3 \times 10^6)^2 + (1 \times 10^6)^2}}{\pi \times 90^3} \approx 44 (\text{MPa}) < [\sigma]$$

由计算结果可知，该轴满足强度要求。

若在两相互垂直的平面内同时受到力的作用，轴将会在两个平面内都发生弯曲变形，此时应作出两个相互垂直平面内的弯矩图，然后由矢量合成法将两个方向的弯矩合成，合成弯矩 M 大小为：$M=\sqrt{M_H^2+M_V^2}$，M_V 和 M_H 为两相互垂直平面内的弯矩。

2.2.6 交变应力作用下构件的疲劳强度

1. 交变应力的概念

前面讨论中，构件上的应力都是静应力，其大小、方向基本不随时间变化。实际上，许多机械零件(各种轴、齿轮、弹簧、连杆等)经常受到大小和方向周期性变化的载荷作用。例如，火车轮轴[图 2.55(a)]，虽然载荷不变，但是由于轴在转动，轴横截面上各点的应力都将随着轴的转动而作周期性变化。

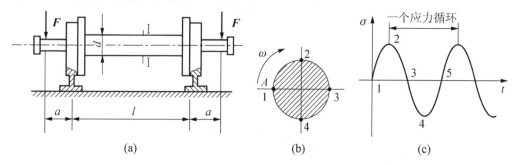

图 2.55 交变应力实例一

考虑中间纯弯曲段 Ⅰ—Ⅰ 截面上任一点 A 的应力情况。随着轴的转动，A 点的位置变化为 1→2→3→4→1[图 2.55(b)]，A 点的正应力也经历了从 $0→\sigma_{max}→0→\sigma_{min}→0$ 的变化，A 点的应力随时间变化的曲线如图 2.55(c)所示。轴继续转动，A 点的应力不断地重复以上变化。

又如图 2.56(a)所示齿轮的齿，可近似地简化为悬臂梁受集中载荷的情况[图 2.56(b)]。在齿轮传动过程中，轴每旋转一周，齿轮的每个齿啮合一次，轮齿齿根 A 点的弯曲正应力就由零变化到某一最大值，然后回到零。轴不断旋转，A 点的应力也就不断地重复上述过程，A 点的应力随时间变化的曲线如图 2.56(c)所示。

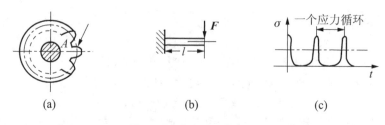

图 2.56 交变应力实例二

上述实例中，这种随时间作周期性变化的应力，称为交变应力。

交变应力随时间的变化规律，可用应力循环中最小应力与最大应力的比值，即循环特征 r 来表示

$$r = \frac{\sigma_{\min}}{\sigma_{\max}} \tag{2-28}$$

根据循环特征的不同，工程中常见的交变应力有以下几种情况：

(1) 对称循环：$\sigma_{\max} = -\sigma_{\min}$，$r = -1$(图 2.55)。

(2) 脉动循环：$\sigma_{\min} = 0$，$r = 0$(图 2.56)。

(3) 静载作用下的应力可作为一种特殊的交变应力，其 $\sigma_{\max} = \sigma_{\min}$，$r = 1$。

育人小课堂

零件疲劳
失效引发
世界级空难

2. 构件的疲劳失效与材料的持久极限

1) 构件的疲劳失效

构件在交变应力作用下发生的破坏，称为疲劳失效。构件的疲劳失效与静载下的强度失效具有本质的差别。实践表明，疲劳失效具有以下特征。

(1) 强度低。构件发生疲劳破坏时的最大应力，往往低于材料的静强度极限，甚至低于屈服极限。这说明，构件在交变应力作用下的疲劳强度比静载强度明显降低。

(2) 脆性断裂。构件在疲劳破坏前没有明显的塑性变形，即使是塑性很好的材料也呈现脆性断裂，这就表现出此类破坏的危险性。

(3) 断口特征。在疲劳破坏构件的断口上，通常呈现明显的两个区域：光滑区和粗糙区(图 2.57)。在光滑区域内有时可以看到由微裂纹的起始点(裂纹源)逐渐向外扩张的弧形曲线。

构件为何会产生疲劳破坏，原因是：材料内部往往存在一些缺陷，其表面也有机加工留下的刀痕，当交变应力超过一定限度并经历了足够多次的反复作用后，便在构件中应力最大处和材料缺陷处产生了细微的裂纹，形成裂纹源。由于压力交替变化，裂纹两边的材料不时挤压与分离，发生类似研磨的作用，这就形成

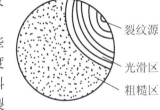

图 2.57　断口特征

断口的光滑区。随着应力循环次数的增加，裂纹源逐渐扩展，构件横截面的有效面积逐渐减小，应力随之增大。当截面削弱到不足以承受外力时，在外界偶然因素(如超载、冲击或振动等)作用下便突然断裂，形成断口的粗糙区。

疲劳破坏是机械零件失效的主要原因之一。据统计，在机械零件失效中约有 80% 以上属于疲劳破坏。另外疲劳破坏又是在没有明显预兆的情况下突然发生的，极易造成严重的后果。因此，需要研究构件的疲劳强度及提高构件疲劳强度的措施。

2) 材料的持久极限

试验表明，材料是否发生疲劳破坏，不仅与最大应力 $\sigma_{\max}$ 有关，还与循环特征 r 及循环次数 N 有关。在一定的循环特征下，当 $\sigma_{\max}$ 不超过某一极限值时，材料可以经受无限次应力循环而不发生疲劳破坏。材料在交变应力作用下，能经受无限次应力循环而不发生疲劳破坏的最大应力，称为材料的持久极限或疲劳强度，用 σ_r 表示。下脚标 r 表示循环特征，如 σ_{-1}、σ_0 分别表示对称循环和脉动循环时材料的持久极限。试验表明，在对称循环交变应力作用下材料的持久极限值最低，这说明对称循环的交变应力对构件来说最危险。

3. 疲劳强度条件

考虑实际构件与疲劳试验用的试件之间的差异，将试件的持久极限 σ_r 除以安全系数 n，可得构件在交变应力作用下的许用应力，即

$$[\sigma_r] = \frac{\sigma_r}{n} \tag{2-29}$$

在交变应力作用下，构件截面上的最大工作应力σ_{max}必须小于等于构件的许用应力，其疲劳强度条件可写成以下具体形式。

弯曲对称循环　　　　　　　　　$\sigma_{max} \leqslant [\sigma_{-1}]$

弯曲脉动循环　　　　　　　　　$\sigma_{max} \leqslant [\sigma_0]$

4. 提高构件疲劳强度的措施

疲劳破坏是由微裂纹扩展引起的，而裂纹的形成主要在应力集中的部位和构件表面。所以提高疲劳强度应从减缓应力集中，提高表面质量等方面入手。

1) 减缓应力集中

根据疲劳破坏的分析，裂纹源通常产生在有应力集中的部位，而且构件持久极限之所以降低，也都是由于各种影响因素带来的应力集中。因此，设法避免或减弱应力集中，可以有效地提高构件的疲劳强度。设计构件外形时，尽量避免出现方形或带有尖角的孔和槽，在截面尺寸突然改变处，要用足够大的圆角过渡，若当结构需要直角时，可在直径较大的轴段上开减荷槽[图2.58(a)]或设置退刀槽[图2.58(b)]；机械中常用的紧配合的轮毂与轴的配合边缘处，在轮毂上开出减荷槽，并加粗轴的配合部分(图2.59)，以缩小轮毂与轴之间的刚度差异；将必要的孔或沟槽配置在构件的低应力区等。

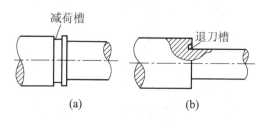

图2.58　减缓应力集中方法一

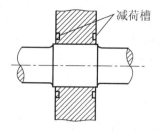

图2.59　减缓应力集中方法二

轴上的键槽，采用盘铣刀加工[图2.60(a)]比用指状铣刀铣出的键槽[图2.60(b)]应力集中小。在角焊缝处，采用坡口焊接[图2.61(a)]的应力集中程度比无坡口焊接[图2.61(b)]要小很多。

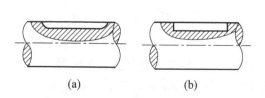

图2.60　不同键槽的应力集中

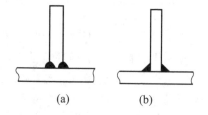

图2.61　不同焊接方式的应力集中

2) 提高表面加工质量

一般来说，构件表层的应力都很大，例如，在承受弯曲和扭转的构件中，其最大应力均发生在构件的表面。同时，由于加工的原因，在构件表层的刀痕或损伤处，又将引起应力集中，这样，在该处就容易产生疲劳裂纹。因此，对疲劳强度要求高的构件，应采用精加工方法，以获得较高的表面质量。特别是对高强度钢这类对应力集中比较敏感的材料，其加工更需要精细一些。

3) 提高表层强度

由于构件的疲劳裂纹源起始于构件的表层，因此设法提高构件表层的强度，可以提高构件的持久极限。工程中，常采用对构件进行表面热处理(高频淬火、渗碳、渗氮等)或对构件表面进行机械强化(滚压、喷丸等)来提高构件的疲劳强度。但采用这些方法时，要严格控制工艺过程，否则将造成表面细微裂纹，反而降低了持久极限。

2.3　任 务 实 施

传动轴的直径设计如下。

(1) 外力分析。将 C、D 两齿轮的圆周力向轴线平移，并画轴的受力简图如图 2.62(a) 所示。由轴的转动平衡条件可知，F_{1t} 与 F_{2t} 平移后的附加力偶矩相等，即

$$M_1 = F_{1t}\frac{d_C}{2} = M_2 = F_{2t}\frac{d_D}{2} = F_2\cos\alpha\frac{d_D}{2} = 5321\times\cos 20°\times\frac{0.1}{2} = 5000\times\frac{0.1}{2} = 250(\text{N}\cdot\text{m})$$

并由此求得 C 齿轮的圆周力

$$F_{1t} = \frac{2M_2}{d_C} = \frac{2\times 250}{0.2} = 2500(\text{N})$$

C、D 两轮径向力大小为

$$F_{1r} = F_{1t}\tan\alpha = 2500\times\tan 20° = 910(\text{N})$$
$$F_{2r} = F_2\sin\alpha = 5321\times\sin 20° = 1820(\text{N})$$

在受力简图 2.62(a)中，铅垂方向的力 F_{1t}、F_{2r} 及轴承的支反力 F_{Ay}、F_{By} 使轴在竖直平面内产生弯曲变形；水平方向的力 F_{1r}、F_{2t} 及轴承的支反力 F_{Az}、F_{Bz} 使轴在水平平面内产生弯曲变形；力偶 M_1 和 M_2 使轴产生扭转变形。轴 AB 产生双向弯曲及扭转的组合变形。

(2) 内力分析。将轴的受力简图在竖直平面进行投影，求轴承支反力并画竖直平面内的弯矩图[图 2.62(b)和图 2.62(e)]。支反力 F_{Ay}=-1420N，F_{By}= 740N。

将轴的受力简图在水平平面进行投影，求轴承支反力并画水平平面内的弯矩图 [图 2.62(c)和图 2.62(f)]。支反力 F_{Az}=-567.5N，F_{Bz}=-3522.5N。

画轴的扭矩图，如图 2.62(g)所示。

由两个平面内的弯矩图可见，圆轴的 D 截面具有最大的合成弯矩。其值为

$$M_D = \sqrt{M_{DV}^2 + M_{DH}^2} = \sqrt{74^2 + 352.25^2} = 360(\text{N}\cdot\text{m})$$

(3) 设计轴的直径。由第三强度理论的强度条件 $\sigma_{xd3} = \dfrac{\sqrt{M^2+T^2}}{W_z} \leqslant [\sigma]$ [式(2-26)]得

$$d \geqslant \sqrt[3]{\frac{\sqrt{M_D^2+T^2}}{0.1[\sigma]}} = \sqrt[3]{\frac{\sqrt{(360\times 10^3)^2 + (250\times 10^3)^2}}{0.1\times 120}} = 33.2(\text{mm})$$

故轴的直径取 d=34mm。

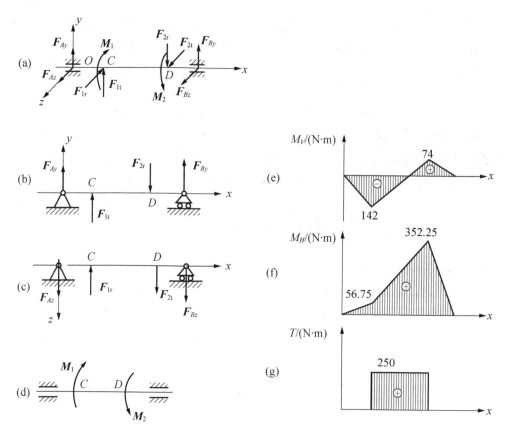

图2.62 任务二实例过程

该任务中，传动轴上的齿轮为直齿轮，因此在分析其上的啮合力时，将其分解成径向平面内的两个正交分力：圆周力和径向力。其他种类的齿轮，啮合传动时的受力状况将会有所不同，见表2-3。

表2-3 各种常用齿轮传动机构受力分析汇总表

传动机构	受 力 状 况	受 力 分 析
直齿轮	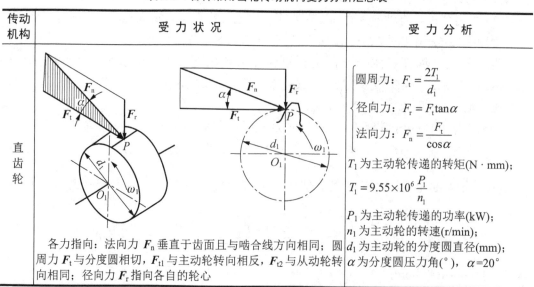 各力指向：法向力 F_n 垂直于齿面且与啮合线方向相同；圆周力 F_t 与分度圆相切，F_{t1} 与主动轮转向相反，F_{t2} 与从动轮转向相同；径向力 F_r 指向各自的轮心	圆周力：$F_t = \dfrac{2T_1}{d_1}$ 径向力：$F_r = F_t \tan\alpha$ 法向力：$F_n = \dfrac{F_t}{\cos\alpha}$ T_1 为主动轮传递的转矩(N·mm)； $T_1 = 9.55 \times 10^6 \dfrac{P_1}{n_1}$ P_1 为主动轮传递的功率(kW)； n_1 为主动轮的转速(r/min)； d_1 为主动轮的分度圆直径(mm)； α 为分度圆压力角(°)，$\alpha = 20°$

传动机构	受力状况	受力分析
斜齿轮	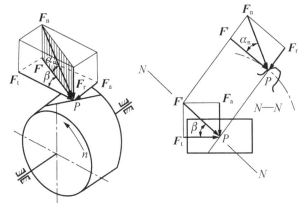 各力指向：圆周力和径向力的方向判别与直齿轮相同；轴向力可以用"主动轮左、右手定则"来判断，见右图。主动轮右旋用右手，左旋用左手，四指弯曲方向表示主动轮的转向，大拇指代表轴向力方向，从动轮的轴向力与其相反	圆周力：$F_\mathrm{t}=\dfrac{2T_1}{d_1}$ 径向力：$F_\mathrm{r}=F_\mathrm{t}\tan\alpha_\mathrm{t}=F_\mathrm{t}\dfrac{\tan\alpha_\mathrm{n}}{\cos\beta}$ 轴向力：$F_\mathrm{a}=F_\mathrm{t}\tan\beta$ 法向力：$F_\mathrm{n}=\dfrac{F_\mathrm{t}}{\cos\alpha_\mathrm{n}\cos\beta}$ T_1 为小齿轮传递的转矩(N·mm)，其计算同直齿轮； α_n 为法向压力角(°)，$\alpha_\mathrm{n}=20°$； β 为斜齿轮螺旋角(°) 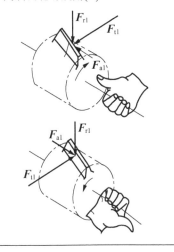
蜗轮蜗杆	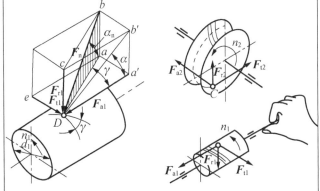 各力指向：圆周力和径向力的方向判别与直齿轮相同，由于蜗杆与蜗轮轴线垂直交错，所以蜗杆的圆周力与蜗轮的轴向力、蜗轮的圆周力与蜗杆的轴向力分别大小相等、方向相反	$F_{\mathrm{t}1}=-F_{\mathrm{a}2}=\dfrac{2T_1}{d_1}$ $F_{\mathrm{a}1}=-F_{\mathrm{t}2}=\dfrac{2T_2}{d_1}$ $F_{\mathrm{r}1}=-F_{\mathrm{r}2}=F_{\mathrm{t}2}\tan\alpha$ T_1、T_2 分别为蜗杆、蜗轮上的转矩(N·mm)，T_1 计算同直齿轮； $T_2=T_1 i\eta$，η 为蜗杆传动的效率； $F_{\mathrm{t}1}$、$F_{\mathrm{a}1}$、$F_{\mathrm{r}1}$ 分别为蜗杆圆周力、轴向力、径向力； $F_{\mathrm{t}2}$、$F_{\mathrm{a}2}$、$F_{\mathrm{r}2}$ 分别为蜗轮圆周力、轴向力、径向力

2.4 任务评价

本任务评价考核见表2-4。

表2-4 任务评价考核

序号	考核项目	权重	检查标准	得分
1	轴向拉伸与压缩	15%	(1) 明确拉伸与压缩的受力特点、变形特点; (2) 正确绘制轴力图; (3) 了解拉伸与压缩的变形; (4) 掌握构件拉伸与压缩的强度计算方法	
2	剪切与挤压	15%	(1) 明确剪切与挤压的受力特点、变形特点; (2) 熟悉构件剪切与挤压的强度计算方法	
3	圆轴的扭转	20%	(1) 明确扭转的受力特点、变形特点; (2) 正确绘制扭矩图; (3) 了解扭转的变形与刚度计算方法; (4) 掌握圆轴扭转的强度计算方法	
4	直梁的弯曲	20%	(1) 明确弯曲的受力特点、变形特点; (2) 正确绘制弯矩图; (3) 掌握直梁弯曲的强度计算方法	
5	组合变形	20%	(1) 了解拉弯组合变形的强度计算方法; (2) 掌握弯扭组合变形的强度计算方法	
6	交变应力作用下构件的疲劳强度	10%	(1) 掌握交变应力的概念; (2) 了解构件的疲劳破坏特点及原因; (3) 了解疲劳强度计算方法; (4) 熟悉工程中提高构件承载能力的方法和措施	

习 题

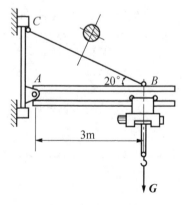

图 2.63 题 2.1 图

2.1 某悬臂吊车如图 2.63 所示。最大起重载荷 G=20kN，杆 BC 为 Q235A 圆钢，许用应力[σ]=120 MPa。试按图示位置设计 BC 杆的直径 d。

2.2 齿轮与轴用平键联接，如图 2.64 所示。已知轴的直径 d=70mm，键宽 b=20mm，高 h=12mm，传递的力偶矩 M=2kN·m，键材料的许用切应力[τ]=80MPa，许用挤压应力[σ_{jy}]=200MPa，试设计键的长度 l。

2.3 图 2.65 所示转轴的功率由带轮 B 输入，齿轮 A、C 输出。已知 P_B=60kW，P_C=20kW，[τ]=37MPa，转速 n=630 r/min。试设计转轴的直径。

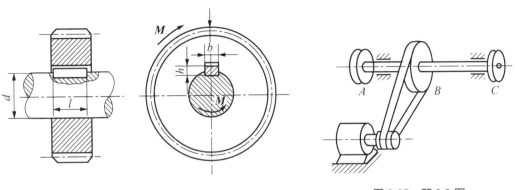

图 2.64　题 2.2 图　　　　　　　　图 2.65　题 2.3 图

2.4　画出如图 2.66 所示梁的弯矩图。

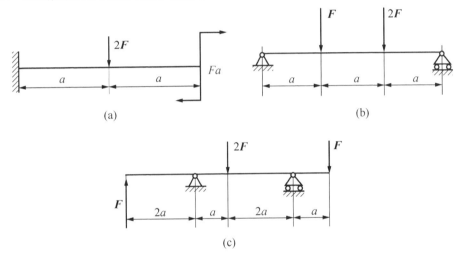

图 2.66　题 2.4 图

2.5　如图 2.67 所示，吊车梁由 32b 工字钢制成，梁的跨度 l=10m，梁的材料为 Q235 钢，许用应力$[\sigma]$=140MPa，电葫芦自重 G_1=15kN，梁自重不计。求该梁能承担的起吊重量 G_2。

2.6　绞车如图 2.68 所示，已知 $AB=BC$=400mm，$CD=DE=EF$=200mm，AD 段为圆轴，直径 d=35mm，材料的许用应力$[\sigma]$=80MPa，鼓轮直径 D=300mm，起吊重物 G=1kN。试校核轴 AD 的强度。

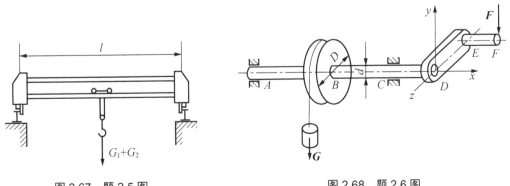

图 2.67　题 2.5 图　　　　　　　　图 2.68　题 2.6 图

2.7 如图 2.69 所示，传动轴传递的功率 $P=8\text{kW}$，转速 $n=50\text{r/min}$，轮 A 带的张力沿水平方向，轮 B 带的张力沿竖直方向，两轮的直径均为 $D=1\text{m}$，重力均为 $G=5\text{kN}$，带张力 $F_T=3F_t$，轴材料的许用应力 $[\sigma]=90\text{MPa}$，轴的直径 $d=70\text{mm}$。试按第三强度理论校核轴的强度。

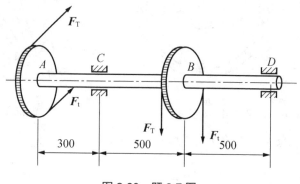

图 2.69 题 2.7 图

2.8 已知某减速器齿轮箱中的第 II 轴单向转动，材料选用正火处理的 45 钢，如图 2.70 所示，该轴转速为 $n=265\text{r/min}$；输入功率 $P_C=10\text{kW}$；C、D 两直齿轮的节圆直径分别为 $D_1=396\text{mm}$，$D_2=168\text{mm}$，轴径 $d=50\text{mm}$，齿轮压力角 $\alpha=20°$，对称循环下轴的许用弯曲应力 $[\sigma_{-1}]=55\text{MPa}$。试校核该轴的强度。

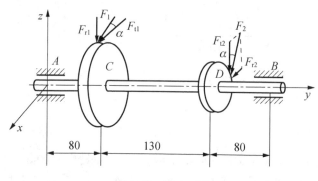

图 2.70 题 2.8 图

项目 2
机械工程材料分析

【知识目标】

- 金属材料的力学性能和工艺性能
- 常用工程材料的分类、牌号、性能特点和用途
- 钢的常用热处理工艺类型及其各自的作用
- 零件材料的选用和热处理

【能力目标】

- 了解金属材料的工艺性能指标及材料力学性能的测试方法
- 掌握金属材料的强度指标、塑性指标和硬度表示方法
- 掌握常用工程材料的分类、牌号、性能特点和用途
- 了解钢的常用热处理工艺类型及其各自的作用
- 初步具有正确选用零件材料和热处理方法的能力

【素质目标】

- 引导学生守护环境、清洁生产，培养其质量意识和安全环保意识。
- 培养学生增强社会责任感和国家使命感。

机械工程材料是构成机械设备的基础。在构件的设计、制造与维修过程中，都会遇到材料的选用问题。这就需要了解常用工程材料的性能、分类、牌号和应用及改变材料性能(热处理)的基本方法。

育人小课堂

我国的"明星"
材料石墨烯

任务3

减速器轴的材料选用及热处理

3.1 任 务 导 入

机械工程中，合理地选用材料对于保证产品质量、降低生产成本有着极为重要的作用。本任务将学习针对零件的工作条件、受力情况和失效形式等，提出材料的性能要求，根据性能要求选择合适的材料。

如图 3.1 所示的单级圆柱齿轮减速器输出轴，设计过程中除了要根据受力情况设计合理的尺寸以满足强度和刚度以外，还要求为其选择合适的材料，制订合理的热处理工艺路线。

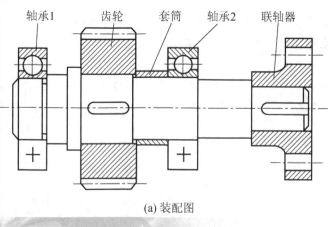

(a) 装配图

图 3.1 减速器输出轴

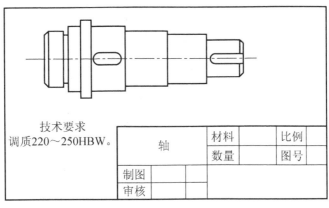

(b) 零件图

图 3.1 减速器输出轴(续)

3.2 任 务 资 讯

3.2.1 金属材料的性能

金属材料是机械工业中应用最广的材料,其选择都是围绕性能进行的,熟悉它们的主要性能是合理选用材料的基础。金属材料的性能分为两类:一类是使用性能,反映材料在使用过程中所表现出来的特性,如力学性能、物理性能、化学性能等。材料的使用性能影响零件或工具的工作能力。另一类是工艺性能,反映材料在加工制造过程中所表现出来的特性,如铸造性、锻造性、焊接性、切削加工性及热处理性等。材料的工艺性能影响零件或工具制造的难易程度。

1. 金属材料的力学性能

机器中的构件在使用时都承受外力的作用。构件材料在外力作用下所表现出来的特性就是力学性能,它的主要指标是强度、塑性、硬度、冲击韧性等。上述指标既是设计零件(构件)、选择材料的重要依据,又是控制、检验材料质量的重要参数。

测定静态力学性能指标常采用拉伸试验法。通常将材料制成标准试样[图 3.2(a)],装在拉伸试验机[图 3.2(b)]上,对试样缓慢施加拉力,使之不断地产生变形,直到拉断试样为止。试验机自动记录装置可将整个拉伸过程的拉伸力和伸长量描绘出来,如图 3.2(c)所示为低碳钢的拉伸曲线。通过拉伸曲线可测定材料的强度与塑性。

1) 强度

如前所述(任务 2),强度是材料在载荷(外力)作用下抵抗塑性变形和破坏的能力。抵抗外力的能力越大,则强度越高。

(1) 屈服强度(屈服点)。由图 3.2(c)可知,当载荷增加到 F_s 时,在不再继续增加载荷的情况下,试样仍能继续伸长,这种现象称为屈服。将开始发生屈服现象时的应力,即开始出现塑性变形时的应力,称为屈服强度 σ_s。

$$\sigma_s = \frac{F_s}{A_0} \tag{3-1}$$

式中，F_s 为试样屈服时的载荷(N)；A_0 为试样的原始截面积(mm^2)。

屈服强度是一般塑性材料零件设计和选材的主要依据。

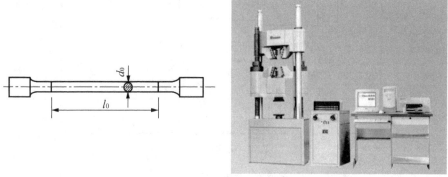

(a) 拉伸试样   (b) 拉伸试验机

【参考视频】

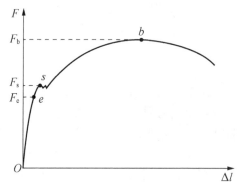

(c) 低碳钢的拉伸曲线

图 3.2 拉伸试验

(2) 抗拉强度。当载荷超过 F_s 以后，试样将继续变形，载荷达到最大值后，试样产生缩颈，有效截面积急剧减小，直至断裂。抗拉强度是试样在断裂前所能承受的最大应力，用 σ_b 表示。

$$\sigma_b = \frac{F_b}{A_0} \tag{3-2}$$

式中，F_b 为试样断裂前的最大载荷(N)；对于脆性材料的零件，设计时用抗拉强度 σ_b 作为主要依据。

2) 塑性

塑性是材料断裂前发生塑性变形的能力。材料断裂前的塑性变形越大，表示它的塑性越好；反之，则表示其塑性差。常用的塑性指标是断后伸长率和断面收缩率。

(1) 断后伸长率。断后伸长率可用式(3-3)表示

$$\delta = \frac{l_1 - l_0}{l_0} \times 100\% \tag{3-3}$$

式中，l_0 为试样原始的标距长度；l_1 为试样断裂后的标距长度。

试样的长度和截面尺寸对塑性有一定影响。国家标准规定,长试样的标距以公式 $l_0=10d_0$ 来计算,短试样的标距以公式 $l_0=5d_0$ 来计算。长试样的伸长率用符号 δ_{10} 表示,通常写成 δ; 短试样的伸长率用符号 δ_5 表示。同一种材料,通常优先选用短试样。在比较不同材料的伸长率时,应采用同样尺寸规格的试样。

工程上一般把 $\delta>5\%$ 的材料称为塑性材料,如低碳钢、铜、铝等;将 $\delta<5\%$ 的材料称为脆性材料,如铸铁、玻璃、陶瓷等。

(2) 断面收缩率。断面收缩率用式(3-4)表示

$$\psi = \frac{A_0 - A_1}{A_0} \times 100\% \tag{3-4}$$

式中,A_0 为试样的原始横截面积;A_1 为试样断口处的最小横截面积。

材料的 δ 或 ψ 值越大,表示材料的塑性越好,不容易突然断裂。虽然塑性指标不直接用于工程设计计算,但塑性会影响零件的成形加工及使用。例如,工业纯铁的 δ 可达 50%,ψ 可达 80%,因此能够拉成细丝,轧薄板等;而白口铸铁的 δ 和 ψ 几乎为零,所以不能进行塑性加工。

3) 硬度

硬度是指金属材料抵抗局部变形,特别是塑性变形、压痕或划伤的能力,是衡量材料软硬的指标,也可以从一定程度上反映材料的综合力学性能。通常材料硬度越高,耐磨性越好,强度也越高。

由于硬度试验的方法简单方便,不损伤零件,因此,在工程中得到普遍应用。常用的硬度试验方法有布氏硬度、洛氏硬度和维式硬度试验三种。

(1) 布氏硬度(HBW)试验。布氏硬度的测定是在布氏硬度试验机[图 3.3(a)]上进行的,试验原理如图 3.3(b)所示。用直径为 D 的硬质合金球,在规定载荷 F 的作用下压入被测金属表面,保持一定时间后卸除载荷,用载荷 F 除以被测金属表面上留下的压痕表面积 A 所得的平均压力(F/A)表示材料的布氏硬度值。在实际应用中,布氏硬度一般不用计算,只需用专用的刻度放大镜量出压痕直径 d,再查压痕直径与布氏硬度对照表即可。

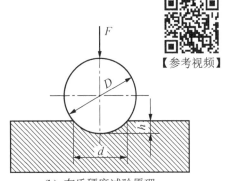

【参考视频】

(a) 布氏硬度试验机   (b) 布氏硬度试验原理

图 3.3   布氏硬度试验

在工程中,硬度标注只需标注其数值和符号,如 280HBW 表示布氏硬度值为 280。

布氏硬度试验的优点是测定的数据准确稳定,数据重复性强。但压痕的面积较大,对金属表面的损伤也大。布氏硬度试验不易测定太薄零件的硬度,也不适合测定成品件的硬

度，多适用于测定原材料、半成品及微小部分性能不均匀的材料(如铸铁)的硬度。

(2) 洛氏硬度(HR)试验。洛氏硬度的测定是在洛氏硬度试验机[图 3.4(a)]上进行的。如图 3.4(b)所示，它是以锥顶角为 120°的金刚石圆锥体，或直径为 1.588mm 的淬火钢球为压头，先加初载荷为 98N(10kgf)，再加规定的主载荷，将压头压入被测金属材料的表层。经规定保持时间后卸去主载荷，最终根据压痕的深度来确定洛氏硬度值。

【参考视频】

(a) 洛氏硬度试验机

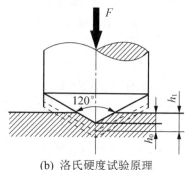
(b) 洛氏硬度试验原理

图 3.4　洛氏硬度试验

洛氏硬度值可从洛氏硬度试验机的刻度盘上直接读出，洛氏硬度值没有单位，只是根据不同的压头和所加压力大小分为不同的标尺，其中 HRA、HRB、HRC 三种标尺最常用，其试验条件及应用范围见表 3-1。

表 3-1　洛氏硬度试验条件及应用

硬度符号	压 头 类 型	总载荷 F/kgf(N)	硬度值有效范围	应 用 举 例
HRA	120°金刚石圆锥体	60(588)	70～85	硬质合金、表面淬火、渗碳钢
HRB	ϕ 1.588 mm 淬火钢球	100(980)	25～100	非铁合金、退火钢、铜合金等
HRC	120°金刚石圆锥体	150(1470)	20～67	淬火钢、调质钢

工程上常用 HRC 作为洛氏硬度指标,如 50HRC 表示用 C 标尺测定的洛氏硬度值为 50。

与布氏硬度相比,洛氏硬度试验压痕小,对试样表面损伤小,试验操作简单方便,适用的硬度范围广,可用来测量薄片和成品,可以用于硬度很高的材料,在钢件热处理质量检查中应用最多。但测量结果不如布氏硬度精确,测量时需要在试样上不同部位测定 3 点,取其算术平均值。洛氏硬度试验不宜用于测定各微小部分性能不均匀的材料(如铸铁)。

(3) 维氏硬度(HV)试验(图 3.5)。维氏硬度的试验原理与布氏硬度基本相同,它是用顶角为 136°的四棱金刚石,在较小的载荷(压力)F(常用 50～1000N)作用下压入被测材料表面,并按规定保持一定时间,以凹痕单位表面积上所承受的压力作为维氏硬度值,用符号 HV 表示。在实际工作中,维氏硬度值也不用计算,而是用附在试验机上的显微镜测量压痕的对角线长度 d,然后根据 d 从表中直接查出。

维氏硬度试验法所用试验力小,压痕深度较浅且轮廓清晰,数值较准确,故广泛用于测量金属镀层、薄片材料和化学热处理后的表面硬度;又因其试验力可在很大范围内选择,可测量从很软到很硬的材料。但维氏硬度试验操作复杂,工作效率不如洛氏硬度高,不适于成批生产的常规试验。

　　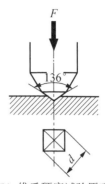

(a) 维氏硬度试验机　　　　　　　　(b) 维氏硬度试验原理

图 3.5　维氏硬度试验

由于各种硬度的试验条件不同，因此相互间没有直接的换算关系，需要时应查换算表。但根据试验结果，有如下粗略关系：

当硬度在 200～600HBW 时，$HRC \approx \dfrac{1}{10}HBW$；

当硬度小于 450HBW 时，$HBW \approx HV$。

4) 冲击韧性

机械设备中有很多零件要承受冲击载荷的作用，如冲床的冲头、锻锤的锤杆、铁路车辆间的车钩等。在选用这类零件的材料时，单纯用静载荷作用下的性能指标(强度、塑性和硬度)来衡量是不安全的。因为一些强度较高的金属，在冲击载荷的作用下也往往会发生断裂。因此，对于这些零件和工具，还必须考虑金属材料的冲击韧性。

冲击韧性是指金属材料抵抗冲击载荷作用而不破坏的能力，常用冲击吸收功或冲击韧度来表示。

冲击韧性的测定方法是将被测材料制成标准缺口(V 形或 U 形)试样，缺口背对摆锤的冲击方向放在试验机上，然后由置于一定高度的重锤自由落下而一次冲断，试验原理如图 3.6 所示。冲断试样所消耗的能量称为冲击吸收功 A_{KV}(或 A_{KU})，其数值为重锤冲断试样的势能差，可从试验机刻度盘上读得。

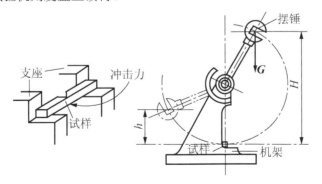　

【参考视频】

图 3.6　冲击试验原理图

冲击韧度值就是试样缺口处单位截面积上所消耗的冲击吸收功，用 α_{KV}(或 α_{KU})表示，单位为 J/cm^2。

A_{KV} 或 α_{KV} 值越低，表示材料的冲击韧性越差，在受到冲击时越易断裂；反之，数值越大，则韧性越好，受冲击时越不容易断裂。冲击韧度尚不能直接用于承载能力计算，只作为设计选材时的参考指标。它对组织、温度非常敏感，通过冲击试验可以评定材料的性质。

事实上，材料的抗冲击能力主要取决于材料强度和塑性的综合性能指标。大能量一次冲击时，其抵抗能力主要取决于塑性；而小能量多次冲击时，其抵抗能力主要取决于强度。

2. 金属材料的工艺性能

工艺性能是指金属材料对不同加工方法的适应能力，它是力学、物理和化学性能的综合表现。金属材料的工艺性能对于保证产品质量、降低成本、提高生产效率有着重大的作用，是设计零件、选择材料和编制零件加工工艺流程的重要依据之一。

1) 铸造性能

【参考图文】

铸造性能是指金属在铸造生产中表现出的工艺性能，如流动性、收缩性、偏析性(凝固后各处化学成分的不均匀性)、吸气性等。如果某一金属材料在液态时流动能力大，不容易吸收气体，冷凝过程中收缩小，凝固后铸件的化学成分均匀，则认为这种金属材料具有良好的铸造性能。在常用的金属材料中，灰铸铁和青铜有良好的铸造性能。

2) 锻造性能

【参考图文】

锻造性能是指锻造金属材料的难易程度。若金属材料在锻造时塑性好(能发生大的塑性变形而不破坏)，变形抗力小(锻造时消耗能量小)，则称该金属锻造性好；反之，则锻造性差。所以金属的锻造性能是金属的塑性和变形抗力两者的综合。

在常用金属材料中，黄铜和铝合金在室温下就有良好的锻造性。而钢的锻造性能与化学成分有关，低碳钢的锻造性比中碳钢、高碳钢好；普通碳钢的锻造性比同样含碳量的合金钢好；铸铁则没有锻造性。

3) 焊接性能

焊接性能是指金属材料对焊接成形的适应性，也就是指在一定的焊接工艺条件下金属材料获得优质焊接接头的难易程度。焊接性能好的材料，可用一般的焊接方法和焊接工艺进行焊接，焊缝中不易产生气孔、夹渣或裂纹等缺陷，其焊接接头强度与母材相近。

金属的焊接性很大程度上受金属本身材质(如化学成分)的影响，在常用金属材料中，低碳钢有良好的焊接性，而高碳钢和铸铁的焊接性则较差，这类材料的焊接一般只用于修补工作。

4) 切削加工性能

切削加工性能是指金属材料被切削加工的难易程度。金属材料的切削加工性能不仅与材料本身的化学成分、内部组织结构有关，还与刀具的几何参数等因素有关，通常可根据材料的硬度和韧性对材料的切削加工性作大致的判断。工件材料硬度过高，刀具易磨损，寿命短，甚至不能切削加工；工件材料硬度过低，容易粘刀，且不易断屑，加工后表面粗糙。所以硬度过高或过低、韧性过大的材料，其切削性能较差。碳钢硬度为150～250HBW时，有较好的切削加工性；灰铸铁具有良好的切削加工性。

5) 热处理性能

金属是否易于通过加热、保温、冷却等过程来改变其性能称为热处理性能，详见 3.2.3 节。热处理性能好的金属材料工艺简单、生产率高、质量稳定。在常用金属材料中，合金钢的热处理性能好于碳钢。

3.2.2 常用机械工程材料

机械工程材料种类繁多，有许多不同的分类方法，按成分和组成特点分为金属材料、高分子材料、陶瓷材料和复合材料四大类(图 3.7)。其中金属材料因其具有良好的力学性能和工艺性能，是目前应用最广泛的材料。金属材料又分为钢铁材料(黑色金属)和非铁材料(有色金属)。其中钢铁材料包括铸铁和钢，占金属材料总量的 95%。非铁材料，如铜、铝、镁等，虽然产量和使用量较少，但因其具有某些特殊性能，所以成为现代工业中不可缺少的金属材料。

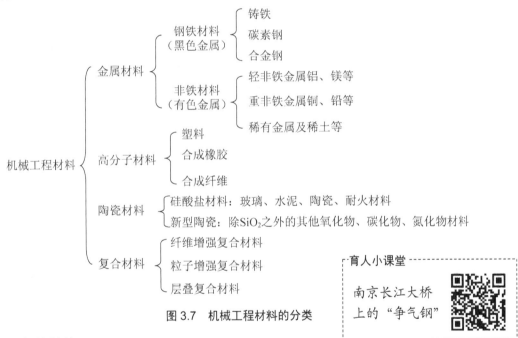

图 3.7 机械工程材料的分类

育人小课堂

南京长江大桥上的"争气钢"

1. 钢铁材料

1) 铸铁

铸铁是一系列主要由铁、碳、硅(Si)组成的合金，其平均含碳量 $w_C > 2.11\%$，工业上常用的铸铁 w_C 一般为 $2.5\% \sim 4.0\%$。由于铸铁具有良好的铸造性、吸振性、切削加工性及一定的力学性能，并且价格低廉、生产设备简单，所以在机器零件材料中占有很大的比例，广泛地用来制作各种机架、底座、箱体、缸套等形状复杂的零件。

铸铁中的碳主要以渗碳体(Fe_3C)和石墨(G)的形式存在，根据碳在铸铁中的存在形式不同，常将铸铁分为白口铸铁和灰口铸铁两大类。

(1) 白口铸铁。白口铸铁中碳几乎全部以渗碳体(Fe_3C)形式存在。Fe_3C 具有硬而脆的特性，使得白口铸铁变得非常脆硬，切削加工困难。工业上很少直接用它来制造机器零件，而主要作为炼钢的原料。它的断口呈银白色，故称为白口铸铁。

(2) 灰口铸铁。灰口铸铁中的碳主要以石墨(G)的形式存在，其断口呈暗灰色。此类铸铁，尤其是灰铸铁，在工业中应用很广。如按质量统计，在汽车、拖拉机中铸铁件占 50%～70%，机床和重型机械中占 60%～90%。

根据灰口铸铁中石墨形态(图 3.8)的不同又可分为以下几种：

(a) 灰铸铁中的片状石墨

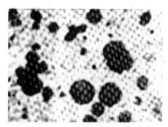

(b) 球墨铸铁中的球状石墨

(c) 蠕墨铸铁中的蠕虫状石墨

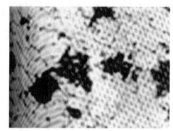

(d) 可锻铸铁中的团絮状石墨

图 3.8　石墨在铸铁中的存在形态

① 灰铸铁。灰铸铁中的碳大部分或全部以片状石墨的形式存在，断口呈暗灰色，故称为灰铸铁。灰铸铁具有良好的铸造性、耐磨性、抗振性和切削加工性，但也存在塑性差、韧性差、抗拉强度低、焊接性能较差等缺点，多用来制造固定设备的床身、形状特别复杂或承受较大摩擦力的批量零件。

灰铸铁的牌号是用两个汉语拼音字母和一组力学性能数值来表示的。灰铸铁有 HT100、HT150、HT200、HT250、HT300 和 HT350 六个牌号，牌号中"HT"是"灰铁"两字汉语拼音的第 1 个字母，其后的数字表示其最低的抗拉强度。表 3-2 所示为常用灰铸铁的牌号、力学性能和用途。

表 3-2　灰铸铁牌号、不同壁厚铸件的力学性能和用途

牌号	铸铁壁厚/mm	抗拉强度 σ_b/MPa 不小于	硬度/HBW	用 途 举 例
HT100	2.5～10	130	110～166	低载荷和不重要的零件,如盖、外罩、手轮、支架、底板、手柄等
	10～20	100	93～140	
	20～30	90	87～131	
	30～50	80	82～122	
HT150	2.5～10	175	137～205	承受中等应力的铸件,如普通机床的支柱、底座、齿轮箱、刀架、床身、轴承座、工作台、带轮、泵壳、阀体、法兰、管路及一般工作条件的零件
	10～20	145	119～179	
	20～30	130	110～166	
	30～50	120	105～157	

续表

牌号	铸铁壁厚/mm	抗拉强度 σ_b/MPa 不小于	硬度/HBW	用 途 举 例
HT200	2.5～10	220	157～236	承受较大应力和要求一定气密性或耐蚀性的较重要铸件，如气缸、齿轮、机座、机床床身、立柱、气缸体、气缸盖、活塞、制动轮、泵体、阀体、化工容器等
	10～20	195	148～222	
	20～30	170	134～200	
	30～50	160	129～192	
HT250	4.0～10	270	175～262	
	10～20	240	164～247	
	20～30	220	157～236	
	30～50	200	150～225	
HT300	10～20	209	182～272	承受高的应力，要求耐磨、高气密性的重要铸件，如剪床、压力机、自动机床和重型机床床身、机座、机架、齿轮、凸轮、衬套、大型发动机曲轴、气缸体、缸套、高压油缸、水缸、泵体、阀体等
	20～30	250	168～251	
	30～50	230	161～241	
HT350	10～20	340	199～298	
	20～30	290	182～272	
	30～50	260	171～257	

②　球墨铸铁。球墨铸铁中的碳以球状石墨形式存在。球状石墨对基体的割裂作用最小，又无应力集中作用，所以球墨铸铁的强度、塑性、韧性等力学性能远远超过灰铸铁而接近于普通碳素钢，同时又具有灰铸铁的一系列优良性能，如良好的铸造性、耐磨性、切削加工性、低的缺口敏感性等。球墨铸铁常用于制造承受冲击载荷的零件，如传递动力的齿轮、曲轴、连杆等。

球墨铸铁的牌号用两个汉语拼音字母和两组力学性能数值来表示，如 QT400-17 牌号中"QT"是"球铁"两字汉语拼音的第 1 个字母，其后两组数字分别表示最低抗拉强度为 400MPa，最低伸长率为 17%。表 3-3 列出了常用球墨铸铁的牌号、力学性能和用途。

表 3-3　球墨铸铁的牌号、力学性能和用途

牌号	力学性能			硬度/HBW	用 途 举 例
	σ_b/MPa	$\sigma_{0.2}$/MPa	δ/(%)		
	不小于				
QT400-18	400	250	18	130～180	农机具犁铧、犁柱，汽车和拖拉机的轮毂、离合器壳、差速器壳、拨叉；阀体、阀盖、气缸；铁路垫板、电动机壳、飞轮壳等
QT400-15	400	250	15	130～180	
QT450-10	450	310	10	160～210	
QT500-7	500	320	7	170～230	内燃机油泵齿轮、铁路机车轴瓦、机器座架、传动轴、飞轮、电动机等
QT600-3	600	370	3	190～270	柴油机和汽油机的曲轴、凸轮轴、气缸套、连杆，部分磨床、铣床、车床主轴，农机具脱粒机齿条、负荷齿轮，起重机滚轮，小型水轮机主轴等
QT700-2	700	420	2	225～305	
QT800-2	800	480	2	245～335	
QT900-2	900	600	2	280～360	内燃机曲轴、凸轮轴，汽车螺旋齿轮、转向轴，拖拉机减速齿轮，农机犁铧等

③ 蠕墨铸铁。蠕墨铸铁中的石墨形态介于片状和球状之间，片短而厚，头部较圆，形似蠕虫，所以称为蠕墨铸铁。蠕墨铸铁是一种新型的铸铁材料，其力学性能介于灰铸铁和球墨铸铁之间；而铸造性能、减振性、耐热疲劳性能优于球墨铸铁，与灰铸铁相近；目前，较广泛地用于结构复杂、强度和热疲劳性能要求高的铸件。

蠕墨铸铁的牌号用"RuT"其后的一组数字来表示。"RuT"为"蠕铁"两字的汉语拼音字母，三位数字表示最小抗拉强度。例如，RuT260 表示最小抗拉强度是 260MPa 的蠕墨铸铁。常用蠕墨铸铁的牌号、力学性能和用途见表 3-4。

表 3-4　蠕墨铸铁的牌号、力学性能和用途

牌号	力学性能			硬度/HBW	用途举例
	σ_b/MPa	$\sigma_{0.2}$/MPa	δ/(%)		
	不小于				
RuT 260	260	195	3	121～195	增压器废气进气壳体、汽车底盘零件等
RuT 300	300	240	1.5	140～217	排气管、变速器箱体、气缸盖、液压件、纺织机零件、钢锭模等
RuT 340	340	270	1.0	170～249	重型机床件，大型齿轮箱体、飞轮、起重机卷筒等
RuT 380	380	300	0.75	193～274	活塞环、气缸套、制动盘、钢珠研磨盘、吸淤泵体等
RuT 420	420	335	0.75	200～280	

④ 可锻铸铁。可锻铸铁中的石墨呈团絮状，它是由白口铸铁经长时间高温石墨化退火而得到的一种铸铁。可锻铸铁实际上并不能锻造，"可锻"仅表示它具有一定的塑性，其强度比灰铸铁高，但铸造性能比灰铸铁差，主要用来制造形状复杂，工作中又承受冲击振动的薄壁小型铸件。由于它的生产周期长，工艺复杂且成本高，近年来已逐渐被球墨铸铁所取代。

可锻铸铁的牌号用三个汉语拼音字母和两组力学性能数值来表示，其中"KTH"表示黑心可锻铸铁，"KTZ"表示珠光体可锻铸铁，"KTB"表示白心可锻铸铁。如 KTH350-10 表示黑心可锻铸铁，最低抗拉强度为 350MPa，最低断后伸长率为 10%。常用可锻铸铁的牌号、力学性能和用途见表 3-5。

表 3-5　可锻铸铁的牌号、力学性能和用途

牌号	力学性能			硬度/HBW	试棒直径/mm	用途举例
	σ_b/MPa	$\sigma_{0.2}$/MPa	δ/%			
	不小于					
KTH300-06	300	—	6	<150	15	汽车、拖拉机零件，如后桥壳、轮壳、转向机构壳体、弹簧钢板 支座等；机床附件，如钩型扳手、螺纹铰扳手等；各种管接头、低压阀门、农具等
KTH330-08	330	—	8	<150	15	
KTH350-10	350	200	10	<150	15	
KTH370-12	370	—	12	<150	15	
KTZ450-06	450	270	6	150～200	15	曲轴、连杆、齿轮、凸轮轴、摇臂、活塞环等
KTZ550-04	550	340	4	180～230	15	
KTZ650-02	650	430	2	210～260	15	
KTZ700-02	700	530	2	240～290	15	

2) 工业用钢

钢是平均含碳量 $w_C < 2.11$ 的铁碳合金，它含有少量的硅(Si)、锰(Mn)、硫(S)、磷(P)等杂质。钢是应用最广泛的机械工程材料，在工业生产中起着十分重要的作用。

钢的种类很多，为了便于管理、选用和研究，从不同角度把它们分成若干类别。

按化学成分可把钢分为碳素钢和合金钢两大类。

按用途不同，把钢分为结构钢(包括建筑用钢和机械用钢)、工具钢(包括制造各种工具，如刀具、量具、模具等用钢)和特殊性能钢(具有特殊的物理、化学性能的钢)。

按脱氧程度的不同，分为镇静钢、沸腾钢、半镇静钢和特殊镇静钢。

按钢的品质不同，分为普通钢($w_P \leq 0.045\%$，$w_S \leq 0.05\%$)、优质钢($w_P \leq 0.035\%$，$w_S \leq 0.035\%$)、高级优质钢($w_P \leq 0.025\%$，$w_S \leq 0.025\%$，牌号后加 A 表示)。

钢厂在给钢的产品命名时，往往将用途、成分、质量这三种分类方法结合起来。如将钢称为优质碳素结构钢、碳素工具钢、高级优质合金结构钢、合金工具钢等。

(1) 碳素钢。碳素钢(简称碳钢)是指平均含碳量在 2.11% 以下，并含有少量的硅(Si)、锰(Mn)、硫(S)、磷(P)等常存杂质元素的铁碳合金。碳素钢可以轧制成板材和型材，也可以锻造成各种形状的锻件。

下面简要介绍几种常用的碳素钢。

① 普通碳素结构钢。这类钢平均含碳量在 0.06%～0.38%，通常为热轧钢板、型钢、棒钢等，可供焊接、铆接、栓接一般工程构件，大多不需要热处理而直接在供应状态下使用。

钢的牌号由代表屈服点的字母、屈服点数值、质量等级符号和脱氧方法符号四部分按顺序组成，如 Q235-AF 中的 Q 为钢材屈服点"屈"字汉语拼音首字母，235 表示屈服强度 $\sigma_s \geq 235\text{MPa}$，A(B、C、D)分别为质量等级，F 为沸腾钢。

表 3-6 列出了普通碳素结构钢的牌号、力学性能和用途，其中 Q235 因平均含碳量及力学性能居中而最为常用。

表 3-6　普通碳素结构钢的牌号、力学性能和用途

牌号	质量等级	σ_s/MPa 钢材厚度(直径)/mm				σ_b/MPa	δ/(%) 钢材厚度(直径)/mm				用 途 举 例
		≤16	<16～40	>40～60	>60～100		≤16	<16～40	>40～60	>60～100	
		不小于					不小于				
Q195	—	(195)	(185)	—	—	315～390	33	32	—	—	塑性好，有一定的强度，用于制造受力不大的零件，如螺钉、螺母、垫圈等，焊接件、冲压件、桥梁建筑等金属结构件
Q215	A B	215	205	195	185	335～410	31	30	29	28	
Q235	A B C D	235	225	215	205	375～460	36	25	24	23	
Q255	A B	225	245	235	225	410～510	24	23	22	21	强度较高，用于制造承受中等载荷的零件，如小轴、销子、连杆、农机零件等
Q275	—	275	265	255	245	490～610	20	19	18	17	

② 优质碳素结构钢。优质碳素结构钢中只含有少量的有害杂质硫和磷，它既能保证钢中的化学成分，又能保证力学性能，因此质量较高，可用于制造较重要的机械零件。

钢的牌号用两位数字表示，这两位数字表示钢中平均含碳量的万分数，如08F、10A、45、65Mn，表示钢中平均含碳量分别为0.08%、0.1%、0.45%、0.65%。含碳量后面加"A"表示高级优质钢，加"F"表示沸腾钢，未标"F"的都是镇静钢；含锰量较高时则在平均含碳量后面加锰元素符号"Mn"。

优质碳素结构钢根据含碳量又可分为低碳钢(w_C≤0.25%)、中碳钢(0.25%<w_C≤0.6%)和高碳钢(w_C>0.6%)。

低碳钢强度低，塑性、韧性好，易于冲压加工，主要用于制造受力不大的机械零件，如螺钉、螺母、冲压件、焊接件等。

中碳钢强度较高，塑性和韧性也较好，应用广泛，多用于制造齿轮、丝杠、连杆及各种轴类零件等。

高碳钢热处理后具有高强度和良好的弹性，但切削加工性、锻造性和焊接性差，主要用于制造弹簧和易磨损的零件。

表3-7列出了优质碳素结构钢的牌号、化学成分、力学性能和用途。

表3-7　优质碳素结构钢的牌号、化学成分、力学性能和用途

牌号	w_C	w_{Si}	w_{Mn}	w_P	w_S	$\sigma_b/$ MPa	$\sigma_s/$ MPa	$\delta/$ (%)	$\psi/$ (%)	$A_k/$ J	用途举例
						力学性能 不小于					
08F	0.05~0.11	≤0.03	0.25~0.50	≤0.035	≤0.035	295	175	35	60	—	受力不大，但要求高韧性的冲压件、焊接件、紧固件，如螺栓、螺母、垫圈等；渗碳淬火后可制造要求强度不高的受磨零件，如凸轮、滑块、活塞、销等
10F	0.07~0.14	≤0.07	0.25~0.50	≤0.035	≤0.035	315	185	33	55	—	
15F	0.12~0.19	≤0.07	0.25~0.50	≤0.035	≤0.035	355	205	29	55	—	
08	0.05~0.12	0.17~0.37	0.35~0.65	≤0.035	≤0.035	325	195	33	60	—	
10	0.07~0.14	0.17~0.37	0.35~0.65	≤0.035	≤0.035	335	205	31	55	—	
15	0.12~0.19	0.17~0.37	0.35~0.65	≤0.035	≤0.035	375	225	27	55	—	
20	0.17~0.24	0.17~0.37	0.35~0.65	≤0.035	≤0.035	410	245	25	55	—	
25	0.22~0.30	0.17~0.37	0.50~0.80	≤0.035	≤0.035	450	275	23	50	71	
30	0.27~0.35	0.17~0.37	0.50~0.80	≤0.035	≤0.035	490	295	21	50	63	载荷较大的零件，如连杆、曲轴、主轴、活塞、销、表面淬火齿轮、凸轮等
35	0.32~0.40	0.17~0.37	0.50~0.80	≤0.035	≤0.035	530	215	20	45	55	
40	0.37~0.45	0.17~0.37	0.50~0.80	≤0.035	≤0.035	570	335	19	45	47	
45	0.42~0.50	0.17~0.37	0.50~0.80	≤0.035	≤0.035	600	355	16	40	39	
50	0.47~0.55	0.17~0.37	0.50~0.80	≤0.035	≤0.035	630	375	14	40	31	
55	0.52~0.60	0.17~0.37	0.50~0.80	≤0.035	≤0.035	645	385	13	35	—	
60	0.57~0.65	0.17~0.37	0.50~0.80	≤0.035	≤0.035	675	400	12	35	—	要求弹性极限或强度较高的零件，如轧辊、弹簧、钢丝绳、偏心轮等
65	0.62~0.70	0.17~0.37	0.50~0.80	≤0.035	≤0.035	695	410	10	30	—	
70	0.67~0.75	0.17~0.37	0.50~0.80	≤0.035	≤0.035	715	420	9	30	—	
75	0.72~0.80	0.17~0.37	0.50~0.80	≤0.035	≤0.035	1080	880	7	30	—	
80	0.77~0.85	0.17~0.37	0.50~0.80	≤0.035	≤0.035	1080	930	6	30	—	
85	0.82~0.90	0.17~0.37	0.50~0.80	≤0.035	≤0.035	1130	980	6	30	—	

续表

牌号	w_C	w_{Si}	w_{Mn}	w_P	w_S	力学性能					用途举例
						σ_b/ MPa	σ_s/ MPa	δ/ (%)	ψ/ (%)	A_k/ J	
						不小于					
15Mn	0.12～0.19	0.17～0.37	0.70～1.00	≤0.035	≤0.035	410	245	26	55	—	应用范围和普通含锰量的优质碳素结构钢相同
20Mn	0.17～0.24	0.17～0.37	0.70～1.00	≤0.035	≤0.035	450	275	24	50	—	
25Mn	0.22～0.30	0.17～0.37	0.70～1.00	≤0.035	≤0.035	490	295	22	50	71	
30Mn	0.27～0.35	0.17～0.37	0.70～1.00	≤0.035	≤0.035	540	315	20	45	63	
35 Mn	0.32～0.40	0.17～0.37	0.70～1.00	≤0.035	≤0.035	560	335	19	45	55	
40Mn	0.37～0.45	0.17～0.37	0.70～1.00	≤0.035	≤0.035	590	355	17	45	47	
45Mn	0.42～0.50	0.17～0.37	0.70～1.00	≤0.035	≤0.035	620	375	15	40	39	
50Mn	0.48～0.56	0.17～0.37	0.70～1.00	≤0.035	≤0.035	645	390	13	40	31	
60Mn	0.57～0.65	0.17～0.37	0.70～1.00	≤0.035	≤0.035	695	410	11	35	—	
65 Mn	0.62～0.70	0.17～0.37	0.70～1.00	≤0.035	≤0.035	735	430	9	30	—	
70Mn	0.67～0.75	0.17～0.37	0.70～1.00	≤0.035	≤0.035	785	450	8	30	—	

③ 碳素工具钢。碳素工具钢平均含碳量在 0.7% 以上，属于高碳钢，适宜制作各种工具、刃具、量具和模具。

碳素工具钢的牌号首位用"T"表示，后面的数字表示平均含碳量的千分数，如 T8 表示平均含碳量为 0.8% 的碳素工具钢。若含碳量后面加注"A"，则表示高级优质钢，如 T10A。

碳素工具钢的牌号、化学成分、力学性能和用途见表 3-8。

表 3-8　碳素工具钢的牌号、化学成分、力学性能和用途

牌号	化学成分			热处理			用途举例
				退火状态	试样淬火		
	w_C	w_{Mn}	w_{Si}≤	硬度/HBW	淬火温度/℃	硬度/HRC	
				不大于	(淬火介质)	不小于	
T7	0.65～0.74	≤0.40	0.35	187	800～820 (水)	62	承受冲击、韧性较好、硬度适当的工具，如扁铲、手钳、大锤、螺钉旋具、木工工具
T8	0.75～0.84	≤0.40	0.35	187	780～820 (水)	62	承受冲击、要求较高硬度的工具，如冲头、压缩空气工具、木工工具
T8Mn	0.80～0.90	0.40～0.60	0.35	187	780～820 (水)	62	同 T8 钢，但淬透性较大，可制造断面较大的工具
T9	0.85～0.94	≤0.40	0.35	192	760～780 (水)	62	韧性中等、硬度高的工具，如冲头、木工工具、凿岩工具
T10	0.95～1.04	≤0.40	0.35	197	760～780 (水)	62	不受剧烈冲击、高硬度耐磨的工具，如车刀、铡刀、冲头、丝锥、钻头、手锯锯条
T11	1.05～1.14	≤0.40	0.35	207	760～780 (水)	62	不受冲击、高硬度耐磨的工具，如车刀、铡刀、冲头、丝锥、钻头

续表

牌号	化学成分			热处理			用 途 举 例
				退火状态	试样淬火		
	w_C	w_{Mn}	$w_{Si} \leq$	硬度/HBW	淬火温度/℃	硬度/HRC	
				不大于	(淬火介质)	不小于	
T12	1.15~1.24	≤0.40	0.35	207	760~780 (水)	62	不受剧烈冲击、要求高硬度耐磨的工具,如锉刀、刮刀、精车刀、丝锥、量具
T13	1.25~1.35	≤0.40	0.35	217	760~780 (水)	62	同 T12 钢,要求更耐磨的工具,如刮刀、剃刀

④ 铸钢。铸钢是指平均含碳量为 0.15%~0.60%的铸造碳钢,其强度、塑性和韧性大大高于铸铁,但铸造性比铸铁差、熔化温度高、流动性差、收缩率大。铸钢的牌号用"ZG"("铸钢"两字汉语拼音首字母)加后面两组数字组成,如 ZG200-400、ZG310-570。第 1 组数字代表屈服强度值(MPa),第 2 组数字代表抗拉强度值(MPa)。铸钢主要用于承受重载、强度和韧性要求较高而形状复杂的铸件,如大型齿轮、水压机机座等。常见铸钢的牌号、化学成分及力学性能见表 3-9。

表 3-9 常见铸钢的牌号、化学成分及力学性能

牌号	化学成分/(%)					室温力学性能				
	w_C	w_{Si}	w_{Mn}	w_P	w_S	σ_s 或 $\sigma_{0.2}$/MPa	σ_b/MPa	δ/(%)	ψ/(%)	A_k/J
						不小于				
ZG200-400	0.20	0.50	0.80	0.04		200	400	25	40	47
ZG230-450	0.30	0.50	0.90	0.04		230	450	22	32	35
ZG270-500	0.40	0.50	0.90	0.04		270	500	18	25	27
ZG310-570	0.50	0.60	0.90	0.04		310	570	15	21	24
ZG340-640	0.60	0.60	0.90	0.04		340	640	10	18	16

(2) 合金钢。合金钢是指在碳钢基础上,有目的地加入一定量的合金元素而得到的钢种。由于合金元素的加入,细化了钢的晶粒,提高了钢的综合力学性能和热硬性、淬透性。通常来讲,镍能提高强度而不降低韧性;铬能提高硬度、高温强度、耐蚀性和提高高碳钢的耐磨性;锰能提高耐磨性、强度和韧性;钼的作用类似于锰,其影响更大些;钒能提高韧性及强度;硅可提高弹性极限和耐磨性,但会降低韧性;硼能提高钢的淬透性和高温强度。合金元素对钢的影响是很复杂的,特别是当为了改善钢的性能需要同时加入几种合金元素。

合金钢按用途一般可分为合金结构钢、合金工具钢和特殊性能钢三类。

① 合金结构钢。合金结构钢的牌号以"两位数字+合金元素符号+数字"表示。前面的两位数字表示平均含碳量的万分数,合金元素符号后的数字表示该元素平均含量的百分数。若平均含量小于 1.5%时,一般不标明含量;当平均含量在 1.5%~2.5%、2.5%~3.5%…时,则相应地用 2,3…表示。若为高级优质钢,则在牌号后标"A"。例如,60Si2Mn 表示平均

含碳量为 0.6%、平均含硅量为 2%、平均含锰量小于 1.5%的硅锰钢。

合金结构钢根据性能和用途的不同，可分为低合金结构钢(合金元素含量小于 5%)、合金渗碳钢、合金调质钢、合金弹簧钢和滚动轴承钢等。

a. 低合金结构钢。低合金结构钢是在低碳钢的基础上加入少量合金元素而形成的钢。钢中 $w_C \leq 0.2\%$，常加入的合金元素有硅、锰、钛、铌、钒等。其性能特点是：具有高的屈服强度与良好的塑性和韧性，良好的焊接性，较好的耐蚀性。

低合金结构钢一般在热轧空冷(正火)状态下使用，被广泛用于桥梁、船舶、车辆、建筑、锅炉、高压容器、输油输气管道等。低合金结构钢牌号的表示方法与普通碳素结构钢相同。常见低合金结构钢的牌号、力学性能和用途见表 3-10。其中 Q345(16Mn)是我国发展最早、产量最大、各种性能配合较好的钢材，故应用最广。

表 3-10 低合金结构钢的牌号、力学性能和用途

牌号	质量等级	σ_s/MPa				σ_b/MPa	δl (%)	A_k/J				用途举例
		厚度(直径，边长)/mm						20℃	0℃	-20℃	-40℃	
		≤16	>16~35	>35~50	>50~100							
		不小于						不小于				
Q295	A	295	275	255	235	390~570	23					低压锅炉、容器、油罐、桥梁、车辆等
	B	295	275	255	235	390~570	23	34				
Q345	A	345	325	295	275	470~630	21					船舶、桥梁、车辆等大型容器、大型钢结构等
	B	345	325	295	275	470~630	21	34				
	C	345	325	295	275	470~630	22		34			
	D	345	325	295	275	470~630	22			34		
	E	345	325	295	275	470~630	22				27	
Q390	A	390	370	350	330	490~650	19					建筑结构、船舶、化工容器、电站设备
	B	390	370	350	330	490~650	19	34				
	C	390	370	350	330	490~650	20		34			
	D	390	370	350	330	490~650	20			34		
	E	390	370	350	330	490~650	20				27	
Q420	A	420	400	380	360	520~680	18					
	B	420	400	380	360	520~680	18	34				
	C	420	400	380	360	520~680	19		34			
	D	420	400	380	360	520~680	19			34		
	E	420	400	380	360	520~680	19				27	

b. 合金渗碳钢。合金渗碳钢属于低碳合金钢，要经过渗碳淬火、低温回火后使用。它们的表面硬度高(可达 58~64HRC)，心部韧性好，切削加工性好，适合制造工作时受较大冲击，同时表面有强烈摩擦和磨损的零件，如汽车的变速齿轮、内燃机上的凸轮轴和活塞销等。常用合金渗碳钢的牌号、热处理、性能和用途见表 3-11。

表 3-11 常用合金渗碳钢的牌号、热处理、力学性能和用途

牌号	试样尺寸/mm	热处理温度/℃				力学性能(不小于)					用途举例
		渗碳	第一次淬火	第二次淬火	回火	σ_b/MPa	σ_s/MPa	δ_5/(%)	ψ/(%)	α_k/(J/cm²)	
20Cr	15	930	880 水、油	780 水 820 油	200	835	540	10	40	60	用于 30mm 以下、形状复杂而受力不大的渗碳件,如机床齿轮、齿轮轴、活塞销
20CrMnTi	15	930	880 油	870 油	200	1080	853	10	45	70	用于 30mm 以下,承受高速、中或重载、摩擦的重要渗碳件,如齿轮、凸轮等
20SiMnVB	15	930	850～880 油	780～800 油	200	1175	980	10	45	70	代替 20CrMnTi
20Si2Ni4	15	930	880 油	780 油	200	1175	1080	10	45	80	用于承受高载荷的重要渗碳件,如大型齿轮和轴类件
18Cr2Ni4WA	15	930	950 空气	850 空气	200	1175	835	10	45	100	用于大截面的齿轮、传动轴、曲轴、花键轴等

c. 合金调质钢。合金调质钢属于中碳合金钢,要经过调质处理后才使用,调质后还可进行表面淬火或化学热处理。它们的综合力学性能好,淬透性好,切削加工性好,主要用于制造工作时承受很大交变载荷与冲击载荷或各种复杂应力的重要零件,如汽车、拖拉机、机床等的齿轮、轴、连杆和螺栓等。常用合金调质钢的牌号、热处理、性能和用途见表 3-12。

表 3-12 常用合金调质钢的牌号、热处理、性能和用途

牌号	试样尺寸/mm	热处理温度/℃		力学性能(不小于)					用途举例
		淬火	回火	σ_b/MPa	σ_s/MPa	δ_5/(%)	ψ/(%)	α_k/(J/cm²)	
40Cr	25	850 油	520 水、油	980	785	9	45	60	用作重要调质件,如轴类件、连杆螺栓、汽车转向节、后半轴、齿轮等
40MnB	25	850 油	500 水、油	930	785	10	45	60	代替 40Cr
30CrMnSi	25	880 油	520 水、油	1100	900	10	45	50	用于飞机重要零件,如起落架、螺栓、对接接头、冷气瓶等

续表

牌号	试样尺寸/mm	热处理温度/℃		力学性能(不小于)					用途举例
		淬火	回火	σ_b/MPa	σ_s/MPa	δ_5/(%)	ψ/(%)	α_k/(J/cm²)	
35CrMo	25	850 油	550 水、油	980	835	12	45	80	用作重要调质件,如大电动机轴、锤杆、轧钢曲轴,是 40CrNi 的代用钢
38CrMoAlA	30	940 水、油	640 水、油	980	835	14	50	90	用作需要氮化的零件,如镗杆、磨床主轴、精密丝杠、高压阀门、量规等
40CrMnMo	25	850 油	600 水、油	1000	800	10	45	80	用作受冲击载荷的高强度件,是 40CrNiMo 钢的代用钢
40CrNiMoA	25	850 轴	600 水、油	980	835	12	55	78	用作重型机械中高载荷的轴类、直升机的旋翼轴、汽轮机轴、齿轮等

d. 合金弹簧钢。合金弹簧钢是用来制造各种弹簧和弹性元件的钢。根据弹簧的使用要求,合金弹簧钢应具有高的弹性极限,尤其要有高的屈强比(σ_s/σ_b)、高的疲劳强度及足够的塑性和韧性。60Si2Mn 是最常用的合金弹簧钢,主要用于制造工作时受冲击、振动、周期性扭转和弯曲等交变应力的零件,如汽车、拖拉机、机车上的减振板簧和螺旋弹簧等。而 50CrVA 可制作在 350~400℃下承受重载的较大型弹簧,如阀门弹簧、高速柴油机的气门弹簧。常用合金弹簧钢的牌号、热处理、力学性能和用途见表 3-13。

表 3-13　常用合金弹簧钢的牌号、热处理、力学性能和用途

牌号	化学成分/(%)					热处理温度/℃		力学性能(不小于)				用途举例
	w_C	w_{Si}	w_{Mn}	w_{Cr}	w_V	淬火	回火	σ_b/MPa	σ_s/MPa	δ_{10}/(%)	ψ/(%)	
55Si2Mn	0.52~0.60	1.50~2.00	0.60~0.90	≤0.35		870 油	480	1300	1200	6	30	用于工作温度低于230℃,ϕ20~30mm 的减振弹簧、螺旋弹簧
60Si2Mn	3.56~0.64	1.50~2.00	0.60~0.90	≤0.35		870 油	480	1300	1200	5	25	同 55Si2Mn 钢
50CrVA	0.46~0.54	0.17~0.37	0.50~0.80	0.80~1.10	0.10~0.20	850 油	500	1300	1150	($\delta 5$)10	40	用于 ϕ30~50mm,工作温度在 400℃以下的弹簧、板簧

续表

牌号	化学成分/(%)					热处理温度/℃		力学性能(不小于)				用 途 举 例
	w_C	w_{Si}	w_{Mn}	w_{Cr}	w_V	淬火	回火	σ_b/ MPa	σ_s/ MPa	δ_{10}/ (%)	ψ/ (%)	
60Si2CrVA	0.56~ 0.64	1.40~ 1.80	9.40~ 0.70	0.90~ 1.20	0.10~ 0.20	850 油	410	1900	1700	(δ5) 6	20	用于直径小于 50mm 的弹簧，工作温度低于 250℃的重型板簧与螺旋弹簧
55SiMnMoVNb	3.52~ 0.62	1.40~ 0.70	1.0~ 1.30		0.08~ 0.15	880 油	550	1400	1300	7	35	用于直径小于 75mm 的重型汽车板簧

　　e. 滚动轴承钢。滚动轴承钢是制造滚动轴承内、外套圈及滚动体(滚珠、滚柱、滚针)的专用钢。根据其工作条件，对滚动轴承钢的性能要求为具有高的接触疲劳强度、高的硬度、耐磨性及一定的韧性，同时还应具有一定的抗腐蚀能力。常用的牌号有 GCr9、GCr15、GCr9SiMn、GCr15SiMn 等，牌号中"G"为"滚"字汉语拼音首字母，铬元素符号后的数字表示平均含铬量的千分数，平均含碳量不予标出。若再含其他元素时，表达方法同合金结构钢，如 GCr15 表示平均含铬量为 w_{Cr} =1.5%的滚动轴承钢。常用滚动轴承钢的牌号、热处理、性能和用途见表 3-14。

表 3-14　常用滚动轴承钢的牌号、热处理、性能和用途

牌号	化学成分/(%)				热处理			用 途 举 例
	w_C	w_{Si}	w_{Mn}	w_{Cr}	淬火 温度/℃	回火 温度/℃	回火后 硬度 /HRC	
GCr9	1.00~1.10	0.15~0.35	0.25~0.45	0.90~1.25	810~830	150~170	62~66	一般工作条件下小尺寸的滚动体和内、外套圈
GCr9SiMn	1.00~1.10	0.45~0.75	0.95~1.25	0.90~1.25	810~830	150~180	61~65	一般工作条件下的滚动体和内外套圈，广泛用于汽车、拖拉机、内燃机、机床及其他工业设备上的轴承
GCr15	0.95~1.05	0.15~0.35	0.25~0.45	1.40~1.65	825~845	150~170	62~66	
GCr15SiMn	0.95~1.05	0.45~0.75	0.95~1.25	1.40~1.65	825~845	150~180	>62	大型或特大型轴承(外形大于 440mm 的滚动体和内、外套圈)
GSiMnV	0.95~1.10	0.55~0.80	1.10~1.30	w_V0.20~0.30	780~820	160	≥61	可代替 GCr15 等

② 合金工具钢。合金工具钢的编号方法与合金结构钢相似，但其平均含碳量超过 1% 时，一般不标出含碳量数字，若含碳量小于 1%时，可用一位数字表示，以千分数计。例如，9SiCr 表示平均含碳量为 0.9%，硅、铬平均含量均小于 1.5%的合金工具钢；Cr12MoV 则表示平均含碳量大于或等于 1%，平均含铬量为 12%，钼、钒平均含量均小于 1.5%的合金工具钢。由于合金工具钢都属于高级优质钢，故不在牌号后标注 "A"。

对于高速工具钢，即使 $w_C \leqslant 1\%$，其牌号前也不标数字。例如，W18Cr4V 表示平均 $w_W=18\%$，$w_{Cr}=4\%$，$w_V<1.5\%$的高速工具钢，其 $w_C=0.7\% \sim 0.8\%$。

合金工具钢常用来制造各种刃具、量具和模具，因而对应地就有刃具钢、量具钢和模具钢。

a. 刃具钢。刃具钢用于制造各种刀具，通常分低合金刃具钢和高速钢。低合金刃具钢主要是含铬的钢，常用的牌号有 9SiCr、9Cr2 等，主要用作形状较复杂的低速切削工具(如丝锥、板牙、铰刀等)。而高速钢是一种含钨、铬、钒等合金元素较多的钢，它的平均含碳量在 1%左右。高速钢在空气中冷却也能淬硬，故又称风钢；由于它可以刃磨得很锋利，很白亮，故又称为锋钢和白钢。高速钢有较高的热硬性，足够的强度、韧性和刃磨性，目前是制造钻头、铰刀、铣刀、拉刀、螺纹刀具、齿轮刀具等复杂形状刀具的主要材料，常用的牌号有 W18Cr4V、W6Mo5Cr4V2、W9Mo3Cr4V 等。

b. 量具钢。量具是机械加工中使用的检测工具，如块规、塞规、样板等。量具在使用中常与被测工件接触，受到摩擦与碰撞。因此要求量具钢要有高的硬度和耐磨性，经热处理后不易变形，而且要有良好的加工工艺性。块规可选用变形小的钢，如 CrWMn、GCr15、SiMn 等。简单的量具除使用 T10A、T12A 外，还可用 9SiCr 等。

c. 模具钢。模具钢按使用要求可分为热作模具钢和冷作模具钢。热作模具钢是用来制作热态下使金属成形的模具(如热锻模、压铸模等)，应具有很好的抗热疲劳损坏的能力，高的强度和较好的韧性，常用的牌号有 5CrNiMo 和 5CrMnMo；冷作模具钢是用来制作冷态下使金属成形的模具(如冷冲模、冷挤压模等)，应具有高的硬度、耐磨性和一定的韧性，并要求热处理变形小，常用的牌号有 Cr12、Cr12W、Cr12MoV 等。

③ 特殊性能合金钢。特殊性能合金钢是指具有特殊的物理、化学性能的一种高合金钢。其牌号表示法与合金工具钢原则上相同，前面一位数表示平均含碳量，以千分数计，若平均含碳量小于 0.1%时用 "0" 表示，平均含碳量不超过 0.03%时用 "00" 表示。例如，2Cr13、0Cr13 和 00Cr18Ni10，分别表示平均含碳量 $w_C=0.2\%$、$w_C<0.1\%$、$w_C \leqslant 0.03\%$。特殊性能合金钢主要包括不锈钢、耐热钢、耐磨钢和软磁钢。

a. 不锈钢。不锈钢是指在腐蚀性(大气或酸)介质中具有抵抗腐蚀性能的钢。不锈钢中的主要合金元素是铬和镍。铬与氧化合，在钢表面形成一层致密的氧化膜，保护钢免受进一步氧化。一般含铬量不低于 12%才具有良好的耐腐蚀性能，常用的牌号有 1Cr13、2Cr13、3Cr13、4Cr13、7Cr17 等铬不锈钢，用于制造耐蚀性能要求不高，而力学性能要求较高的零件，如医疗器械、汽轮机叶片、喷嘴、阀门、量具、刃具和弹簧等；还有 0Cr18Ni9、1Cr18Ni9Ti 等铬镍不锈钢，可用于制造耐蚀性能要求较高的食品机械、医疗器械、化工容器、管道、设备衬里等。

b. 耐热钢。耐热钢是在高温下抗氧化并具有较高强度的钢。钢中常含有较多铬、硅、铝等合金元素，这些元素在高温下与氧作用，在其表面形成一层致密的氧化膜(Cr_2O_3、Al_2O_3、

SiO_2），能有效地保护钢不致在高温下继续氧化腐蚀。因此耐热钢具有高的抗氧化性和高温下的力学性能，通常用于制造在高温条件下工作的零件，如内燃机排气阀、加热炉管道等，常用的牌号有 15CrMo、4Cr9Si2、4Cr10Si2Mo 等。

c. 耐磨钢。主要指高锰钢，如 ZGMn13，含碳量高于 1%，含锰量在 13% 左右。这种钢机械加工困难，大多铸造成形。它具有在强烈冲击下抵抗磨损的性能，主要用来制造坦克和拖拉机履带、推土机挡板、挖掘机铲斗齿、破碎机颚板、铁路道岔、防弹板及保险箱等。

d. 软磁钢。硅钢片是常用的软磁钢，它是在铁中加入硅并轧制成的薄片状材料。硅钢片杂质含量极少，具有良好的磁性，是制造变压器、电动机、电工仪表等不可缺少的材料。

2. 有色金属材料

铜、铝、铅、锌、钛、镁等有色金属及其合金与钢铁材料相比，具有许多特殊性能，如密度小、比强度高、耐热、耐腐蚀和良好的导电性等，因此是现代工业中不可缺少的金属材料。广泛应用的有色金属有铜及铜合金、铝及铝合金、滑动轴承合金、粉末冶金材料等。

1) 铜与铜合金

(1) 纯铜。纯铜外观呈紫红色，又称紫铜。纯铜具有良好的导电、导热性能，极好的塑性及较好的耐腐蚀性，但力学性能较差，不宜用来制造结构零件，一般被加工成棒、线、板、管等型材，用于制造电线、电缆、电器零件及熔制铜合金等。根据杂质的含量不同，加工产品分为 T1、T2、T3 三种。"T"为"铜"字汉语拼音首字母，后跟数字编号越大，其纯度越低。T1、T2 主要原来制造导电材料，T3 主要用来配制普通铜合金。

(2) 黄铜。黄铜是铜(Cu)与锌(Zn)的合金。黄铜色泽美观，有良好的防腐性能及机械加工性能。黄铜中锌的含量为 20%～40%，随着锌的含量增加，强度增加而塑性下降。黄铜可以铸造，也可以压力加工。除了铜和锌以外，再加入少量其他元素的铜合金叫特殊黄铜，如锡黄铜、铅黄铜等。黄铜一般用于制造耐腐蚀和耐磨零件，如阀门、子弹壳、管件等。

黄铜的牌号用"黄"字汉语拼音首字母 "H"加数字表示，该数字表示平均含铜量的百分数，如 H62 表示平均含铜量为 62%、平均含锌量为 38%。特殊黄铜则在牌号中标出合金元素的含量，如 HPb59-1 表示平均含铜量为 59%、平均含铅量为 1% 的铅黄铜。常用黄铜的牌号、化学成分、力学性能和用途见表 3-15。

表 3-15　常用黄铜的牌号、化学成分、力学性能和用途

类别	牌号	化学成分/(%)			制品种类	力学性能		用途举例
		w_{Cu}	w_{Zn}	其他		σ_b/MPa	δ/(%)	
普通黄铜	H80	79～81	余量		板、条、带、箔、棒、线、管	320	52	色泽美观，用于镀层及装饰
	H70	69～72	余量			320	55	多用于制造弹壳，有弹壳黄铜之称
	H68	67～70	余量			320	53	管道、散热器、铆钉、螺母、垫片等
	H62	60.5～63.5	余童			330	49	散热器、垫圈、垫片等

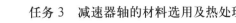

续表

类别	牌号	化学成分/(%)			制品种类	力学性能		用途举例
		w_{Cu}	w_{Zn}	其他		σ_b/MPa	δ/(%)	
特殊黄铜	HPb59-1	57～60	余量	Pb: 0.8～1.9	板、带、管、棒、线	400	45	切削加工性好,强度高,用于热冲压和切削零件
	HMn58-2	57～60	余量	Mn: 1.0～2.0	板、带、棒、线	400	40	耐腐蚀和弱电用零件
铸造铝黄铜	ZCuZn31A12	66～68	余量	Al: 2.0～3.0	砂型铸造金属铸造	295 390	12 15	在常温下要求耐蚀性较高的零件
铸造硅黄铜	ZCuZn16Si4	79～81	余量	Si: 2.5～4.5	砂型铸造金属铸造	345 390	15 20	接触海水工作的管配件及水泵叶轮,旋塞等

(3) 青铜。除黄铜和白铜(铜镍合金)外,其余铜合金统称为青铜。它又分为锡青铜和无锡青铜两种。

① 锡青铜。锡青铜是铜与锡的合金,有很好的力学性能、铸造性能、耐腐蚀性和减摩性,是一种很重要的减摩材料。锡青铜主要用于制造摩擦零件和耐腐蚀零件,如蜗轮、轴瓦、衬套等。

② 无锡青铜。除锡以外的其他合金元素与铜组成的合金,统称为无锡青铜,主要包括铝青铜、硅青铜、铍青铜等。它们通常作为锡青铜的代用材料使用。

青铜的牌号以"Q"为代号,后面标出主要元素的符号和含量,如 QSn4-3,表示含锡量为 4%、含锌量为 3%,其余为铜(93%)的压力加工锡青铜。铸造铜合金的牌号用"ZCu"及合金元素符号和含量组成,如 ZCuSn5Pb5Zn5 表示含锡、铅、锌各约为 5%,其余为铜(85%)的铸造锡青铜。常用青铜的牌号、化学成分、力学性能和用途见表 3-16。

表 3-16　常用青铜的牌号、化学成分、力学性能和用途

类型		代号(或牌号)	化学成分/(%)			状态	力学性能 不小于		用途举例
			w_{Sn}	w_{Cu}	其他		σ_b/MPa	δ_5/(%)	
锡青铜	压力加工	QSn4-3	3.5～4.5	余量	Zn: 2.7～3.3	软	290	40	弹簧、管配件和化工机械中的耐磨及抗磁零件
						硬	635	2	
		QSn6.5-0.4	6.0～7.0	余量	P: 0.26～0.40	软	295	40	耐磨及弹性零件
						硬	665	2	
		QSn6.5-0.1	6.0～7.0	余量	P: 0.1～0.25	软	290	40	弹簧、接触片、振动片、精密仪器中的耐磨零件
						硬	640	1	
	铸造	ZCuSn10Zn2	9.0～11.0	余量	Zn: 1.0～3.0	砂型	240	12	在中等及较高载荷下工作的重要管配件,如阀、泵体
						金属型	245	6	

类型		代 号 (或牌号)	化学成分/(%)			状态	力学性能 不小于		用 途 举 例
			w_{Sn}	w_{Cu}	其他		σ_b/MPa	δ_5/(%)	
锡青铜	铸造	ZCuSn10P1	9.0~11.5	余量	P: 0.5~1.0	金属型	310	2	重要的轴瓦、齿轮、轴套、轴承、蜗轮、机床丝杠螺母
特殊青铜	压力加工	QAl7	Al: 6.0~8.5	余量	Zn: 0.20 Fe: 0.5	硬	635	5	重要的弹簧和弹性零件
		QBe2	Be: 1.8~2.1	余量	Ni: 0.2~0.5	—	—	—	重要仪表的弹簧、齿轮等。耐磨零件,高速、高压、高温下的轴承
	铸造	ZCuAl10Fe3Mn2	Al: 9.0~11.0	余量	Fe: 2.0~4.0 Mn: 1.0~2.0	金属型	540	15	耐磨、耐蚀重要铸件
		ZCuPb30	Pb: 27.0~33.0	余量	—	金属型	—	—	高速双金属轴瓦、减摩件,如柴油机曲轴及连杆轴承、齿轮、轴套

2) 铝及铝合金

(1) 纯铝。铝含量不低于 99%时均称为纯铝。纯铝密度小(2.7g/cm³),熔点低(660℃),导电、导热性好,塑性好,但强度、硬度低。由于铝表面能生成一层极致密的氧化铝膜,能阻止铝继续氧化,故铝在空气中具有良好的抗腐蚀能力,主要用于熔制铝合金,制造导电材料或受力不大的耐腐蚀零件。纯铝的新牌号用 1×××系列表示。第一位为组别(1 表示纯铝);第二位为字母,表示改型情况,A 表示原始纯铝,B~Y 表示已改型;最后两位数字表示铝百分含量中小数点后面的数值。如 1A35 表示含铝为 99.35%的纯铝。

(2) 铝合金。铝中加入适量的铜、镁、硅、锰等元素即构成了铝合金。铝合金具有足够的强度、较好的塑性和良好的抗腐蚀性,并且多数可热处理强化,使其应用领域显著扩大。目前,除了普通机械,在电气设备、航空航天器、运输车辆和装饰装修结构中也大量使用了铝合金。根据铝合金的成分及加工成形特点,可分为变形铝合金(俗称熟铝)和铸造铝合金(俗称生铝)两大类。

① 变形铝合金。变形铝合金具有较高的强度和良好的塑性,可通过压力加工制作各种半成品,可以焊接。变形铝合金主要用作各类型材和结构件,如飞机构架、螺旋桨、起落架等。变形铝合金又可按性能及用途分为防锈铝、硬铝、超硬铝、锻铝 4 种。它们的原代号以相应的汉语拼音字母加上顺序号表示。例如,防锈铝以"LF"表示。新牌号则采用 4 位字符体系,左起第一位为组别(1 表示纯铝,2~8 依次分别表示以铜、锰、硅、镁、镁和硅、锌、其他元素为主要合金元素的铝合金);第二位为字母,表示改型情况,A 表示原始合金,B~Y 表示改型合金;最后两位表示同一组别中纯度不同的铝合金。例如,3A21 表示原始铝锰合金。

变形铝合金新旧牌号对照、化学成分、力学性能和用途见表 3-17。

表 3-17　变形铝合金新旧牌号对照、化学成分、力学性能和用途

新牌号	旧牌号	化学成分				材料状态	力学性能			用途举例
		w_{Cu}	w_{Mg}	w_{Mn}	w_{Zn}		σ_b/MPa	δ/(%)	硬度/HBW	
5A05	LF5	0.10	4.8～5.5	0.3～0.6	0.20	退火 强化	220 250	15 8	65 100	焊接油箱、油管、焊条、铆钉及中等载荷零件及制品
3A21	LF21	0.2	0.05	1.0～1.6	0.10	退火 强化	125 165	21 3	30 55	焊接油箱、油管、焊条、铆钉及轻载荷零件及制品
2A01	LY1	2.2～3.0	0.2～0.5	0.20	0.10	退火 强化	160 300	24 24	38 70	中等强度工作温度不超过 100℃ 的结构用铆钉
2A11	LY11	3.8～4.8	0.4～0.8	0.4～0.8	0.30	退火 强化	250 400	10 13	— 115	中等强度的结构零件，如螺旋桨叶片、螺栓、铆钉、滑轮等
7A04	LC4	1.4～2.0	1.8～2.8	0.2～0.6	5.0～7.0	退火 强化	260 600	— 8	— 150	主要受力构件，如飞机大梁、桁条、加强框、接头及起落架等
2A05	LD5	1.8～2.6	0.4～0.8	0.4～0.8	0.3	退火 强化	420	13	105	形状复杂的中等强度的锻件、冲压件及模锻件、发动机零件等
2A50	LD6	1.8～2.6	0.4～0.8	0.4～0.8	0.30	退火 强化	410	8	95	形状复杂的模锻件、压气机轮和风扇叶轮
2A70	LD7	1.9～2.5	1.4～1.8	0.2	0.30	退火 强化	415	13	105	高温下工作的复杂锻件，如活塞、叶轮等

②　铸造铝合金。铸造铝合金包括铝镁、铝锌、铝硅、铝铜等合金，它们有良好的铸造性能，可以铸成各种形状复杂的零件，其中应用最广的是硅铝合金，称为硅铝明。铸造铝合金的塑性差，不宜进行压力加工。各类铸造铝合金的原代号均以"ZL"加 3 位数字组成，第 1 位数字表示合金类别(1 为 Al-Si 系合金，2 为 Al-Cu 系合金，3 为 Al-Mg 系合金，4 为 Al-Zn 系合金)；第 2、3 位数字是顺序号。例如，ZL201 表示 1 号铝铜系铸造铝合金，ZL107 表示 7 号铝硅系铸造铝合金。部分铸造铝合金新旧牌号对照、性能、特点及应用见表 3-18。

表 3-18　部分铸造铝合金新旧牌号对照、力学性能、特点及应用

种类	新牌号	原代号	力学性能					特点及应用举例
			铸造	热处理	σ_b/MPa	δ_5/(%)	硬度/HBW	
铝硅合金	ZAlSi12	ZL102	金属型	T2	145	3	50	铸造性能好，力学性能较差，用来铸造形状复杂的、在 200℃ 以下工作的低载零件，如仪表、水泵壳体等

种类	新牌号	原代号	力学性能					特点及应用举例
			铸造	热处理	σ_b/MPa	δ_5/(%)	硬度/HBW	
铝硅合金	ZAlSi5Cu1Mg	ZL105	金属型	T5	235	0.5	70	兼有良好的铸造性能和力学性能,可用来铸造在250℃以下工作、形状复杂、受力稍大的零件,如油泵壳体、风冷发动机的气缸头、机匣等
			砂型	T6	225	0.5	70	
铝铜合金	ZAlCu5Mn	ZL201	砂型	T4	295	8	70	耐热性好,铸造性及耐蚀性较差,用来铸造在300℃以下工作、受载中等、形状不太复杂的飞机零件,如支臂、挂架和内燃机气缸头、活塞等
				T5	335	4	90	
铝镁合金	ZAlMg10	ZL301	砂型	T4	280	9	60	力学性能较好,耐蚀性好,用来铸造在大气或海水中工作的及承受大振动载荷、工作温度不超过150℃的零件,如舰船配件、氨用泵体等
铝锌合金	ZAlZn11Si7	ZL401	金属型	T1	245	1.5	90	力学性能较好,宜于压铸,可用来制造工作温度不超过200℃、形状复杂的汽车、飞机、仪器零件和日用品等

注:1. 表中数据摘自 GB/T 1173—2013。

    2. T1—人工时效;T2—退火;T4—固溶处理+自然时效;T5—固溶处理+不完全人工时效;T6—固溶处理+完全人工时数。

3) 滑动轴承合金

滑动轴承合金是一种铸造非铁合金,是制造滑动轴承的轴瓦及其内衬的特定材料。其特点是摩擦系数小、耐磨性好、抗压强度高、导热性好等。GB/T 1174—1992《铸造轴承合金》规定其编号方法为:Z("铸"字汉语拼音首字母)+基体元素(锡或铝)+主加元素(锑等)及含量+辅加元素及含量。滑动轴承合金按基体材料的不同可分为锡基、铅基、铝基和铜基等,前两种称为巴氏合金,应用较广。这里主要介绍巴氏合金。

(1) 锡基轴承合金(锡基巴氏合金)。锡基轴承合金中含有锑和铜等元素,如 ZSnSb11Cu6,w_{Sb}=11%,w_{Cu}=6%,其余为 Sn。

(2) 铅基轴承合金(铅基巴氏合金)。铅基轴承合金中含有锑、锡、铜等元素,常用的合金有 ZPbSb16Sn16Cu2,w_{Sb}=16%,w_{Sn}=16%,w_{Cu}=2%,其余为 Pb。

常用锡基、铅基轴承合金的牌号、力学性能和用途见表 3-19。

表 3-19 常用锡基、铅基轴承合金的牌号、力学性能和用途

类别	牌号	力学性能			用途举例
		σ_b/MPa	δ_5/(%)	硬度/HBW	
锡基轴承合金	ZSnSb12Pb10Cu4	—	—	29	一般发动机的主轴承,但不适于高温工作
	ZSnSb11Cu6	90	6,0	27	500kW 以上高速蒸汽机、400kW 涡轮压缩机、涡轮泵及高速内燃机轴承

类别	牌　号	力学性能			用　途　举　例
		σ_b/ MPa	δ_5/ (%)	硬度/ HBW	
锡基轴承合金	2SnSb8Cu4	80	10.6	24	一般大机器轴承及高载荷汽车发动机的双金属轴承
	ZSnSbCu4	80	7.0	20	涡轮内燃机的高速轴承及轴承衬
铅基轴承合金	ZPbSb16Sn16Cu2	78	0.2	30	110～880kW 蒸汽涡轮机、150～750kW 电动机和小于 1500kW 起重机及重载荷推力轴承
	ZPbSb15Sn5Cu3Cd2	68	0.2	32	船舶机械、小于 250kW 电动机、抽水机轴承
	ZPbSb15Sn10	60	1,8	24	中等压力的高温轴承
	ZPbSb15Sn5	—	0.2	20	低速、轻压力机械轴承
	ZFbSb10Sn6	80	5.5	18	重载荷、耐蚀、耐磨轴承

4) 粉末冶金材料

粉末冶金是指直接用金属粉末或金属与非金属粉末的混合物作为原料，通过压制成型和烧结获取金属材料或零件的生产工艺过程。粉末冶金可以生产多种具有特殊性能的金属材料，如硬质合金、耐热材料、减摩材料、摩擦材料、过滤材料、热交换材料、磁性材料及核燃料元件等；还可以直接制造很多机械零件，如齿轮、凸轮、轴承、摩擦片、含油轴承等。

(1) 硬质合金。硬质合金是将一些难熔金属(钨、钛、钽等)的碳化物粉末和起粘结作用的金属钴粉混合、加压成形，再经烧结而制成的一种粉末冶金制品。硬质合金具有高硬度、高耐热性、高耐磨性和较高抗压强度，用它制造刀具，其切削速度比高速钢高 4～7 倍、寿命提高 5～8 倍。硬质合金通常制成一定规格的刀片，装夹或镶焊在刀体上使用。

目前常用于制作刀具的硬质合金有下列几种：

① 钨钴类硬质合金。它的主要化学成分为碳化钨(WC)和钴(Co)。其牌号用 YG("硬""钴"的汉语拼音首字母)后加数字表示，数字表示钴含量的百分数。例如，YG6 表示 w_{Co}=6%，其余为碳化钨。常用牌号有 YG3、YG6、YG8 等，适合制作切削铸铁、青铜等脆性材料的刀具。

② 钨钴钛类硬质合金。它的主要化学成分为碳化钨、碳化钛(TiC)和钴。其牌号用 YT("硬""钛"的汉语拼音首字母)后加数字表示，数字表示碳化钛含量的百分数。例如，YT15 表示 w_{TiC}=15%，其余为碳化钨和钴。常用牌号有 YT5、YT15、YT30 等。这类硬质合金有较高的硬度、红硬性和耐磨性，主要用于制作切削钢类塑性材料的刀具。

③ 通用(万能)硬质合金。这类合金用碳化钽(TaC)或碳化铌(NbC)取代 YT 类合金中的部分碳化钛。其牌号用 YW("硬""万"的汉语拼音首字母)后加数字表示，数字无特殊意义，仅表示序号，如 YW1、YW2 等。通用硬质合金兼有上述两类硬质合金的优点，应用广泛，可用于制作切削各种金属材料的刀具。特别是对于不锈钢、耐热钢和高锰钢等难以加工的钢材，切削效果更好。

(2) 含油轴承材料。用粉末冶金方法也能制造出含油轴承材料。因为这种材料具有多孔性，经浸油后，它便具有很好的自润滑性。当轴承工作时，由于摩擦发热使孔隙中的润滑油被挤出至工作表面，起润滑作用；当停止工作时，润滑油在毛细管的作用下又会渗入孔隙中储存备用，这样可保持相当长的时间不必加油也能有效地工作。含油轴承材料特别适用于不便经常加油的轴承，它还可避免因润滑油造成的脏污。因含油轴承材料的含油率有限，在高速重载下工作受到限制，故多用于中速、轻载的场合。目前，含油轴承材料在纺织机械、食品机械、家用电器、精密机械、汽车工业及仪表工业中都有应用。

3. 非金属材料

通常将金属及合金以外的其余材料称为非金属材料。由于性能独特，它不仅广泛地用于人们的生活，而且在工业中也越来越多地得到应用，是不可替代的机械工程材料。

1) 高分子材料

常用的高分子材料有塑料和橡胶。

(1) 塑料。塑料是一种以合成树脂为主要成分，加上其他添加剂(如增强剂、增塑剂、固化剂、稳定剂等)组成的高分子有机化合物。

按受热后所表现的性能不同，塑料可分为热塑性塑料和热固性塑料两大类，见表 3-20。按塑料的应用范围可将其分为通用塑料、工程塑料等，见表 3-21。

表 3-20　按塑料的热性能分类

类别	特　征	典型塑料及代号	类别	特　征	典型塑料及代号
热塑性塑料	树脂为线形高分子化合物，能溶于有机溶剂，加热到一定温度后可软化或熔化，具有可塑性，冷却后固化成型，并能反复塑化成型	聚氯乙烯(PVC) 聚乙烯(PE) 聚酰胺(PA) 缩醛塑料(POM) 聚碳酸酯(PC)	热固性塑料	网状高分子树脂，固化后重新加热不再软化和熔融，也不溶于有机溶剂，不能再成型使用	酚醛塑料(PF) 氨基塑料(UF) 有机硅塑料(SI) 环氧树脂(EP)

表 3-21　按塑料的应用范围分类

类别	特　征	典型品种	代号	应 用 举 例
通用塑料	原料来源丰富，产量大，应用广，价格便宜，容易加工成型，性能一般，可作为日常生活用品、包装材料	聚氯乙烯	PVC	塑料管、板、棒、容器、薄膜与日常用品
		聚乙烯	PE	可包装食物的塑料瓶、塑料袋与软管等
		聚丙烯	PP	电视机外壳、电风扇与管道等
		聚苯乙烯	PS	透明窗、眼镜、灯罩与光学零件
		酚醛塑料	PF	电器绝缘板、制动片等电木制品
		氨基塑料	UF	玩具、餐具、开关、纽扣等
工程塑料	有优异的电性能、力学性能、耐冷和耐热性能、耐磨性能、耐腐蚀等性能，可代替金属材料制造机械零件及工程构件	聚酰胺	PA	齿轮、凸轮、轴等尼龙制品
		ABS 塑料	ABS	泵叶轮、轴承、把手、冰箱外壳等
		聚碳酸酯	PC	汽车外壳、医疗器械、防弹玻璃等
		缩醛塑料	POM	轴承、齿轮、仪表外壳等
		有机玻璃	PMMA	飞机、汽车窗、窥镜等
		聚四氟乙烯	PTTA	轴承、活塞环、阀门、容器与不粘涂层

下面重点介绍工程塑料。工程塑料是指用以代替金属材料作为工程结构的塑料。工程塑料的机械强度高、质轻、绝缘、减摩、耐磨，或具备耐热、耐蚀等特种性能，成型工艺简单，生产效率高，是一种良好的工程材料。工程上用的塑料种类很多，表 3-22 是常用塑料的名称、性能和用途。

表 3-22　常用塑料的名称、符号、性能和用途

类别	塑料名称	符号	主 要 性 能	用 途 举 例
热塑性塑料	聚乙烯	PE	耐蚀性和电绝缘性能极好，高压聚乙烯质地柔软、透明；低压聚乙烯质地坚硬、耐磨	高压聚乙烯：制软管、薄膜和塑料瓶；低压聚乙烯：塑料管、板、绳及承载不高的零件，也可作为耐磨、减摩及防腐蚀涂层
	聚苯乙烯	PS	密度小，常温下透明度好，着色性好，具有良好的耐蚀性和绝缘性。耐热性差，易燃，易脆裂	可用作眼镜等光学零件、车辆等罩、仪表外壳，化工中的储槽、管道、弯头及日用装饰品等
	聚酰胺（尼龙 1010）	PA	具有较高的强度和韧性，很好的耐磨性和自润滑性及良好的成型工艺性，耐蚀性较好，抗霉、抗菌、无毒，但吸水性大，耐热性不高，尺寸稳定性差	制作各种轴承、齿轮、凸轮轴、轴套、泵叶轮、风扇叶片、储油容器、传动带、密封圈、蜗轮、铰链、电缆、电器线圈等
	聚甲醛	POM	具有优良的综合力学性能，尺寸稳定性高，良好的耐磨性和自润滑性，耐老化性较好，吸水性小，使用温度为-50～110℃，但密度较大，耐酸性和阻燃性不太好，遇火易燃	制造减摩、耐磨及传动件，如齿轮、轴承、凸轮轴、制动闸瓦、阀门、仪表、外壳、汽化器、叶片、运输带、线圈骨架等
	ABS 塑料（丙烯腈-丁二烯-苯乙烯）	ABS	兼有三组元的共同性能、坚韧、质硬、刚性好，同时具有良好的耐磨、耐热、耐蚀、耐油及尺寸稳定性，可在-40～100℃下长期工作，成型性好	应用广泛。如制造齿轮、轴承、叶轮、管道、容器、设备外壳、把手、仪器和仪表零件、外壳、文体用品、家具、小轿车外壳
	聚甲基丙烯酸甲酯（有机玻璃）	PMMA	具有优良的透光性、耐候性、耐电弧性，强度高，可耐稀酸、碱，不易老化，易于成型，但表面硬度低，易擦伤，较脆	可用于制造飞机、汽车、仪器仪表和无线电工业中的透明件，如风窗玻璃、光学镜片、电视机屏幕、透明模型、广告牌、装饰品等
	聚砜	PSU	具有优良的耐热、抗蠕变及尺寸稳定性，强度高、弹性模量大，最高使用温度达 150～165℃，还有良好的电绝缘性、耐蚀性和可电镀性；缺点是加工性较差等	可用于制造高强度、耐热、抗蠕变的结构件、耐蚀件和电气绝缘件等，如精密齿轮、凸轮，真空泵叶片，仪器仪表零件、电气线路板、线圈骨架等
热固性塑料	酚醛塑料	PF	采用木屑做填料的酚醛塑料俗称"电木"。有优良的耐热、绝缘性能，化学稳定性、尺寸稳定性和抗蠕变性良好。这类塑料的性能随填料的不同而差异较大	用于制作各种电信器材和电木制品，如电气绝缘板、电器插头、开关、灯口等，还可用于制造受力较高的制动片、曲轴带轮，仪表中的无声齿轮、轴承等

续表

类别	塑料名称	符号	主 要 性 能	用 途 举 例
热固性塑料	环氧塑料	EP	强度高、韧性好、良好的化学稳定性、耐热、耐寒性，长期使用温度为-80～155℃。电绝缘性优良，易成型；缺点有某些毒性	用于制造塑料模具、精密量具、电器绝缘及印制电路、灌封与固定电器和电子仪表装置、配制飞机漆、油船漆及作粘结剂等
	氨基塑料	UF、MF	优良的耐电弧性和电绝缘性，硬度高、耐磨、耐油脂及溶剂，难于自燃，着色性好。其中脲醛塑料(UF)，颜色鲜艳，电绝缘性好，又称为"电玉"；三聚氰胺甲醛塑料(MF)(密胺塑料)耐热、耐水、耐磨、无毒	主要为塑料粉，用于制造机器零件、绝缘件和装饰件，如仪表外壳、电话机外壳、开关、插座、玩具、餐具、纽扣、门把手等
	有机硅塑料	SI	优良的电绝缘性，尤以高频绝缘性能好，可在180～200℃下长期使用，憎水性好，防潮性强；耐辐射、耐臭氧	主要为浇注料和粉料。其中，浇注料用于电气、电子元件及线圈的灌封与固定；粉料用于压制耐热件、绝缘件

(2) 橡胶。橡胶是一种天然的或人工合成的高聚物的弹性体。工业上使用的橡胶制品是在橡胶中加入各种添加剂(有硫化剂、硫化促进剂、软化剂、防老化剂、填充剂等)，经过硫化处理后所得到的产品。橡胶具有良好的吸振性、耐磨性、绝缘性、足够的强度和积储能量的能力。根据橡胶的应用范围，橡胶可分为通用橡胶和特种橡胶。常用橡胶的种类、性能和用途见表3-23。

表3-23 常用橡胶的种类、性能和用途

类别	名称	代号	主要性能特点	使用温度/℃	用 途 举 例
通用橡胶	丁苯橡胶	SBR	优良的耐磨、耐热和耐老化性，比天然橡胶质地均匀；但加工成型困难，硫化速度慢，弹性稍差	-50～140	用于制造轮胎、胶管、胶带及通用橡胶制品；其中丁苯-10用于耐寒橡胶制品，丁苯-50多用于生产硬质橡胶
	顺丁橡胶	BR	性能与天然橡胶相似，尤以弹性好、耐磨和耐寒著称，易与金属粘合	≤120	用于制造轮胎、耐寒运输带、V带、橡胶弹簧等
	氯丁橡胶	CR	力学性能好，耐氧、耐臭氧的老化性能好、耐油、耐溶剂性较好；但密度大、成本高、电绝缘差、较难加工成型	-35～130	用于制造胶管、胶带、电缆粘胶剂、油罐衬里、模压制品及汽车门窗嵌条等
特种橡胶	聚氨酯橡胶	UR	耐磨性、耐油性优良，强度较高；但耐水、酸、碱的性能较差	≤80	用于制作胶辊、实心轮胎及耐磨制品
	硅橡胶	SIR	优良的耐高温和低温性能，电绝缘性好，较好的耐臭氧老化性；但强度低、价格高，耐油性不好	-100～300	用于制造耐高温、耐寒制品，耐高温电绝缘制品，以及密封、胶粘、保护材料等

续表

类别	名称	代号	主要性能特点	使用温度/℃	用途举例
特种橡胶	氟橡胶	FPM	耐高温、耐油、耐高真空性好，耐蚀性高于其他橡胶，抗辐射性能优良，但加工性能差、价格贵	−50～315	用于制造耐蚀制品，如化工容器衬里、垫圈、高级密封件、高真空橡胶件等

2) 陶瓷材料。

陶瓷是一种无机非金属材料，它同金属材料、高分子材料被称为三大固体工程材料。陶瓷的硬度高，抗压强度大，耐高温、抗氧化、耐磨损和耐腐蚀。但陶瓷的质脆、韧性差，不能承受冲击，抗急冷、急热性能差，易碎裂。

陶瓷材料可分为普通陶瓷和特种陶瓷两大类。

(1) 普通陶瓷是以黏土、长石、石英等天然的硅酸盐原料，经过粉碎成型和烧结而成，产量大，应用广，大量用于日用陶器、瓷器、建筑工业、电器绝缘材料，耐蚀要求不很高的化工容器、管道，以及机械性能要求不高的耐磨件中，如纺织工业中的导纺零件等。

(2) 特种陶瓷是用人工化合物(如氧化物、氮化物、碳化物、硼化物等)为原料，经过粉末冶金方法制成的。许多特种陶瓷的硬度和耐磨性都超过硬质合金，是很好的切削材料。特种陶瓷包括氧化物陶瓷、氮化硅陶瓷、碳化硅陶瓷、氮化硼陶瓷等。

常用陶瓷的种类、特性和用途见表 3-24。

表 3-24　常用陶瓷的种类、性能和用途

种　类	名　称	特　性	用　途　举　例
普通陶瓷(传统陶瓷)	日用瓷、绝缘瓷、耐酸瓷	质地坚硬、耐腐蚀、不导电、能耐一定高温(1200℃)、加工成型性好、成本低，但强度较低	化工中耐酸、耐碱容器、反应塔、管道，电器工业中作为绝缘机械支持件(如绝缘子)及日用品等
氧化铝陶瓷	刚玉瓷、刚玉莫来石瓷，莫来石瓷	强度比普通陶瓷高 2～3 倍，硬度仅次于金刚石、氮化硼、立方氮化硼和碳化硅而居第五，能耐高温、可在 1500℃ 下工作，具有优良的电绝缘性和耐蚀性，但脆性大，抗急冷急热性差	用于制作高温容器或盛装熔融的铁、钴、镍等合金的坩埚，热电偶套管，内燃机火花塞，切削高硬材料的刀片等
碳化硅陶瓷		高温强度大，抗弯强度在 1400℃仍保持 500～600MPa，热传导能力强，良好的热稳定性、耐磨性、耐蚀性和抗蠕变性	用于制作工作温度高于 1500℃的结构件，如火箭尾喷管的喷嘴，浇注金属的浇口，热电偶套管、炉管，汽轮机叶片，高温轴承等
氮化硅陶瓷	反应烧结氮化硅瓷	化学稳定性好，除氢氟酸外，能耐各种无机酸(如盐酸、硼酸、硫酸、磷酸和王水等)；硬度高，耐磨性好；具有优异的电绝缘性能和抗急冷急热性能	用于耐磨、耐蚀、耐高温、绝缘的零件，如各种泵的密封件，高温轴承，输送铝液的电液泵管道、阀门、燃气轮机叶片等
氮化硼陶瓷	六方氮化硼陶瓷	具有良好的耐热性，抗急冷急热性能，热导率与不锈钢相当，热稳定性好，具有良好的高温绝缘性和化学稳定性	因硬度较低，可进行切削加工，用作高温轴承，玻璃制品的成型模具等
	立方氮化硼陶瓷		用作磨料和刀具

3) 复合材料

复合材料是由两种或两种以上不同化学性质或不同组织结构的材料，用某种工艺方法经人工组合而成的多相合成材料。在复合材料中的每一组成部分，不仅保持了它们各自的性能特点，还能扬长避短，发挥叠加效应，从而取得多种优良的性能，这是任何单一材料所无法比拟的。例如，玻璃和树脂的强度和韧性都不高，可是它们组成的复合材料(玻璃钢)却有很高的强度和韧性，并且质量也轻。

复合材料按增强材料的类型可分为以下4大类。

(1) 纤维增强复合材料，如玻璃纤维、碳纤维、硼纤维、碳化硅纤维等。

(2) 颗粒增强复合材料，如陶瓷粒与金属复合，金属粒与塑料复合等。

(3) 迭层复合材料，如双金属复合、多层板复合等。

(4) 夹层结构复合材料，如夹层内填充蜂窝结构或填充泡沫塑料，具有质轻、刚性大的特性等。

3.2.3 钢的常用热处理及其作用

热处理是将固态金属或合金通过不同方式的加热、保温和冷却，来改变其内部组织结构，从而改善其性能的一种工艺方法。热处理是机器零件及工具制造过程中的一个重要工序，它是发挥材料潜力，改善使用性能，提高产品质量，延长使用寿命的有效措施。例如，锉刀和车刀只有通过热处理，才能更好地锉动和切削工件；火车的轮子只有通过热处理，才能更耐磨，不易变形。在机械制造中，绝大多数零件都要进行热处理。因目前钢在机械制造中所用的比例最大，其热处理又具有代表性，故在此主要分析钢的常用热处理方法及作用。

根据加热和冷却方式不同，常用的热处理方式大致分类如图3.9所示。

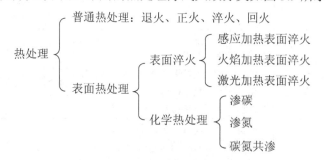

图3.9 热处理方式分类

热处理的方法虽然很多，但任何热处理工艺都是由加热、保温和冷却三个阶段组成，只是工艺要素(温度、时间)上有区别。因此，热处理工艺常用如图3.10所示的工艺曲线来表示。

根据热处理的作用可将其分为以下两种：

① 最终热处理，其作用是使钢件得到使用要求的性能，如淬火、回火、表面淬火等。

② 预备热处理，其作用是消除加工(锻、轧、铸、焊等)所造成的某些缺陷，或为以后的切削加工和最终热处理做好准备。例如，钢锻件一般要进行退火或正火，改变锻造后因变形程度不均匀和停锻温度控制不良而造成的晶粒粗大或不均匀现象；调整硬度适合于切

削加工，并为以后的淬火做好准备。这种退火或正火，就属于预备热处理。当然，如果零件的性能要求不高，退火或正火后性能已满足使用要求，以后不再进行其他热处理，则退火和正火也属于最终热处理。

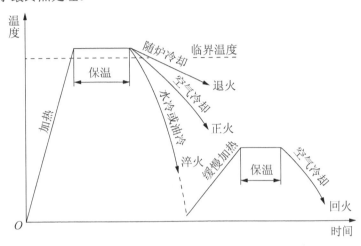

图 3.10 钢的热处理工艺曲线图

1. 钢的常用热处理方法

1) 退火与正火

退火与正火是钢的基本热处理工艺之一，其目的主要在于消除钢材经热加工(锻、轧、铸、焊等)引起的某些缺陷，或者为以后的加工做好准备，故称为预备热处理。

(1) 退火。退火就是将工件加热到适当温度，保温一定时间，然后缓慢冷却的热处理工艺。退火主要用于铸、锻、焊毛坯或半成品零件。

【参考视频】

退火的目的是降低钢的硬度，提高塑性，改善其切削加工性能，均匀钢的成分，细化晶粒，改善组织与性能，消除工件的内应力，防止变形与开裂，为最终热处理做准备。

根据钢的化学成分及钢件类型的不同，退火工艺可分为完全退火、球化退火、去应力退火等。

① 完全退火。完全退火，一般简称为退火。完全退火的工艺是将钢件加热到临界温度(临界温度是指固态金属开始发生相变的温度)以上某一温度；经保温一段时间后，随炉缓慢冷却至 500～600℃以下，然后在空气中冷却的一种热处理工艺。

完全退火可以达到细化晶粒的目的。在退火的加热和保温过程中，可以消除加工造成的内应力，而缓慢冷却又避免产生新的内应力。由于冷却缓慢，能得到接近平衡状态的组织，因此钢的硬度较低。完全退火一般适用于中碳钢、低碳钢的锻件，铸钢件，有时也可用于焊接件。

② 球化退火。球化退火的工艺是将钢件加热至临界温度以下的某一温度，保温足够时间后随炉冷却至 600℃，出炉空冷的退火工艺。

球化退火一般适用于高碳钢的锻件，因此对工具钢、轴承钢等锻造后必须进行球化退火，避免这些锻件在淬火加热时产生过热、淬火变形和开裂现象，同时能降低锻件硬度，便于切削加工。

③ 去应力退火。去应力退火又称低温退火。低温退火的工艺一般只需把钢件加热至500～650℃，保温足够时间，然后随炉冷却至200～300℃以下出炉空冷。

去应力退火的目的是消除钢件焊接和冷校直时产生的内应力；消除精密零件切削加工(如粗车、粗刨等)时产生的内应力，使这些零件在以后的加工和使用过程中不易产生变形。

(2) 正火。正火是将工件加热至临界温度以上某一温度，保温一段时间后，从炉中取出在空气中自然冷却，以获得更细组织的一种热处理工艺。

正火的作用与退火基本相同，主要区别如下：

① 正火是在空气中冷却，冷却速度快，所获得的组织更细。

② 正火后的强度、硬度较退火后的稍高，而塑性、韧性则稍低。

③ 不占用设备，生产率高。

低碳钢件正火可适当提高其硬度，改善切削加工性能。对于性能要求不高的零件，正火可作为最终热处理。一些高碳钢件需经正火消除网状渗碳体后，才能进行球化退火。

正火与退火相似，那么在选择这两种热处理方法时应考虑以下几个因素：①切削加工性：对于低、中碳结构钢以正火作为预先热处理比较合适，可以提高硬度，防止"粘刀"；中碳以上的合金钢一般都采用退火以改善切削性。高碳结构钢和工具钢以退火为宜。②使用性能：如工件性能要求不太高，随后不再进行淬火和回火，那么往往用正火来提高其机械性能，若零件的形状比较复杂，正火的冷却速度有形成裂纹的危险，应采用退火。③经济性：正火比退火的生产周期短，耗能少，且操作简便，故在可能的条件下，应优先考虑以正火代替退火。

【参考视频】

2) 淬火

淬火是将工件加热到临界温度以上某一温度，保温一定时间后，然后在水、盐水或油中急剧冷却，以获得高硬度组织的一种热处理工艺。其目的是提高金属材料的强度和硬度，增加耐磨性，并在回火后获得高强度和一定韧性相配合的性能。钢的种类不同，淬火介质不同。水便宜，冷却能力较强，碳素钢件用得多。油冷却能力较水低、成本高，但是，可以防止工件产生裂纹等缺陷，主要用于合金钢淬火的场合。

淬火工艺有两个概念应加以重视和区分，一个是淬硬性，是指钢经淬火后能达到的最高硬度，它主要取决于钢中的含碳量，钢中含碳量高，则淬硬性好；另一个是淬透性，是指钢在淬火时获得淬硬层深度的能力，淬硬层越深，淬透性越好。淬透性取决于钢的化学成分(含碳量及合金元素含量)和淬火冷却方法，如加入锰、铬、镍、硅等合金元素可提高钢的淬透性。淬硬性和淬透性对钢的力学性能影响很大，因此，钢的淬硬性和淬透性是合理选材和确定热处理工艺的两项重要指标。

由于钢在淬火时的冷却速度快，工件会产生较大的内应力，极易引起工件的变形和开裂，所以，淬火后的工件一般不能直接使用，必须及时回火。

3) 回火

回火是把淬火后的工件重新加热到临界温度以下的某一温度，保温后再以适当冷却速度冷却到室温的一种热处理工艺。回火的目的是稳定钢的内部组织和尺寸，降低脆性，消除内应力；调整硬度，提高韧性，获得优良的力学性能和使用性能。

回火总是在淬火后进行，通常是热处理的最后工序。淬火钢回火的性能与回火的加热温度有关,强度和硬度一般随回火温度的升高而降低,塑性、韧性则随回火温度的升高而提高。根据回火温度的不同,回火可分为低温回火、中温回火和高温回火。

(1) 低温回火(加热温度 150～250℃)。低温回火主要为了降低淬火内应力和脆性并保持高硬度,用于处理要求硬度高、耐磨性好的零件,如各种工具(刀具、量具、模具)及滚动轴承等。

为了提高精密零件与量具的尺寸稳定性,可在 100～150℃ 以下进行长时间(可达数十小时)的低温回火。这种处理方法叫作时效处理或尺寸稳定化处理。

(2) 中温回火(加热温度 350～500℃)。中温回火可显著减小淬火应力,提高淬火件的弹性和强度,但硬度有所降低,主要用于处理各种弹簧、发条、热锻模等。

(3) 高温回火(加热温度 500～650℃)。高温回火可消除淬火应力,硬度有显著的下降,使零件获得良好的强度、塑性、韧性等综合机械性能。通常把淬火后再进行高温回火的热处理方法称为调质。调质广泛用于处理各种重要的、受力复杂的中碳钢零件,如连杆、曲轴、丝杠、齿轮、轴等,也可作为某些精密零件,如量具、模具等的预备热处理。

三种回火方式的对比见表 3-25。

表 3-25　三种回火方式的对比

回 火 方 法	加热温度/℃	力学性能特点	应 用 范 围	硬度/HRC
低温回火	150～250	高硬度、耐磨性	刃具、量具、冷冲模等	58～65
中温回火	350～500	高弹性、韧性	弹簧、钢丝绳等	35～50
高温回火	500～650	良好的综合力学性能	连杆、齿轮及轴类	20～30

综上所述,为便于区别四种基本热处理方式,列表进行比较,见表 3-26。

表 3-26　热处理方法比较

名　　称	工 艺 差 别	工 艺 效 果
退火	炉冷	软化
正火	空冷	硬化
淬火	激冷	刚化
回火	适冷	韧化

4) 表面热处理

(1) 表面淬火。表面淬火是利用快速加热的方法,将工件表层迅速升温至淬火温度,不等热量传至芯部,立即予以冷却,使得表层淬硬,获得高硬度和耐磨性,而芯部仍保持原来组织,具有良好的塑性和韧性。这种热处理工艺适用于要求外硬(耐磨)内韧的机械零件,如凸轮、齿轮、曲轴、花键轴等。零件在表面淬火前,须进行正火或调质处理,表面淬火后要进行低温回火。常用的表面淬火有感应加热表面淬火和火焰加热表面淬火。

感应加热表面淬火是利用感应电流通过工件所产生的热效应,使工件表层、局部或整体加热,并快速冷却的淬火工艺,如图 3.11(a)所示。感应加热表面淬火应用广泛,原因是感应加热速度快,生产效率高,工件表面质量高,淬火变形小,易实现机械化和自动化及大批量生产,但设备价高,维修调整较难;主要用于中碳钢或中碳低合金钢,也可用于工具钢,不宜用于形状复杂的零件及单件生产。

火焰加热表面淬火是应用氧-乙炔(或其他可燃气体)火焰，对零件表面加热，然后快速冷却的淬火，淬硬层深度一般为 2～6mm，如图 3.11(b)所示。火焰加热表面淬火适用于单件小批量及大型轴类、大模数齿轮等钢件的表面淬火。钢件经火焰加热表面淬火后，一般不需低温回火。

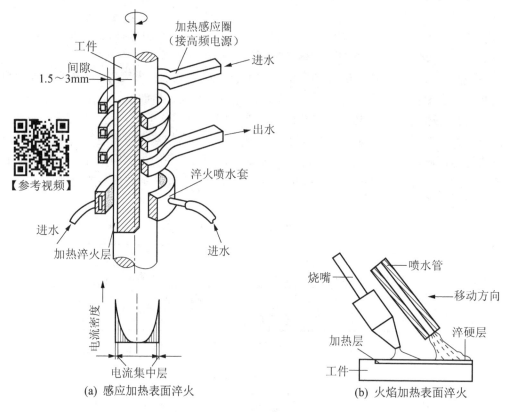

(a) 感应加热表面淬火

(b) 火焰加热表面淬火

图 3.11　表面淬火

(2) 化学热处理。化学热处理是将钢件放在某种化学介质中，通过加热和保温，使介质中的一种或几种元素渗入钢的表层，以改变表层的化学成分、组织和性能的热处理工艺。其目的主要是为了表面强化和改善钢件表面的性能，即提高钢件表面的硬度、耐磨性、接触疲劳强度、热硬性和耐腐蚀性。表面渗层的性能取决于渗入元素与基体金属所形成合金的性质及渗层的组织结构。

化学热处理的种类很多，一般都以渗入元素来命名。在制造业中最常用的化学热处理有以下几种：

【参考视频】

① 渗碳。渗碳是将工件放入富碳的介质中加热到高温，使碳原子渗入工件表层的化学热处理工艺。钢件渗碳后要进行淬火和低温回火处理，以保证表面有高的强度、硬度和耐磨性，而芯部有良好的塑性和韧性。

渗碳主要适用于低碳钢和低碳合金钢的工件。钢件渗碳层有效厚度应控制在 2.0mm 内，渗碳层含碳量应保持在 $w_C=0.8\%\sim1.1\%$。

② 渗氮。渗氮是向钢件表面渗入活性氮原子，俗称氮化。其目的是提高钢件表面硬度、热硬性、耐磨性、疲劳强度和耐蚀性。渗氮之前，钢件需经调质处理。渗氮之后，钢件表

面形成一薄层高硬度的氮化物，加工特别困难，故常作为最后一道工序。渗氮后，一般不需其他热处理。渗氮层一般不超过 0.7mm。

渗氮适用于任何钢种的表面化学热处理，专用的渗氮钢为 38CrMoAl。

③ 碳氮共渗。碳氮共渗就是将碳、氮原子同时渗入钢件表面的一种化学热处理工艺。碳氮共渗是渗碳和渗氮工艺的综合，兼有两者的长处。碳氮共渗所用的钢种为低碳钢或低碳合金钢。共渗之后，需要进行淬火和低温回火处理。与渗碳层相比，共渗层具有更高的接触疲劳强度、硬度、耐磨性、耐蚀性和抗压强度。常用的为中温气体碳氮共渗，中温气体碳氮共渗主要用于处理重要钢件，如汽车、拖拉机和坦克变速器所用的齿轮、齿轮轴等。

④ 渗金属。渗金属就是利用介质通过高温，使金属元素在钢件的表面扩散渗入的过程，常用的有渗铬、渗钒、渗铝、渗锌等。渗金属主要是满足钢件工作表面特殊的性能要求，如渗铬能使钢件表面具有较高的抗氧化、抗腐蚀和抗磨损性能；渗铝能使钢件表面具有较高的抗高温氧化性能；渗钒能使钢件表面具有高硬度和高耐磨性；渗锌能使钢件表面抵抗大气腐蚀。

2. 热处理工艺的应用

1) 热处理技术条件标注

根据零件性能要求，在零件图样上应标出热处理技术条件，作为热处理操作及检验的依据，如图 3.1(b)所示。热处理技术条件通常包括热处理方法和应达到的力学性能要求等。力学性能判据一般以硬度作为热处理技术条件，如调质 220～250HBW，淬火、回火 40～45HRC。对于渗碳或渗氮零件应标出渗碳或渗氮部位、渗层深度、渗碳淬火回火或渗氮后的硬度等；表面淬火零件应标明淬硬部位、淬硬层深度和硬度等。标定的硬度值允许有一定的波动范围，如高碳钢在 56HRC 以上，通常为 58～62HRC，范围差≤5；中碳钢在 56HRC 以下，通常为 34～37HRC 等。布氏硬度标注时，范围差≤30，如 220～250HBW、180～200HBW 等。

2) 热处理的工序位置

合理安排热处理工序位置，对保证零件质量和改善切削加工性能有重要意义。几种常用热处理工序位置安排见表 3-27。

表 3-27 几种常用热处理工序位置安排

热处理类型	工 艺 路 线
退火(正火)	毛坯生产→退火(正火)→切削加工
调质	下料→锻造→正火(退火)→粗加工→调质→半精加工(或精加工)
整体淬火	下料→锻造→退火(正火)→粗加工、半精加工→淬火、回火→磨削
表面淬火	下料→锻造→退火(正火)→粗加工→调质→半精加工→表面淬火→低温回火→磨削
整体渗碳	下料→锻造→退火(正火)→粗加工、半精加工→渗碳→淬火、低温回火→磨削
局部渗碳	下料→锻造→退火(正火)→粗加工、半精加工→保护非渗碳部位→渗碳→切除防渗余量→淬火、低温回火→磨削
渗氮	下料→锻造→退火→粗加工→调质→半精加工→去应力退火→粗磨→渗氮→精磨或研磨

3) 热处理对零件结构的工艺性要求

如果零件结构工艺性不合理，则可能造成淬火变形、开裂等热处理缺陷，从而使零件报废，造成不必要的损失。一般应注意以下几点。

(1) 避免尖角与棱角。零件的尖角与棱角是淬火应力集中的地方，往往成为淬火开裂的起点。因此，一般应尽量将尖角设计成圆角，如图 3.12 所示。

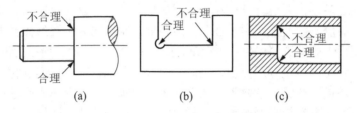

图 3.12 避免尖角与棱角

(2) 避免截面厚薄悬殊，合理安排空洞和键槽[图 3.13(a)]。为避免厚薄悬殊的零件在淬火冷却时因壁厚不均匀造成变形或开裂，可在零件太薄处加厚，或采用开工艺孔[图 3.13(b)]、变不通孔为通孔[图 3.13(c)]等方法。

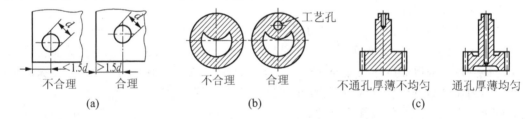

图 3.13 避免截面厚薄悬殊

(3) 采用封闭、对称结构。开口或不对称结构的零件在淬火时应力分布不均匀，容易引起变形，应改为对称或封闭结构。

图 3.14(a)所示的对称零件，中间单面有一槽，淬火将发生较大变形，改为图 3.14(b)所示结构，对使用无影响，却减少了淬火变形。

图 3.15 所示的槽形零件，淬火前留筋形成封闭，热处理后再去掉。

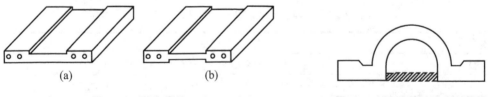

图 3.14 对称零件   图 3.15 槽形零件淬火前留筋

(4) 采用组合结构。某些有淬裂倾向而各部分工作条件要求不同的零件或形状复杂的零件，在可能的条件下可采用组合结构或镶拼结构。

如图 3.16 所示，山字形硅钢片冲模，若将其制成整体，热处理后会变形，如图 3.16(a)所示。若把整体改为四块件组合，如图 3.16(b)所示，可不考虑热处理变形，将单块磨削后钳工装配组合即可。

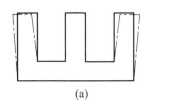　　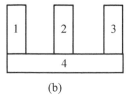

图 3.16　硅钢片冲模

3.2.4　机械工程材料的选用

机械工程中，合理地选用材料对于保证产品质量、降低生产成本有着极为重要的作用。要想合理地选择材料，除了要熟悉常用机械工程材料的性能、用途及热处理外，还必须能针对零件的工作条件、受力情况和失效形式等，提出材料的性能要求，根据性能要求选择合适的材料。

1. 零件的失效形式和选材原则

1) 机械零件的失效形式

所谓失效是指机械零件在使用过程中，由于某种原因而丧失预定功能的现象。一般机械零件的失效形式有以下三类：

(1) 断裂。断裂包括静载荷或冲击载荷下的断裂、疲劳断裂、应力腐蚀破裂等。断裂是材料最严重的失效形式，特别是在没有明显塑性变形的情况下突然发生的脆性断裂，往往会造成灾难性事故。

(2) 表面损伤。表面损伤包括过量磨损、接触疲劳(点蚀或剥落)、表面腐蚀等。机器零件表面损伤后，失去了原有的形状精度，减小了承载尺寸，工作会恶化，甚至不能正常工作而报废。

(3) 过量变形。过量变形包括过量的弹性变形、塑性变形和蠕变等。不论哪种过量变形，都会造成零件(或工具)尺寸和形状的变化，改变了它们的正确使用位置，破坏了零件或部件间相互配合的关系，使机器不能正常工作。例如，变速箱中的齿轮若产生过量塑性变形，就会使轮齿啮合不良，甚至卡死、断齿，引起设备事故。

引起零件失效的原因很多，涉及零件的结构设计、材料的选择与使用、加工制造及维护保养等方面。正确地选用材料是防止或延缓零件失效的重要途径。

2) 选材的基本原则

(1) 材料的使用性能应满足零件的工作要求。使用性能是保证零件工作安全可靠、经久耐用的必要条件。不同机械零件对材料的使用性能要求是不一样的，这主要是因为不同机械零件的工作条件和失效形式不同。因此，选材时首先要根据零件的工作条件和失效形式，判断所要求的主要使用性能。对于一般工作条件下的金属零件，主要以力学性能作为选材依据；对于用非金属材料制成的零件(或构件)，还应注意工作环境对其性能的影响，因为非金属材料对温度、光、水、油等的敏感程度比金属材料大得多。表 3-28 列出了几种常用零件(工具)的工作条件、失效形式及要求的主要力学性能。

表 3-28　几种常用零件(工具)的工作条件、失效形式及要求的主要力学性能

零件 (工具)	工作条件			常见失效形式	要求的主要力学性能
	应力种类	载荷性质	其他		
紧固螺栓	拉、切应力	静	—	过量变形、断裂	强度、塑性
传动轴	弯、扭应力	循环、冲击	轴颈处摩擦、振动	疲劳破坏、过量变形、轴颈处磨损	综合力学性能、轴颈处硬度
传动齿轮	压、弯应力	循环、冲击	摩擦、振动	轮齿折断、接触疲劳(点蚀)、磨损	表面硬度及接触疲劳强度、弯曲疲劳强度，心部屈服强度、韧性
冷作模具	复杂应力	循环、冲击	强烈摩擦	磨损、脆断	硬度、足够的强度、韧性
压铸模	复杂应力	循环、冲击	高温、摩擦、金属液腐蚀	热疲劳、断脆、磨损	高温强度、抗热疲劳性、足够的韧性与热硬性

　　然后对零件的工作条件和失效形式进行全面分析，并根据零件工作中所受的载荷计算确定出主要力学性能的指标值后，即可利用手册确定出相适应的材料。

　　(2) 材料的工艺性应满足加工要求。材料的工艺性是指材料适应某种加工的能力。材料的工艺性能好坏，对于零件加工的难易程度、生产率和生产成本都有决定性的影响。

　　零件需要铸造成形时，应选择具有良好铸造性能的材料。常用的几种铸造合金中，铸造铝合金的铸造性能优于铸铁，铸铁的铸造性能优于铸钢，而铸铁中又以灰铸铁的铸造性能最好。如果零件需要压力加工成形，则应注意低碳钢的压力加工性能比高碳钢好，非合金钢的压力加工性能比合金钢好。如果是焊接成形，宜用焊接性能良好的低碳钢或低碳合金钢，而高碳钢、高合金钢、铜合金、铝合金和铸铁的焊接性能差。为了便于切削加工，一般希望钢的硬度能控制在 170～230HBW(可通过热处理来调整其组织和性能)。对于需要热处理强化的零件还应考虑材料的热处理性能，对于截面尺寸大、形状比较复杂，又要求高强度的零件，一般应选用淬透性好的合金钢，以便通过热处理强化。

　　高分子材料的成型工艺比较简单，切削加工性比较好。但其导热性差，在切削过程中不易散热，易使工件温度急剧升高而使其变焦(热固性塑料)或变软(热塑性塑料)。陶瓷材料成型后硬度极高，除了可以用碳化硅、金刚石砂轮磨削外，几乎不能进行其他加工。

　　(3) 材料应具有较好的经济性。据资料统计，在一般的工业部门中，材料的价格要占产品价格的 30%～70%。在保证使用性能的前提下，选用价廉、加工方便、总成本低的材料，可以取得最大的经济效益。表 3-29 为我国部分常用工程材料的相对价格，由此可以看出，在金属材料中，碳钢和铸铁的价格比较低，而且加工也方便，故在满足零件使用性能的前提下，选用碳钢和铸铁可降低产品的成本。必须采用合金钢时，也应选用我国资源丰富的硅、锰、硼、钒类合金钢。低合金钢的强度比碳钢高，工艺性能接近碳钢，因此，选用低合金钢往往经济效益比较显著。

表 3-29 我国常用工程材料的相对价格

材　　料	相 对 价 格	材　　料	相 对 价 格
碳素结构钢	1	碳素工具钢	1.4～1.5
低合金结构钢	1.2～1.7	低合金工具钢	2.4～3.7
优质碳素结构钢	1.4～1.5	高合金工具钢	5.4～7.2
易切削钢	2	高速钢	13.5～15
合金结构钢	1.7～2.9	铬不锈钢	8
铬镍合金结构钢	3	铬镍不锈钢	20
滚动轴承钢	2.1～2.9	普通黄铜	13
弹簧钢	1.6～1.9	球墨铸铁	2.4～2.9

选材的经济性还应体现在工艺成本上。例如，用低碳钢渗碳淬火与中碳钢表面淬火相比，二者原材料费用虽然大抵相当，但是前者的工艺成本比后者要高得多。

总之，在选用材料时，必须从实际情况出发，全面考虑材料的使用性能、工艺性能和经济性等方面的因素，以保证产品取得最佳的技术经济效益。

2. 零件选材的方法

大多数机械零件均是在多种应力条件下进行工作的，这就会对同一个零件提出多方面的性能要求。在选材时应以起决定作用的性能要求作为选材的主要依据，同时兼顾其他性能要求，这是选材的基本方法。

1) 以综合力学性能为主时的选材

在机械制造工业中有相当多的结构零件，如曲柄、连杆、气缸螺栓等，在工作时，截面上均匀地受到静、动载荷应力的作用。为了防止过量变形，要求零件整个截面应具有较高的强度和较好的韧性，即良好的综合力学性能。对于这类零件的选材，可根据零件的受力大小选用中碳钢或中碳合金钢，并进行调质或正火处理即可满足性能要求。具体牌号与热处理可根据需要的力学性能指标确定。对于采用铸造结构的零件，则可选用铸钢或球墨铸铁。

2) 以疲劳强度为主时的选材

对于截面上不均匀地受到循环应力、冲击载荷作用的机械零件，疲劳破坏是最常见的破坏形式。如传动轴、齿轮等零件，几乎都是由于产生疲劳破坏而失效的，根据冲击载荷的大小，常选择渗碳钢、调质钢等。实践证明，材料的抗拉强度与疲劳强度之间有一定的关系，抗拉强度越高，疲劳强度就越大；在抗拉强度相同的条件下，调质后的组织比退火、正火具有更高的塑性和韧性，对应力集中的敏感性小，因而具有较高的疲劳强度；表面处理对提高材料的疲劳强度极为有效，表面淬火、碳氮共渗、表面强化等处理，不仅可以提高表面硬度，还可以在零件表面造成残余压应力，以部分抵消工作时产生的拉应力，从而提高疲劳强度。因此，对于承受较大循环载荷的零件，应选用淬透性较好的材料，同时进行表面热处理或表面强化等处理，使零件具有较高的疲劳强度。

3) 以磨损为主时的选材

根据零件工作条件不同，其选材可以分两类：对于受力小而磨损较大的零件、工具等，选用高碳钢或高碳合金钢，进行淬火+低温回火处理，获得高硬度组织，能满足耐磨要求；对于同时受磨损和循环应力作用的零件，为了耐磨和具有较高的疲劳强度，应选用适宜表面淬火、渗碳或氮化的钢材。例如，普通减速器中的齿轮，广泛采用中碳钢，经过正火或调质处理后如再进行表面淬火以获得较高的表面硬度和较好的芯部综合力学性能；对于承受高冲击载荷和强烈磨损的汽车、拖拉机变速齿轮，采用渗碳钢，经渗碳淬火处理，才能满足要求。

齿轮、轴等典型零件材料的选择分析详见后续任务 8 和任务 10。

3.3　任务实施

下面为图 3.1 所示单级圆柱齿轮减速器的输出轴来选择材料，制订热处理工艺路线，具体步骤如下：

(1) 选择材料。减速器属于通用机械，根据轴的工作条件、考虑经济性等因素选用 45 钢。

(2) 选择热处理方式，确定硬度值。45 钢虽然经济，但强度、硬度较低，可以通过热处理的方式提高材料的硬度、强度、耐磨性。因轴的转速较高，应选择调质方式改进材料的综合力学性能。一般调质的最高硬度能达到 293HBW，可以初步确定调质硬度值为 220～250HBW(经过力学计算后若不合适，可以再选择其他材料)，然后将此热处理技术条件标注在零件图中，如图 3.1(b)所示。

(3) 安排热处理工序：下料→锻造→正火(或退火)→粗加工→调质→半精加工(或精加工)。

(4) 提出对零件结构的要求。从结构图中可看出，轴的各直径段之间存在棱角，为避免淬火应力集中，在这些位置应采用圆角过渡。另外，单键槽导致不对称，热处理淬火时易变形或开裂，但改成双键槽对称结构，会大大降低轴的强度，故此处仍采用单键槽结构。

3.4　任务评价

本任务评价考核见表 3-30。

表 3-30　任务评价考核

序号	考核项目	权重	检查标准	得分
1	金属材料的性能	30%	(1) 熟悉材料强度、塑性的测定方法； (2) 熟悉材料硬度的测定及表示方法； (3) 了解韧性试验及指标； (4) 了解金属材料的工艺性能指标	
2	常用工程材料	30%	(1) 熟悉各类材料名称及牌号规定； (2) 掌握常用钢铁材料的性能特点及用途； (3) 了解常用有色金属的性能特点及用途； (4) 了解常用非金属材料的性能特点及用途	

序号	考 核 项 目	权重	检 查 标 准	得分
3	钢的常用热处理	20%	(1) 熟悉钢的常用热处理工艺类型及作用; (2) 会在零件图中标注热处理技术要求; (3) 了解常用的热处理工序位置安排; (4) 了解热处理对零件结构的工艺性要求	
4	机械工程材料选用	20%	(1) 熟悉零件的失效形式和选材原则; (2) 掌握典型零件的选材方法	

习　题

3.1　材料性能通常分为几类?什么叫材料的力学性能?用哪些指标来衡量?

3.2　一根标准拉伸试样的直径为 10mm、标距长度为 50mm,拉伸试验时测出试样在 26000N 时屈服,出现的最大载荷为 45000N。拉断后的标距长度为 58mm,断口处直径为 7.75mm。试计算 σ_s、σ_b、δ 和 ψ。

3.3　某厂购进一批 40 钢,按国家标准规定,其力学性能指标如下:$\sigma_s \geqslant 340MPa$,$\sigma_b \geqslant 540MPa$,$\delta \geqslant 19\%$,$\psi \geqslant 45\%$。验收时,将 40 钢制成 $d_0=10mm$,$l_0=50mm$ 的短试样进行拉伸试验,测得 $F_s=28260N$,$F_b=45530N$,$l_1=60.5mm$,$d_1=7.3mm$。试判断这批钢材是否合格。

3.4　一紧固螺钉在使用过程中出现塑性变形,这是因为螺钉材料的哪一力学性能判据的值不足?

3.5　试述布氏硬度和洛氏硬度在测试方法及应用范围上的区别。

3.6　整体硬度要求 230~250HBW 的轴类零件,精加工后再抽查,应选用什么硬度计测量硬度较合适?

3.7　用洛氏硬度试验方法能否直接测量成品或较薄工件?为什么?

3.8　解释下列名词术语:强度、硬度、塑性、冲击韧性。

3.9　金属材料的工艺性能有哪些?

3.10　什么是铸铁?根据石墨在铸铁中存在形态的不同,铸铁分为哪几类?

3.11　试述钢的分类。说明下列钢号的含义及钢材的主要用途:Q235、20、45、08F、T12A、Q345、1Cr13、W18Cr4V、GCr15、Cr12、65Mn、20Cr、40Cr、9SiCr、0Cr18Ni9、ZG200-400。

3.12　按用途写出下列钢号的名称并标明牌号中数字和字母的含义:

60Si2Mn:　(60:　　　　　　Si2:　　　　　　Mn:　　　　)

20Cr:　(20:　　　　　　　Cr:　　　　　　)

40Cr:　(40:　　　　　　　Cr:　　　　　　)

9SiCr:　(9:　　　　　Si:　　　　　　Cr:　　　　)

GCr15:　(G:　　　　　　Cr15:　　　　　　)

ZGMn13:　(ZG:　　　　　　Mn13:　　　　　　)

3.13　现有 Q195、Q235B 和 Q255B 三种牌号的钢材,分别用于制造铁钉、铆钉和高强度销钉,应如何合理选材?

3.14 现有08F、45和65三种牌号的钢材，分别用于制造仪表板、汽车弹簧、变速箱传动轴等零件，应如何合理选材？

3.15 将下列材料与其用途用线连起来。

4Cr13　　20CrMnTi　　40Cr　　60Si2Mn　　5CrMnMo

医疗器械　热锻模　汽车变速齿轮　弹簧　机器中的转轴

3.16 常用的非金属材料有哪些？试举例说明它们在机器中的应用。

3.17 图3.17所示为铣床支架装配图，请分析出每种材质的牌号含义及对应分类。

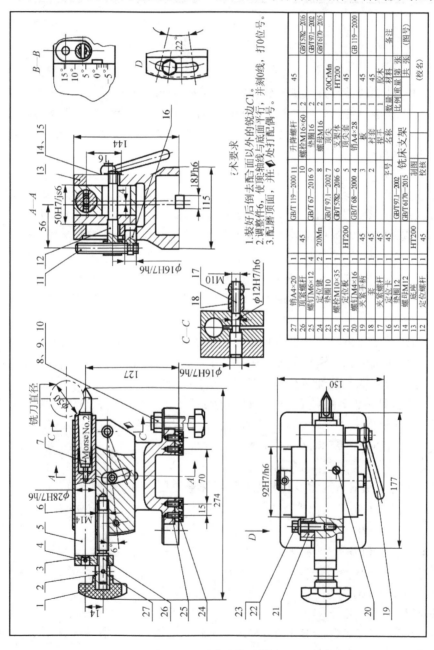

图 3.17　铣床支架装配图

3.18　图 3.18 所示是内燃机连杆装配图，请分析出每种材质的牌号含义及对应分类。

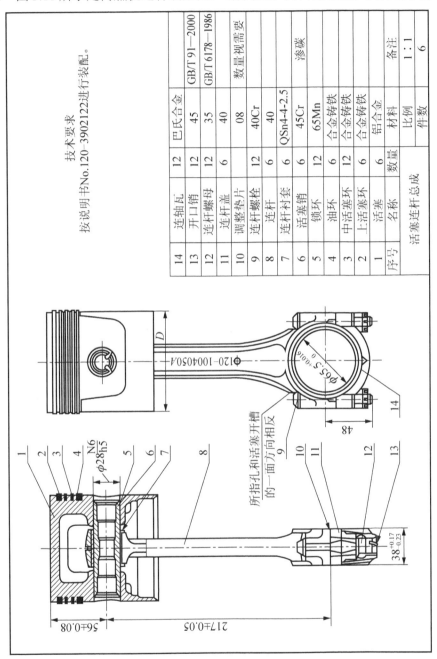

序号	名称	数量	材料	备注
14	连轴瓦	12	巴氏合金	
13	开口销	12	45	GBT 91—2000
12	连杆螺母	12	35	GB/T 6178—1986
11	连杆盖	6	40	
10	调整垫片	6	08	数量视需要
9	连杆螺栓	12	40Cr	
8	连杆	6	40	
7	连杆衬套	6	QSn4-4-2.5	渗碳
6	活塞销	6	45Cr	
5	锁环	12	65Mn	
4	油环	6	合金铸铁	
3	中活塞环	12	合金铸铁	
2	上活塞环	6	合金铸铁	
1	活塞	6	铝合金	
	活塞连杆总成	数量	比例	1：1
				6

技术要求

按说明书No.120-3902122进行装配。

图 3.18　连杆装配图

3.19　常用的热处理方法有哪些？请说明退火、正火、淬火、回火及表面淬火的作用。

3.20　钢在淬火后，为什么要回火？

3.21　现有 20Cr 钢与 45 钢制成的同样规格的齿轮，详细说明它们各自需要哪些热处理？

3.22 用 20CrMnTi 钢制成齿轮淬火后，齿面硬度不高，采用何种化学热处理方法来提高齿面硬度？

3.23 分析下列工件的使用性能要求，请选择淬火后所需要的回火方法：

(1) 45 钢的小尺寸轴；

(2) 60 钢的弹簧；

(3) T12 钢的锉刀。

3.24 将下列材料与其适宜的热处理方法的用线连起来。

4Cr13   60Si2Mn   20CrMnTi   40Cr   GCr15   9SiCr

淬火+低温回火   调质   渗碳+淬火+低温回火   淬火+中温回火

3.25 下列各齿轮选用何种材料制造较为合适？

(1) 直径较大(>400～600mm)、轮坯形状复杂的低速中载齿轮；

(2) 重载条件下工作、整体要求强韧而齿面要求坚硬的齿轮；

(3) 能在缺乏润滑油的条件下工作的低速无冲击齿轮。

3.26 为图 3.19 所示的车床主轴选择材料及热处理工艺路线。

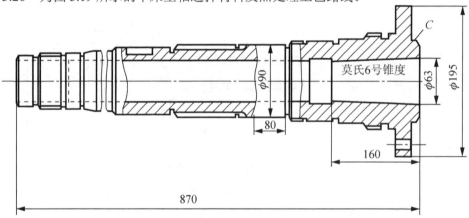

图 3.19 车床主轴的示意图

项目 3

常用机构的工作情况分析与设计

【知识目标】

- 运动副及其类型
- 绘制平面机构运动简图的方法
- 平面连杆机构的基本类型、特性及工作原理
- 作图法设计平面连杆机构的方法
- 凸轮机构的组成、分类、特点及从动件运动规律
- 反转法设计凸轮轮廓曲线的方法
- 间歇运动机构的类型、运动传递方式及应用
- 螺旋机构的类型、运动传递方式及应用

【能力目标】

- 具有识读和绘制机构运动简图的能力
- 初步会用作图法设计平面连杆机构
- 能用反转法设计凸轮轮廓曲线
- 了解间歇运动机构
- 了解螺纹的基本知识及螺旋机构的应用

【素质目标】

- 引导学生敬业乐群，树立团队意识、奉献创新。
- 培养学生认真负责的工作态度、质量意识和安全意识。
- 培养学生精益求精、一丝不苟的规范意识。

　　机构的基本功用是转换运动形式，例如，将回转运动转换为摆动或往复式直线运动；将匀速运动转换为非匀速运动或间歇性运动等。机械中，常用机构主要包括平面连杆机构、凸轮机构、间歇运动机构和螺旋机构等。

任务 4

精压机中冲压机构与送料机构的设计

4.1 任务导入

如图 4.1 所示为精压机主体单元机构运动示意图，试设计其中的冲压机构和送料机构。设计参数和要求：①冲压机构采用曲柄滑块机构，上模作上下往复直线运动，具有快速下沉、等速工作进给和快速返回的特性。行程速比系数 $K=1.5$，上模行程 $H=200\mathrm{mm}$，偏距 $e=100\mathrm{mm}$。②送料机构采用盘形凸轮机构，将毛坯送入模腔，并将成品推出，坯料输送最大距离 $200\mathrm{mm}$。

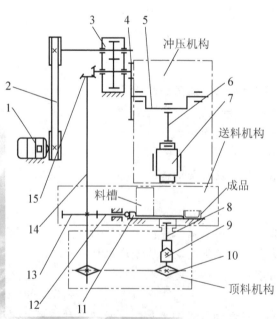

图 4.1　精压机主体单元机构运动示意图

1—电动机；2—V 带传动；3—减速机；4—齿轮传动；5—曲轴；6—连杆；7—冲头；8—顶料杆；9—顶料凸轮；10—传动链；11—推料板；12—凸轮直动推杆；13—盘形凸轮；14—立轴；15—锥齿轮传动

4.2　任务资讯

4.2.1　平面机构概述

机械是由多个机构组成的。平面机构是指组成机构的所有构件都在同一平面或平行平面中运动的机构。

1. 运动副及其分类

机构是由许多构件组成的，其中每一个构件都要以一定的方式与其他的构件连接起来，使彼此连接的两个构件之间既能保持直接接触又能产生相对运动。两个构件之间的这种直接接触所形成的可动连接称为运动副。

两构件组成的运动副，主要是通过点、线、面接触来实现的。根据组成运动副两构件之间的接触特性，运动副可分为低副和高副。

1) 低副

两构件以面接触的运动副称为低副。根据它们之间的相对运动是转动还是移动，低副又可分为转动副和移动副。

(1) 转动副。两构件之间只能绕某一轴线作相对转动的运动副，也称铰链，如图 4.2(a)所示。

(2) 移动副。两构件只能作相对直线移动的运动副，如图 4.2(b)所示。

2) 高副

两构件以点或线接触的运动副称为高副。如图 4.3(a)中的车轮与钢轨，图 4.3(b)中的凸轮与顶杆，图 4.3(c)中的两齿轮，它们分别在接触处(A 处)构成高副。

【参考视频】

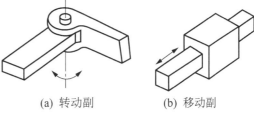

(a) 转动副　　　(b) 移动副

图 4.2　平面低副

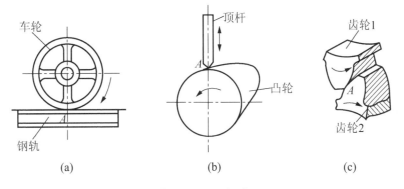

(a)　　　　　　(b)　　　　　　(c)

图 4.3　平面高副

2. 平面机构运动简图

对机构进行综合分析与设计时，并不需要了解机构的真实外形和具体结构，只需简明地表达机构的运动原理，即用简单的线条和符号画出图形来进行方案讨论和运动、受力分析。

这种用规定的线条和符号表示构件和运动副，绘出能够表达各构件间相对运动关系的简图称为机构运动简图。它通常包含下列内容：构件数目、运动副的数目和类型、构件之间的连接关系、与运动变换相关的构件尺寸参数、主动件及其运动特性。

1) 运动副及构件的表示方法

构件均用线段或小方块等来表示。其中，画有斜线的表示机架。

两构件组成转动副的表示方法如图 4.4 所示。小圆圈表示回转副，其圆心代表回转轴线。图面垂直于回转轴线时用图 4.4(a)表示；图面不垂直于回转轴线时用图 4.4(b)表示。此外，当一个构件具有多个转动副时，则应把两条线交接处涂黑，或在其内部画上斜线，如图 4.4(c)所示。

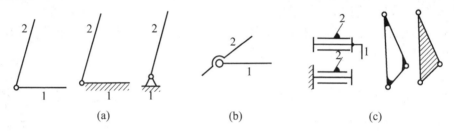

图 4.4　转动副的表示方法

图 4.5 所示是两构件组成移动副的表示方法。移动副的导路必须与相对移动方向一致。

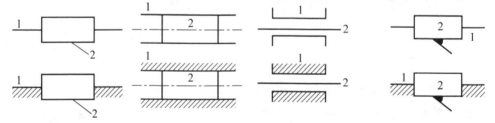

图 4.5　移动副的表示方法

两构件组成高副时，在简图中应当画出两构件接触处的曲线轮廓。例如，凸轮和滚子，习惯上画出其完整的轮廓；互相啮合的齿轮常用点画线画出一对节圆，如图 4.6 所示。其他部分常用机构运动简图符号见表 4-1。

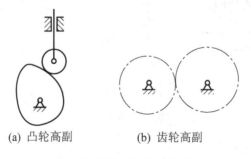

(a) 凸轮高副　　　　(b) 齿轮高副

图 4.6　平面高副的表示方法

表 4-1　部分常用机构运动简图符号

名　　称	符　　号	名　　称	符　　号
轴、杆的固定支座(机架)		棘轮机构	
两副元素构件			
三副元素构件		螺旋机构	
		外啮合圆柱齿轮传动机构	
在支架上的电机			
内啮合圆柱齿轮传动机构		齿轮齿条传动机构	
直齿锥齿轮传动机构		蜗轮蜗杆传动机构	
带传动机构		链传动机构	
	类型符号，标注在带的上方 V 带　　圆带　　平带 ▽　　　○　　　—		类型符号，标注在轮轴连心线上方 滚子链　　无声链 #　　　　W

2) 平面机构运动简图的绘制

(1) 机构中构件的分类。

① 机架。机架是机构中视作固定不动的构件，它支承着其他可动构件。如图 4.7 中构件 1 是机架，它支承着曲柄 2 和摇杆 4 等可动构件。在机构图中，机架上常标有斜线以示区别。

② 原动件。原动件是机构中接受外部给定运动规律的可动构件。图 4.7 中构件 2 是原动件，它接受电动机给定的运动规律。机构通过原动件从外部输入运动，所以原动件又称输入构件。在机构图中，原动件上常标有箭头以示区别。

③ 从动件。从动件是机构中随原动件而运动的可动构件。图 4.7 中的构件 4 和 3 都是从动件。其中输出预期运动或实现机构功能的从动件称为输出构件或执行件，其他从动件则起传递运动的作用。

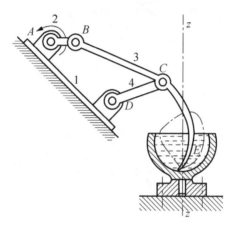

图 4.7　搅面机

1—机架；2—曲柄；3—连杆；4—摇杆

(2) 运动简图的绘制步骤。

① 分析研究机构的组成及运动原理，数清所有构件的数目，确定机架、原动件和从动件。

② 由原动件开始，按照各构件之间运动传递路线，依次分析构件间的相对运动形式，确定运动副的类型和数目。

③ 选择适当的视图平面，以便清楚地表达各构件间的运动关系。平面机构通常选择与构件运动平行的平面作为投影面。

④ 选择适当的比例尺 $\mu_1 = \dfrac{构件实际尺寸}{构件图样尺寸}$（单位：m/mm 或 mm/mm），按照各运动副间的距离和相对位置，以规定的线条和符号绘出运动简图。

【例 4.1】 试绘制如图 4.8 所示单缸内燃机的机构运动简图。

【参考视频】

解：从图 4.8(a)可知，单缸内燃机由 10 个构件组成。壳体及气缸体 1 是机架，活塞 4 在热能作用下上下移动，故视为原动件，其余为从动件。活塞 4 与连杆 3 相对转动构成转动副；运动通过连杆 3 传给曲轴 2，连杆 3 与曲轴 2 连接构成转动副；曲轴 2 将运动通过与之相连的小齿轮 10 传给大齿轮 9，大、小齿轮与机架构成转动副；大齿轮 9 与凸轮 8 同轴，凸轮 8 通过滚子将运动传给顶杆 7，大、小齿轮之间及凸轮与滚子之间都构成高副；滚子与顶杆 7 构成转动副；顶杆 7 与机架构成移动副。选择与构件运动平行的平面作为视图平面，选定适当的比例尺，按照规定的线条和符号，绘出该机构的运动简图，如图 4.8(b)所示，其中标有箭头的构件 4 是主动件。

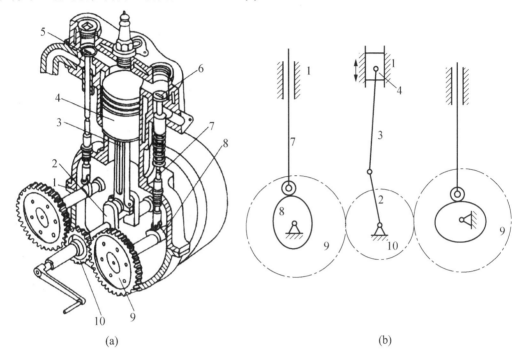

(a)   (b)

图 4.8 单缸内燃机及其机构运动简图

1—气缸体；2—曲轴；3—连杆；4—活塞；5—排气阀；
6—进气阀；7—顶杆；8—凸轮；9—大齿轮；10—小齿轮

4.2.2 平面连杆机构

平面连杆机构是由若干构件以低副(转动副或移动副)连接而成的机构，也称平面低副机构。其主要特点：由于低副为面接触，压强低、磨损量少，而且构成运动副的表面为圆柱面或平面，制造方便；又由于这类机构容易实现常见的转动、移动及其转换，所以获得广泛应用。它的缺点是由于低副中存在间隙，机构将不可避免地产生运动误差。另外，平面连杆机构不易精确地实现复杂的运动规律。

平面连杆机构常以其所含的构件(杆)数来命名，如四杆机构、五杆机构……，常把五杆或五杆以上的平面连杆机构称为多杆机构。最基本、最简单的平面连杆机构是由四个构件组成的平面四杆机构。它不仅应用广泛，而且又是多杆机构的基础。

平面四杆机构可分为铰链四杆机构和滑块四杆机构两大类，前者是平面四杆机构的基本形式，后者由前者演化而来。

1. 铰链四杆机构的基本类型

构件间均用转动副联接的四杆机构称为铰链四杆机构，如图 4.9 所示。固定件 4 称为机架；与机架直接相连的杆 1 和杆 3 称为连架杆；不与机架相连的杆 2 称为连杆。根据运动规律的不同，连架杆分为能做整周转动的曲柄和仅能在某一角度范围内摆动的摇杆。因此按照连架杆是曲柄还是摇杆，将铰链四杆机构分为三种基本形式：①若一个是曲柄，一个是摇杆则称为曲柄摇杆机构；②若都是曲柄，则称为双曲柄机构；③若都是摇杆，则称为双摇杆机构。

【参考视频】

1) 曲柄摇杆机构

如图 4.10 所示的雷达天线俯仰角调整机构，曲柄 1 缓慢地匀速转动，通过连杆 2 使摇杆 3 在一定的角度范围内摇动，从而调整天线俯仰角的大小，曲柄为主动件。如图 4.11 所示的缝纫机踏板机构，当脚踩住踏板 CD 构件往复摇动时，通过连杆 BC，带动带轮(曲柄 AB)作整周的旋转运动，从而通过传动带带动机头工作，摇杆为主动件。在含有曲柄的四杆机构中，当曲柄长度很短时，由于存在结构设计困难，工程中常将曲柄设计成偏心轮或曲轴的形式，如图 4.12 和图 4.13 所示。这样不仅增大了轴颈的尺寸，提高偏心轴的强度和刚度，而且当轴颈位于中部时，还可以安装整体式连杆，使结构简化。这类机构广泛应用于传力较大的剪床、冲床、颚式破碎机、内燃机等机械中。

曲柄摇杆机构的作用是将转动转换为摆动，或将摆动转换为转动。

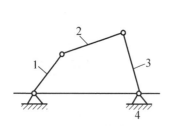

图 4.9　铰链四杆机构

1、3—连架杆；2—连杆；4—机架

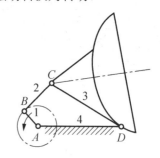

图 4.10　雷达天线俯仰角调整机构

1—曲柄；2—连杆；3—摇杆；4—机架

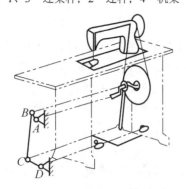

图 4.11　缝纫机踏板机构

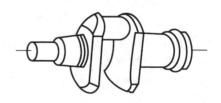

图 4.12　曲轴

【参考视频】

2) 双曲柄机构

在双曲柄机构中，通常主动曲柄作等速转动，从动曲柄作变速转动。图 4.14 所示为插床双曲柄机构及其运动简图，当小齿轮带动空套在固定轴 A 上的大齿轮(即构件 1)转动时，大齿轮上点 B 即绕轴 A 转动。通过连杆 2 驱使构件 3 绕固定铰链 D 转动。由于构件 1 和 3 均为曲柄,故该机构称为双曲柄机构。在图示机构中,当曲柄 1 等速转动时,曲柄 3 作不等速的转动,从而使曲柄 3 驱动的插刀既能近似均匀缓慢地完成切削工作,又可快速返回,以提高工作效率。

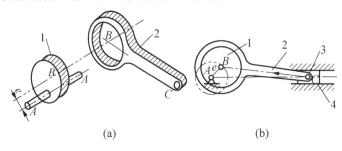

(a)   (b)

图 4.13 偏心轮机构

1—偏心轮;2—连杆;3—滑块;4—机架

在双曲柄机构中,常见的还有平行四边形机构(又称平行双曲柄机构)和反平行四边形机构(又称反平行双曲柄机构)。图 4.15 所示的摄像平台升降机构为平行四边形机构,由于两相对构件相互平行,呈平行四边形,因此,两曲柄 AB 与 CD 作等速同向转动,连杆 BC 始终作平动,可保证载人升降台平稳升降。

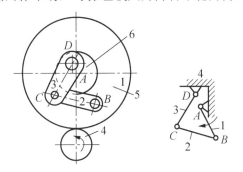

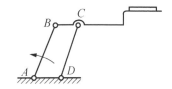

图 4.14 插床双曲柄机构

图 4.15 摄像平台升降机构

1、3—曲柄;2—连杆;4—小齿轮;
5—大齿轮;6—固定轴

图 4.16 所示的车门启闭机构为反平行四边形机构,由于两相对构件相等,但 AD 与 BC 不平行,因此曲柄 1 与 3 作不等速反向转动,可保证与曲柄 1、3 固结的车门,能同时开关。

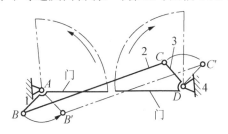

【参考视频】

图 4.16 车门启闭机构

1、3—曲柄;2—连杆;4—机架

双曲柄机构的作用是将等速转动转换为等速同向、不等速同向、不等速反向等多种转动。

3) 双摇杆机构

双摇杆机构常用于操纵机构、仪表机构等。图 4.17 所示为鹤式起重机，当摇杆 CD 摇动时，连杆 BC 上悬挂重物的 E 点在水平方向作近似的直线移动，从而避免了重物平移时因不必要的升降而发生事故和损耗能量。在双摇杆机构中，若两摇杆长度相等，则形成等腰梯形机构。如图 4.18 所示的汽车前轮的转向机构，即为其应用实例。

【参考视频】

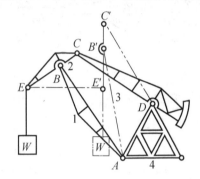

图 4.17　鹤式起重机

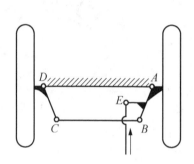

图 4.18　汽车前轮转向机构

2. 铰链四杆机构基本类型的判别

铰链四杆机构可以根据四杆的长度判断其类型。设最长构件长度为 l_{max}，最短构件长度为 l_{min}，其余两构件长度分别为 l'、l''。具体判别方法如图 4.19 所示。

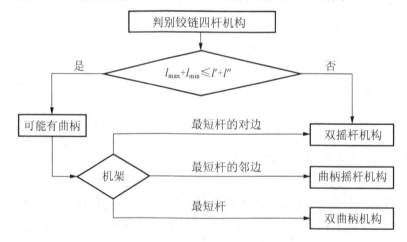

图 4.19　铰链四杆机构类型判别流程图

【例 4.2】如图 4.20 所示的铰链四杆机构，已知四杆长度分别是 AB=70mm，BC=90mm，CD=110mm，AD=40mm。试以不同杆为机架判断铰链四杆机构的类型。

解：因为 $AD+CD$=40+110=150(mm)<$AB+BC$=160(mm)，所以有如下判断：

① AD 为机架是双曲柄机构；

② AB 或 DC 为机架是曲柄摇杆机构；

③ BC 为机架是双摇杆机构。

图 4.20　例 4.2 图

3. 曲柄滑块机构及其演化

如果将曲柄摇杆机构中的摇杆改为块，把它与机架联接的转动副化为移动副，这种机构称为曲柄滑块机构。根据转动副 A (曲柄的转动中心)是否在移动导路上，可将曲柄滑块机构分为对心曲柄滑块机构和偏置曲柄滑块机构，如图 4.21(a)和图 4.21(b)所示。

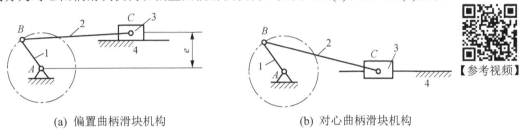

【参考视频】

(a) 偏置曲柄滑块机构　　　　　　　　　(b) 对心曲柄滑块机构

图 4.21　曲柄滑块机构

如图 4.22(a)所示的曲柄滑块机构，若取不同构件作机架，会得到以下几种演化机构：取曲柄为机架，则曲柄滑块机构演化为导杆机构，其中构件 4 称为导杆，滑块 3 相对导杆滑动，并和导杆一起绕 A 点转动，一般取连杆 2 为原动件。当 $AB<BC$ 时，杆 2、4 均可整周转动，称为转动导杆机构，如图 4.22(b)所示；当 $AB>BC$ 时，杆 2 可整周转动，杆 4 只能摆动，称为摆动导杆机构，如图 4.22(c)所示；取杆 2 为固定件，块 3 摆动，称为摇块机构，如图 4.22(d)所示；取块 3 为固定件，称为定块机构，如图 4.22(e)所示。

【参考视频】

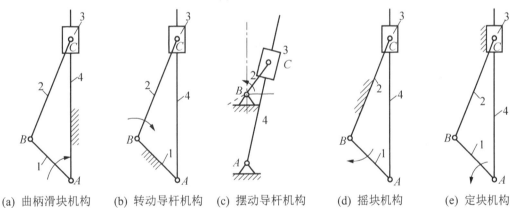

(a) 曲柄滑块机构　(b) 转动导杆机构　(c) 摆动导杆机构　(d) 摇块机构　(e) 定块机构

图 4.22　曲柄滑块机构及其转化机构

曲柄滑块机构用于转动与往复移动之间的运动转换，广泛应用于各种机械设备中，其应用举例见表 4-2。

表 4-2　曲柄滑块机构及其演化机构应用举例

机 构 名 称	应 用 场 合	图　　例
曲柄滑块机构	自动上料机构：曲柄 1 回转，带动构件 2，使滑块 3 往复移动，有规律地将物料推出	【参考视频】

续表

机构名称	应用场合	图例
转动导杆机构	插床插刀驱动机构：导杆 4 绕 A 轴回转，带动构件 5 及插刀 6，使插刀往复运动，进行切削	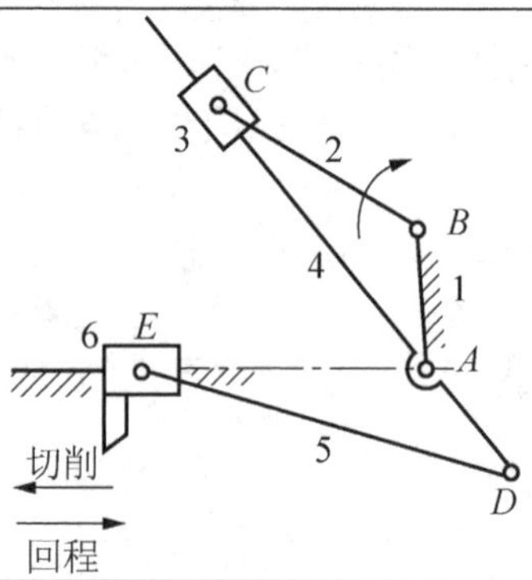
摆动导杆机构	牛头刨床刨刀驱动机构：导杆 4 摆动，并带动构件 5 及刨刀 6 往复运动，进行刨削	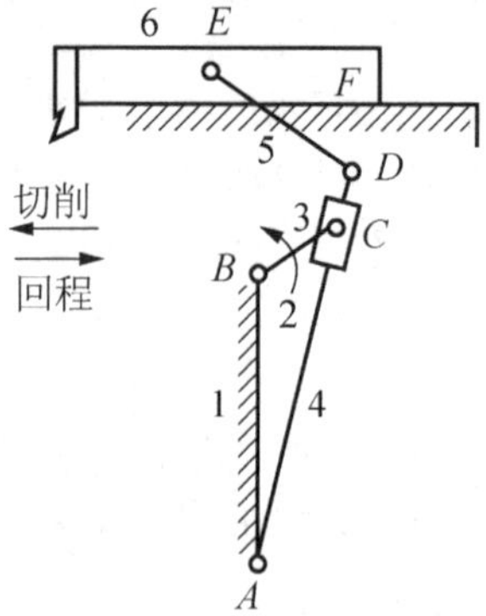
摇块机构	自卸卡车翻斗机构：液压缸 3(即摇块)绕 C 点摆动的同时推动活塞杆 4 运动，使车厢 1 绕 B 轴倾转，当达到一定角度时，物料便自动卸下	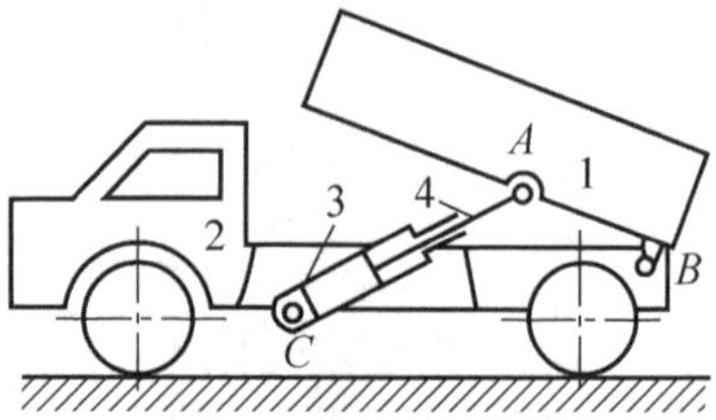
定块机构	手压抽水机：摆动手柄 1，使构件 4 上下移动，实现抽水动作	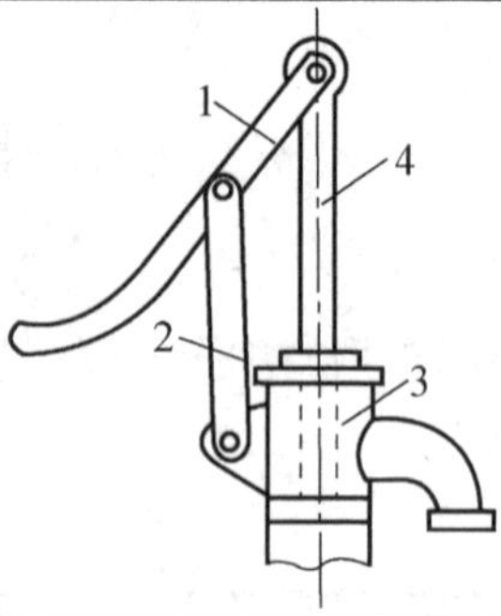

【参考视频】

【参考视频】

4. 四杆机构的基本特性

1）急回特性

机构空回行程速度大于工作行程速度的特性称为急回特性。在往复工作的机械中，如牛头刨床、插床和插齿机等，工作行程要求速度慢而均匀以提高加工质量，空回行程要求速度快以缩短非生产时间，提高工作效率，所以此类机构一般都具有急回特性。

下面以曲柄摇杆机构为例说明急回特性。如图 4.23 所示，曲柄 AB 在转动一周的过程中，有两次与连杆 BC 共线，这时摇杆 CD 分别处于左右两个极限位置 C_1D 和 C_2D，其夹角 ψ 称为摇杆摆角，将此时曲柄的两个对应位置 AB_1 和 AB_2 所夹的锐角 θ，称为极位夹角。

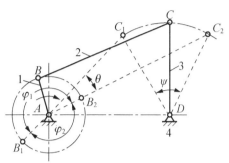

工作行程时，曲柄由位置 AB_1 顺时针转到位置 AB_2 时，曲柄转角 $\varphi_1=180°+\theta$，这时摇杆由极限位置 C_1D 摆到极限位置 C_2D，所用时间为 t_1，C 点的平均速度为 v_1；而当空回行程时，曲柄顺时针再转过角度 $\varphi_2=180°-\theta$，摇杆由位置 C_2D 摆回到位置 C_1D，所用时间是 t_2，C 点的平均速度为 v_2。显然当曲柄匀速转动时，$t_1>t_2$，因而 $v_2>v_1$，机构具有急回特性。

图 4.23　曲柄摇杆机构急回特性分析

急回特性可用行程速比系数 K 表示，即

$$K=\frac{v_2}{v_1}=\frac{C_2C_1/t_2}{C_1C_2/t_1}=\frac{t_1}{t_2}=\frac{\varphi_1}{\varphi_2}=\frac{180°+\theta}{180°-\theta} \tag{4-1}$$

将式(4-1)进行整理后，可得极位夹角的计算公式

$$\theta=180°\frac{K-1}{K+1} \tag{4-2}$$

由以上分析可知：只要曲柄摇杆机构存在极位夹角 θ，机构就具有急回特性。极位夹角 θ 越大，K 值越大，急回运动的性质也越显著，但机构运动的平稳性也越差。因此在设计时，应根据其工作要求，恰当地选择 K 值，在一般机械中 $1<K<2$。

除曲柄摇杆机构外，偏置曲柄滑块机构、摆动导杆机构等也具有急回特性，如图 4.24 所示。

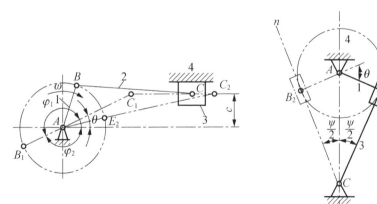

(a) 偏置曲柄滑块机构急回特性分析　　(b) 摆动导杆机构急回特性分析

图 4.24　急回特性分析

2) 压力角和传动角

在生产实际中往往要求连杆机构不仅能实现预期的运动规律，而且希望运转轻便、效

率高。图 4.25 所示的曲柄摇杆机构，如不计各杆质量和运动副中的摩擦，则连杆 BC 为二力杆，它作用于从动摇杆 3 上的力 F 是沿 BC 方向的。作用在从动件上的驱动力 F 与该力作用点绝对速度 v_c 之间所夹的锐角 α 称为压力角。由图 4.25 可见，力 F 在 v_c 方向的有效分力为 $F_t=F\cos\alpha$，它可使从动件产生有效的回转力矩。而 F 在垂直于 v_c 方向的分力 $F_n=F\sin\alpha$ 则为有害分力，它对转动副 C 产生附加径向压力。显然压力角 α 越小，有效分力 F_t 越大，而有害分力 F_n 越小，机构的传力性能越好。所以压力角是反映机构传力性能好坏的一个重要参数。一般设计机构时都必须注意控制最大压力角不超过许用值。

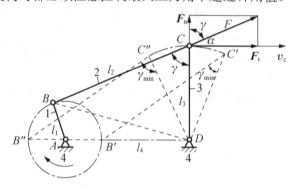

图 4.25   压力角与传动角

在实际应用中，为度量方便起见，常用压力角的余角 γ 来衡量机构传力性能的好坏，γ 称为传动角。显然 γ 值越大越好，理想情况是 $\gamma=90°$。

由于机构在运动中，传动角的大小随机构的不同位置而变化。γ 角越大，机构的传力性能越好，反之，传力性能越差。为了保证机构具有良好的传力性能，通常应使传动角的最小值 $\gamma_{min} \geqslant [\gamma]$。$[\gamma]$ 的选取与传递功率、运转速度、制造精度和运动副中的摩擦等因素有关。一般机械中，推荐 $[\gamma]=40°\sim50°$。对于传递功率大的机构，如冲床、颚式破碎机中的主要执行机构，可取 $[\gamma] \geqslant 50°$。对于一些非传动机构，如控制、仪表等机构，也可取 $[\gamma] < 40°$，但不能过小。为此，必须确定 $\gamma=\gamma_{min}$ 时机构的位置，并检验是否 $\gamma_{min} \geqslant [\gamma]$。

曲柄摇杆机构的最小传动角一般出现在曲柄 AB 与机架 AD 共线的两个位置。从两个 γ_{min} 中取较小者为该机构的最小传动角，如图 4.25 所示。

对于偏置曲柄滑块机构，当原动件为曲柄时，最小传动角出现在曲柄与机架垂直的位置，如图 4.26 所示。

对于图 4.27 所示的摆动导杆机构，如以曲柄为原动件，在任何位置曲柄通过滑块传给从动导杆的力的方向，与从动导杆受力点的速度方向始终一致，所以传动角始终等于 $90°$。

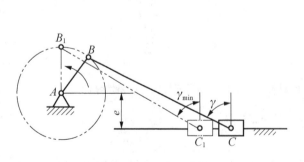

图 4.26   偏置曲柄滑块机构的 γ_{min}

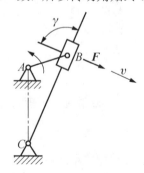

图 4.27   摆动导杆机构的 γ_{min}

3) 死点位置

对于图 4.23 所示的曲柄摇杆机构，如以摇杆 3 为原动件，而曲柄 1 为从动件，则当摇杆摆到极限位置 C_1D 和 C_2D 时，连杆 2 与曲柄 1 共线。不计各杆的质量，则这时连杆加给曲柄的力将通过铰链中心 A，即机构处于压力角 $\alpha=90°$（传力角 $\gamma=0$）的位置。此时驱动力的有效分力为零，此力对 A 点不产生力矩，因此不能使曲柄转动。机构的这种位置称为死点位置。在曲柄摇杆机构中，只有摇杆为主动件时才存在死点位置。当曲柄为主动件时，由于连杆与从动件不可能共线，就不存在死点位置。在曲柄滑块机构中，若滑块为主动件，当连杆与从动曲柄共线时，机构也处于死点位置。由上述可见，四杆机构有无死点位置取决于从动件与连杆是否共线。

出现死点对传动机构来说是一种缺陷，它会使机构处于"卡死"或运动不确定状态，必须采取适当的措施使机构能顺利通过死点位置：对于连续回转的机器，可在从动件上安装飞轮，利用飞轮的惯性来通过死点位置，如家用缝纫机的大带轮就兼有飞轮的作用；另外利用机构的错位排列，可将机构的死点错开。

但在工程中，有时也利用死点位置来实现特定的工作要求。如图 4.28 所示的夹紧装置，当工件 5 需要被夹紧时，就是利用连杆 BC 与摇杆 CD 形成的死点位置，这时工件经杆 1、杆 2 传给杆 3 的力，通过杆 3 的转动中心 D，此力不能驱使杆 3 转动。这就保证当撤去主动外力 P 后，在工作反力 F_N 的作用下，机构不会反转，工件依然被可靠地夹紧。当需要取出工件时，只需向上扳动手柄，即能松开夹具。

5. 平面四杆机构的设计

平面四杆机构的设计是指根据工作要求选定机构的类型，根据给定的运动要求确定机构的几何尺寸。其设计方法有作图法、解析法和实验法。作图法比较直观，解析法比较精确，实验法常需试凑。下面就以作图法为例，介绍四杆机构设计的基本方法。

1) 按给定连杆的位置设计四杆机构

在生产实践中，经常要求所设计的四杆机构在运动过程中连杆能达到某些特殊位置。

【参考视频】

设已知铰链四杆机构中连杆 2 的长度和它的三个位置 B_1C_1、B_2C_2、B_3C_3，如图 4.29 所示，试确定该四杆机构中其余构件的尺寸。

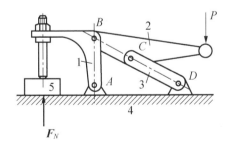

图 4.28　铣床快动夹紧机构

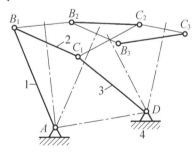

图 4.29　按预定位置设计四杆机构

由于在铰链四杆机构中，连架杆 1 和 3 分别绕两个固定铰链 A 和 D 转动，所以连杆上点 B 的三个位置 B_1、B_2、B_3 应位于同一圆周上，其圆心即位于连架杆 1 的固定铰链 A 的位置。因此，分别连接 B_1、B_2 及 B_2、B_3，并作两连线各自的中垂线，其交点即为固定铰链 A。同理，可求得连架杆 3 的固定铰链 D。连线 AD 即为机架的长度。这样，构件 1、2、3、4 即组成所要求的铰链四杆机构。

如果只给定连杆的两个位置，则点 A 和点 D 可分别在 B_1B_2 和 C_1C_2 各自的中垂线上任意选择。因此，有无穷多解。为了得到确定的解，可根据具体情况添加辅助条件，如给定机架位置或提出其他结构上的要求等。

【例 4.3】 设计如图 4.30 所示的热处理加热炉炉门启闭的铰链四杆机构。已知炉门上两铰链 B、C 的中心距为 50cm，炉门打开后处于水平位置，如图 4.30(b)中双点画线所示。设两个固定铰链安装在轴 Y—Y 上，其他尺寸如图 4.30(b)所示，试设计该铰链四杆机构。

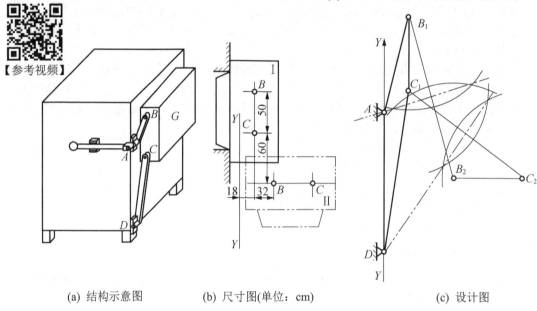

(a) 结构示意图　　　(b) 尺寸图(单位：cm)　　　(c) 设计图

图 4.30　热处理加热炉炉门启闭机构

解： 能实现炉门启闭的机构是双摇杆机构，炉门 BC 相当于连杆，l_{BC}=50cm，炉门开启时连杆 BC 处于水平位置，关闭时处于竖直位置，并且两固定铰链安装在 Y—Y 轴上。这属于按给定连杆位置来设计四杆机构的情况，利用图解法进行设计。具体设计步骤如下：

(1) 选择作图比例 μ_l=2cm/mm，画出炉门的铰链中心 B 和 C 在位置 Ⅰ 和 Ⅱ 时的位置 B_1C_1 和 B_2C_2，再按给定位置画出 Y—Y 轴线，如图 4.30(c)所示。

(2) 连接 B_1B_2、C_1C_2，并分别作它们的垂直平分线，与 Y—Y 轴相交于 A、D 两点，A、D 即为两固定铰链所在位置。

(3) 连接 AB_1C_1D，即得所求机构。由图 4.30(c)量取各构件长度分别为

$$AB_1=33.5mm，\quad C_1D=56mm，\quad AD=48mm$$

(4) 机构各杆的实际长度为

$$l_{AB}=\mu_l AB_1=67cm，\quad l_{CD}=\mu_l C_1D=112cm，\quad l_{AD}=\mu_l AD=96cm$$

2) 按照给定的行程速比系数 K 设计四杆机构

按照这种方法设计的机构应具有急回特性，如曲柄摇杆机构、偏置曲柄滑块机构和摆动导杆机构等，其中以典型的曲柄摇杆机构设计为基础。

已知一曲柄摇杆机构的行程速比系数 K、摇杆 3 的长度及其摆角 ψ，设计曲柄摇杆机构。

首先，按照式(4-2)求出极位夹角 θ。

然后，任选一点 D，由摇杆长度及摆角 ψ 作摇杆 3 的两个极限位置 C_1D 和 C_2D [图 4.31(a)]。再连直线 C_1C_2，作 $\angle C_1C_2O=\angle C_2C_1O=90°-\theta$，得 C_1O 与 C_2O 的交点 O。再以 O 为圆心、

OC_1 为半径作圆 L，则该圆周上任意点 A 与 C_1、C_2 连线的夹角 $\angle C_1AC_2=\theta$。从几何上看，点 A 的位置可在圆周 L 上任意选择；从传动上看，点 A 位置须在弧 C_1E 或 C_2F 上。即使这样，点 A 的位置仍有无穷多解。欲使其有确定的解，可以添加辅助条件，如给定机架 AD 的长度或最小传动角 γ_{min} 等。实际设计时，如果没有辅助条件，通常以机构在工作行程中，具有较大的传动角为出发点来自行确定。当点 A 位置确定后，可根据极限位置时曲柄和连杆共线的原理，连 AC_1 和 AC_2，得

$$AC_2=BC+AB,\quad AC_1=BC-AB$$

由此求得，$AB=\dfrac{AC_2-AC_1}{2}$，$BC=AB+AC_1=AC_2-AB$，连线 AD 的长度即为机架的长度。

若已知滑块行程 H，偏距 e 和行程速比系数 K，则可设计偏置曲柄滑块机构[图 4.31(b)]。

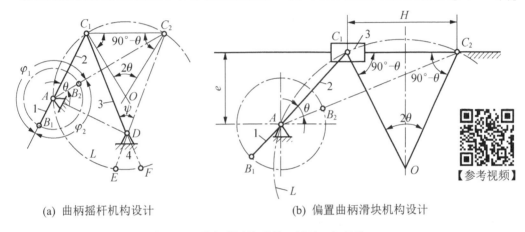

(a) 曲柄摇杆机构设计　　　　(b) 偏置曲柄滑块机构设计

图 4.31　按行程速比系数 K 设计四杆机构

如果已知机架长度和行程速比系数 K，还可设计摆动导杆机构，具体过程见下面例题。

【例 4.4】　图 4.32 所示为牛头刨床刨刀驱动机构，该机构在曲柄的带动下驱动导杆作往复摆动，摆杆带动滑枕往复移动。已知 $l_{AB}=300$mm，行程 $H=450$mm，行程速比系数 $K=2$，试设计牛头刨床刨刀的驱动机构。

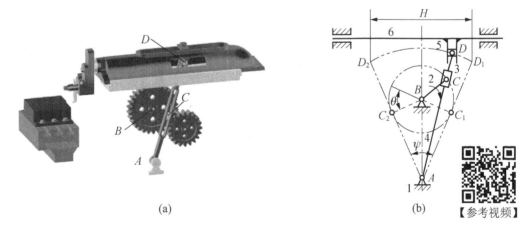

(a)　　　　　　　　(b)

图 4.32　牛头刨床刨刀驱动机构

1—机架；2—曲柄；3、5—滑块；4—导杆；6—滑枕

解：牛头刨床刨刀驱动机构为摆动导杆机构，曲柄 BC 为原动件。当曲柄 BC 垂直于从动导杆时，从动导杆处于两个极限位置，此时从动导杆的摆角为 ψ，相应位置主动曲柄 BC_1 和 BC_2 间所夹锐角 θ 即为极位夹角，且 $\psi=\theta$。

机构设计步骤如下：

(1) 计算极位夹角。

$$\theta=180°\frac{K-1}{K+1}=180°\times\frac{2-1}{2+1}=60°$$

(2) 作导杆的两极限位置。任选一点为固定铰链 A 点的中心，按 $\psi=\theta$ 作导杆的两极限位置 AD_1 和 AD_2，使 $\angle D_1AD_2=\psi$，如图 4.32(b)所示。

(3) 确定 B 点及曲柄和导杆的长度。作摆角 ψ 的平分线，并在其上取 $AB=l_{AB}=300\text{mm}$，得曲柄回转中心 B 点的位置；过点 B 作 $AD_1(AD_2)$ 的垂线 $BC_1(BC_2)$，垂足为 $C_1(C_2)$。由图 4.32(b) 中的几何关系可得

曲柄长度：$l_{BC}=l_{AB}\sin 30°=300\times0.5=150(\text{mm})$

导杆长度：$l_{AD}=H/(2\sin 30°)=450/(2\times0.5)=450(\text{mm})$

4.2.3 凸轮机构

在机器中，特别是自动化机器中，为实现某些特殊或复杂的运动要求，常采用凸轮机构。

1. 凸轮机构的应用和分类

【参考视频】

1) 凸轮机构的组成

凸轮机构通常由凸轮、从动件和机架三个基本构件组成。凸轮是一个具有控制从动件运动规律的曲线轮廓或凹槽的主动件，通常作连续等速转动或往复移动，从动件则在凸轮轮廓驱动下按预定运动规律作往复移动或摆动。

2) 凸轮机构的应用

图 4.33 列举了凸轮机构的几个应用实例。其中图 4.33(a)所示为内燃机配气机构，盘形凸轮作等速转动，通过其向径的变化可使从动顶杆按预期规律作上下往复移动，从而达到控制气阀开闭的目的。图 4.33(b)所示为靠模车削机构，工件回转时，移动靠模板(凸轮)和工件一起向右移动，刀架在靠模板曲线轮廓的推动下作往复移动，从而切削出与靠模板曲线一致的工件。图 4.33(c)所示为缝纫机挑线机构，凸轮作匀速转动，并用其曲线形沟槽驱动从动件摆杆绕其固定回转轴 A 作往复摆动，完成挑线动作。图 4.33(d)所示为机床进退刀机构，圆柱凸轮等速转动时，其上曲线凹槽的侧面推动从动件扇形齿轮绕 C 点作往复摆动，通过扇形齿轮和固结在刀架上的齿条，控制刀架作进刀和退刀运动。图 4.33(e)所示为一绕线机中的凸轮机构，凸轮作匀速转动，并用其曲线轮廓驱动从动件布线杆往复摆动，使线均匀地缠绕在绕线轴上。图 4.33(f)所示为冲床送料机构，凸轮作往复移动，并用其曲线轮廓驱动从动件送料杆往复移动，完成推送料动作。

由以上几个例子可见，凸轮机构的主要优点是：选择适当的凸轮轮廓，能使从动件获得任意预期的运动规律；结构简单紧凑、设计方便。其主要缺点是：由于凸轮与从动件间为高副接触，易磨损。因而凸轮机构多用于传力不大的自动机械、仪表、控制机构及调节机构中。

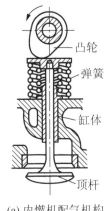

(a) 内燃机配气机构

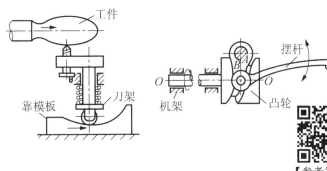

(b) 靠模车削机构　　　(c) 缝纫机挑线机构

【参考视频】

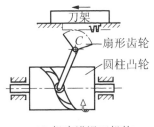

(d) 机床进退刀机构

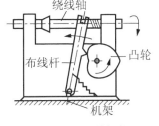

(e) 绕线机中的凸轮机构

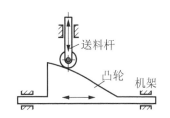

(f) 冲床送料机构

【参考视频】

图 4.33　凸轮机构应用实例

3) 凸轮机构的分类

(1) 按照凸轮的形状分类。

① 盘形凸轮。如图 4.33(a)、图 4.33(e)所示，盘形凸轮是绕固定轴转动且向径(向径是指从盘形凸轮回转中心至其轮廓上任一点的距离)变化的盘形零件，是凸轮中最基本的形式。

② 移动凸轮。如图 4.33(b)、图 4.33(f)所示，移动凸轮可看作回转半径无限大的盘形凸轮，凸轮相对机架作往复移动。

③ 圆柱凸轮。如图 4.33(c)、图 4.33(d)所示，圆柱凸轮可看作移动凸轮绕在圆柱体上演化而成的。

(2) 按从动件的形状分类。

① 尖顶从动件。如图 4.33(e)所示，它以尖顶与凸轮轮廓接触，结构最简单，且尖顶能与各种形式的凸轮轮廓保持接触，可实现任意的运动规律。但尖顶易磨损，故只适用于低速、轻载的凸轮机构。

② 滚子从动件。如图 4.33(b)、图 4.33(f)所示，它以铰接的滚子与凸轮轮廓接触，滚子与凸轮为滚动摩擦，磨损小，承载能力较大，但运动规律有一定限制，且滚子与滚轴之间有间隙，故不适用于高速的凸轮机构。

③ 平底从动件。如图 4.33(a)所示，它以平底与凸轮轮廓接触，结构紧凑，润滑性能和动力性能好，效率高，故适用于高速的凸轮机构；但要求凸轮轮廓曲线不能呈凹形，因此从动件的运动规律受到限制。

(3) 按从动件的运动形式分类。

① 直动从动件。从动件作往复直线运动，如图 4.33(a)、图 4.33(b)和图 4.33(f)所示。

若从动件导路通过盘形凸轮回转中心，则称为对心直动从动件；若从动件导路不通过盘形凸轮回转中心，则称为偏置直动从动件。

② 摆动从动件。从动件作往复摆动，如图 4.33(c)、图 4.33(d)和图 4.33(e)所示。

(4) 按锁合方式分类。所谓锁合是使凸轮轮廓与从动件始终保持接触。

① 力锁合。力锁合是靠重力、弹簧力或其他力锁合，如图 4.33(a)、图 4.33(b)、图 4.33(e)和图 4.33(f)所示。

② 形锁合。形锁合是依靠凸轮或从动件特殊的几何形状来维持凸轮和从动件的接触，如槽形凸轮[图 4.34(a)]、等宽凸轮[图 4.34(b)]和等径凸轮[图 4.34(c)]等。

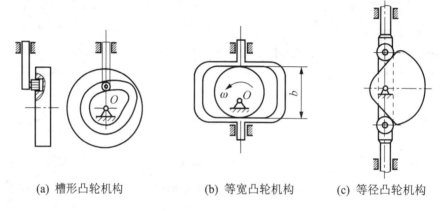

| (a) 槽形凸轮机构 | (b) 等宽凸轮机构 | (c) 等径凸轮机构 |

图 4.34 形锁合凸轮机构

实际应用中的凸轮机构通常是上述类型的不同综合。如图 4.33(a)所示的内燃机配气机构，便是直动从动件、平底、力锁合的盘形凸轮机构。

2. 从动件的常用运动规律

1) 凸轮机构运动过程及有关名称

图 4.35 所示为一对心直动尖顶从动件盘形凸轮机构，凸轮以等角速度 ω_1 逆时针转动。图示位置凸轮转角为零，从动件位移也为零，从动件尖顶位于离凸轮轴心 O 最近位置 A，称为起始位置。以凸轮轮廓最小向径为半径所作的圆称为基圆，基圆半径用 r_b 表示。从动件离轴心最近位置 A 到最远位置 B 间移动的距离 h 称为行程。凸轮机构运动过程及各参数见表 4-3。

表 4-3 凸轮机构运动过程

运动阶段	凸轮转角	凸轮廓线的变化	从动件的位移	从动件的运动
推程	推程运动角 δ_0	增大，在 B 点达到最大值	A 点时为零，B 点时为 h	上升，由最低到最高点
远休止	远休止角 δ_s	不变	无变化，仍为 h	不动，停留在最高点
回程	回程运动角 δ_0'	减小，在 D 点达到最小值	C 点时为 h，D 点时为零	下降，由最高到最低点
近休止	近休止角 δ_s'	不变	无变化，仍为零	不动，停留在最低点

凸轮转过一周，从动件经历推程、远休止、回程、近休止四个阶段，是典型的升—停

一降一停的双停歇循环。工程中，从动件运动也可以是一次停歇或没有停歇的循环。从动件的运动规律取决于凸轮的轮廓形状。

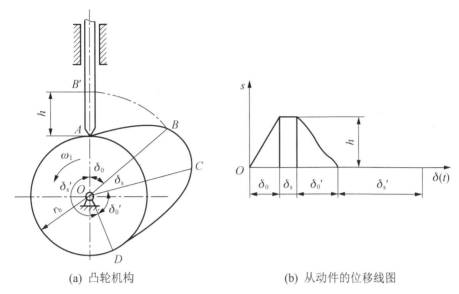

(a) 凸轮机构　　　　　　　　　　(b) 从动件的位移线图

图 4.35　凸轮机构的运动过程

上述过程可以用从动件的位移线图来描述。位移线图以从动件位移 s 为纵坐标，凸轮转角 δ(或时间 t)为横坐标，反映了凸轮转角(或时间)与对应的从动件位移之间的函数关系，如图 4.35(b)所示。

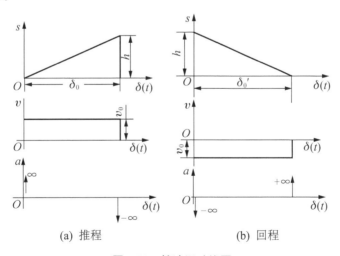

(a) 推程　　　　　　　　　　(b) 回程

图 4.36　等速运动线图

2) 从动件常用运动规律

从动件运动规律，反映的是从动件位移 s、速度 v 和加速度 a 与凸轮转角 δ 之间的关系，可以用线图表示，也可以用运动方程表示。设计凸轮轮廓时，首先要根据工作要求确定从动件的运动规律，然后按照其位移线图来设计凸轮轮廓。常用的从动件运动规律有以下几种：

(1) 等速运动规律。从动件的运动速度为定值的运动规律称为等速运动规律。当凸轮

以等角速度 ω_1 转动时，从动件在推程或回程中的速度为常数。其运动线图如图 4.36 所示。

由图可知，从动件在推程(或回程)开始和终止的瞬时，速度有突变，其加速度和惯性力在理论上为无穷大(实际上由于材料的弹性变形，其加速度和惯性力不可能达到无穷大)，致使凸轮机构产生强烈的冲击、噪声和磨损，这种冲击称为刚性冲击。因此，等速运动规律只适用于低速、轻载的场合。

(2) 等加速等减速运动规律。从动件推程的前半段为等加速运动，后半段为等减速运动，并且加速度和减速度的绝对值相等，前半段、后半段的位移 s 大小也相等，这种运动规律称为等加速等减速运动规律。此处，从动件等加速上升的位移曲线是二次抛物线，其作图方法如图 4.37(a)所示。在横坐标轴上找出代表 $\delta_0/2$ 的一点，将 $\delta_0/2$ 分成若干等份(图中为 4 等份)，得 1、2、3、4 各点，过这些点作横坐标轴的垂线。又将从动件推程一半 $h/2$ 分成相应的等份(图中为 4 等份)，再将点 O 分别与 $h/2$ 上各点 1'、2'、3'、4'相连接，得 $O1'$、$O2'$、$O3'$、$O4'$直线，它们分别与横坐标轴上的点 1、2、3、4 的垂线相交，最后将各交点连成一条光滑曲线，该曲线便是等加速段的位移曲线。图 4.37(a)所示为推程时作等加速等减速运动从动件的运动线图。同理，不难作出回程时等加速等减速运动从动件的运动线图，如图 4.37(b)所示。

【参考视频】

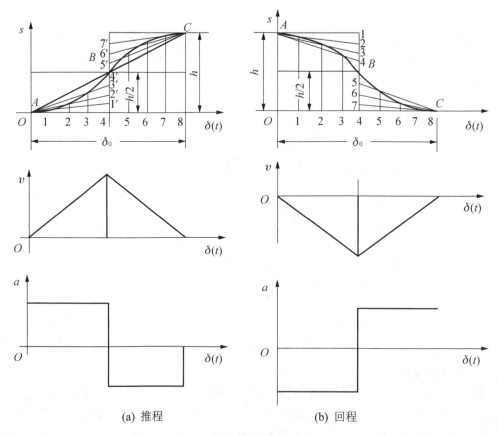

(a) 推程   (b) 回程

图 4.37　等加速等减速运动线图

由运动线图可知，这种运动规律的加速度在 A、B、C 三处存在有限的突变，因而会在机构中产生有限值的冲击力，这种冲击称为柔性冲击。与等速运动规律相比，其冲击程度大为减小。因此，等加速等减速运动规律适用于中速、中载的场合。

（3）简谐运动规律。质点在圆周上作匀速运动时，它在该圆直径上的投影所形成的运动称为简谐运动。从动件按简谐运动规律运动时，其加速度曲线为余弦曲线，故又称余弦加速度运动规律。其位移曲线作图方法如图 4.38 所示。

由运动线图可知，此运动规律在行程的始末两点加速度存在有限突变，故也存在柔性冲击。只适用于中速场合。但从动件作无停歇的升—降—升连续往复运动时，则得到连续的余弦曲线，运动中完全消除了柔性冲击，这种情况下可用于高速传动。

随着生产技术的进步，工程所采用的从动件运动规律越来越多，如摆线运动规律、复杂多项式运动规律及改进型运动规律等。在选择从动件运动规律时，首先要满足机构的工作要求，同时要考虑使凸轮机构具有良好的工作性能。通常，对于质量较大的从动件，应选择 $v_{\max}$ 较小的运动规律；对于高速凸轮机构，应考虑使 $a_{\max}$ 不要太大。在满足工作要求的前提下，还应使凸轮轮廓曲线便于加工。

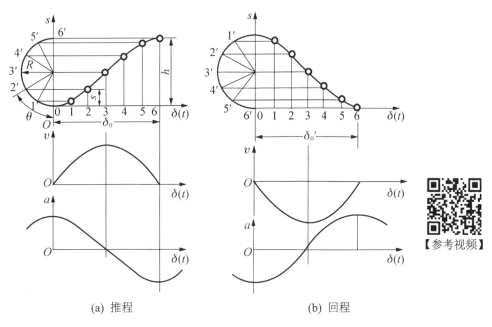

(a) 推程　　　　　　　　　　　(b) 回程

图 4.38　简谐运动线图

3. 凸轮轮廓曲线的设计方法

设计凸轮机构，包括按使用要求选择凸轮类型、从动件运动规律(位移线图)和基圆半径等，据此绘制凸轮轮廓。

下面介绍图解法绘制凸轮轮廓的方法。为了便于绘出凸轮轮廓曲线，应使工作中转动着的凸轮与不动的图纸间保持相对静止，从而引用"反转法"原理。具体如下：根据相对运动原理，如果给整个凸轮机构加上一个与凸轮转动角速度 ω 数值相等、方向相反的 $-\omega$ 角速度，则凸轮处于相对静止状态，而从动件则一方面随同机架以 $-\omega$ 角速度绕 O 点转动，另一方面按原定规律在其导路中作往复移动，即凸轮机构中各构件仍保持原相对运动关系不变。如图 4.39 所示，由于从动件的尖端始终与凸轮轮廓相接触，因此在从动件反转过程

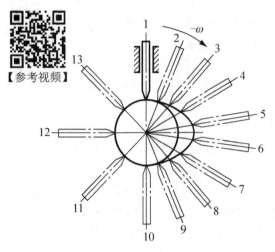

图 4.39　反转法原理

中，其尖端的运动轨迹就是凸轮轮廓曲线。

1）尖顶对心直动从动件盘形凸轮轮廓曲线设计

设凸轮的基圆半径为 r_b，凸轮以等角速度 ω_1 顺时针方向回转，从动件的运动规律已知，试设计凸轮的轮廓曲线。

(1) 作出从动件的位移线图。选取长度比例尺 μ_l(实际线性尺寸/图样线性尺寸)和凸轮转角比例尺 μ_δ(实际角度/图样线性尺寸)，如图 4.40(a)所示。

(2) 在位移线图上作出相应位移。将位移线图中的 δ_0 及 δ_0' 分成若干等份，并自各点作垂线与位移曲线交于 1′、2′、3′…各点，即得相应凸轮各转角时从动件的位移 11′、22′、33′…

(3) 按从动件行程分度凸轮圆周。取任意点 O 为圆心，以 r_b 为半径作基圆，再以从动件最低(起始)位置 B_0 起沿 $-\omega_1$ 方向量取角度 δ_0、δ_s、δ_0'、δ_s' 等。

(4) 等分凸轮的各部分转角。将 δ_0 和 δ_0' 按位移线图中的等分数分成相应的等份，得 B_1'、B_2'、B_3'…点。

(5) 在凸轮圆周上作出从动件相应位移。从位移曲线中量取各个位移量，并在基圆的系列径向线上取 $B_1'B_1=11'$、$B_2'B_2=22'$、$B_3'B_3=33'$…，得 B_1、B_2、B_3…各点。这些点就是反转后从动件的系列位置。

(6) 连接各点成曲线。将 B_0、B_1、B_2、B_3…各点光滑地连成曲线，即是所要求的凸轮轮廓曲线，如图 4.40(b)所示。

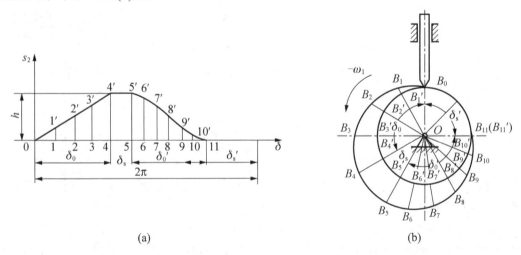

(a)　　　　　　　　　　　　(b)

图 4.40　对心尖顶直动从动件盘形凸轮作图法

2）滚子从动件盘形凸轮轮廓曲线设计

对于滚子从动件凸轮机构，在工作时滚子中心始终与从动件保持相同的运动规律，而滚子与凸轮轮廓接触点到滚子中心的距离，始终等于滚子半径 r_T。由此可得作图步骤如下：

(1) 将滚子的回转中心视为从动件的尖端，按照上例步骤先绘出尖顶从动件的凸轮轮廓曲线β_0(即滚子中心轨迹)，如图4.41中的点画线所示，该曲线称为理论轮廓曲线。

(2) 以理论轮廓曲线上的点为圆心，以滚子半径为半径，作一族滚子圆，然后作这些圆的光滑内包络线β，如图4.41中的粗实线所示，它便是凸轮的实际轮廓曲线。作图时，在理论轮廓曲线的急剧转折处应画出较多的滚子圆，以便更精确地定出工作轮廓曲线。

4. 凸轮机构设计中应注意的问题

在设计凸轮机构时，必须保证凸轮工作轮廓满足以下要求：

(1) 从动件在所有位置都能准确地实现给定的运动规律。

(2) 机构传力性能要好，不能自锁。

(3) 凸轮结构尺寸要紧凑。

这些要求与滚子半径、凸轮基圆半径、压力角等因素有关。

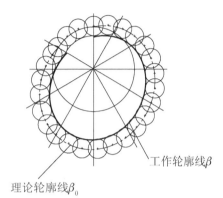

工作轮廓线β

理论轮廓线β_0

图 4.41　对心滚子直动从动件盘形凸轮作图法

1) 滚子半径的选择

当采用滚子从动件时，要注意滚子半径的选择。滚子半径选择不当，使从动件不能实现给定的运动规律，这种情况称为运动失真。如图4.42(a)所示，滚子半径r_T大于理论轮廓曲率半径ρ时，包络线会出现自相交叉现象，其中的阴影部分在制造时不可能制出，这时从动件不能处于正确位置，致使从动件运动失真。避免方法是保证理论轮廓最小曲率半径ρ_{min}大于滚子半径r_T[图4.42(b)]，这时包络线不自交。通常$r_T < \rho_{min} - 3mm$，对于一般自动机械，r_T取$10\sim25$ mm。

如果出现运动失真情况，可采用减小滚子半径的方法来解决。若由于滚子半径的结构等因素不能减小其半径时，可适当增大基圆半径r_b以增大理论轮廓线的最小曲率半径。

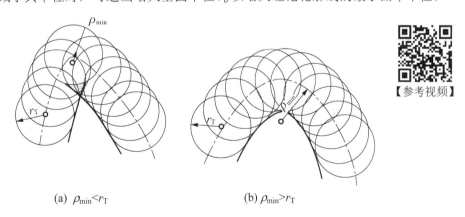

【参考视频】

(a) $\rho_{min} < r_T$　　　　(b) $\rho_{min} > r_T$

图 4.42　滚子半径的选择

2) 凸轮机构的压力角

如图4.43(a)所示，凸轮机构的压力角是指从动件在高副接触点A所受的法向压力F_n与从动件在该点的线速度方向所夹的锐角，常用α表示。凸轮机构在运动过程中，压力角α的大小是变化的。凸轮机构的压力角与四杆机构的压力角概念相同，是机构传力性能参数。

在工作行程中，当 α 超过一定数值时，摩擦阻力足以阻止从动件运动，产生自锁现象。为此，设计时，必须对凸轮机构的最大压力角加以限制，使凸轮机构的最大压力角小于许用压力角，即 $\alpha_{\max} < [\alpha]$。一般推荐许用压力角 $[\alpha]$ 的数值如下：

直动从动件的推程　　　　$[\alpha] \leqslant 30° \sim 40°$

摆动从动件的推程　　　　$[\alpha] \leqslant 40° \sim 50°$

在空回行程，从动件没有负载，不会自锁，但为了防止从动件在重力或弹簧力的作用下，产生过高的加速度，取 $[\alpha] = 70° \sim 80°$。

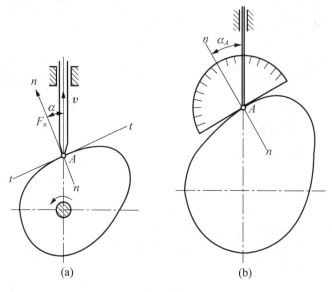

(a)　　　　　　　　　　(b)

图 4.43　凸轮机构的压力角

凸轮机构的 $\alpha_{\max}$，可在作出的凸轮轮廓图中测量，如图 4.43(b) 所示。也可根据从动件运动规律、运动角 δ_0 和 h/r_b 比值，由诺模图查得。图 4.44 为对心直动从动件凸轮机构的诺模图。下面通过例题介绍诺模图的具体用法。

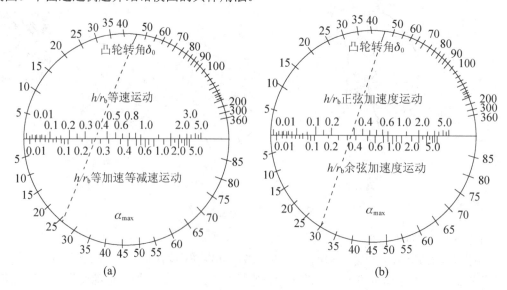

(a)　　　　　　　　　　(b)

图 4.44　诺模图

【例 4.5】 已知一尖顶对心直动从动件盘形凸轮机构，从动件按等速运动上升，行程 $h=10$mm，凸轮的推程运动角 $\delta_0=45°$，基圆半径 $r_b=25$ mm。试检验推程的 α_{max}。

解： 由图 4.44(a)标尺线上部刻度，找到 $h/r_b=10$mm/25mm$=0.4$ 的点，再由上半圆圆周找到 $\delta_0=45°$ 的点，将两点连成直线并延长，与下半圆圆周交得 $\alpha_{max}=26°$。$\alpha_{max}<[\alpha]=30°\sim40°$，合格。也可按给定条件，作出凸轮轮廓校验。

3) 基圆半径 r_b 的确定

基圆半径 r_b 是凸轮的主要尺寸参数，从避免运动失真、降低压力角的要求看，r_b 大比较好，但是从结构紧凑看，r_b 小比较好。

(1) 根据凸轮轴的结构确定。当凸轮与轴制成一体时，凸轮基圆半径 r_b 应略大于轴的半径。当凸轮与轴单独加工时，凸轮基圆半径 r_b 应略大于轮毂的半径，可取 $r_b=(1.6\sim2)r$，r 为轴的半径。

(2) 利用诺模图。当运动规律、许用压力角等已知时，可利用诺模图求基圆半径 r_b。

【例 4.6】 设计一对心直动滚子从动件盘形凸轮机构，要求凸轮转过推程运动角 $\delta_0=45°$ 时，从动件按简谐运动规律上升，其升程 $h=14$mm，限定凸轮机构的最大压力角等于许用压力角，$\alpha_{max}=30°$。试确定凸轮基圆半径。

解： 由图 4.44(b)下半圆查得 $\alpha_{max}=30°$ 的点和上半圆查得 $\delta_0=45°$ 的点，将其两点连成一直线交标尺线下部刻度(h/r_b 线)于 0.35 处，于是，根据 $h/r_b=0.35$ 和 $h=14$mm，即可求得凸轮的基圆半径 $r_b=40$mm。

4) 凸轮机构的结构与材料

(1) 凸轮机构的结构。基圆较小的凸轮，常与轴做成一体，称为凸轮轴(图 4.45)；基圆较大的凸轮，则做成组合式结构，分别制造好凸轮和轴，再通过平键联接[图 4.46(a)]、销联接[图 4.46(b)]或弹性开口锥套螺母联接等方式，将凸轮安装在轴上。

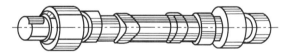

图 4.45　凸轮轴

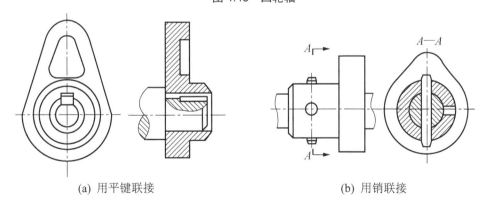

(a) 用平键联接　　　　　　　　　　　(b) 用销联接

图 4.46　组合式凸轮结构

滚子从动件的滚子可以是专门制造的圆柱体，也可以采用滚动轴承，滚子与从动件顶端可用螺栓联接，也可用销联接。

(2) 凸轮和从动件的材料。凸轮机构属于高副机构，凸轮与从动件之间的接触应力大，易出现严重磨损，而且多数凸轮机构在工作时还承受一定的冲击，所以要求凸轮和滚子的工作表面具有较高的硬度，而芯部具有较好的韧性。

材料选择：

① 低速、轻载的盘形凸轮可选用 HT200、HT250、HT300、QT500-7、QT600-3 等作为凸轮的材料。从动件因承受弯曲应力，不宜选用脆性材料，可选用 40、45 等中碳结构钢，表面淬火，使硬度达到 40～50HRC。

② 中速、中载的凸轮常用 45 钢，表面淬火，也可选用 15、20、20Cr、20CrMn 等材料渗碳淬火，使硬度达到 56～62HRC。从动件可选用 20Cr，并经渗碳淬火，使其硬度达到 55～60HRC。

③ 高速、重载的凸轮常用 40Cr，表面高频淬火，使硬度达到 56～60HRC，或用 38CrMoAl，经渗氮处理使其硬度达到 60～67HRC。从动件则可选用 T8、T10、T12 等碳素工具钢，经表面淬火硬度达到 58～62HRC。

4.2.4 间歇运动机构

当主动件连续运动，需要从动件实现周期性时动、时停的间歇运动时，可以应用间歇运动机构。其种类很多，常用的有棘轮机构和槽轮机构两种。

1. 棘轮机构

棘轮机构的类型很多，下面主要介绍齿式棘轮机构。

1) 工作过程

棘轮机构主要由棘轮、棘爪和机架组成，如图 4.47 所示。棘轮 1 具有单向棘齿，用键与输出轴相联，棘爪 2 铰接于摇杆 3 上，摇杆 3 空套于棘轮轴，可自由转动。当摇杆顺时针方向摆动时，棘爪插入棘齿槽内，推动棘轮转动一定角度；当摇杆逆时针方向摆动时，棘爪沿棘齿背滑过，棘轮停止不动，从而将主动件的往复摆动转换为从动件的间歇运动。止退爪 4 用以防止棘轮倒转和定位，扭簧 5 使棘爪紧贴在棘轮上。

【参考视频】

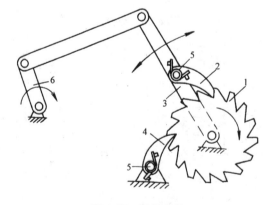

图 4.47 棘轮机构

1—棘轮；2—棘爪；3—摇杆；4—止退爪；5—扭簧；6—曲柄

棘轮机构可分为外棘轮机构(图 4.47)和内棘轮机构(图 4.48)，它们的齿分别做在轮的外缘和内圈。棘轮机构又可分单向驱动和双向驱动的棘轮机构。单向驱动的棘轮机构，常采用锯齿形齿，如图 4.47 所示。双向驱动的棘轮机构，一般采用矩形齿(图 4.49)。如图 4.49(a)

所示，棘爪绕其销轴 A 翻转到双点画线位置，即可改变棘轮的间歇转动方向；而如图 4.49(b) 所示，则是将棘爪提起并绕其轴线转动 $180°$ 后放下，来改变棘轮的间歇转动方向。

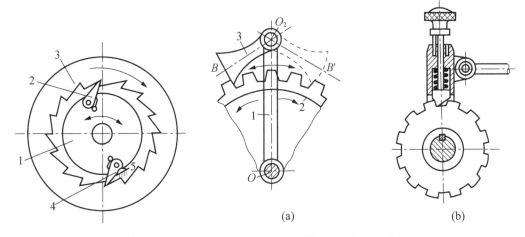

图 4.48　内棘轮机构

1—轴；2—棘爪；3—棘轮；

4—止退爪；5—机架

图 4.49　矩形齿的棘轮机构

1—摇杆；2—棘轮；3—棘爪

2) 特点和应用

(1) 齿式棘轮机构结构简单、制造方便、运动可靠。

(2) 棘轮的转角在一定范围内可调，调整转角的方法有两种：①如图 4.47 所示，可采用改变曲柄 6 的长度来改变摇杆摆角。②可采用改变覆盖罩的位置，如图 4.50(a)所示。将棘轮装在覆盖罩 A 内，仅露出一部分齿，若转动覆盖罩 A[图 4.50(b)]则不用改变摇杆的摆角，就能使棘轮的转角由 α_1 变成 α_2。

(3) 棘轮开始和终止运动的瞬间有刚性冲击，运动平稳性差。

(4) 摇杆回程时棘爪在棘轮齿面上滑行时会产生噪声和磨损。因此齿式棘轮机构常用于低速、轻载的场合。

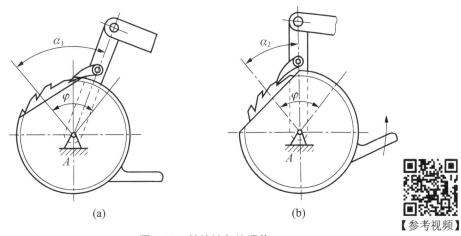

【参考视频】

图 4.50　棘轮转角的调节

棘轮机构应用举例见表 4-4。

表 4-4　棘轮机构应用举例

用途	应用场合	图例
超越 【参考视频】	自行车后轴上的棘轮机构：当脚蹬踏板时，经链轮 1 和链条 2 带动内圈具有棘齿的链轮 3 顺时针转动，再经过棘爪 4 推动后轮轴 5 顺时针转动，从而驱使自行车前进。当自行车下坡或歇脚休息时，踏板不动，后轮轴 5 借助下滑力或惯性超越链轮 3 而转动。此时棘爪 4 在棘轮齿背上滑过，产生从动件 5(后轮轴)转速超过主动件 3(链轮)转速的超越运动，从而实现不蹬踏板的滑行，因此自行车滑行时会发出"嗒嗒……"响声	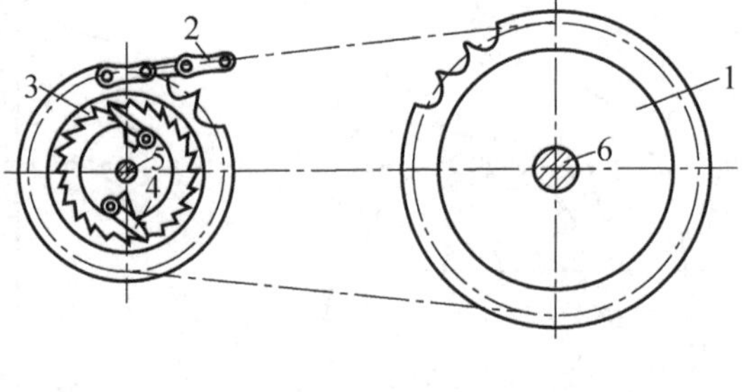
输送	射砂自动浇注输送装置：卷筒装在棘轮轴上，当高压气体进入气缸时，推动活塞 1 运动，在棘爪 2 的作用下，棘轮和卷筒作间歇转动，通过输送带使砂型向右间歇移动。棘轮不转动时，浇包对准砂型进行浇注	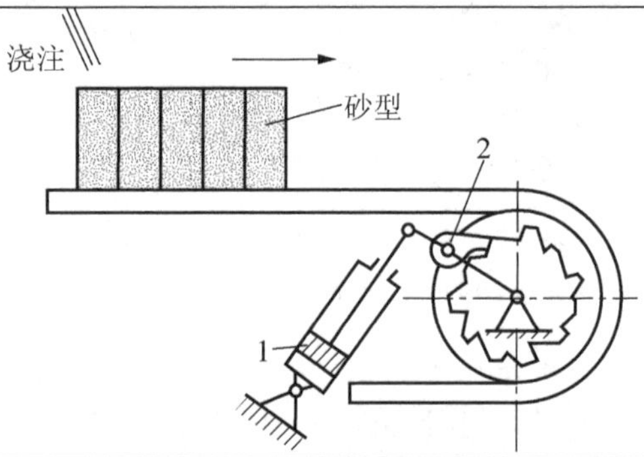
送进	牛头刨床横向进给机构：销盘 1(相当于曲柄)作等速转动，通过连杆 2 带动摇杆 4 往复摆动，从而使摇杆 4 上的棘爪 3 驱动棘轮 5 作单向间歇运动。此时，与棘轮固接的丝杠 6 间歇转动，带动工作台 7 实现横向间歇进给运动。可通过调整曲柄销 B 的位置来改变摇杆的摆角，以达到改变棘轮转角的目的	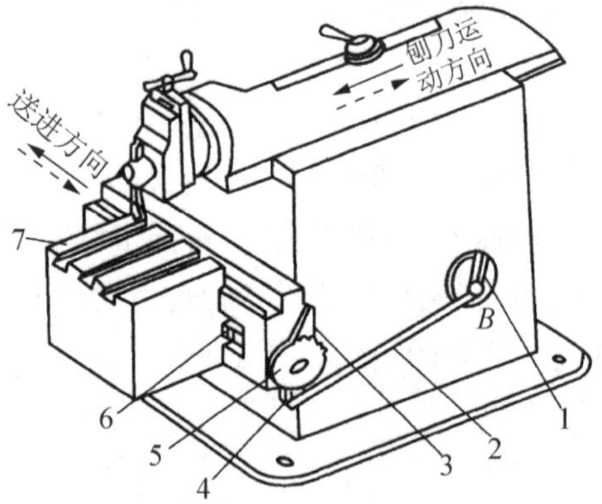
制动 【参考视频】	起重机或卷扬机棘轮制动器：当吊起重物时，棘轮逆时针转动，棘爪 3 在棘轮 2 齿背上滑过；当需使重物停在某一位置时，棘爪将及时插入棘轮的相应齿槽中，防止棘轮在重力 G 的作用下顺时针转动使重物下落，以实现制动	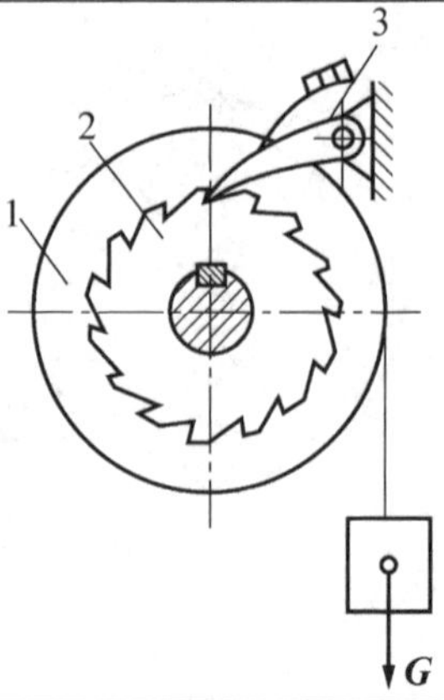

2. 槽轮机构

1) 工作过程

槽轮机构主要由带圆销的主动拨盘 1, 带径向槽的从动槽轮 2 和机架组成,图 4.51 所示为外槽轮机构。当拨盘 1 以 ω_1 作匀速转动时,圆销 C 由左侧插入轮槽,拨动槽轮顺时针转动,然后在右侧脱离轮槽,槽轮停止不动,并由拨盘凸弧通过槽轮凹弧,将槽轮锁住。拨盘转过 $2\varphi_1$ 角,槽轮相应反向转过 $2\varphi_2$ 角。

2) 特点和应用

槽轮机构结构简单、制造容易、转位方便,但是转位角度受槽数 z 的限制,不能调节。由于槽轮的槽数不宜过多,所以槽轮机构不宜用于转角较小的场合。在轮槽转动的起始位置,加速度变化大,冲击也大,只能用于低速自动机械的转位和分度机构。如图 4.52 所示的电影放映机卷片机构,当拨盘 1 转动一周,槽轮 2 转过 1/4 周,卷过一张底片并停留一定时间。拨盘继续转动,重复上述过程。利用人眼视觉暂留的特性,可使观众看到连续的动作画面。又如图 4.53 所示,该槽轮机构用于转塔车床刀架转位,刀架 3 装有六把刀具,与刀架一体的是六槽外槽轮 2,拨盘 1 回转一周,槽轮 2 转过 60°,将下一工序刀具转换到工作位置。

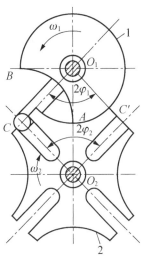

图 4.51　外槽轮机构

1—拨盘;2—槽轮

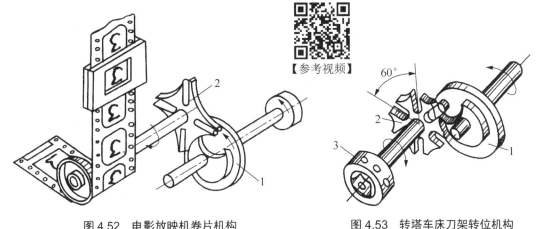

【参考视频】

图 4.52　电影放映机卷片机构

1—拨盘;2—槽轮

图 4.53　转塔车床刀架转位机构

1—拨盘;2—槽轮;3—刀架

4.2.5　螺旋机构

螺旋机构是利用螺杆和螺母组成的螺旋副将回转运动转换为直线运动或将直线运动转换为回转运动。

1. 螺纹的基本知识

1) 螺纹的形成

将一底边为 πd_2 的直角三角形绕于直径为 d_2 的圆柱体上,三角形的底边与圆柱底面对齐,三角形的斜边就在圆柱表面形成一条螺旋线。三角形斜边与底边的夹角称为螺旋线升角,如图 4.54(a)所示。任取一平面图形,如图 4.54(b)所示,使其沿着螺旋线运动,运动时保持此图形通过圆柱体轴线,则该平面图形在空间形成一个螺旋形体,就得到了螺纹。

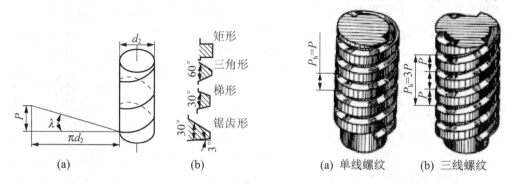

图 4.54　螺纹的形成　　　　　图 4.55　螺纹的线数

2) 螺纹的类型

按照螺纹轴向剖面的形状,可将螺纹分为三角形螺纹、梯形螺纹、矩形螺纹、锯齿形螺纹等,如图 4.54(b)所示。

按旋向,可将螺纹分为右旋螺纹和左旋螺纹,一般用右旋螺纹,有特殊要求时才用左旋螺纹。当螺纹的轴线是铅垂位置时,正面的螺纹向右上方倾斜上升为右旋螺纹,反之为左旋螺纹。

按螺旋线的线数,可将螺纹分为单线螺纹和多线螺纹。判断螺旋线数可以看端面,如图 4.55 所示,从上向下看,有几根引线,螺旋线数就为几。

螺纹还有内螺纹和外螺纹之分。在实际应用中,通常内螺纹、外螺纹旋合在一起组成螺纹副,用于联接和传动,其条件是它们的牙型、直径、螺距、线数和旋向必须完全相同。

螺纹已标准化,表 4-5 所列为常用螺纹的类型、牙型及应用。

表 4-5　常用螺纹的类型、牙型及应用

类　型		牙　型　图	特点及应用
用于联接	三角形螺纹 普通螺纹	内螺纹　60° 外螺纹	牙型角 $\alpha=60°$,牙根较厚,牙根强度较高。同一公称直径,按螺距大小分为粗牙和细牙。一般情况下多用粗牙,而细牙用于薄壁零件或受动载的联接,还可用于微调机构的调整
	三角形螺纹 英制螺纹	内螺纹　55° 外螺纹	牙型角 $\alpha=55°$,尺寸单位是 in。螺距以每英寸长度内的牙数表示,也有粗牙、细牙之分。多在修配英、美等国家的机件时使用

续表

类　　型		牙　型　图	特点及应用
用于联接	三角形螺纹 管螺纹	内螺纹　55° 外螺纹 管子	牙型角 $\alpha = 55°$，公称直径近似为管子内径，以 in 为单位，是一种螺纹深度较浅的特殊英制细牙螺纹，多用于压力 1.57MPa 以下的管子联接
用于传动	矩形螺纹	内螺纹 外螺纹	牙型为正方形，牙厚为螺距的一半，牙根强度较低，尚未标准化。传动效率高，但精确制造困难，可用于传动
	梯形螺纹	内螺纹　30° 外螺纹	牙型角 $\alpha = 30°$，效率比矩形螺纹低，但工艺性好，牙根强度高，广泛用于传动
	锯齿形螺纹	内螺纹 外螺纹 30°　3°	工作面的牙型斜角为 3°，非工作面的牙型斜角为 30°，综合了矩形螺纹效率高和梯形螺纹牙根强度高的特点，但只能用于单向受力的传动

3) 螺纹的主要参数

如图 4.56 示，螺纹的主要参数如下(以外螺纹为例说明)：

大径 d——螺纹的最大直径，定义为螺纹的公称直径，用于查标准。

小径 d_1——螺纹的最小直径，是外螺纹的牙底直径，用于加工。

中径 d_2——螺纹牙间与牙厚相等处的直径，称为几何直径，用于设计和计算。

螺距 P——相邻两牙对应点间的轴向距离。

导程 S——又称升距，螺纹上任一点沿螺旋线旋转一周移动的轴向距离。

导程和螺距之间关系：

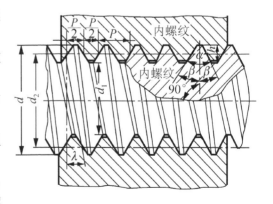

图 4.56　圆柱螺纹的主要几何参数

$$S=nP$$

式中，n 为螺旋线数。

螺旋升角λ——在中径圆柱上螺旋线切线与垂直螺纹轴线平面间的夹角，此角越大，传动效率越高，其计算公式为

$$\tan \lambda = \frac{S}{\pi d_2} \tag{4-3}$$

牙型角α——在通过螺纹轴线的剖面上，螺纹牙型的两个侧边之间的夹角。

牙侧角β——螺纹牙型的侧边与螺纹轴线的垂线之间的夹角，对于对称牙型$\beta = \alpha/2$。

2. 滑动螺旋机构的类型和应用

螺旋机构由螺杆、螺母和机架组成，具有结构简单，制造方便，工作平稳，载荷较大，易于自锁等优点；但缺点为磨损较快，传动效率低。

1) 滑动螺旋机构的类型

(1) 单螺旋机构。图 4.57 所示为由螺杆 1、螺母 2 和机架 3 组成的单螺旋机构。其中 A 为转动副，B 为螺旋副，C 为移动副。

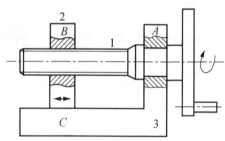

图 4.57　单螺旋机构

1—螺杆；2—螺母；3—机架

根据机构的组成情况和运动方式，单螺旋机构有以下两种形式：

① 螺母固定。螺母与机架固连在一起，螺杆回转并作直线运动，如台虎钳[图 4.58(a)]、螺旋压力机[图 4.58(b)]等。

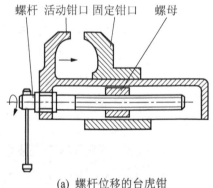

螺杆　活动钳口　固定钳口　螺母

(a) 螺杆位移的台虎钳

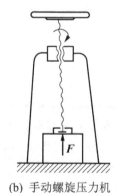

(b) 手动螺旋压力机

图 4.58　螺母固定的单螺旋机构

② 螺杆轴向固定。螺杆相对机架作转动，螺母相对机架作移动，如车床的丝杠进给机构(图 4.59)、摇臂钻床中摇臂的升降机构、牛头刨床工作台的升降机构等。

当螺杆转过φ角时，螺母的位移为

$$L = S \frac{\varphi}{2\pi} \tag{4-4}$$

式中，S 为螺杆的导程(mm)。

螺杆移动方向根据螺纹的旋向和转动方向用左(右)手定则确定。左旋伸左手，右旋伸右手，四指握向代表转动方向，拇指指向代表螺杆的移动方向。若螺杆轴向固定，则螺母将沿拇指反方向移动。

(2) 双螺旋机构。图 4.60 所示为由螺杆 1、螺母 2、螺母 3(机架)组成的双螺旋机构。

其中 *A*、*B* 为螺旋副，*C* 为移动副。螺杆 1 转动时，一方面相对螺母 3(机架)移动，同时又使不能回转的螺母 2 相对螺杆移动。

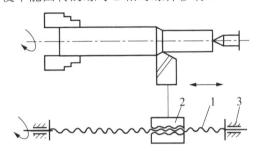

图 4.59 车床丝杠进给机构

1—丝杠；2—刀架；3—机架

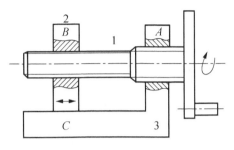

图 4.60 双螺旋机构

1—螺杆；2—螺母；3—螺母(机架)

根据机构中两螺旋副的旋向是相同还是相反，双螺旋机构有以下两种形式：

① 差动螺旋机构。若螺杆上 *A*、*B* 两段螺纹的旋向相同，螺杆转过 φ 角时，螺母的位移为

$$L = L_A - L_B = (S_A - S_B)\frac{\varphi}{2\pi} \tag{4-5}$$

式中，L_A 为螺杆相对于机架的位移(mm)；L_B 为螺母相对于螺杆的位移(mm)；S_A、S_B 分别为 *A*、*B* 两螺旋副的导程(mm)。

差动螺旋机构在 S_A、S_B 相差很小时，螺母相对于机架的位移非常小，可以达到微调的目的，如分度机构、镗床镗刀的微调机构(图 4.61)等。

② 复式螺旋机构。若螺杆上 *A*、*B* 两段螺旋的旋向相反，当螺杆转过 φ 角时，螺母的位移为

$$L = L_A + L_B = (S_A + S_B)\frac{\varphi}{2\pi} \tag{4-6}$$

复式螺旋机构中螺母将沿着螺杆轴线方向快速前进或退回，如铣床夹具(图 4.62)。

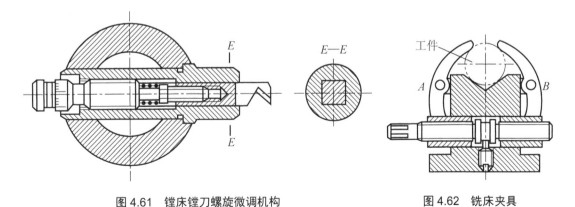

图 4.61 镗床镗刀螺旋微调机构　　　　图 4.62 铣床夹具

【例 4.7】 如图 4.60 所示的双螺旋传动简图。螺旋副 *A*、*B* 的螺纹都为右旋，导程分别为 $S_A=6mm$，$S_B=5mm$。当手柄按图示方向转动 $\varphi = \pi$ 时，求螺母相对机架的移动的距离及方向。

解：由式(4-5)得螺母相对机架的位移为

$$L = L_A - L_B = (S_A - S_B)\frac{\varphi}{2\pi} = (6-5)\frac{\pi}{2\pi} = 0.5(\text{mm})$$

当螺杆转过 φ 角后，螺母既随 A 段向左移动 L_A，又随 B 段向右移动 L_B，因为 $L_A > L_B$，所以螺母的移动方向向左。

2) 滑动螺旋传动的应用

(1) 传力螺旋。具有增力特性的螺旋机构，称为传力螺旋。图 4.58(b)所示为压紧工件的手动螺旋压力机，在螺杆上安装了手轮，增加了螺旋副旋转作用力臂的长度，即增加了螺旋副的传力能力，从而使工件更可靠地被压紧。相类似的机构还有螺旋千斤顶，如图 4.63 所示。

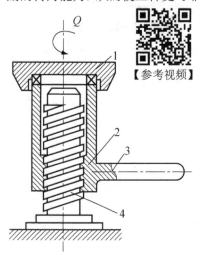

【参考视频】

图 4.63 千斤顶

1—托盘；2 螺母；3—手柄；4—螺杆

(2) 传导螺旋。用于转换运动形式、传递运动的螺旋机构，称为传导螺旋。传导螺旋通常用于车床、铣床、钻床、刨床等机床的工作台进给机构和千分尺(螺旋测微器)中。如图 4.59 所示的车床丝杠传动，丝杠(螺杆)1 驱使刀架(螺母)2 作纵向进给运动。

(3) 微调螺旋。图 4.61 所示的镗床镗刀螺旋微调机构，螺杆为复式同向螺旋，当转动螺杆时，镗刀移动量非常微小，达到微量调节功能。

(4) 夹紧螺旋。图 4.62 所示的铣床夹具，螺杆为复式反向螺旋，当转动螺杆时，螺母 A 和螺母 B 能快速相向或相反运动，实现工件的快速夹紧和松开。

3. 滚动螺旋机构

滚动螺旋机构如图 4.64 所示，是在螺旋副中填充滚动体，当螺杆与螺母相对转动时，滚动体在滚道内滚动，使螺杆与螺母间的滑动摩擦转换成滚动摩擦，克服了滑动螺旋机构的缺点。但滚动螺旋机构结构复杂，无自锁性能，成本高。滚动螺旋机构广泛用于数控机床的螺旋传动、汽车的转向等要求高效、高精度的机械中。

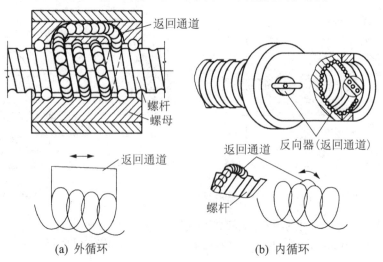

图 4.64 滚动螺旋机构

4.3　任　务　实　施

1. 用作图法完成精压机中曲柄滑块机构的设计

设计步骤如下：

(1) 由式(4-2)求出极位夹角。$\theta = 180° \dfrac{K-1}{K+1} = 180° \times \dfrac{1.5-1}{1.5+1} = 36°$。

(2) 选取比例尺 μ_l=5mm/mm，作线段 C_1C_2 等于滑块的行程 H。

(3) 由 C_1、C_2 两点分别作 $\angle C_1 C_2 O = \angle C_2 C_1 O = 90° - \theta = 90° - 36° = 54°$，得 C_1O 与 C_2O 的交点 O。这样，得 $\angle C_1OC_2 = 2\theta$。

(4) 以 O 为圆心，OC_1 为半径作圆 L。固定铰链 A 点即在此圆上。

(5) 作与 C_1C_2 平行的直线，使该直线到 C_1C_2 线的距离为偏距 e，则此直线与圆的交点即为曲柄转轴 A 点的位置。

(6) 连接 AC_1、AC_2，则曲柄 $AB = \dfrac{AC_2 - AC_1}{2}$。在 AC_2 上截取 $AB_2 = AB = \dfrac{AC_2 - AC_1}{2}$，则得到 B_2 点。

(7) AB_2C_2 即为所设计的曲柄滑块机构。本设计也可取 AB_1C_1 为所设计的曲柄滑块机构，如图 4.65 所示。由图中量取各构件长度 AB、BC，然后分别乘以比例尺 μ_l 即得机构各杆实际长度 l_{AB}、l_{BC}。

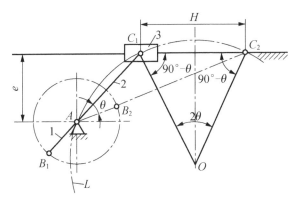

图 4.65　用作图法设计偏置曲柄滑块机构

2. 完成精压机中盘形凸轮机构的设计

按设计要求，送料机构推力不大，因此采用简单的尖顶对心直动从动件。因对推杆运动和动力性能无需特别的要求，因此推程和回程均采用等速运动规律，推杆的运动规律如图 4.66 所示。

设计步骤如下：

(1) 选择凸轮机构的类型。按设计要求，选择尖顶对心直动从动件盘形凸轮机构。

(2) 从动件运动规律的选择。按设计要求，推程和回程均采用等速运动规律。

(3) 凸轮机构基本尺寸的确定。凸轮转过推程运动角 δ_0=180°时，从动件升程

h=200mm，选取凸轮机构的许用压力角$[\alpha]$=35°，限定凸轮机构的最大压力角等于许用压力角，即α_{max}=35°。由诺模图 4.44(a)下半圆查得α_{max}=35°的点和上半圆查得δ_0=180°的点，将其两点连成一直线交标尺线(h/r_b线)上部刻度于 2 处，于是，根据 h/r_b=2 和 h=200mm，即可求得凸轮的基圆半径 r_b=100mm。

(4) 图解法设计凸轮轮廓线。

① 选取比例尺μ_l=5mm/mm，μ_δ=6°/mm，作从动件位移曲线，将其横坐标等分为 8 等份，如图 4.66 所示。

② 按相同的比例尺作基圆，确定从动件起始位置点。

③ 沿$-\omega$方向将基圆等分为与位移曲线相对应的份数，基圆上的等分点为 1，2，3…

④ 沿各径向线由基圆向外截取与位移曲线相对应的长度 11′、22′′…，得到 1′、2′、…各点，即为从动件反转中尖顶所占据的位置。

⑤ 将 0、1′、2′…各点用光滑曲线连接，即得凸轮轮廓曲线，如图 4.67 所示。

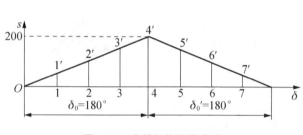

图 4.66　凸轮机构位移曲线

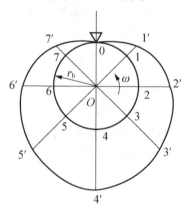

图 4.67　凸轮廓线的绘制

4.4　任务评价

本任务评价考核见表 4-6。

表 4-6　任务评价考核

序号	考核项目	权重	检查标准	得分
1	机构运动简图	10%	(1) 运动副及其分类； (2) 绘制平面机构运动简图的方法	
2	平面连杆机构	40%	(1) 平面连杆机构的基本类型、特性及判别方法； (2) 平面连杆机构的基本特性； (3) 作图法设计平面连杆机构	
3	凸轮机构	30%	(1) 凸轮机构的应用、特点及分类； (2) 凸轮机构从动件的常用运动规律； (3) 反转法设计凸轮轮廓曲线； (4) 凸轮机构设计中应注意的问题	

续表

序号	考 核 项 目	权重	检 查 标 准	得分
4	间歇运动机构	10%	(1) 棘轮机构的类型、特点、运动传递方式及应用； (2) 槽轮机构的类型、特点、运动传递方式及应用	
5	螺旋机构	10%	(1) 螺纹的形成、类型及主要参数； (2) 螺旋机构的类型、特点、运动传递方式及应用	

习　题

4.1　铰链四杆机构有几种类型？如何判别？各类型功能是什么？

4.2　解释机构中的下列名词：

(1)曲柄；(2)摇杆；(3)滑块；(4)导杆。

4.3　判断以下概念是否正确，若不正确，请订正。

(1) 极位夹角就是从动件在两个极限位置的夹角。

(2) 压力角就是作用于构件上的力和速度的夹角。

(3) 传动角就是连杆与从动件的夹角。

4.4　某四杆机构的行程速比系数 $K=1.5$，则机构极位夹角 $\theta=$_____。

4.5　写出图 4.68 所示机构的名称并说明原因，然后判断有无急回特性，若有，求行程比系数 K。

4.6　什么是机构的死点位置？用什么方法可以使机构通过死点位置？

4.7　标出图 4.69 所示各四杆机构在图示位置的压力角和传动角，并判定有无死点位置。

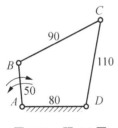

图 4.68　题 4.5 图

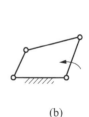

(a)　　　　(b)　　　　(c)

图 4.69　题 4.7 图

4.8　比较连杆机构和凸轮机构的优缺点。

4.9　凸轮机构的三种基本运动规律各有何特点？各适用于何种场合？

4.10　绘制凸轮轮廓时，在基圆上取各区间相应等分点顺序的方向与凸轮转动方向相反，为什么？

4.11　基圆半径过大、过小，会出现什么问题？

4.12　滚子从动件凸轮机构中，凸轮的理论轮廓沿径向减去滚子半径是否即为凸轮工作轮廓？

4.13　棘轮机构是_____运动机构，主要由_____、_____和_____组成。

4.14　棘轮机构有何工作特点？通常应用于哪些工作场合？

4.15　棘轮机构为什么通常要加一个止退棘爪？双向驱动的棘轮机构其棘轮为何种齿形？为什么？

4.16 棘轮机构的转角可调吗？采用哪些方法可以改变棘轮转角范围？

4.17 槽轮机构有何工作特点？它被广泛应用于何种机械中？

4.18 快动夹具的双螺旋机构中，两处螺旋副是否相同？

4.19 自行车的飞轮采用的是一种超越机构，下列哪种机构可用于自行车中？

A. 槽轮机构　　　　B. 外棘轮机构　　　　C. 内棘轮机构

4.20 螺纹的常用牙型有哪几种？哪种牙型的传动效率最高？适用于传动的常用牙型是哪种？为什么？

4.21 如何正确判别螺纹的旋向？

4.22 数控机床中采用哪种形式的螺旋传动？

A. 滑动螺旋传动　　　　B. 滚动螺旋传动　　　　C. 传力螺旋传动

4.23 根据图 4.70 中注明的尺寸，判断四杆机构的类型。

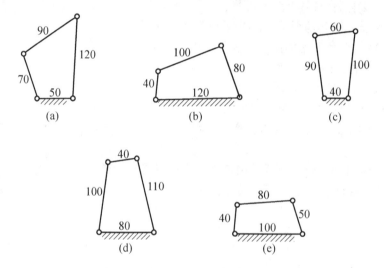

图 4.70　题 4.23 图

4.24 图 4.71 所示的四杆机构中，原动件 1 作匀速顺时针转动，从动件 3 由左向右运动时，试完成以下内容：

(1) 作机构极限位置图。

(2) 计算机构行程速比系数 K。

(3) 作出机构出现最小传动角(或最大压力角)时的位置图，并量出其大小。

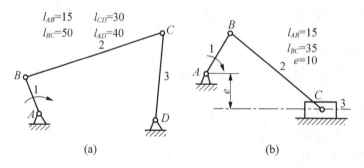

图 4.71　题 4.24 图

4.25　图 4.72 所示为一脚踏轧棉籽机构。铰链中心 A、D 在铅垂线上，要求踏板 CD 在水平位置上下各摆 $15°$，并给定 $l_{CD}=400\text{mm}$，$l_{AD}=800\text{mm}$，试求曲柄 AB 和连杆 BC 的长度。

4.26　如图 4.73 所示，设计一夹紧机构。已知连杆长度 $l_{BC}=40\text{mm}$ 和它的两个位置：B_1C_1 为水平位置，B_2C_2 为夹紧状态的死点位置，此时，原动件 CD 处于铅垂位置。

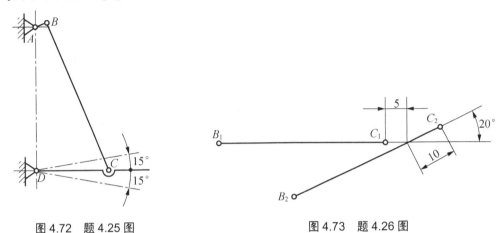

图 4.72　题 4.25 图　　　　　　　　图 4.73　题 4.26 图

4.27　试标出图 4.74 所示凸轮机构位移线图中的行程 h、推程运动角 δ_0、远休止角 δ_s、回程运动角 δ_0'、近休止角 δ_s'。

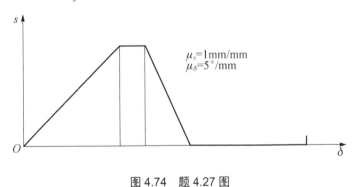

图 4.74　题 4.27 图

4.28　一尖顶对心直动从动件盘形凸轮机构，凸轮按逆时针方向转动，其运动规律见表 4-7。

表 4.7　凸轮机构运动规律

凸轮转角 δ	$0°\sim90°$	$90°\sim150°$	$150°\sim240°$	$240°\sim360°$
从动件位移 s	等速上升 40mm	停止	等加速、等减速下降至原位	停止

(1) 画出位移曲线。

(2) 若基圆半径 $r_b=45\text{mm}$，画出凸轮工作轮廓。

4.29　螺旋机构如图 4.75 所示，A 处螺旋副为左旋，导程 $S_A=5\text{mm}$，B 处螺旋副为右旋，导程 $S_B=6\text{mm}$，C 处为移动副。当螺杆 2 沿箭头所示方向旋转两圈时，求滑块 3 的移动距离 l 及位移方向。

4.30　机身微调支承机构如图 4.76 所示，当旋转螺母 1 时，螺杆 2 上下移动，以调整机身 3。若按图示方向旋转螺母 1/4 圈可将支承点调低 1mm，试确定 A、B 螺旋副螺纹的旋向及导程 S_A、S_B 的差值($S_A > S_B$)。

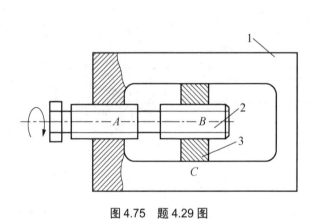

图 4.75　题 4.29 图

1—机架；2—螺杆；3—滑块

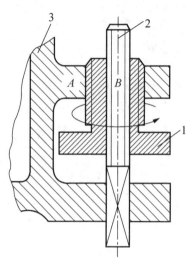

图 4.76　题 4.30 图

1—螺母；2—螺杆；3—机身

项目 4

挠性传动设计

【知识目标】

● 带传动、链传动的类型、特点和应用
● 带传动、链传动的结构和标准
● V 带传动、链传动的工作情况分析与设计计算
● 带传动、链传动的张紧、安装和维护
● 同步带传动的设计

【能力目标】

● 掌握带传动、链传动的类型、特点和应用
● 熟悉带传动、链传动的结构和标准
● 能对标准 V 带传动进行工作情况分析和设计
● 了解链传动的参数选择和设计方法
● 具有正确使用和维护带传动、链传动的常识
● 了解同步带传动的设计方法

【素质目标】

● 引导学生树立全生命周期意识，培养其环保意识和能源意识。
● 培养学生树立正确的价值观和职业态度。
● 培养学生的社会责任感和国家使命感。

挠性传动是一类常用的机械传动，它是借助于挠性元件(带、绳、链条等)在两个或多个传动轮之间来传递运动和动力的，其中最常用的是带传动和链传动。带传动靠带和带轮之间的摩擦或带齿与带轮轮齿之间的啮合实现传动；链传动通过链条的各个链节与链齿之间的啮合实现传动。这类传动具有吸收冲击载荷及阻尼振动影响的作用，所以传动平稳，而且结构简单，易于制造，常用于中心距较大的传动。在相同的条件下，与其他传动相比，简化了结构，降低了成本。

任务 5

带式输送机中
V 带传动的设计

5.1 任 务 导 入

在机械传动中，当主动轴与从动轴相距较远时，常采用带传动，其主要作用是传递转矩和改变转速。带传动装置结构简单、成本低廉、传动中心距大，广泛地应用于机械加工设备和带式输送机等设备的动力与运动传递中。本任务将学习在保证 V 带具有足够的承载能力的情况下，进行带传动的技术参数的选择和设计。

图 5.1 所示为一带式输送机，电动机通过 V 带传动—齿轮传动—平带传动，实现动力和运动传递。已知卷筒直径 $D=400$mm，运输带的有效拉力 $F=2100$N，运动速度为 $v=1.5$m/s，传动系统中带传动、球轴承、齿轮传动、联轴器和卷筒的效率分别为 $\eta_1=0.96$、$\eta_2=0.99$、$\eta_3=0.97$、$\eta_4=0.99$ 和 $\eta_w=0.96$，单向传动，载荷平稳，每日工作 24h，长期连续工作，传动工作年限为 5 年，试设计该输送机的带传动。

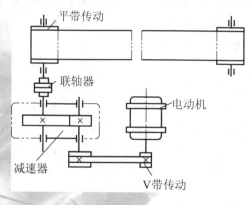

图 5.1 带式输送机传动图

5.2　任务资讯

5.2.1　带传动的类型、特点及应用

图 5.2 所示为带传动，通常由主动轮 1、从动轮 2 和张紧在两轮上的传动带 3，辅之以张紧轮(有的带传动不需要张紧轮)及机架构成。

1. 带传动的类型

根据工作原理的不同，带传动分为摩擦带传动和啮合带传动两大类。

1) 摩擦带传动

摩擦带传动利用传动带与带轮之间的摩擦力传递运动和动力。摩擦带传动中，根据传动带截面形状不同，可分为平带传动、V 带传动、多楔带传动和圆带传动。

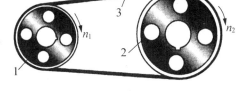

图 5.2　带传动组成

1—主动轮；2—从动轮；3—传动带

【参考视频】

(1) 平带传动。带横截面为扁平矩形[图 5.3(a)]，其工作面是与带轮面相接触的内表面。平带传动结构简单，加工方便，适用于中心距较大的场合。

(2) V 带传动。V 带横截面为等腰梯形[图 5.3(b)]，其工作面是带与轮槽相接触的两侧面。在相同的带张紧程度下，V 带传动的摩擦力要比平带传动约大 70%，因而其承载能力比平带传动高。大多数 V 带已标准化，是应用最广泛的带传动。

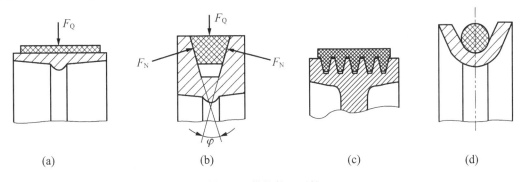

图 5.3　带的截面形状

(3) 多楔带传动。带的截面形状为多楔形[图 5.3(c)]，是以平带为基体、内表面具有若干等距纵向 V 形楔的环形传动带，其工作面为楔的侧面，具有平带的柔软、V 带摩擦力大的特点，常用于传递功率大、结构要求紧凑的场合。

【参考视频】

(4) 圆带传动。带的截面形状为圆形[图 5.3(d)]。圆带有圆皮带、圆绳带、圆锦纶带等，主要用于 $v<15\text{m/s}$，$i=0.5\sim3$ 的小功率传动，如用于仪器和家用电器设备中。

【参考视频】

2) 啮合带传动

啮合带传动(图 5.4)是指同步带传动，啮合带传动是靠带上的齿与带轮上的齿槽相啮合来传递运动和动力的。啮合带传动工作时带与带轮之间不

会产生相对滑动，能够获得准确的传动比。它常用于数控机床、纺织机械中。

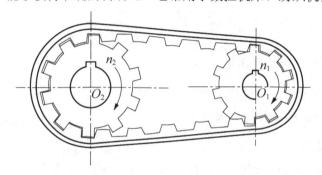

图 5.4　啮合带传动

2. 带传动的特点及应用

1) 带传动的优点

(1) 带为有弹性的挠性体，能缓冲和吸收振动，传动平稳，噪声小。

(2) 有安全保护作用，过载时带在小带轮上打滑，可防止损坏其他零件。

(3) 结构简单，制造、安装和维护方便，适用于中心距较大的传动。

2) 带传动的缺点

(1) 由于带与带轮之间的弹性滑动，不能保证准确的传动比；传动的外廓尺寸大，需要张紧装置。

(2) 传动效率低，一般平带的传动效率为 0.83～0.98；V 带的传动效率为 0.87～0.96。

(3) 使寿命较短，一般为 2000～3000h。

带传动主要应用于中小功率电动机与工作机之间，要求传动比不严格的动力传递。目前 V 带传动应用最广，多用于高速级传动，传动比 $i \leqslant 7$，速度在 5～25m/s 之间，传动功率不超过 50kW。

5.2.2　V 带和 V 带轮

1. V 带的结构和标准

图 5.5 所示为普通 V 带的结构，由抗拉体、顶胶、底胶及包布组成。V 带的拉力基本由抗拉体承受，主要有帘布[图 5.5(a)]和线绳[图 5.5(b)]两种结构，也有尼龙和钢丝绳抗拉体。线绳结构柔性好，抗弯强度高，适用于带轮直径较小，速度较高的场合；帘布结构制造方便，型号多，应用较广。现在，生产中越来越多地采用线绳结构的 V 带。顶胶、底胶分别承受拉伸与压缩变形。包布层由橡胶帆布制成，主要起耐磨和保护作用。

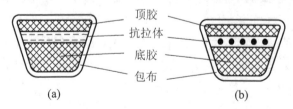

图 5.5　V 带的结构

普通 V 带的尺寸已标准化(GB/T 11544—2012)，按截面尺寸从小到大依次为 Y、Z、A、

B、C、D、E 七种型号，其截面尺寸见表 5-1。其中 Y 型尺寸最小，只用于传递运动，常用 Z、A、B、C 等型号。

V 带为无接头环形带。V 带绕在带轮上产生弯曲，外层受拉伸长，内层受压缩短，故内、外层之间必有一长度不变的中性层，其宽度 b_p 称为节宽(表 5-1 图)。V 带装在带轮上，和 b_p 相应的带轮直径称为基准直径 d_d(表 5-1 图)。带轮基准直径上带的周线长度称为基准长度，用 L_d 表示，它是 V 带的公称长度，用于带传动的几何计算和带的标记。普通 V 带基准长度已标准化(GB/T 13575.1—2008)。

V 带标记：型号—L_d 国标号。

例如：A—1400 GB/T 11544—2012，表示 A 型普通 V 带，基准长度为 1400 mm。

带的标记通常压印在带的外表面上，以便使用识别。

表 5-1　普通 V 带和 V 带轮槽截面尺寸(摘自 GB/T 11544—2012)

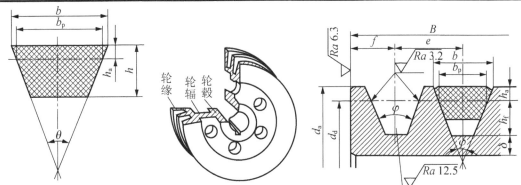

尺寸参数		V 带型号						
		Y	Z	A	B	C	D	E
V 带	节宽 b_p/mm	5.3	8.5	11.0	14.0	19.0	27.0	32.0
	顶宽 b/mm	6.0	10.0	13.0	17.0	22.0	32.0	38.0
	高度 h/mm	4.0	6.0	8.0	11.0	14.0	14.0	19.0
	楔角 θ	40°						
	截面面积 A/mm²	18	47	81	138	230	476	692
	每米带长质量 q/(kg/m)	0.02	0.06	0.10	0.17	0.30	0.60	0.87
V 带轮	基准宽度 b_p/mm	5.3	8.5	11.0	14.0	19.0	27.0	32.0
	槽顶宽 b/mm	6.3	10.1	13.2	17.2	23.0	32.7	38.7
	基准线至槽顶高度 h_{amin}/mm	1.6	2.0	2.75	3.5	4.8	8.1	9.6
	基准线至槽底深度 h_{fmin}/mm	4.7	7.0	8.7	10.8	14.3	19.9	23.4
	第一槽对称线至端面距离 f/mm	7	8	10	12.5	17	23	29
	槽间距 e/mm	8±0.3	12±0.3	15±0.3	19±0.4	25.5±0.5	37±0.6	45.5±0.7
	最小轮缘厚度 δ/mm	5	5.5	6	7.5	10	12	15
	轮缘宽度 B/mm	$B=(z-1)e+2f$(z 为轮槽数)						
	槽角 φ 32° d_d	≤60	—	—	—	—	—	—
	34°	—	≤80	≤118	≤190	≤315	—	—
	36°	>60	—	—	—	—	≤475	≤600
	38°	—	>80	>118	>190	>315	>475	>600

2. V带轮的材料及结构

1) V带轮的材料

带轮材料常采用灰铸铁、钢、铝合金或工程塑料，其中灰铸铁应用最广。当带轮的圆周速度在25 m/s以下时，用HT150或HT200；当转速较高时，可采用铸钢或钢板冲压焊接结构；传递小功率时可用铸铝或塑料，以减轻带轮质量。

【参考视频】

2) V带轮的结构

带轮由轮缘、轮毂和轮辐(或腹板)三部分组成，见表5-1图。

轮缘上制有槽，槽的结构尺寸和数目应与所用V带的型号、根数相对应，轮槽截面尺寸见表5-1。表中带轮轮槽角φ规定为32°，34°，36°和38°，而V带楔角θ为40°，这是考虑到带在带轮上弯曲时，带外表面受拉而变窄，内表面受压而变宽，截面形状的变化使楔角减小，带轮直径越小，这种现象越明显。为使带侧面和带轮槽有较好的接触，应使带轮轮槽角小于40°。为了减少带的磨损，槽侧面的表面粗糙度值Ra不应大于3.2～1.6μm。为使带轮自身惯性力尽可能平衡，高速带轮的轮缘内表面也应加工。

轮毂是带轮与轴配合的部分，其孔径与支承轴轴径相同。

连接轮缘和轮毂的中间部分称为轮辐(或腹板)。V带轮按腹板的不同分为：①S型，如图5.6(a)所示的实心带轮；②P型，如图5.6(b)所示的腹板带轮；③H型，如图5.6(c)所示的孔板带轮；④E型，如图5.6(d)所示的椭圆轮辐带轮。

当带轮基准直径d_d≤(2.5～3)d(d为轴的直径，单位为mm)时，可采用实心式结构；当$3d < d_d$≤300mm时，带轮常采用腹板式结构；当300mm<d_d≤400mm时，带轮通常采用孔板式结构；当d_d>400mm时，带轮常采用轮辐式结构。

V带轮的标记：带轮槽型 轮槽数×基准直径 带轮结构形式代号 国标号

例如：带轮 A 3×200 P GB10412—2002，表示具有3个A型轮槽，基准直径为200mm的腹板带轮。

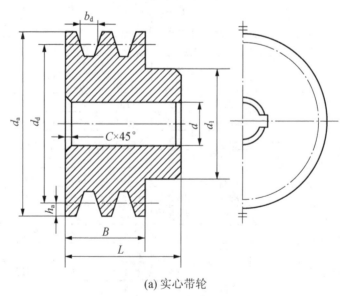

(a) 实心带轮

图5.6 带轮结构

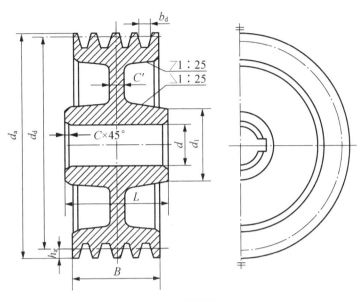

(b) 腹板带轮

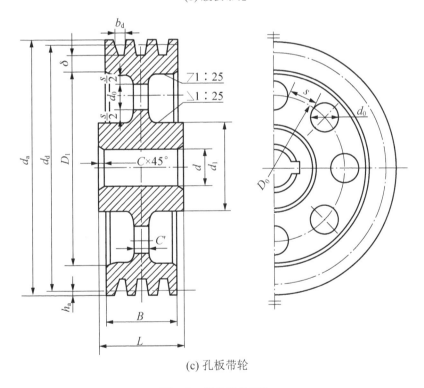

(c) 孔板带轮

图 5.6　带轮结构(续)

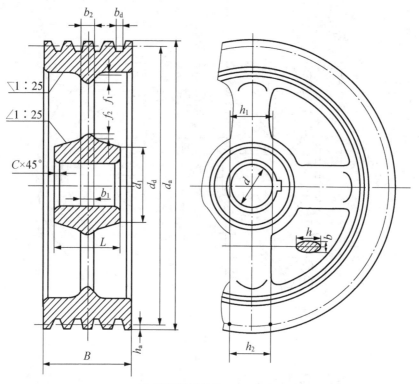

(d) 椭圆轮辐带轮

$$d_1 = (1.8 \sim 2)d; \quad D_0 = 0.5(D_1 + d_1); \quad d_0 = (0.2 \sim 0.3)(D_1 \sim d_1)$$

$$C' = (1/7 \sim 1/4)B; \quad s = C'; \quad L = (1.5 \sim 2)d, \quad 当 B < 1.5d 时，\quad L = B$$

$$h_1 = 290\sqrt[3]{P/(nz_a)}, \quad h_2 = 0.8h_1; \quad b_1 = 0.4h_1; \quad b_2 = 0.8b_1; \quad f_1 = 0.2h_1; f_2 = 0.2h_2$$

式中，P 为带传递的功率(kW)；n 为带轮的转速(r/min)；z_a 为轮辐数。

图 5.6 带轮结构(续)

5.2.3 带传动的工作情况分析

1. 带传动的受力分析

带传动安装时，带张紧在两带轮上，两边受到一定的初拉力 F_0，如图 5.7(a)所示。带传动未工作时，带的两边各处的张紧力均等于 F_0。传动带工作时，由于带与带轮的接触面间的摩擦力的作用，绕入主动轮一边的带被拉紧，称为紧边，拉力由 F_0 增大到 F_1；绕出主动轮的一边的带被放松，称为松边，拉力由 F_0 减至 F_2，如图 5.7(b)所示。

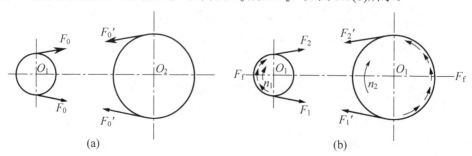

图 5.7 带传动的受力分析

紧边与松边的拉力差(F_1-F_2)为传递动力作用的拉力，称为有效拉力 $\boldsymbol{F}$。有效拉力 $\boldsymbol{F}$ 大小等于带与小带轮之间形成的摩擦力的总和 $\sum F_f$，即

$$F=F_1-F_2=\sum F_f \tag{5-1}$$

带传动的传递功率、有效拉力和带速之间的关系为

$$P=\frac{Fv}{1000} \tag{5-2}$$

式中，P 为带传动的传递功率(kW)；F 为有效拉力(N)；v 为带的速度(m/s)。

【参考视频】

有效拉力超过带与带轮间的极限摩擦力总和引起带在小带轮上的全面滑动称为打滑。当带有打滑趋势时，摩擦力即达到极限值，此时紧边拉力 $\boldsymbol{F}_1$ 和松边拉力 $\boldsymbol{F}_2$、最大有效拉力 $\boldsymbol{F}_{\max}$ 和初拉力 $\boldsymbol{F}_0$ 之间有下列关系

$$\frac{F_1}{F_2}=\mathrm{e}^{f_v\alpha_1} \tag{5-3}$$

$$F_{\max}=2F_0\frac{\mathrm{e}^{f_v\alpha_1}-1}{\mathrm{e}^{f_v\alpha_1}+1}=2F_0\left(1-\frac{2}{\mathrm{e}^{f_v\alpha_1}+1}\right) \tag{5-4}$$

式中，e 为自然对数的底，e $\approx$ 2.718；f_v 为当量摩擦因数；α_1 为小带轮上的包角，即带与带轮接触弧所对的圆心角(rad)。

因此，带不打滑的条件是：需传递的有效拉力 F 应小于或等于最大有效拉力 $F_{\max}$，即

$$F=F_1-F_2\leqslant F_{\max} \tag{5-5}$$

由式(5-4)分析可知，影响最大有效拉力 $F_{\max}$ 的因素如下：

(1) 初拉力 F_0。最大有效拉力 $F_{\max}$ 与初拉力 F_0 成正比。F_0 越大，带传递载荷的能力就越强，但 F_0 不宜过大，否则会因过分拉伸而降低带的寿命，同时作用在轴上的压力也增大。

(2) 小带轮包角 α_1。α_1 越大，带与带轮间产生的摩擦力就越大，传递载荷的能力就越强。水平传动时，为了增大小带轮包角，常将松边放在带的上方。

(3) 当量摩擦因数 f_v。当量摩擦因数 f_v 越大，$F_{\max}$ 也就越大，带传递载荷的能力就越强。当量摩擦因数与带和带轮的材料表面情况有关。

2．带传动的应力分析

带传动工作时，在带的横截面上存在三种应力。

1) 拉应力

带传动工作时，紧边和松边的拉应力分别为

紧边拉应力 $$\sigma_1=\frac{F_1}{A}$$

松边拉应力 $$\sigma_2=\frac{F_2}{A}$$

式中，F_1、F_2 分别为紧边拉力与松边拉力(N)；A 为带的横截面面积(mm²)。

2) 离心应力

带绕过带轮时作圆周运动而产生离心力，离心力将在截面上产生离心应力 σ_c：

$$\sigma_c=\frac{qv^2}{A}$$

式中，q 为带单位长度的质量(kg/m)；v 为带速(m/s)；A 为带的横截面面积(mm²)。

根据上式进行分析，q 和 v 越大，σ_c 越大，故传动带的速度不宜过高。高速传动时应采用材质较轻的带。

3) 弯曲应力

带绕过带轮时，由于弯曲变形而产生弯曲正应力。其弯曲应力大小为

$$\sigma_b = \frac{2Eh}{d_d}$$

式中，h 为带的厚度(mm)；E 为材料的弹性模量(MPa)；d_d 为带轮的基准直径(mm)。

由上式可知，带越厚，带轮直径越小，则带所受的弯曲应力就越大。弯曲应力只发生在带的弯曲部分，且小带轮处的弯曲应力 σ_{b1} 大于大带轮处的弯曲应力 σ_{b2}，设计时应限制小带轮的直径 d_{dmin}(表 5-2)。

表 5-2 V 带轮最小基准直径(摘自 GB/T 13575.2—2008)

带　　型	Y	Z	A	B	C	D	E	SPZ	SPA	SPB	SPC
d_{dmin}/mm	20	50	75	125	200	355	500	63	90	140	224
基准直径 系列/mm	20　22.4　25　28　31.5　35.5　40　45　50　56　63　71　75　80　85　90　95　100 106　112　118　125　132　140　150　160　170　180　200　212　224　236　250　265 280　315　355　375　400　425　450　475　500　530　560　600　630　670　710 750　800　900　1000　1120　1250　1400　1500　1600　1800　2000										

上述三种应力在带上的分布情况如图 5.8 所示，最大应力发生在紧边带绕入小带轮处，其值为

$$\sigma_{max} = \sigma_1 + \sigma_c + \sigma_{b1}$$

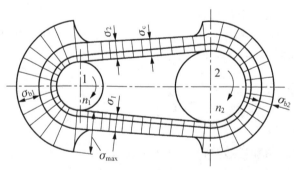

图 5.8　传动带的应力分析

由此可知，带某一截面上的应力分布是随着带的运转而变化的。显然，传动带在交变应力作用下工作，经历一定的应力循环次数后，最后导致疲劳断裂而失效。为保证带具有足够的疲劳寿命，应满足

$$\sigma_{max} = \sigma_1 + \sigma_c + \sigma_{b1} \leqslant [\sigma] \tag{5-6}$$

式中，$[\sigma]$ 为带的许用应力。

3. 弹性滑动与打滑

传动带是弹性体，受拉力后产生弹性伸长，并随拉力大小的变化而改变。带由紧边绕

过主动轮进入松边时，由于拉力的减小，其弹性伸长量相应减少，带相对于轮向后缩了一段，因而带和带轮面间局部出现相对滑动，并使带的速度落后于主动轮的圆周速度。相反，带由松边进入紧边，拉力增加，带逐渐伸长，使带的速度超前于从动轮的圆周速度。这种由于带的弹性变形而引起带与带轮面间的局部相对滑动称为弹性滑动。随着紧松边拉力差的增大，带的弹性滑动区域扩展至带与带轮的整个接触面时，即发生打滑。

弹性滑动和打滑的区别：弹性滑动是因带两边所受到的拉力差使带两边的弹性变形不等造成的，是带传动正常工作时不可避免的固有特性，不影响带的正常工作；打滑是因过载所致，其后果是严重的，会使传动失效，同时也加剧了带的磨损，应尽量避免。

弹性滑动引起的从动轮的圆周速度的相对降低量称为滑动率，用 ε 表示

$$\varepsilon = \frac{v_1 - v_2}{v_1} = \frac{\pi d_{d1} n_1 - \pi d_{d2} n_2}{\pi d_{d1} n_1} = 1 - \frac{d_{d2} n_2}{d_{d1} n_1} \qquad (5\text{-}7)$$

考虑弹性滑动影响的传动比为

$$i = \frac{n_1}{n_2} = \frac{d_{d2}}{d_{d1}(1-\varepsilon)} \qquad (5\text{-}8)$$

式中，n_1、n_2 分别为小带轮和大带轮的转速(r/min)；d_{d1}、d_{d2} 分别为小带轮和大带轮的基准直径(mm)。

通常带传动的滑动率 ε 为 1%～2%，在一般非精确计算中可以忽略不计。

5.2.4　V 带传动的设计计算

1. 带传动的失效形式和设计准则

带传动的主要失效形式为带在带轮上打滑和疲劳破坏(脱层、撕裂或拉断)，所以带传动的设计准则是：保证带在工作中不打滑，同时具有足够的疲劳强度和一定的使用寿命，即应满足式(5-5)和式(5-6)。

2. 单根 V 带的基本额定功率

根据带传动不打滑条件和带的疲劳强度条件所制定的单根 V 带基本额定功率 P_0(kW)(表 5-3)，是普通 V 带传动设计计算的依据。

表 5-3　单根普通 V 带的基本额定功率 P_0(摘自 GB/T 13575.1—2008)　　(单位：kW)

类型	小带轮基准直径 d_{d1}/mm	小带轮转速 n_1/(r/min)								
		400	700	800	950	1200	1450	1600	2000	2400
Z	50	0.06	0.09	0.10	0.12	0.14	0.16	0.17	0.20	0.22
	56	0.06	0.11	0.12	0.14	0.17	0.19	0.20	0.25	0.30
	63	0.08	0.13	0.15	0.18	0.22	0.25	0.27	0.32	0.37
	71	0.09	0.17	0.20	0.23	0.27	0.30	0.33	0.39	0.46
	80	0.14	0.20	0.22	0.26	0.30	0.35	0.39	0.44	0.50
	90	0.14	0.22	0.24	0.28	0.33	0.36	0.40	0.48	0.54

类型	小带轮基准直径 d_{d1}/mm	小带轮转速 n_1/(r/min)								
		400	700	800	950	1200	1450	1600	2000	2400
A	75	0.26	0.40	0.45	0.51	0.6	0.68	0.73	0.84	0.92
	90	0.39	0.61	0.68	0.77	0.93	1.07	1.15	1.34	1.50
	100	0.47	0.74	0.83	0.95	1.14	1.32	1.42	1.66	1.87
	112	0.56	0.90	1.00	1.15	1.39	1.61	1.74	2.04	2.30
	125	0.67	1.07	1.19	1.37	1.66	1.92	2.07	2.44	2.74
	140	0.78	1.26	1.41	1.62	1.96	2.28	2.45	2.87	3.22
	160	0.94	1.51	1.69	1.95	2.36	2.73	2.94	3.42	3.80
	180	1.09	1.76	1.97	2.27	2.74	3.16	3.40	3.93	4.32
B	125	0.84	1.30	1.44	1.64	1.93	2.19	2.33	2.64	2.85
	140	1.05	1.64	1.82	2.08	2.47	2.82	3.00	3.42	3.70
	160	1.32	2.09	2.32	2.66	3.17	3.62	3.86	4.40	4.75
	180	1.59	2.53	2.81	3.22	3.85	4.39	4.68	5.30	5.67
	200	1.85	2.96	3.30	3.77	4.50	5.13	5.46	6.13	6.47
	224	2.17	3.47	3.86	4.42	5.26	5.97	6.33	7.02	1.25
	250	2.50	4.00	4.46	5.10	6.04	6.82	7.20	1.87	7.89
	280	2.89	4.61	5.13	5.85	6.90	7.76	8.13	8.60	8.22
C	200	2.41	3.69	4.07	4.58	5.29	5.84	6.07	6.34	6.02
	224	2.99	4.64	5.12	5.78	6.71	7.45	7.75	8.06	7.57
	250	3.62	5.64	6.23	7.04	8.21	9.04	9.38	9.62	8.75
	280	4.32	6.76	7.52	8.49	9.81	10.72	11.06	11.04	9.50
	315	5.14	8.09	8.92	10.05	11.53	12.45	12.72	12.14	9.43
	355	6.05	9.50	10.46	11.73	13.31	14.12	14.19	12.59	7.98
	400	7.06	11.02	12.10	13.48	15.04	15.53	15.24	11.95	4.34
	450	8.20	12.63	13.80	15.23	16.59	16.47	15.57	9.64	—

制定表 5-3 的实验条件是：①载荷平稳；②特定基准长度；③传动比 $i=1$，即 $d_{d1}=d_{d2}$；④包角 $\alpha=180°$。当实际工作条件与制表的特定条件不同时，必须加以修正，从而得出许用的单根普通 V 带的基本额定功率 $[P_0]$

$$[P_0]=(P_0+\Delta P_0)K_\alpha K_L \tag{5-9}$$

式中，P_0 为单根普通 V 带的基本额定功率(kW)，由表 5-3 查得；ΔP_0 为基本额定功率增量(kW)，由表 5-4 查得；K_α 为小带轮包角系数，可由表 5-5 查得；K_L 为带的长度系数，由表 5-6 查得。

表 5-4　单根普通 V 带的基本额定功率增量 ΔP_0(摘自 GB/T 13575.1—2008)　(单位：kW)

类型	传动比 i	小带轮转速 n_1(r/min)								
		400	700	800	950	1200	1450	1600	2000	2400
Z	1.35～1.5	0.00	0.01	0.01	0.02	0.02	0.02	0.02	0.03	0.03
	1.51～1.99	0.01	0.01	0.02	0.02	0.02	0.02	0.03	0.03	0.05
	≥2.00	0.01	0.02	0.02	0.02	0.03	0.03	0.03	0.05	0.05

类型	传动比 i	小带轮转速 n_1(r/min)								
		400	700	800	950	1200	1450	1600	2000	2400
A	1.35~1.51	0.04	0.07	0.08	0.08	0.11	0.13	0.15	0.19	0.23
	1.52~1.99	0.04	0.08	0.09	0.10	0.13	0.15	0.17	0.22	0.26
	≥2.00	0.05	0.09	0.10	0.11	0.15	0.17	0.19	0.24	0.29
B	1.35~1.51	0.10	0.17	0.20	0.23	0.30	0.6	0.39	0.49	0.59
	1.52~1.99	0.11	0.20	0.23	0.26	0.34	0.40	0.45	0.56	0.68
	≥2.00	0.18	0.22	0.25	0.30	0.38	0.46	0.51	0.63	0.76
C	1.35~1.51	0.27	0:48	0.55	0.65	0.82	0.99	1.10	1.37	1.65
	1.52~1.99	0.31	0.55	0.63	0.74	0.94	1.14	1.25	1.57	1.88
	≥2.00	0.35	0.62	0.71	0.83	1.06	1.27	1.41	1.76	2.12

表 5-5　包角修正系数 K_α(摘自 GB/T 13575.1—2008)

小带轮包角/(°)	180	175	170	165	160	155	150	145	140	135	130	125	120
K_α	1	0.99	0.98	0.96	0.95	0.93	0.92	0.91	0.89	0.88	0.86	0.84	0.82

表 5-6　V 带的基准长度系列和带长修正系数 K_L(摘自 GB/T 13575.1—2008)

基准长度 L_d/mm	K_L					基准长度 L_d/mm	K_L				
	Y	Z	A	B	C		A	B	C	D	E
200	0.81					2240	1.06	1.00	0.91		
224	0.82					2500	1.09	1.03	0.93		
250	0.84					2800	1.11	105	0.95	0.83	
280	0.87					3150	1.13	1.07	0.97	0.86	
315	0.89					3550	1.17	1.09	0.99	0.89	
355	0.92					4000	1.19	1.13	1.02	0.91	0.90
400	0.96	0.87				4500		1.15	1.04	0.93	0.92
450	1.00	0.89				5000		1.18	1.07	0.96	0.95
500	1.02	0.91				5600			1.09	0.98	0.97
560		0.94				6300			1.12	1.00	1.00
630		0.96	0.81			7100			1.15	1.03	1.02
710		0.99	0.83			8000			1.18	1.06	1.05
800		1.00	0.85			9000			1.21	1.08	1.07
900		1.03	0.87	0.82		10000			—	1.11	1.10
1000		1.06	0.89	0.84		11200				1.14	1.12
1120		1.08	0.91	0.86		12500				1.17	1.15
1250		1. 11	0.93	0.88		14000			—	1.20	1.18
1400		1.14	0.96	0.90		16000				1.22	
1600		1.16	0.99	0.92	0.83						
1800		1.18	1.01	0.95	0.86						
2000			1.03	0.98	0.88						

3. V带传动的设计步骤

设计的原始数据和条件：传动的用途和工作情况、传递的功率、主动轮的转速 n_1、从动轮的转速 n_2(或传动比 i)、原动机的类型、对外廓尺寸的要求等。

设计内容：带的型号、长度和根数，带轮的尺寸、结构和材料，传动的中心距及其变化范围，带的初拉力和压轴力，并以零件图形式表达 V 带轮结构。

设计方法和步骤：

1) 确定计算功率 P_c

$$P_c=K_A P \tag{5-10}$$

式中，P 为理论传递功率，一般为原动机的额定功率；K_A 为工况系数，根据带的工作情况查表 5-7。

表 5-7 工况系数 K_A

载荷性质	工 作 机	K_A					
		空、轻载起动			重载起动		
		每天工作时间/h					
		<10	10～16	>16	<10	10～16	>16
载荷变动微小	液体搅拌机、通风机和鼓风机($P \leqslant$ 7.5kW)、离心机水泵和压缩机、轻型输送机	1.0	1.1	1.2	1.1	1.2	1.3
载荷变动小	带式输送机(不均匀载荷)、通风机 ($P>$7.5kW)、发电机、金属切削机床、印刷机、冲床、压力机、旋转筛、木工机械	1.1	1.2	1.3	1.2	1.3	1.4
载荷变动较大	制砖机、斗式提升机、往复式水泵和压缩机、起重机、摩擦机、冲剪机床、橡胶机械、振动筛、纺织机械、重型输送机、木材加工机械	1.2	1.3	1.4	1.4	1.5	1.6
载荷变动很大	破碎机、摩擦机、卷扬机、橡胶压延机、挖掘机	1.3	1.4	1.5	1.5	1.6	1.7

注：1. 空、轻载起动——电动机(交流起动、三角起动、直流并励)，四缸以上的内燃机，装有离心式离合器、液力联轴器的动力机。

2. 重载起动——电动机(联机交流起动、直流复励或串励)，四缸以下的内燃机。

3. 在反复起动、正反转频繁、工作条件恶劣等场合，K_A 应取表值的 1.2 倍。

2) 选择 V 带型号

根据计算功率 P_c 和小带轮转速 n_1 由图 5.9 选取。

3) 确定带轮的基准直径

一般取 $d_{d1} \geqslant d_{dmin}$，再按传动比计算大带轮的基准直径

$$d_{d2} = i d_{d1} \tag{5-11}$$

d_{d1}、d_{d2} 都应按表 5-2 中所列基准直径系列选取。

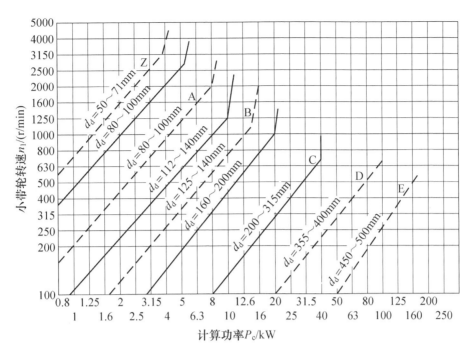

图 5.9　普通 V 带选型图

4) 验算带速

$$v = \frac{\pi d_{d1} n_1}{60 \times 1000} \tag{5-12}$$

带速 v 太高则离心力增大，使带与带轮间的正压力减小，降低传动能力；若带速过小，则要求有效拉力 F 增大，所需 V 带根数增多。所以 V 带带速一般应控制在 5～25 m/s。

如果带速不能满足要求，则需调整小带轮的基准直径 d_{d1} 后重新进行计算。

5) 确定传动中心距 a 和带的基准长度 L_d

带传动中心距小，结构紧凑，但导致包角 α 减小，降低传动能力；若中心距过大，易因载荷变动引起带的颤动。

(1) 初步确定中心距 a_0。对于没有限制中心距的情况，可按式(5-13)初定中心距 a_0。

$$0.7(d_{d1}+d_{d2}) < a_0 < 2(d_{d1}+ d_{d2}) \tag{5-13}$$

(2) 初算带长 L_{d0}。

$$L_{d0} = 2a_0 + \frac{\pi}{2}(d_{d1} + d_{d2}) + \frac{(d_{d2} - d_{d1})^2}{4a_0} \tag{5-14}$$

根据 L_{d0} 确定带的计算长度，查表 5-6 选取相近的基准长度 L_d。

(3) 确定实际中心距 a。

$$a = a_0 + \frac{1}{2}(L_d - L_{d0}) \tag{5-15}$$

考虑带传动的安装、调整和张紧需要，带传动中心距的变动范围为$(a-0.015L_d)$～$(a+0.03L_d)$。

6) 验算小带轮包角 α_1

$$\alpha_1 = 180° - \frac{57.3°}{a}(d_{d2} - d_{d1}) \tag{5-16}$$

小带轮包角α_1过小，将影响带的传动能力。一般要求$\alpha_1 > 120°$。当$\alpha_1 < 120°$时，可加大中心距或加张紧轮。

7) 确定 V 带根数 Z

$$Z \geqslant \frac{P_c}{[P_0]} = \frac{P_c}{(P_0 + \Delta P_0)K_\alpha K_L} \tag{5-17}$$

带的根数应取整数。为避免载荷分布不均匀，带的根数不应过多，一般取 2～5 根为宜，最多不应超过 8 根，否则应改选较大型号的普通 V 带重新进行设计。

8) 计算初拉力 F_0

初拉力不足，带与轮槽间摩擦力小，传动能力不足，并且易发生打滑现象；初拉力过大，会使带的寿命降低，并使轴和轴承工作压力增大。适当的初拉力是保证带传动正常工作的重要因素之一。单根 V 带的初拉力 F_0 可按式(5-18)计算。

$$F_0 = 500\frac{P_c}{Zv}\left(\frac{2.5}{K_\alpha} - 1\right) + qv^2 \tag{5-18}$$

9) 计算带传动作用于轴上的压力 F_Q

计算 V 带对轴的压力是为了后续设计带轮的轴和轴承。为了简化计算，可不考虑带两侧的拉力差，近似按带两边初拉力 F_0 的合力来计算，如图 5.10 所示。

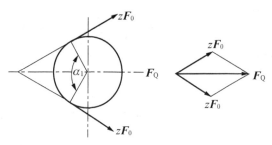

$$F_Q = 2ZF_0 \sin\frac{\alpha_1}{2} \tag{5-19}$$

10) V 带轮的设计

带轮的设计主要是选择材料和结构形式，确定轮缘尺寸，并绘制带轮的零件图。

【例 5.1】设计某铣床电动机与变速器之间的普通 V 带传动。已知电动机额定功率 $P=4\text{kW}$，主动带轮转速 $n_1=1440\text{r/min}$，从动带轮转速 $n_2=400\text{r/min}$，要求中心距约为 450mm，两班制工作，载荷变动较小。

图 5.10 带作用在轴上的压力

解：设计步骤和过程见表 5-8。

表 5-8 普通 V 带设计步骤和过程

序号	设 计 项 目	计 算 内 容	计 算 结 果
1	确定计算功率 P_c	查表 5-7 取工况系数 $K_A=1.2$ $P_c=K_A P=1.2 \times 4=4.8(\text{kW})$	$K_A=1.2$ $P_c=4.8\text{kW}$
2	选择 V 带型号	根据 $P_c=4.8\text{kW}$ 和 $n_1=1440\text{r/min}$，由图 5.9 选取 A 型 V 带	A 型 V 带
3	确定带轮基准直径 d_{d1}、d_{d2}	根据 A 型带，查表 5-2，取 $d_{d1}=100\text{mm}$，带传动的传动比 $i=n_1/n_2=1440/400=3.6$ 大带轮基准直径 $d_{d2}=id_{d1}=3.6 \times 100=360(\text{mm})$ 按表 5-2 取基准直径为 355mm	$d_{d1}=100\text{mm}$ $d_{d2}=355\text{mm}$
4	验算带速 v	$v=\dfrac{\pi d_{d1} n_1}{60 \times 1000}=\dfrac{3.14 \times 100 \times 1440}{60000}=7.54(\text{m/s})$	带速在 5～25 m/s 范围内，故符合要求

序号	设 计 项 目	计 算 内 容	计 算 结 果
5	确定传动中心距 a 和带的基准长度 L_d	(1) 初步确定中心距 a_0 根据已知条件取 a_0=450mm (2) 初算带长 L_{d0} $$L_{d0} = 2a_0 + \frac{\pi}{2}(d_{d1} + d_{d2}) + \frac{(d_{d2} - d_{d1})^2}{4a_0}$$ $$= 2 \times 450 + \frac{3.14}{2} \times (100 + 355) + \frac{(355 - 100)^2}{4 \times 450} = 1650.5(mm)$$ 查表 5-6 选取带的基准长度 L_d=1600mm (3) 确定实际中心距 a $$a = a_0 + \frac{1}{2}(L_d - L_{d0}) = 450 + \frac{1}{2}(1600 - 1650.5) = 425(mm)$$ a_{min}=a-0.015L_d=425-0.015×1600=401(mm) a_{max}=a+0.03L_d=425+0.03×1600=473(mm)	a=425mm L_d=1600mm
6	验算小带轮包角 α_1	$$\alpha_1 = 180° - \frac{57.3°}{a}(d_{d2} - d_{d1})$$ $$= 180° - \frac{57.3°}{425} \times (355 - 100) = 145.6° > 120°$$	α_1 符合要求
7	确定 V 带根数 Z	根据 d_{d1} 和 n_1，查表 5-3 得 P_0=1.32 kW 根据 i=3.6，查表 5-4 得 ΔP_0=0.17kW 根据 α_1=145.6°，查表 5-5 得 K_α=0.91 根据 L_d=1600mm，查表 5-6 得 K_L=0.99 $$Z \geqslant \frac{P_c}{[P_0]} = \frac{P_c}{(P_0 + \Delta P_0)K_\alpha K_L}$$ $$= \frac{4.8}{(1.32 + 0.17) \times 0.91 \times 0.99} = 3.58$$ 取 Z=4	Z=4
8	计算初拉力 F_0	根据 A 型带，查表 5-1 得 q=0.1kg/m $$F_0 = 500 \frac{P_c}{Zv}\left(\frac{2.5}{K_\alpha} - 1\right) + qv^2$$ $$= 500 \times \frac{4.8}{4 \times 7.54}\left(\frac{2.5}{0.91} - 1\right) + 0.1 \times 7.54^2 = 144.7(N)$$	F_0=144.7N
9	计算作用于轴上的压力 F_Q	$$F_Q = 2ZF_0 \sin\frac{\alpha_1}{2} = 2 \times 4 \times 144.7 \times \sin\frac{145.6°}{2} = 1105.8(N)$$	F_Q=1105.8N
10	设计带轮结构，画大带轮的工作图	小带轮基准直径 d_{d1}=100mm，作成实心式带轮，设计从略。大带轮基准直径 d_{d2}=355mm，作成孔板式带轮。带轮的轴径按轴的设计确定，若假定轴径 d=40mm，则由图 5.6 中的带轮结构计算公式可确定其结构尺寸，图 5.11 所示为大带轮的工作图	

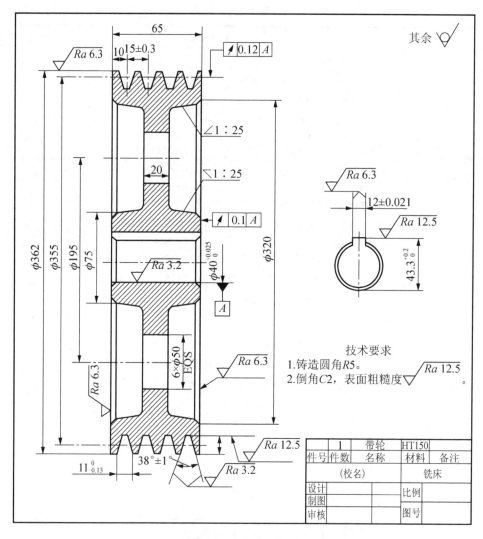

图 5.11　大带轮工作图

5.2.5　V 带传动的张紧、安装与维护

1. 带传动的张紧

带传动工作一段时间后就会由于塑性变形而松弛，使初拉力减小，传动能力下降，这时必须要重新张紧。常用的张紧方式可分为调整中心距方式与张紧轮方式两类。

1) 调整中心距方式

(1) 定期张紧。定期调整中心距可以恢复带张紧力，常见的有滑道式[图 5.12(a)]和摆架式[图 5.12(b)]两种，一般通过调节螺钉调节中心距。滑道式适用于水平传动或倾斜不大的传动场合。

(2) 自动张紧。自动张紧将装有带轮的电动机安装在浮动的摆架上，利用电动机的自重张紧传动带，如图 5.13 所示。

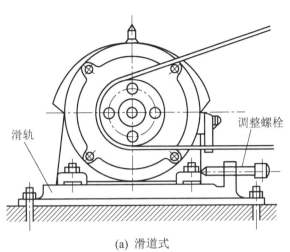

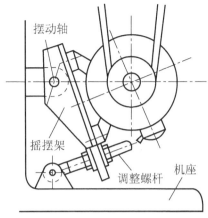

(a) 滑道式　　　　　　　　　　　(b) 摆架式

图 5.12　定期张紧装置

【参考视频】

2) 张紧轮方式

若带传动的轴间距不可调整，则可采用张紧轮装置。

(1) 摆锤式外张紧轮装置，如图 5.14(a)所示。

(2) 调位式内张紧轮装置，如图 5.14(b)所示。

【参考视频】

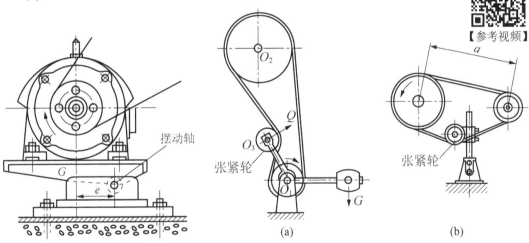

图 5.13　自动张紧装置　　　　　　图 5.14　张紧轮装置

张紧轮一般设置在松边的内侧，使带只受到单向弯曲，并且靠近大轮，以保证小带轮有较大的包角，其直径宜小于小带轮的直径。若设置在外侧时，为增加小带轮的包角，则应使其靠近小带轮。

2. 带传动的安装与维护

带传动在安装和使用时应注意以下事项：

(1) 新旧 V 带、不同厂家生产的 V 带不能同组混用，以免各带受力不均匀。新带使用前，最好预先拉紧一段时间后再使用。

(2) 平行轴传动时，应使两带轮轴线保持平行，两轮对应轮槽的中心线应重合，偏斜角度小于 20′(图 5.15),以防带侧面磨损加剧。

(3) 安装带时,通常应采用调整两轮中心距的方法。切忌硬将传动带从带轮上扳下或扳上,严禁用撬棍等工具将带强行撬入或撬出带轮。在带轮轴间距不可调而又无张紧轮的情况下,安装带时,应在带轮边缘垫布以防刮破传动带,并应边转动带轮边套带。安装同步带时,要在多处同时缓慢地将带移动,以保持带能平齐移动。

(4) 带的张紧程度要适当,可按规定数值安装。但在实践中,可根据经验调整(图 5.16),即在带与两带轮切点的跨度中点,以大拇指能按下 10～15mm 为宜。V 带在轮槽中的正确位置(图 5.17):V 带的顶面与带轮的外缘相平齐,新安装时可略高出一点;底面与轮槽间留一定间隙。

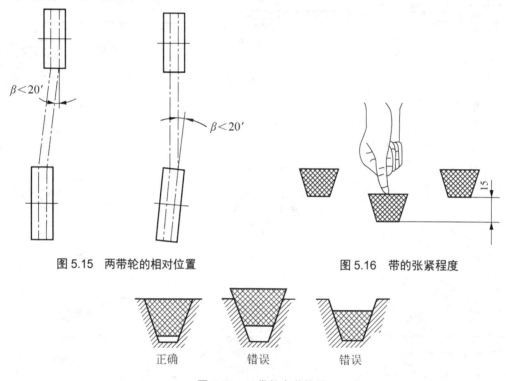

图 5.15 两带轮的相对位置   图 5.16 带的张紧程度

图 5.17 V 带的安装位置

(5) 带传动装置外面应加防护罩,以保证安全,防止带与酸、碱或油接触而腐蚀传动带。

(6) 带传动不需要润滑,禁止往带上加润滑油或润滑脂,应及时清理带轮槽内及传动带上的油污。

(7) 定期检查,如有一根带松弛或损坏则应全部更换新带。

(8) 带传动工作温度不应超过 60℃。

(9) 如果带传动装置需闲置一段时间后再用,应将传动带放松。

5.2.6 同步带传动的设计

同步带(图 5.18)相当于在绳芯结构平带基体的内表面沿带宽方向制成一定形状的等距齿,与带轮轮缘上相应齿啮合进行运动和动力的传递。它一般以金属丝绳、合成纤维绳或玻璃纤维绳为承载层绕制而成,基体多由橡胶制成,也有用聚氨酯浇注而成的。标准同步

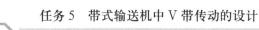

带按节距的大小分为七种带型，其节距 p_b、基准宽度 b_{s0}、许用工作拉力 F_p 和线质量 q 等见表 5-9。

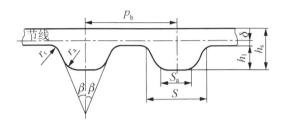

图 5.18 同步带传动齿形及尺寸参数

表 5-9 同步带的节距 p_b、基准宽度 b_{s0}、许用工作拉力 F_p 和线质量 q

带型	MXL	XXL	XL	L	H	XH	XXH
P_b/mm	2.032	3.175	5.080	9.525	12.700	22.225	31.750
b_{s0}/mm	6.4	6.4	9.5	25.4	76.2	101.6	127.0
F_p /N	27	31	50	245	2100	4050	6400
q/(kg/m^1)	0.007	0.01	0.022	0.096	0.448	1.487	2.473

同步带传动的优点：①传动的预紧力小，工作平稳，有良好的减振性；②由于承载层强度高，受载后变形很小，所以能保持带节距不变，从而保证准确的传动比；③传动效率高(可达 98%)，传动比大(可达 10～20)，适用范围广(最高带速可达 40m/s)。它的主要缺点是制造和安装精度要求较高，中心距要求严格。

同步带传动的主要失效形式是带体疲劳断裂、带齿剪断压溃和过度磨损。因此，它的设计准则是保证同步带不产生疲劳破坏和具有一定的使用寿命。

同步带传动的一般设计步骤如下：

1. 选取带的型号

带的型号根据计算功率 P_d 和小带轮转速 n_1 从图 5.19 中选取。计算功率由下式计算

$$P_d=K_A P$$

式中，P 为标称传动功率(kW)；K_A 为工作情况系数，按表 5-10 选取。

表 5-10 同步带传动的工作情况系数 K_A

工 况	原 动 机					
	I 类			II 类		
	每天工作小时数/h					
	3～5 (断续使用)	8～10 (正常使用)	16～24 (连续使用)	3～5 (断续使用)	8～10 (正常使用)	16～24 (连续使用)
液体搅拌机、圆形带锯、造纸机、印刷机械	1.4	1.6	1.8	1.6	1.8	2.0
搅拌机、带式输送机、牛头刨床、离心压缩机、往复式发动机、中型挖掘机	1.5	1.7	1.9	1.7	1.9	2.1

续表

工　况	原　动　机					
	I 类			II 类		
	每天工作小时数/h					
	3～5(断续使用)	8～10(正常使用)	16～24(连续使用)	3～5(断续使用)	8～10(正常使用)	16～24(连续使用)
输送机(盘式、吊式、升降式)、鼓风机、卷扬机、起重机、橡胶加工机、发电机、纺织机械	1.6	1.8	2.0	1.8	2.0	2.2
离心分离机、输送机(货物、螺旋)、锤击式粉碎机、造纸机(碎浆)	1.7	1.9	2.1	1.9	2.1	2.3
陶土机械(硅、黏土搅拌)、矿山用混料机、强制送风机	1.8	2.0	2.2	2.0	2.2	2.4

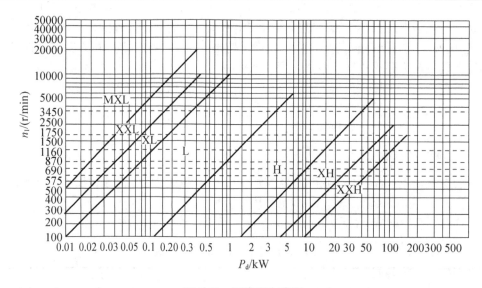

图 5.19　同步带选型图

2. 确定带轮齿数和节圆直径

根据带的型号和小带轮转速确定小带轮齿数，一般 $z_1 \geqslant z_{min}$(表 5-11)，在带速和安装尺寸允许的情况下，z_1 尽可能取较大值。大带轮齿数 $z_2 = iz_1$。小带轮和大带轮的节圆直径可用下式计算

$$d_p = \frac{z p_b}{\pi}$$

表 5-11 小带轮最少齿数 $z_{\min}$

小带轮转速 $n_1/(\text{r/min})$	带 型						
	MXL	XXL	XL	L	H	XH	XXH
<900			10	12	14	22	22
900～1200	12	12	10	12	16	24	24
1200～1800	14	14	12	14	18	26	26
1800～3600	16	16	12	16	20	30	
3600～4800	18	18	15	18	22		

3. 验算带速 v

$$v=\frac{\pi d_{p1} n_1}{60\times1000}\leqslant v_{\min}$$

通常用 XL、L 型同步带的 $v_{\max}=50\text{m/s}$，H 型同步带的 $v_{\max}=40\text{m/s}$，XH、XXH 型同步带的 $v_{\max}=30\text{m/s}$。

4. 确定中心距 a、带的长度和齿数

可以按照结构要求或由下式初定中心距 a_0。

$$0.7(d_{p1}+d_{p2})\leqslant a_0\leqslant 2(d_{p1}+d_{p2})$$

初定中心距后，按下式计算所需同步带的带长。

$$L_{p0}=2a_0+\frac{\pi}{2}(d_{p1}+d_{p2})+\frac{1}{4a_0}(d_{p2}-d_{p1})$$

由 L_{p0} 根据表 5-12 选取同步带的标准节线长度 L_p 及齿数 z。

表 5-12 同步带节线长度 L_p 系列

带长代号	节线长度/mm	带长上的齿数						
		MXL	XXL	XL	L	H	XH	XXH
60	152.40	75	48	30				
70	177.8	—	56	35				
80	203.2	100	64	40				
90	228.60	—	72	45				
100	254.00	125	80	50				
120	304.8	—	96	60				
130	330.20	—	104	65				
140	355.60	175	112	70				
150	381.00	—	120	75	40			
160	406.40	200	128	80	—			
170	431.80	—	—	85	—			
180	457.20	225	144	90	—			
190	482.60	—	—	95	—			
200	508.00	250	160	100	—			

带长代号	节线长度/mm	带长上的齿数						
		MXL	XXL	XL	L	H	XH	XXH
220	558.80	—	170	110	—			
230	584.20			115	—			
240	609.60			120	64	48		
260	660.40			130	—	—		
270	685.80				72	54		
300	762.80				80	60		
330	838.20				—	66		
345	876.30				92	—		
360	914.40				—	72		
390	990.60				104	78		
420	1066.80				112	84		
450	1143.00				120	90		
480	1219.20				128	96		
510	1295.40				136	102		
540	1371.60				144	108		
560	1422.40				—	—	64	
600	1524.00				160	120	—	
660	1676.40					132	—	
700	1778.00					140	80	56
750	1905.00					150	—	—
800	2032.00					160	—	64
850	2159.00					170	—	—
900	2286.00					180	—	72
1000	2540.00					200	—	80
1100	2794.00					220	—	—
1260	3200.40					—	144	—
1400	3556.00					280	160	112
1600	4064.00						—	128
1800	4572.00						—	144

同步带传动的中心距一般是可以调整的，故采用下式近似计算实际中心距，即

$$a \approx a_0 + \frac{L_p - L_{P0}}{2}$$

5. 计算小带轮的啮合齿数 z_m

按下式计算小带轮的啮合齿数，并取整数

$$z_m = \left(\frac{1}{2} - \frac{d_{p2} - d_{p1}}{6a}\right) z_1$$

6. 确定带宽 b_S

$$b_S \geq b_{s0} 1.14 \sqrt{\frac{P_d}{K_z P_0}}$$

式中，b_{s0} 为同步带的基准宽度(mm)，可按表 5-9 选取；P_d 为计算功率(kW)；K_z 为啮合齿数系数，当 $z_m \geq 6$ 时，$K_z=1$，当 $z_m<6$ 时，$K_z=1-0.2\times(6-z_m)$；P_0 为基本额定功率(kW)，可由下式计算：

$$P_0=\frac{(F_p-qv^2)v}{1000}$$

式中，F_p 为基准宽度同步带的需用工作拉力(N)，可按表 5-9 选取；q 为基准宽度同步带的线质量(kg/m)，可按表 5-9 选取。

7. 计算作用在轴上的力 F_Q

$$F_Q=\frac{1000P_d}{v}$$

式中，P_d 为计算功率(kW)；v 为带速(m/s)。

5.3　任　务　实　施

分析：题目没有直接给出带传动的功率和转速，由给出的工作机已知条件，需要先选择电动机，分配带传动的传动比，确定带传动所传递的功率、小带轮的转速，然后进行带传动的具体设计。

设计步骤如下：

1. 电动机的选择

1) 选择电动机的类型和结构形式

电动机类型的选择，主要根据机械系统的工作环境(温度、湿度、粉尘和酸碱等)、工作特点(起动频繁程度、起动载荷大小等)，并考虑各种电动机的特点及供应情况等。在生产中，对于一些不经常起动和无特殊要求的机械系统，应尽量采用三相笼型异步电动机，其中 Y 系列电动机为我国推广采用的产品。因此在带式输送机中采用 Y 系列全封闭笼型三相异步电动机。

2) 选择电动机功率

工作机卷筒的输出功率为

$$P_w=\frac{Fv}{1000}=\frac{2100\times1.5}{1000}=3.15(\text{kW})$$

式中，F 为输送带的工作拉力(N)；v 为运输带的工作速度(m/s)。

电动机的输出功率为

$$P_d=\frac{P_w}{\eta_{总}}=\frac{P_w}{\eta_1\eta_2^3\eta_3\eta_4\eta_w}=\frac{3.15}{0.96\times0.99^3\times0.97\times0.99\times0.96}=3.67(\text{kW})$$

式中，$\eta_{总}$ 为电动机至工作机之间传动装置的总效率。

3) 确定电动机的转速

卷筒轴工作转速为

$$n_w=\frac{60\times1000v}{\pi D}=\frac{60\times1000\times1.5}{3.14\times400}=71.66(\text{r/min})$$

按推荐的合理传动比范围取 V 带传动的传动比 i_1'=2~4，一级直齿圆柱齿轮减速器传动比 i_2'=3~5，则合理总传动比的范围 i'=6~20，故电动机同步转速的可选范围为

$$n_{同}' = i'n_w = (6 \sim 20) \times 71.66 = 429.96 \sim 1433.2(\text{r/min})$$

符合这一范围的同步转速有 750r/min 和 1000r/min，再根据计算出的容量，由附表 10 查出有两种适用的电动机型号，一种是 Y160M1-8，另一种是 Y132M1-6。对于 Y 系列电动机，通常选用同步转速为 1500r/min 或 1000r/min 的电动机，如无特殊需求，不选用低于 750r/min 的电动机。所以该输送机选定电动机型号为 Y132 M1-6，所选电动机的额定功率为 4kW，同步转速为 1000r/min，满载转速(即额定转速)n_m 为 960r/min，总传动比 $i = \dfrac{n_m}{n_w} = \dfrac{960}{71.66} = 13.4$。

4) 传动比分配

根据总传动比、传递的功率及其他工作条件，决定选择一级 V 带传动加单级直齿圆柱齿轮减速器。为计算方便，根据手册中推荐的值，取减速器齿轮传动比 i_2=4，则带传动的传动比为 $i_1 = \dfrac{13.4}{i_2} = \dfrac{13.4}{4} = 3.35$。

利用上述条件作 V 带传动设计分析。原始数据：原动机为 Y 系列电动机，额定功率为 P=4kW，主动带轮转速为 n_1=960r/min，带传动的传动比 i_1=3.35，每天工作 24h，工作平稳，载荷变动小。

2. 带传动设计计算

1) 确定计算功率 P_c

查表 5-7，取工况系数 K_A=1.2，由式(5-10)计算得

$$P_c=K_A P=1.2 \times 4=4.8(\text{kW})$$

2) 选择 V 带型号

根据 P_c= 4.8kW 和 n_1=960r/min，由图 5.9 选取 A 型 V 带，d_{d1}=112~140mm。

3) 确定带轮基准直径 d_{d1}、d_{d2}

根据 A 型带，查表 5-2 取 d_{d1}=112mm。带传动的传动比 i_1=3.35，故由式(5-11)计算得

$$d_{d2}=i_1 d_{d1}=3.35 \times 112=375.2(\text{mm})$$

按表 5-2 取大带轮基准直径 d_{d2}=375mm。

4) 验算带速 v

由式(5-12)计算得

$$v = \frac{\pi d_{d1} n_1}{60 \times 1000} = \frac{3.14 \times 112 \times 960}{60000} = 5.63(\text{m/s}) > 5\text{m/s}$$

即带速满足要求。

5) 确定中心距 a 和带的基准长度 L_d

(1) 初步确定中心距 a_0。由式(5-13)计算得

$$0.7(d_{d1}+d_{d2}) \leqslant a_0 \leqslant 2(d_{d1} + d_{d2})$$
$$0.7 \times (112+375) \leqslant a_0 \leqslant 2 \times (112+375)$$
$$340.9\text{mm} \leqslant a_0 \leqslant 974\text{mm}$$

取 a_0=600mm。

(2) 初算带长 L_{d0}。由式(5-14)计算得

$$L_{d0} = 2a_0 + \frac{\pi}{2}(d_{d1} + d_{d2}) + \frac{(d_{d2} - d_{d1})^2}{4a_0}$$

$$= 2 \times 600 + \frac{3.14}{2} \times (112 + 375) + \frac{(375 - 112)^2}{4 \times 600} = 1993(\text{mm})$$

查表 5-6 选取带的基准长度 L_d=2000mm。

(3) 确定实际中心距 a。由式(5-15)计算得

$$a = a_0 + \frac{1}{2}(L_d - L_{d0}) = 600 + \frac{1}{2} \times (2000 - 1993) = 604(\text{mm})$$

$$a_{\min} = a - 0.015L_d = 604 - 0.015 \times 2000 = 574(\text{mm})$$

$$a_{\max} = a + 0.03L_d = 604 + 0.03 \times 2000 = 664(\text{mm})$$

6) 验算小带轮包角 α_1

由式(5-16)计算得

$$\alpha_1 = 180° - \frac{57.3°}{a}(d_{d2} - d_{d1}) = 180° - \frac{57.3°}{604} \times (375 - 112) = 155° > 120°$$

即小带轮包角合格。

7) 计算带的根数 Z

根据 d_{d1} 和 n_1，查表 5-3 得 P_0=1.15kW，根据 i_1=3.35，查表 5-4 得 ΔP_0=0.11kW，根据 α_1=155°，查表 5-5 得 K_α=0.93，根据 L_d=2000mm，查表 5-6 得 K_L=1.03。由式(5-17)计算得

$$Z \geqslant \frac{P_c}{[P_0]} = \frac{P_c}{(P_0 + \Delta P_0)K_\alpha K_L} = \frac{4.8}{(1.15 + 0.11) \times 0.93 \times 1.03} = 3.98$$

取 Z=4 根。

8) 计算初拉力 F_0

由式(5-18)计算得

$$F_0 = 500\frac{P_c}{Zv}\left(\frac{2.5}{K_\alpha} - 1\right) + qv^2 = 500 \times \frac{4.8}{4 \times 5.63} \times \left(\frac{2.5}{0.93} - 1\right) + 0.1 \times 5.63^2 = 183.08(\text{N})$$

9) 计算带轮对轴的压力 F_Q

由式(5-19)得

$$F_Q = 2ZF_0\sin\frac{\alpha_1}{2} = 2 \times 4 \times 183.08 \times \sin\frac{155°}{2} = 1429.92(\text{N})$$

10) 设计带轮结构

小带轮基准直径 d_{d1}=112mm，作成实心式带轮；大带轮基准直径 d_{d2}=375mm，作成孔板式带轮，最后画出带轮零件图(略)。

5.4　任　务　评　价

本任务评价考核见表 5-13。

表 5-13　任务评价考核

序号	考核项目	权重	检查标准	得分
1	带传动的类型、特点和应用	15%	(1) 了解带传动的类型； (2) 熟悉带传动的特点及应用	
2	带传动的结构和标准	25%	(1) 掌握 V 带的结构和标准； (2) 掌握 V 带轮的材料与结构	
3	带传动的工作情况分析	10%	(1) 熟悉带传动的受力情况； (2) 了解带传动的应力情况； (3) 会分析弹性滑动和打滑的区别； (4) 掌握带传动的传动比计算	
4	V 带传动的设计计算	35%	(1) 了解带传动的失效形式和设计准则； (2) 掌握 V 带传动的设计计算方法和步骤	
5	带传动的张紧、安装和维护	10%	了解带传动的张紧、安装和维护常识	
6	同步带传动的设计	5%	了解同步带传动的设计方法	

习　题

5.1　带传动有哪些主要类型？各有什么特点？

5.2　V 带传动与平带传动相比较，有哪些优点？

5.3　为什么普通 V 带剖面楔角为 40°，而带轮槽的槽角却制成 34°、36° 或 38°？

5.4　什么是初拉力？什么是有效拉力？它们之间有何关系？

5.5　增大初拉力可以使带与带轮间的摩擦力增加，但为什么带传动不能过大地增大初拉力来提高带的传动能力，而是把初拉力控制在一定数值上？

5.6　带传动的最大有效拉力 F_{max} 与哪些因素有关？

5.7　提高带传动工作能力的措施有哪些？

5.8　带传动为何会产生弹性滑动？弹性滑动与打滑有什么不同？它对传动的影响如何？

5.9　带传动的最大应力发生在何处？由哪几部分组成？

5.10　带传动的主要失效形式有哪些？设计准则是什么？

5.11　设计 V 带传动时，如果带根数过多，如何处理？如果小带轮包角太小，如何处理？

5.12　设计 V 带传动时，为何要限制带速和最小中心距？为什么带轮直径不宜取得太小？

5.13　带传动张紧的目的是什么？张紧轮应安放在松边还是紧边上？内张紧轮应靠近大带轮还是小带轮？外张紧轮又该怎样安置？并分析说明两种张紧方式的利弊。

5.14　新带和旧带为什么不能混用？

5.15　设单根 V 带所能传递的最大功率 P_{max}=4.2kW，已知主动轮直径 d_{d1}=160mm，转速 n_1=1500r/min，包角 α_1=140°，带与带轮间的当量摩擦系数 f_v=0.2。求有效拉力 F 及紧边拉力 F_1。

5.16　V 带传动传递的功率 P=5kW，小带轮直径 d_{d1}=140mm，转速 n_1=1440r/min，大带轮直径 d_{d2}=400mm，V 带传动的滑动率 ε=2%。试求从动轮转速 n_2 和有效圆周力 F。

5.17 已知一普通 V 带传动，主动轮转速 n_1=1460r/min，直径 d_{d1}=180mm，从动轮转速 n_2=650r/min，传动中心距 $a \approx 800$mm，工作有轻微振动，每天工作 16h，采用 3 根 B 型带。试求能传递的最大功率？若为使结构紧凑，改取 d_{d1}=125mm，a=400mm，问带所能传递的功率比原设计降低多少？

5.18 一普通 V 带传动，已知带为 A 型，两个 V 带轮的基准直径分别 100mm 和 250mm，初定中心距 a_0=400mm。试求带的基准长度和实际中心距 a。

5.19 C618 车床的电动机和床头箱之间采用垂直布置的 V 带传动。已知电动机功率 P=4.5kW，转速 n=1440r/min，传动比 i=2.1，两班制工作，根据机床结构，带轮中心距 a=900mm 左右。试设计此 V 带传动。

5.20 如图 5.20 所示的带式输送机装置，小带轮直径为 140mm，大带轮直径为 400mm，鼓轮直径 D=250mm，为提高生产率，在载荷不变的条件下，提高输送带速度 v，设电动机功率和减速器的强度足够，忽略中心距变化，下列哪种方案更为合理？

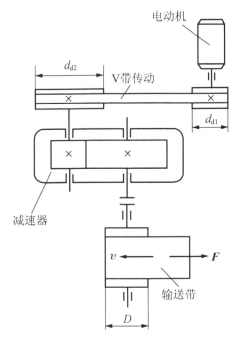

图 5.20 带式输送机传动装置

(1) 大带轮直径减小到 280mm；

(2) 小带轮直径增大到 200mm；

(3) 鼓轮直径增大到 350mm。

任务 6

链式运输机
滚子链传动的设计

6.1 任务导入

链传动是一种有中间挠性元件的啮合传动，由于链传动平均传动比准确，结构简单，经济可靠，对工作环境要求不高，因而链传动应用广泛。本任务将学习按功率曲线设计一般套筒滚子链传动。设计一小型链式运输机(图 6.1)传动系统的链传动，机构运动简图如图 6.2 所示。已知动力机为电动机，小链轮轴传动功率 $P=10\text{kW}$，$n_1=950\text{r/min}$，$n_2=250\text{r/min}$，载荷平稳，单班制工作。

图 6.1 链式运输机

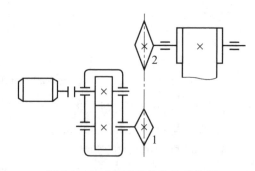

图 6.2 链式运输机机构运动简图

1—主动链轮；2—从动链轮

6.2 任务资讯

6.2.1 链传动的类型、特点及应用

链传动由装在平行轴上的主、从动链轮和绕在链轮上的环形链条组成(图 6.3),以链条作为中间挠性件,靠链条与链轮轮齿的啮合来传递动力。

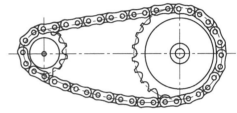

图 6.3 链传动简图

与带传动相比,链传动没有弹性滑动和打滑,能保持准确的平均传动比;需要的张紧力小,作用在轴上的压力也小,可减少轴承的摩擦损失;结构紧凑;能够在高温、潮湿、油污及腐蚀等恶劣环境下工作。但是链传动只能用于两根平行轴同向回转的传动;瞬时链速和瞬时传动比不为常数,工作中有冲击和噪声,磨损后易发生跳齿,不宜在载荷变化很大和急速反向的传动中应用。

目前,链传动广泛应用于矿山机械、农业机械、冶金机械、运输机械及轻工机械中。

通常,链传动的传动比 $i \leqslant 7$,中心距 $a \leqslant 5 \sim 6\text{m}$,传递功率 $P \leqslant 100\text{kW}$,圆周速度 $v \leqslant 15\text{m/s}$,传动效率为 $0.95 \sim 0.98$。

链传动应用广泛,按用途不同可分为传动链、起重链和牵引链。传动链是制造的较精密的链条,用于机械中传递运动和动力;起重链(图 6.4)用在各种起重机械中,用以提升货物;牵引链(图 6.5)主要在运输机械中用来输送物料或机件等。

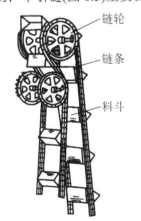

图 6.4 铲斗式提升机

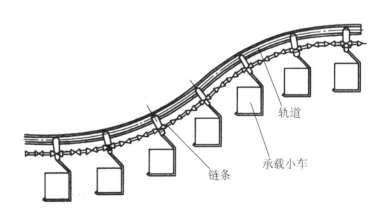

图 6.5 链式运输机

图 6.6 齿形链

传动链的主要类型有套筒滚子链(参见图 6.3)和齿形链(参见图 6.6)。两者相比,齿形链工作平稳、噪声小,承受冲击载荷能力强,但结构复杂,质量较大,成本较高,多用于高速或传动比大、精度要求高的场合。套筒滚子链结构简单,质量较轻,成本较低,应用最为广泛。

【参考视频】

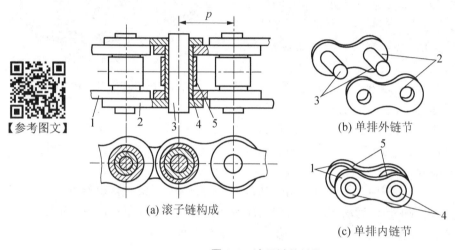

6.2.2 滚子链和链轮

1. 滚子链的结构

滚子链的结构如图 6.7 所示，由内链板、外链板、销轴、套筒和滚子组成。内链板与套筒、外链板与销轴都为过盈配合固定，形成内、外链节。而套筒与销轴、滚子与套筒间均为间隙配合，组成两转动副，使相邻的内、外链节可以相对转动，使链条具有挠性。当链条与链轮啮合时，滚子沿链轮的齿廓滚动，可以减轻链条与链轮齿廓的磨损，提高效率。内、外链板均制成"8"字形，以保证链板各横截面抗拉强度大致相等，并减轻链条的重量。

【参考图文】

(a) 滚子链构成

(b) 单排外链节

(c) 单排内链节

图 6.7 滚子链的结构

1—内链板；2—外链板；3—销轴；4—套筒；5—滚子

相邻两滚子中心间的距离称为链节距，用 p 表示。它是链条的主要参数，链节距越大，链条各零件的尺寸也就越大，链条所能传递的功率就越大，但重量也大，冲击和振动也随之增加。为了减小链传动的结构尺寸及动载荷，当传递的功率较大及转速较高时，可采用同节距的双排链或多排链。为了避免各排链受载不匀，链的排数不宜过多，常用双排链或三排链，四排以上很少用。

滚子链的长度以链节数 L_p(节距 p 的倍数)来表示。当链节数为偶数时，链条联接成环时正好是外链板与内链板相接，可用开口销[图 6.8(a)]或弹簧卡锁住销轴[图 6.8(b)]，通常前者用于大节距链，后者用于小节距链。当链节数为奇数时，则采用过渡链节[图 6.8(c)]。过渡链节受拉时，要承受附加弯曲载荷，所以应尽量避免采用，最好用偶数链节。

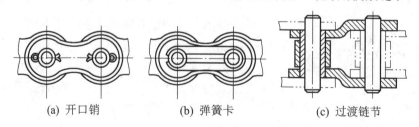

(a) 开口销   (b) 弹簧卡   (c) 过渡链节

图 6.8 滚子链的接头方式

2. 滚子链的标准

滚子链已标准化，分为 A、B 两种系列，常用 A 系列。表 6-1 列出了 A 系列滚子链的主要参数和极限拉伸载荷。A 系列滚子链适用于重载、高速和重要的传动；B 系列滚子链适用于一般传动。

表 6-1　A 系列滚子链的基本参数与尺寸(摘自 GB/T 1243—2006)

链号	节距 p/mm	排距 p_t/mm	滚子直径 D_r'/mm	内节内宽 b_1/mm	销轴直径 d_2/mm	内链板高度 h_2/mm	极限拉伸载荷(单排) F_{lim}/N	每米质量(单排) q/(kg/m)
08 A	12.70	14.38	7.92	7.85	3.98	12.07	13800	0.60
10A	15.875	18.11	10.16	9.40	5.09	15.09	21800	1.00
12A	19.05	22.78	11.91	12.57	5.96	18.10	31100	1.50
16A	25.40	29.29	15.88	15.75	1.94	24.13	55600	2.60
20A	31.75	35.76	19.05	18.90	9.54	30.17	86700	3.80
24 A	38.10	45.44	22.23	25.22	11.11	36.20	124600	5.60
28A	44.45	48.87	25.40	25.22	12.71	42.23	169000	7.50
32A	50.80	58.55	28.58	31.55	14.29	48.26	222400	10.10
40A	63.50	71.55	39.68	37.85	19.85	60.33	347000	16.10
48A	76.20	87.83	47.63	47.35	23.81	72.39	500400	22.60

注：1. 多排链极限拉伸载荷按表列值乘以排数计算。

　　2. 使用过渡链节时，其极限拉伸载荷按表列数值的 80%计算。

滚子链的标记：链号-排数×链节数　标准号

例如，标记 08 A-1×88　GB/T 1243—2006，表示 A 系列、节距为 12.7mm、单排、88 节的滚子链。

3. 滚子链的链轮

滚子链的链轮是链传动的主要零件。链轮齿形应保证链节能自由地进入或退出啮合，受力均匀，不易脱链，便于加工。

1) 链轮的齿形

国家标准 GB/T 1243—2006 规定：滚子链链轮的端面齿形如图 6.9 所示，链轮的齿形用标准刀具加工，工作图上一般不绘制端面齿形，只需标明按 GB/T 1243—2006 齿形制造和检验即可。但为了车削毛坯，需画出轴向齿形。

【参考图文】

2) 链轮的结构

链轮的结构形状如图 6.10 所示。直径小的链轮制成实心式[图 6.10(a)]；中等直径的链轮制成孔板式[图 6.10(b)]；直径较大(d>200mm)的制成组合式[图 6.10(c)]，以便更换齿圈。

3) 链轮的材料

链轮轮齿应具有足够的接触强度和耐磨性，常用材料为中碳钢(35、45)，不重要的场合用 Q235、Q275，高速重载时采用合金钢，低速时大链轮可采用铸铁。由于小链轮的啮合次数多，小链轮的材料要优于大齿轮，并进行热处理。

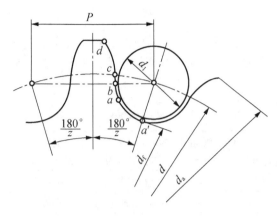

图 6.9　链轮的端面齿形

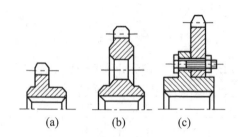

图 6.10　链轮的结构

6.2.3　滚子链传动的设计

1. 链传动的失效形式

由于链条的结构比链轮复杂，强度不如链轮高，所以一般链传动的失效主要是链条的失效。链传动失效的常见形式有以下几种：

(1) 链条的疲劳破坏。链传动由于松边和紧边的拉力不同，故其在运行中各元件受变应力作用。当应力达到一定数值，并经过一定的循环次数后，链板、滚子、套筒等元件会发生疲劳破坏。在润滑正常的闭式传动中，链条的疲劳强度是决定链传动承载能力的主要因素。

(2) 滚子与套筒的冲击疲劳破坏。链条与链轮啮合时将产生冲击，速度越高，冲击越大。另外，反复起动、制动或反转时，也将引起冲击载荷，使滚子、套筒发生冲击断裂。

(3) 链条铰链的磨损。链条与链轮啮合传动时，相邻链节间要发生相对转动，因而使销轴与套筒、套筒与滚子间发生摩擦，引起磨损。由于磨损使链节变长，易造成跳齿或脱链，使传动失效。这是开式传动或润滑不良的链传动的主要失效形式。

(4) 链条铰链的胶合。当转速很高、载荷很大时，套筒与销轴间由于摩擦产生高温而使元件表面发生胶合。

(5) 链条的静力拉断。在低速、重载或突然过载时，链条因静强度不足而被拉断。

2. 额定功率曲线

链传动的每一种失效形式都限定了链传动的传递功率。在特定的实验条件下，根据理论计算可求得链传动不发生失效时所能传递的额定功率 P_0。为便于应用将其绘制成额定功率曲线，如图 6.11 所示，它表明了链条型号、单排额定功率 P_0 和小链轮转速 n_1 之间的关系，是计算滚子链传动能力的依据。根据图 6.11，可由额定功率 P_0 和小链轮转速 n_1 选取链型号。特定的实验条件是指：单排链水平布置，小链轮齿数 $z_1=19$，链节数 $L_p=100$ 节，载荷平稳，按推荐的润滑方式润滑(图 6.12)，满载荷连续运转寿命为 15000h。

实际工作条件与上述条件不符时，应对图 6.11 中的额定功率 P_0 值加以修正。

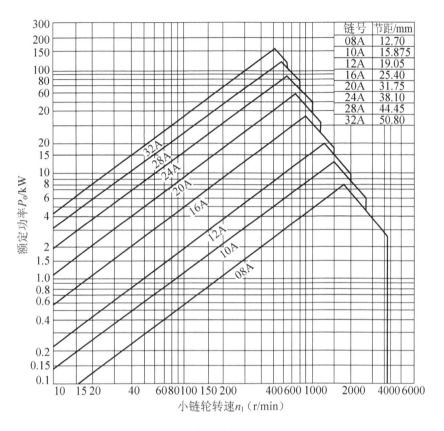

图 6.11　滚子链额定功率曲线

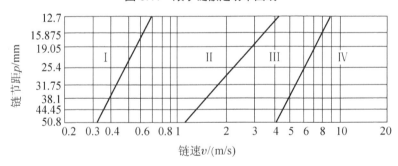

图 6.12　链传动润滑方式

Ⅰ—人工定期润滑；Ⅱ—滴油润滑；Ⅲ—油浴润滑；Ⅳ—压力喷油润滑

3．链传动的设计步骤和方法

设计链传动时一般需要的已知条件包括：需要传递的功率，主动轮转速，从动轮转速(或传动比)，传动的用途和工作情况，原动机类型，以及外廓安装尺寸等。

设计计算的内容包括：确定滚子链的型号、链节距、链节数、选择大小链轮齿数、材料、结构，绘制链轮工作图并确定传动的中心距。

链传动设计根据链速不同分为一般与低速两种情况，通常，一般($v \geqslant 0.6$m/s)的链传动按功率曲线设计计算，低速($v < 0.6$m/s)链传动按静强度设计计算。

1) 一般($v\geqslant0.6$m/s)的链传动设计方法

(1) 确定传动比 i。通常链传动比 $i\leqslant7$，推荐 $i=2\sim3.5$。当工作速度较低($v<2$m/s)，且载荷平稳、传动外廓尺寸不受限制时，允许 $i\leqslant10$。i 过大，链条在小链轮上的包角减小，啮合的轮齿数减少，从而加速链轮齿的磨损。

(2) 选择链轮齿数 z_1、z_2。链轮齿数对传动的平稳性和工作寿命影响很大。当小链轮齿数较少时，虽然可减小外廓尺寸，但会增大动载荷，传动平稳性差，磨损加快，因此要限制小链轮的最少齿数，通常取 $z_{min}\geqslant17$；小链轮齿数也不可过多，否则将使传动尺寸和质量增大。为避免跳齿和脱链现象，减小外廓尺寸和质量，对于大链轮齿数也要限制，一般应使 $z_2\leqslant120$。设计时，小链轮齿数 z_1 通常根据传动比 i 从表 6-2 中选取；大链轮齿数 $z_2=iz_1$。由于链节数常取偶数，为使磨损均匀，链轮齿数一般取为奇数。链轮齿数优选数列：17、19、21、23、25、38、57、76、95、114。

表 6-2　小链轮齿数 z_1

传动比 i	1~2	3~4	5~6	>6
z_1	31~27	25~23	21~17	17

(3) 确定链节数 L_p。

① 初定中心距 a_0。中心距小，可使链传动结构紧凑，但链条在小链轮上的包角小，与小链轮啮合的链节也少。同时，当链速一定时，链绕链轮的次数增多，即应力变化次数也增多，从而使链的寿命降低。中心距太大，则结构不紧凑，且会使链条的松边发生颤动，增加运动的不均匀性。

设计时，若结构上无特殊要求，一般可初选中心距 $a_0=(30\sim50)p$，最大可取 $a_{0max}=80p$。

② 确定链节数 L_p。L_p 按式(6-1)计算

$$L_p=\frac{2a_0}{p}+\frac{z_1+z_2}{2}+\frac{p}{a_0}\left(\frac{z_2-z_1}{2\pi}\right)^2 \tag{6-1}$$

将 L_p 圆整为整数，最好为偶数。链条总长为 $L=pL_p$。

(4) 选择链型号，确定链节距 p 及排数。为使链传动结构紧凑，传动平稳，在满足承载能力的前提下，应选用小节距的单排链；在高速、大功率时，可选取小节距的多排链；当中心距小，传动比大时，可选取小节距多排链，以使小链轮有一定的啮合齿数；当中心距大，传动比小且速度不太高时，可选用大节距单排链。

链型号可根据额定功率 P_0 和小链轮转速 n_1 从图 6.11 中选取，实际工作条件下的额定功率 P_0 可按式(6-2)计算

$$P_0=\frac{K_AP}{K_zK_LK_m} \tag{6-2}$$

式中，P 为链传动的名义功率(kW)；K_A 为工况系数，见表 6-3；K_z 为小链轮齿数系数，见表 6-4；K_L 为链长系数，见表 6-4；K_m 为多排链排数系数，见表 6-5。

表 6-3 工况系数 K_A

载荷种类	工 作 机	动力机		
		内燃机液力传动	电动机或汽轮机	内燃机机械传动
平稳载荷	液体搅拌机，中小型离心式鼓风机，离心式压缩机，轻型输送机，离心泵，均匀载荷的一般机械	1.0	1.0	1.2
中等冲击	大型或不均匀载荷的输送机，中型起重机和提升机，农业机械，食品机械，木工机械，干燥机，粉碎机	1.2	1.3	1.4
较大冲击	工程机械，矿山机械，石油钻井机械，锻压机械，冲床，剪床，重型起重机械，振动机械	1.4	1.5	1.7

表 6-4 小链轮齿数系数 K_z、链长系数 K_L

链工作点(即 n_1 与 P_0 的交点)在图 6.11 中的位置	位于功率曲线顶点左侧（链板疲劳）	位于功率曲线顶点右侧（滚子、套筒冲击疲劳）
小链轮齿数系数 K_z	$\left(\dfrac{z_1}{19}\right)^{1.08}$	$\left(\dfrac{z_1}{19}\right)^{1.5}$
链长系数 K_L	$\left(\dfrac{L_p}{100}\right)^{0.26}$	$\left(\dfrac{L_p}{100}\right)^{0.5}$

表 6-5 多排链排数系数 K_m

排数 m	1	2	3	4	5	6
排数系数 K_m	1	1.7	2.5	3.3	4.0	4.6

(5) 确定实际中心距。根据链节数 L_p 按式(6-3)计算理论中心距 a'

$$a' = \frac{p}{4}\left[\left(L_p - \frac{z_1 + z_2}{2}\right) + \sqrt{\left(L_p - \frac{z_1 + z_2}{2}\right)^2 + 8\left(\frac{z_2 - z_1}{2\pi}\right)^2}\right] \tag{6-3}$$

为保持链条松边有合适的垂度 f，实际中心距 a 要比理论中心距 a' 小 Δa，即

$$a = a' - \Delta a \tag{6-4}$$

通常 $\Delta a = (0.002 \sim 0.004)a'$，中心距可调时，取大值，否则取小值。

(6) 验算链速。链速可按式(6-5)计算

$$v = \frac{z_1 p n_1}{60 \times 1000} \tag{6-5}$$

链速过高，会增加链传动的动载荷和噪声，因此，一般将链速限制在 15m/s 以下。若超过了允许范围，应调整设计参数重新计算。

(7) 确定润滑方式。根据链节距和链速查图 6.12 确定链传动的润滑方式。

(8) 计算作用在链轮轴上的压力 F_Q。由于链传动是啮合传动，不需很大的张紧力，故作用在轴上的压力 F_Q 也较小，其值可按式(6-6)计算

$$F_Q = (1.2 \sim 1.3)\frac{1000P}{v} \tag{6-6}$$

式中，P 为链传动的名义功率(kW)；v 为链速(m/s)。

当有冲击、振动时，式中的系数取大值。

(9) 链轮结构设计。选择链轮材料，确定其结构尺寸，检验小链轮轮毂孔直径不得大于最大许用直径，其值参见有关标准。

2) 低速($v<0.6$m/s)链传动设计方法

对于链速 $v<0.6$m/s 的低速链传动，其主要失效形式是链条受静力拉断，故应进行静强度校核。静强度安全系数应满足式(6-7)要求。

$$S = \frac{F_Q m}{K_A F} \geqslant 4 \sim 8 \tag{6-7}$$

式中，F_Q 为单排链的极限拉伸载荷(N)，见表 6-1；m 为链的排数；K_A 为工况系数，见表 6-3；F 为链的工作拉力(N)，且 $F=1000P/v$(其中 P 为传递功率，单位为 kW；v 为链速，单位为 m/s)。

6.2.4 链传动的布置、张紧与润滑

1. 链传动的布置

链传动的布置应注意以下几条原则：

(1) 两链轮的回转平面应在同一铅垂平面内，以免引起脱链或非正常磨损。

(2) 两链轮中心连线与水平面的倾斜角应小于 45°，以免下链轮啮合不良，如图 6.13(a)所示；当不得已而要增大 α 角时，也应避免 α=90°，这可通过将上、下链轮适当偏置来实现，如图 6.13(b)所示。

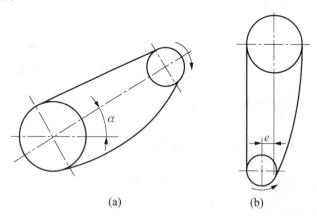

(a)   (b)

图 6.13 链传动的布置

(3) 尽量使紧边在上，松边在下，以免松边垂度过大时干扰链与轮齿的正常啮合或卡死。

2. 链传动的张紧

链条包在链轮上应松紧适度。通常用测量松边垂度 f 的办法来控制链的松紧程度，如图 6.14 所示。

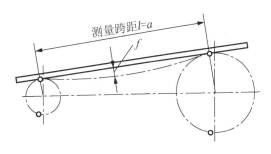

图 6.14　垂度测量

合适的松边垂度为

$$f=(0.01\sim0.02)a \tag{6-8}$$

式中，a 为中心距。

对于重载、反复起动及接近垂直的链传动，松边垂度应适当减小。

传动中，当铰链磨损使链长度增大而导致松边垂度过大时，可采取如下张紧措施：

(1) 调整中心距，使链张紧。

(2) 拆除 1～2 个链节，缩短链长，使链张紧。

(3) 加张紧轮，使链条张紧。张紧轮一般位于松边的外侧靠近小链轮处，它可以是链轮，也可以是无齿的辊轮。张紧轮的直径应与小链轮的直径相近。常见的张紧装置如图 6.15 所示。

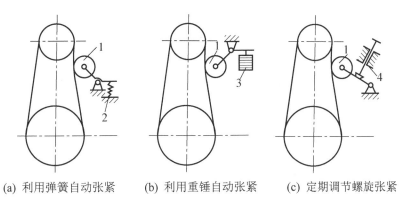

(a) 利用弹簧自动张紧　　(b) 利用重锤自动张紧　　(c) 定期调节螺旋张紧

图 6.15　链传动的张紧装置

1—张紧轮；2—弹簧；3—重锤；4—调节螺旋

3. 链传动的润滑

链传动有良好的润滑时，可以减轻磨损，延长使用寿命。表 6-6 推荐了几种不同工作条件下的润滑方式，供设计时选用。推荐采用全损耗系统用油的牌号为：L-AN46、L-AN68、L-AN100。

表6-6 套筒滚子链传动的润滑方式

润滑方式	简　图	说　明	供　油　量			
人工定期润滑	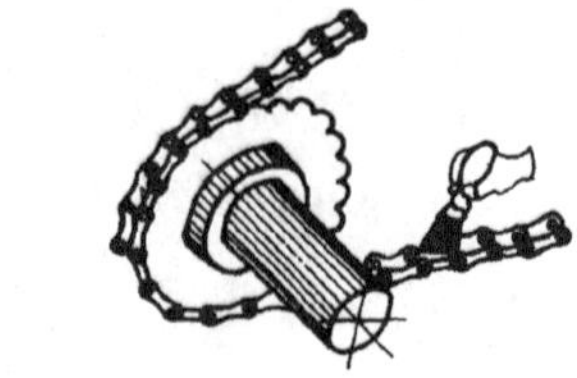	定期在链条松边的内、外链板间隙中注油。通常链速 $v<2$m/s 时用该方法	每班加油一次,保证销轴处不干燥			
滴油润滑	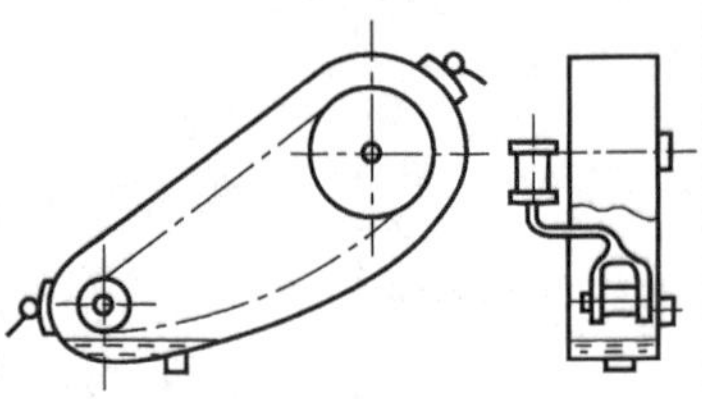	有简单外壳,用油杯通过油管向松边的内、外链板间隙处滴油。通常链速 $v=2\sim4$m/s 时用该方法	给油量为每分钟 5~20 滴(单排链),速度高时给油量应增加			
油浴润滑	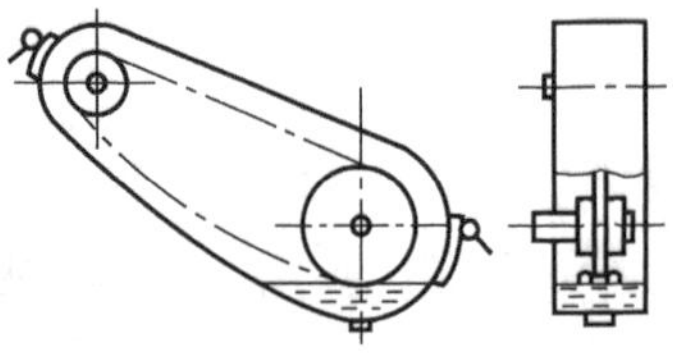	具有不漏油的外壳,链条从油池中通过	链条浸入油中深度为 8~12mm,若过深,则易因搅油损失大而发热变质			
溅油润滑	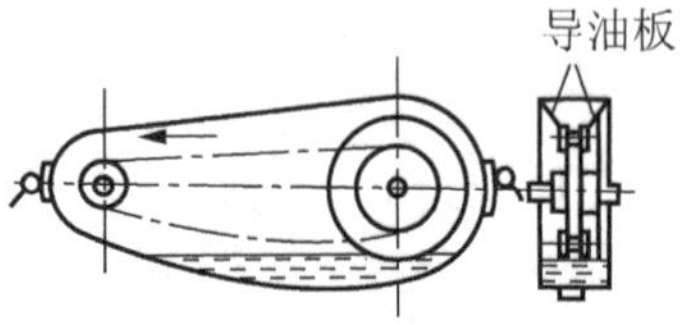	具有不漏油的外壳,甩油盘将油甩起,经壳体上的集油装置将油导流到链条上。甩油盘圆周速度大于 3m/s。当链宽超过 125 mm 时,应在链轮的两侧装甩油盘	链条不浸入油池,甩油盘浸油深度为12~15mm			

压力润滑

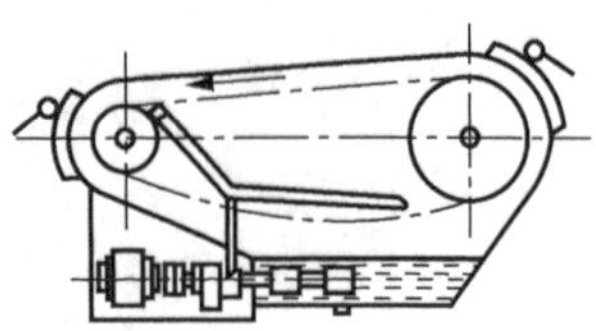

具有不漏油的外壳,液压泵供油。循环油可起冷却作用。喷油嘴设在链条啮入处,喷油嘴数应是 $m+1$ 个, m 为链条排数

每个喷油嘴的供油量/(cm^3/s)

链速 v/(m/s)	节距 p/mm			
	≤19.05	25.40~31.75	38.10~44.45	50.80
8~13	16.7	25	33.4	41.7
13~18	33.4	41.7	50	58.3
18~24	50	58.3	66.8	75

注:开式传动和不易润滑的链传动,可定期用煤油拆洗,干燥后浸入 70~80℃ 的润滑油中,使铰链间隙充油后安装使用。

6.3　任务实施

小型链式运输机传动系统的链传动具体设计步骤如下：

1) 计算传动比 i

$$i = \frac{n_1}{n_2} = \frac{950}{250} = 3.8$$

2) 选择链轮齿数 z_1、z_2

根据 $i=3.8$，查表 6-2，取 $z_1=25$，则大链轮齿数 $z_2=iz_1=3.8×25=95$。

3) 确定链节数 L_p

初定中心距 $a_0=40p$，由式(6-1)计算链节数，得

$$L_p = \frac{2a_0}{p} + \frac{z_1+z_2}{2} + \frac{p}{a_0}\left(\frac{z_2-z_1}{2\pi}\right)^2 = \frac{2×40p}{p} + \frac{25+95}{2} + \frac{p}{40p}\left(\frac{95-25}{2\pi}\right)^2 = 143.1$$

取链节数 $L_p=144$。

4) 选择链型号，确定链节距 p 及排数

为使链运动结构紧凑，传动平稳，选用单排链。

根据原动机为电动机，查表 6-3 得 $K_A=1$；设链板疲劳，由 $z_1=25$ 和 $L_p=144$ 查表 6-4 得

$K_z = \left(\frac{z_1}{19}\right)^{1.08} = \left(\frac{25}{19}\right)^{1.08} = 1.34$；$K_L = \left(\frac{L_p}{100}\right)^{0.26} = \left(\frac{144}{100}\right)^{0.26} = 1.1$；根据排数 $m=1$，查表 6-5 得

$K_m=1$。由式(6-2)计算实际工作条件下的额定功率 P_0

$$P_0 = \frac{K_A P}{K_z K_L K_m} = \frac{1×10}{1.34×1.1×1} = 6.78(kW)$$

根据额定功率 $P_0=6.78kW$ 和小链轮转速 $n_1=950r/min$，按图 6.11 选取链型号为 10A，节距 $p=15.875mm$。

5) 确定实际中心距

根据 L_p，由式(6-3)计算理论中心距 a'

$$a' = \frac{p}{4}\left[\left(L_p - \frac{z_1+z_2}{2}\right) + \sqrt{\left(L_p - \frac{z_1+z_2}{2}\right)^2 + 8\left(\frac{z_2-z_1}{2\pi}\right)^2}\right]$$

$$= \frac{15.875}{4}×\left[\left(144 - \frac{25+95}{2}\right) + \sqrt{\left(144 - \frac{25+95}{2}\right)^2 + 8\left(\frac{95-25}{2\pi}\right)^2}\right] = 690(mm)$$

中心距设计成可调，则由式(6-4)得实际中心距

$$a = a' - \Delta a = a' - 0.003a' = 690 - 0.003×690 = 688(mm)$$

6) 验算链速

由式(6-5)计算得

$$v = \frac{z_1 p n_1}{60×1000} = \frac{25×15.875×950}{60×1000} = 6.28(m/s)$$

链速 $v<15m/s$，满足要求。

7) 确定润滑方式

根据链速 v=6.28m/s 和链节距 p=15.875mm，由图 6.12 选择油浴润滑。

8) 计算作用在链轮轴上的压力 F_Q

由式(6-6)计算得

$$F_Q = 1.25 \frac{1000P}{v} = 1.25 \times \frac{1000 \times 10}{6.28} = 1990(N)$$

9) 链轮结构设计

链轮结构设计读者可自行完成。

6.4 任务评价

本任务评价考核见表 6-7。

表 6-7　任务评价考核

序号	考核项目	权重	检查标准	得分
1	链传动的类型、特点和应用	20%	(1) 了解链传动的类型； (2) 熟悉链传动的特点及应用	
2	滚子链和链轮	20%	(1) 掌握滚子链的结构及标准； (2) 了解链轮的齿形、结构与材料	
3	套筒滚子链传动的设计	40%	(1) 了解链传动的失效形式； (2) 掌握链传动的设计方法和步骤	
4	链传动的布置、张紧与润滑	20%	了解链传动的布置、张紧与润滑的常识	

习　题

6.1　链传动和带传动相比有哪些优缺点？它主要用在何种场合？

6.2　链节距 p 的大小对链传动的动载荷有何影响？

6.3　为什么链节数常取偶数而链轮齿数常取奇数？

6.4　链传动的主要失效形式有哪几种？

6.5　链传动的功率曲线是在什么条件下得到的？在实际使用中要进行哪些项目的修正？

6.6　在链传动设计中，选择链轮齿数和传动比各受哪些条件限制？

6.7　链传动的合理布置有哪些要求？

6.8　链传动为何要适当张紧？常用的张紧方法有哪些？

6.9　如何确定链传动的润滑方式？各在什么情况下采用？

6.10　用 P=5.5kW，转速 n_1=1450r/min 的电动机，通过链传动驱动一液体搅拌机，载荷平稳，传动比 i=3.2。试设计此链传动。

6.11　某带式输送机用滚子链传动，电动机经减速器驱动齿数 z_1=21 的小链轮，链速 v=3.0m/s，i=3，链节距 p=19.05，链节数 L_p=120，单排链，载荷平稳。计算该链传动能传递多大功率？

项目 5
齿轮传动设计

【知识目标】

- 齿轮传动的类型、特点及应用
- 渐开线性质及其齿廓啮合特性
- 齿轮传动的主要参数、几何尺寸计算
- 齿轮传动的工作原理及工作特性
- 齿轮的切齿原理及加工方法
- 齿轮传动的设计方法与步骤
- 齿轮传动装置的使用与维护
- 轮系传动比的计算

【能力目标】

- 熟悉齿轮传动的类型、特点及应用
- 掌握渐开线性质及齿廓啮合特性
- 了解齿轮的切齿原理及加工方法
- 掌握渐开线直齿圆柱齿轮的主要参数和几何尺寸计算
- 了解斜齿圆柱齿轮、锥齿轮传动和蜗杆传动的特点及基本参数
- 具有对各种齿轮传动进行工作分析和设计圆柱齿轮传动的能力
- 了解齿轮传动装置使用、维护等方面的知识
- 掌握轮系传动比的计算方法

【素质目标】

- 引导学生增强科技自信，培养其勇于创新的精神。
- 引导学生了解中国制造的传统印记，培养其爱岗敬业、追求极致的职业品质。
- 培养学生的社会责任感和国家使命感。

齿轮传动是机械领域中最重要、应用最广泛的一种传动，用于实现机械运动和动力的传递。

任务 7

减速器中齿轮传动的设计

7.1 任 务 导 入

齿轮是机械零件中最基础、最常见的零件，其设计与制造水平直接影响到机械产品的性能和质量。本任务将学习分析各种齿轮传动的工作情况，并能设计常用的圆柱齿轮传动。如图 7.1 所示，某带式输送机减速器采用单级直齿圆柱齿轮传动。已知传动比 i=4.6，高速轴转速 n_1=1440r/min，传递功率 P=5kW，单班制工作，单向运转，载荷平稳。试设计该齿轮传动。

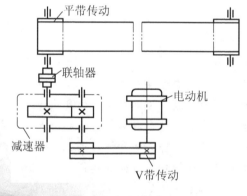

育人小课堂

詹式车钩
灵魂技术

图 7.1 带式输送机传动图

7.2 任 务 资 讯

7.2.1 齿轮传动概述

1. 齿轮传动的主要类型、特点及应用

齿轮传动与其他机械传动相比，其主要优点是：①适用的圆周速度和功率范围广，传动速度可达 300m/s，传动功率可以从一瓦到十几万千瓦；②传动比准确；③机械效率高，可达 0.95～0.99；④工作寿命长，可达几年甚至几十年；⑤齿轮传动结构紧凑，与其他传动相比，所占空间位置较小；⑥可实现平行轴、相交轴、交错轴之间的传动。其主要缺点是：①制造和安装精度要求较高，成本较高；②不适宜于远距离两轴之间的传动。

　　齿轮传动的类型可根据两齿轮轴线的相对位置、啮合方式和齿向的不同分类，如图 7.2 所示。

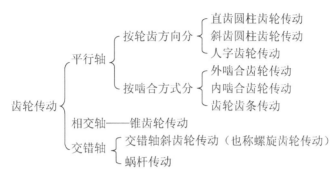

图 7.2　齿轮传动类型分类

齿轮传动的主要类型、特点和应用见表 7-1。

表 7-1　齿轮传动的类型、特点和应用

分类	名　称	示　意　图	特点和应用
平行轴齿轮传动 直齿圆柱齿轮传动	外啮合直齿圆柱齿轮传动		两齿轮转向相反。轮齿与轴线平行，工作时无轴向力； 重合度较小，传动平稳性较差，承载能力较低； 多用于速度较低的传动，尤其适用于变速箱的换挡齿轮
	内啮合直齿圆柱齿轮传动		两齿轮转向相同； 重合度大，轴间距离小，结构紧凑，效率较高 【参考视频】
	齿轮齿条传动		齿条相当于一个半径为无限大的齿轮； 用于连续转动到往复移动的运动变换

分类	名称	示意图	特点和应用
平行轴齿轮传动	斜齿圆柱齿轮传动 — 外啮合斜齿圆柱齿轮传动		两齿轮转向相反，轮齿与轴线成一夹角，工作时存在轴向力，所需支承较复杂； 重合度较大，传动较平稳，承载能力较高； 适用于速度较高、载荷较大或要求结构较紧凑的场合
平行轴齿轮传动	人字齿轮传动 — 外啮合人字齿圆柱齿轮传动	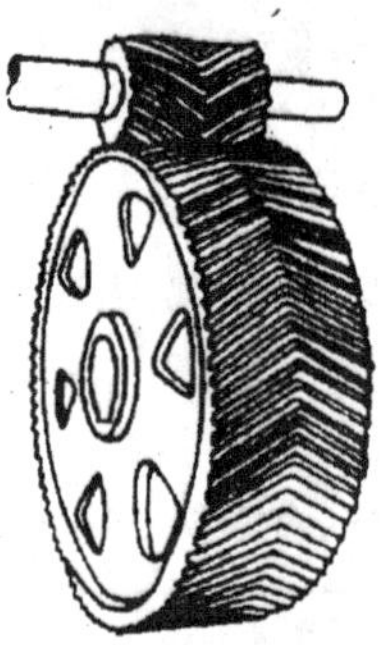	两齿轮转向相反； 承载能力高，轴向力能抵消，多用于重载传动
相交轴齿轮传动	直齿锥齿轮传动	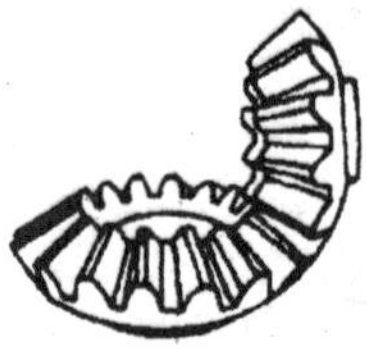	两轴线相交，轴交角为90°的应用较广； 制造和安装简便，传动平稳性较差，承载能力较低，轴向力较大； 用于速度较低(小于5m/s)，载荷小而稳定的运转
相交轴齿轮传动	曲线齿锥齿轮传动	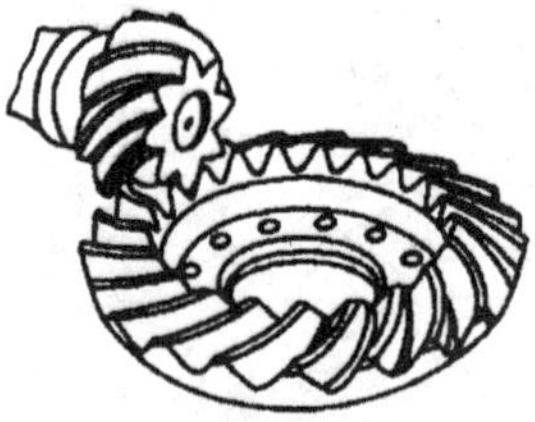	两轴线相交； 重合度大、工作平稳、承载能力高。轴向力较大且与齿轮转向有关； 用于速度较高及载荷较大的传动
交错轴齿轮传动	交错轴斜齿轮传动	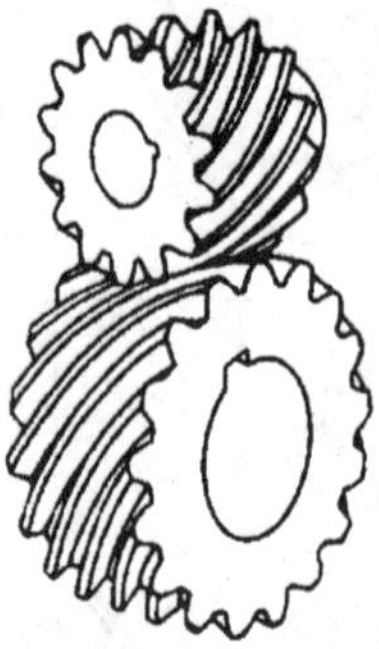	两轴线交错； 两齿轮点接触，传动效率低； 适用于载荷小、速度较低的传动

【参考视频】

【参考视频】

【参考视频】

续表

分类	名 称	示 意 图	特点和应用
交错轴齿轮传动	蜗杆传动	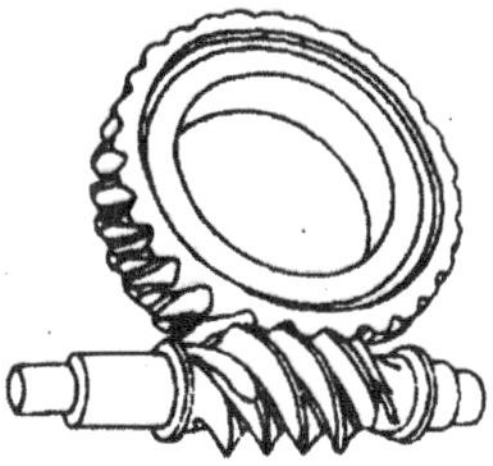	两轴线交错，一般成 90°； 传动比较大，一般 $i=10\sim80$； 结构紧凑，传动平稳，噪声和振动小； 传动效率低，易发热 【参考视频】

按防护条件，齿轮传动可分为以下两种传动形式：

(1) 开式齿轮传动。齿轮暴露在箱体之外，工作时易落入灰尘杂质，不能保证良好的润滑，轮齿容易磨损。多用于低速或不太重要的场合。

(2) 闭式齿轮传动。齿轮安装在封闭的箱体内，润滑和维护条件良好，安装精确。重要的齿轮传动都采用闭式齿轮传动。

齿轮按齿廓曲线可分为渐开线齿轮、摆线齿轮和圆弧齿轮等。其中渐开线齿轮容易制造、便于安装、互换性好，因而应用最广。

齿轮传动是靠主、从动轮的轮齿依次啮合来传递连续回转运动和动力的。因此，为了使传递的回转运动每一瞬时都保持稳定不变的速比，避免产生振动和冲击，并能够传递一定的动力(功率)，使轮齿承受一定大小的力，齿轮传动必须满足以下要求：

(1) 传动平稳、可靠，能始终保持瞬时传动比恒定，这就要求必须采用合理的齿轮轮廓曲线。能达到要求的最常用的轮廓曲线为渐开线。

(2) 有足够的承载能力。即要求齿轮尺寸小、质量轻，能传递较大的力，有较长的使用寿命。

2. 渐开线齿廓及其啮合特性

1) 渐开线的形成及性质

如图 7.3 所示，当直线 L 沿一圆周作纯滚动时，直线上任意点 A 的轨迹 AK，称为该圆的渐开线。这个圆称为渐开线的基圆，其半径用 r_b 表示。直线 NK 称为渐开线的发生线，角 θ_K 称为渐开线 AK 段的展角，r_K 称为向径。根据渐开线的形成过程，可知渐开线具有下列性质：

【参考视频】

(1) 发生线沿基圆滚过的长度等于该基圆上被滚过的圆弧长度，即 $\overline{NK}=\overparen{NA}$。

(2) 发生线 NK 是渐开线在任意点 K 的法线。由图 7.3 可知，形成渐开线时，K 点附近的渐开线可看成以 N 为圆心，以 $\overline{NK}$ 为半径的一段圆弧。因此，N 点是渐开线在 K 点的曲率中心，NK 是渐开线上 K 点的法线。又由于发生线在各个位置都与基圆相切，因此，渐开线上任一点的法线必与基圆相切。

【参考视频】

(3) 渐开线上 K 点的法线方向(作用于渐开线上 K 点的正压力 F_n 方向)与该点的速度 v_K 方向所夹的锐角 α_K，称为渐开线在 K 点的压力角，由图 7.3 可知

$$\cos\alpha_K=\frac{r_b}{r_K} \tag{7-1}$$

因基圆半径 r_b 为定值，所以渐开线齿廓上各点的压力角不相等，离中心越远(即 r_K 越大)，压力角越大，基圆上的压力角 $\alpha_b=0$。

(4) 渐开线的形状取决于基圆的大小。如图 7.4 所示，基圆越小，渐开线越弯曲；基圆越大，渐开线越平直；当基圆半径趋于无穷大时，其渐开线变成直线。齿条的齿廓就是变成直线的渐开线。

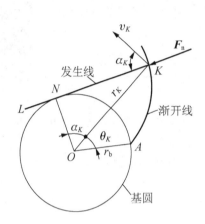

图 7.3 渐开线的形成

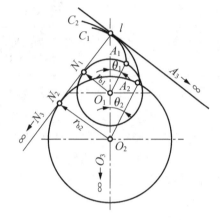

图 7.4 基圆的大小对渐开线的影响

(5) 基圆内无渐开线。

2) 渐开线齿廓的啮合特性

(1) 瞬时传动比为常数。在一对齿轮传动中，两轮转动角速度为 ω_1 和 ω_2，其角速度之比称为传动比，即 $i=\omega_1/\omega_2$。如图 7.5 所示，两齿廓在 K 点接触时，接触点 K 处的线速度分别为 v_{K1} 和 v_{K2}，为了使这对齿廓既不互相嵌入，又不发生分离，必然有线速度 v_{K1} 和 v_{K2} 在齿廓公法线 nn 方向上的分速度相等，即

$$v_{K1}\cos\alpha_{K1}=v_{K2}\cos\alpha_{K2}$$

由于 $v_{K1}=\omega_1 O_1 K$，$v_{K2}=\omega_2 O_2 K$，则传动比

$$i_{12}=\frac{\omega_1}{\omega_2}=\frac{O_2K\cos\alpha_{K2}}{O_1K\cos\alpha_{K1}}=\frac{O_2N_2}{O_1N_1}=\frac{r_{b2}}{r_{b1}}=\text{常数}$$

因此一对渐开线齿廓啮合传动时，能保证传动比恒定不变。

齿廓公法线 $nn(N_1N_2)$ 与两齿轮的连心线 O_1O_2 的交点 C 称为节点。分别以 O_1、O_2 为圆心，以 $O_1C(r_1')$、$O_2C(r_2')$ 为半径所作的两个相切的圆称为节圆。因为 $\triangle O_1CN_1 \backsim \triangle O_2CN_2$，故

$$i_{12}=\frac{\omega_1}{\omega_2}=\frac{O_2C}{O_1C}=\frac{r_2'}{r_1'}=\frac{r_{b2}}{r_{b1}}=\text{常数} \tag{7-2}$$

两轮的中心 O_1、O_2 之间的距离，称为中心距，用 a 表示，由图 7.5 可知：

$$a = r_1' + r_2' \tag{7-3}$$

(2) 渐开线齿廓具有中心距可分性。由式(7-2)可知，两渐开线齿轮的传动比等于两齿轮基圆半径的反比。渐开线齿轮加工制成后，它们的基圆半径已经确定，即使在装配和工作中，由于装配误差、轴系磨损等原因造成两齿轮中心距稍有变化，也不会改变其瞬时传动比，这种性质称为渐开线齿轮的中心距可分性。这是渐开线齿轮传动获得广泛应用的重要原因。

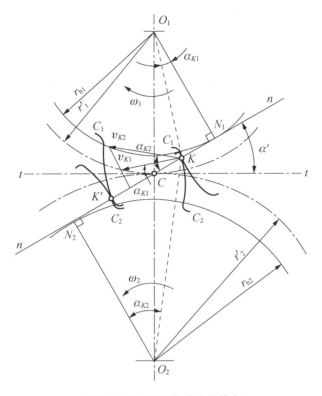

图 7.5　渐开线齿轮传动的特点

(3) 两齿廓间法向作用力方向不变。对于一对渐开线齿廓啮合传动的齿轮，同一方向的公法线是唯一确定的，不管齿轮在哪一点啮合，啮合点总是在这条公法线上，齿轮传动时其齿廓接触点的轨迹曲线称为啮合线。渐开线齿廓啮合时，由于无论在哪一点接触，过啮合点的公法线都与两基圆的内公切线 N_1N_2 重合，故渐开线齿廓的啮合线就是直线 N_1N_2。

如图 7.5 所示，过节点 C 所作的两节圆的公切线 tt 与啮合线 N_1N_2 间的夹角 α' 称为传动的啮合角。显然齿轮传动时啮合角不变，表明两齿廓间法向作用力方向不变。若传递的转矩不变，其作用力大小也保持不变，从而使齿轮和轴承受力均匀，齿轮传动平稳，并改善了轴承的工作条件，这也是渐开线齿廓传动的一大优点。

7.2.2　直齿圆柱齿轮传动

1. 渐开线标准直齿圆柱齿轮的几何尺寸计算

1) 圆柱齿轮各部分名称

渐开线标准直齿圆柱齿轮各部分的名称如图 7.6 所示。

(1) 齿顶圆：轮齿顶部所在的圆，用 d_a 或 r_a 表示其直径或半径。

(2) 齿根圆：齿槽底部所在的圆，用 d_f 或 r_f 表示其直径或半径。

(3) 基圆：形成渐开线的基础圆，其直径和半径分别用 d_b 和 r_b 表示。

(4) 分度圆：为便于齿轮几何尺寸的计算、测量所规定的一个基准圆，其直径和半径分别用 d 和 r 表示。

(5) 分度圆齿厚：轮齿在分度圆上的弧长，用 s 表示。

【参考图文】

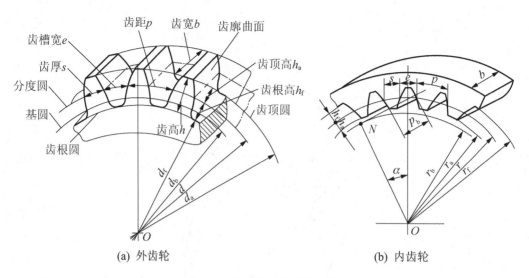

图 7.6　齿轮各部分的名称和符号

(6) 分度圆齿槽宽：齿槽在分度圆上的弧长，用 e 表示。

(7) 分度圆齿距：分度圆周上相邻两齿同侧齿廓之间的弧长，用 p 表示。显然 $p=s+e$。

(8) 齿顶高：分度圆与齿顶圆之间的径向距离，用 h_a 表示。

(9) 齿根高：分度圆与齿根圆之间的径向距离，用 h_f 表示。

(10) 全齿高：齿顶圆与齿根圆之间的径向距离，用 h 表示。

(11) 齿宽：轮齿沿齿轮轴线方向的宽度，用 b 表示。

2) 基本参数

(1) 齿数：在齿轮整个圆周上轮齿的总数，用 z 表示。它影响传动比和齿轮尺寸。

(2) 模数：分度圆作为齿轮几何尺寸计算依据的基准而引入的参数。

分度圆直径 d 与齿数 z 及齿距 p 有如下关系：

$$\pi d = zp$$

故

$$d = z\frac{p}{\pi}$$

由于 π 是无理数，为了便于计算、制造和检测，工程上称比值 $\dfrac{p}{\pi}$ 为模数，用 m 表示，即

$$m = \frac{p}{\pi} \tag{7-4}$$

所以得到分度圆直径 $d = mz$。

模数 m 是齿轮几何尺寸计算的重要参数，齿数相同的齿轮，模数越大，其尺寸越大，轮齿所能承受的载荷也越大，如图 7.7 所示。

齿轮的模数已经标准化，设计时可以查表 7-2 选择标准模数。

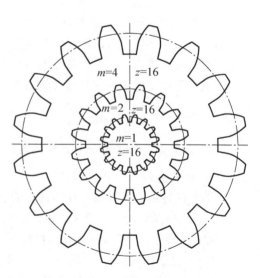

图 7.7　模数对齿轮尺寸的影响

表 7-2 渐开线圆柱齿轮模数(摘自 GB/T 1357—2008)   （单位：mm）

第一系列	1 1.25 1.5 2 2.5 3 4 5 6 8 10 12 16 20
第二系列	1.75 2.25 2.75 (3.25) 3.5 (3.75) 4.5 5.5 (6.5) 7 9 (11) 14 18

注：1. 优先采用第一系列，括号内的模数尽可能不用。

　　2. 对斜齿轮，该表所示为法面模数。

(3) 压力角 α：如前所述，在不同直径的圆周上，渐开线齿廓的压力角是不同的。为了便于设计、制造和维修，我国规定分度圆上的压力角为标准值，其值为 $\alpha = 20°$。

(4) 齿顶高系数 h_a^* 和顶隙系数 c^*：

齿顶高　　　　　　　　　　　$h_a = h_a^* m$

齿根高　　　　　　　　　　　$h_f = (h_a^* + c^*)m$

以上各式中，h_a^* 为齿顶高系数，c^* 为顶隙系数。国家标准中规定 h_a^*、c^* 的标准值为

正常齿　　　　　　　　　　　$h_a^* = 1.0$，$c^* = 0.25$

短齿　　　　　　　　　　　　$h_a^* = 0.8$，$c^* = 0.3$

一对轮齿啮合时，一个齿轮的齿顶圆到另一个齿轮的齿根圆之间的径向距离，称为顶隙，顶隙 $c = c^* m$。顶隙不仅可避免传动时轮齿相互顶撞，而且还可储存润滑油。

3) 标准直齿圆柱齿轮的几何尺寸计算

通常所说的标准齿轮是指 m、α、h_a^*、c^* 都为标准值，而且 $e = s$ 的齿轮。渐开线标准直齿圆柱齿轮的几何尺寸计算公式见表 7-3。

表 7-3 标准直齿圆柱齿轮几何尺寸计算公式

名　称	符　号	外　齿　轮	内　齿　轮
齿顶高	h_a	$h_a = h_a^* m$	$h = h_a^* m$
齿根高	h_f	$h_f = (h_a^* + c^*)m$	$h_f = (h_a^* + c^*)m$
全齿高	h	$h = h_f + h_a = (2h_a^* + c^*)m$	$h = h_f + h_a = (2h_a^* + c^*)m$
顶隙	c	$c = c^* m$	$c = c^* m$
齿距	p	$p = \pi m$	$p = \pi m$
齿厚	s	$s = p/2 = \pi m/2$	$s = p/2 = \pi m/2$
齿槽宽	e	$e = p/2 = \pi m/2$	$e = p/2 = \pi m/2$
分度圆直径	d	$d = mz$	$d = mz$
基圆直径	d_b	$d_b = d\cos\alpha$	$d_h = d\cos\alpha$
齿顶圆直径	d_a	$d_a = d + 2h_a = m(z + 2h_a^*)$	$d_a = d - 2h_a = m(z - 2h_a^*)$
齿根圆直径	d_f	$d_f = d - 2h_f = m(z - 2h_a^* - 2c^*)$	$d_f = d + 2h_f = m(z + 2h_a^* + 2c^*)$
标准中心距	a	外啮合：$a = \dfrac{1}{2}(d_2 + d_1) = \dfrac{1}{2}m(z_2 + z_1)$ 内啮合：$a = \dfrac{1}{2}(d_2 - d_1) = \dfrac{1}{2}m(z_2 - z_1)$	

【例 7.1】 一对外啮合标准直齿圆柱齿轮传动，其大齿轮已损坏，需选配。已知小齿轮齿数 $z_1 = 28$，测得齿顶圆直径为 $d_{a1} = 89.5$mm，两齿轮传动标准中心距 $a = 150$mm。试计算这

对齿轮的传动比和大齿轮的主要几何尺寸。

解：对于正常齿制标准齿轮 $h_a^*=1$、$c^*=0.25$、$\alpha=20°$。

由 $d_a=d+2h_a=m(z+2h_a^*)$，得

$$m=\frac{d_{a1}}{z_1+2h_a^*}=\frac{89.5}{28+2\times1}=2.98(\text{mm})$$

取 $m=3\text{mm}$

由 $a=\frac{1}{2}m(z_1+z_2)$，可得大齿轮齿数

$$z_2=\frac{2a}{m}-z_1=\frac{2\times150}{3}-28=72$$

因此传动比

$$i=\frac{z_2}{z_1}=\frac{72}{28}=2.57$$

大齿轮的主要几何尺寸计算如下：

分度圆直径 $d_2=mz_2=3\times72=216(\text{mm})$

齿顶圆直径 $d_{a2}=m(z_2+2h_a^*)=3\times(72+2\times1)=222(\text{mm})$

齿根圆直径 $d_{f2}=m(z_2-2h_a^*-2c^*)=3\times(72-2\times1-2\times0.25)=208.5(\text{mm})$

基圆直径 $d_b=d\cos\alpha=216\times\cos20°=202.97(\text{mm})$

齿距 $p=\pi m=3.14\times3=9.42(\text{mm})$

齿厚和齿槽宽 $s=e=p/2=9.42/2=4.71(\text{mm})$

2. 标准直齿圆柱齿轮的啮合传动

1) 齿轮传动的啮合过程

如图 7.8 所示，齿轮 1 为主动齿轮，齿轮 2 为从动齿轮，两齿轮基圆的内公切线为 N_1N_2。当两齿轮的一对齿开始啮合时，先是主动齿轮的齿根推动从动齿轮的齿顶，因而起始啮合点是从动齿轮的齿顶圆与 N_1N_2 的交点 B_2。随着啮合的进行，啮合点在 N_1N_2 线上移动，最后在主动齿轮的齿顶圆与 N_1N_2 的交点 B_1 脱离啮合。

理论啮合线：啮合点所走过的轨迹，即线段 N_1N_2。N_1、N_2 称为啮合极限点。

实际啮合线：啮合点实际所走过的轨迹，即线段 B_1B_2。

啮合线 N_1N_2 既是两齿轮基圆的内公切线，又是啮合点的公法线，也是轮齿作用力的方向线，故称为"四线合一"。

2) 一对渐开线齿轮的正确啮合条件

一对渐开线齿廓能够满足啮合的基本定律并能保证定传动比传动，但这并不说明任意两个渐开线齿轮都能搭配起来并能正确地传动。如图 7.9 所示，齿轮传动时，每一对轮齿仅啮合一段时间便要分离，而由后一对轮齿接替。为了保证每对轮齿都能正确地进入啮合，要求前一对轮齿在 K 点接触时，后一对轮齿能在啮合线上另一点 K' 正常接触。而 KK' 恰为齿轮 1 和齿轮 2 的法向齿距，即 $p_{n1}=p_{n2}$。由渐开线性质可知，法向齿距 p_n 与基圆齿距 p_b 相等，因此

$$p_{b1}=p_{b2}$$

而 $p_b=p\cos\alpha=\pi m\cos\alpha$

得到 $m_1\cos\alpha_1=m_2\cos\alpha_2$

式中，m_1、m_2、α_1、α_2 分别为两轮的模数和分度圆压力角。由于 m、α 均已标准化，所以，得到正确啮合条件为

$$\left.\begin{array}{l} m_1 = m_2 = m \\ \alpha_1 = \alpha_2 = \alpha \end{array}\right\} \tag{7-5}$$

可见直齿圆柱齿轮正确啮合的条件是：两轮的模数和压力角必须分别相等并为标准值。

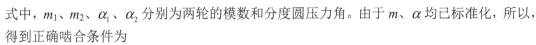
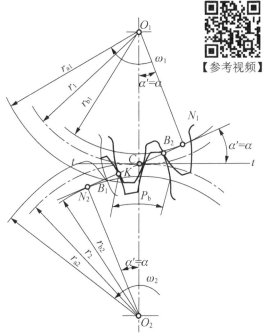
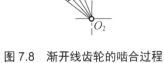
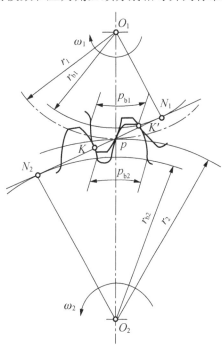

图 7.8　渐开线齿轮的啮合过程　　　　图 7.9　渐开线齿轮的正确啮合条件

3) 连续传动条件

齿轮传动是靠两齿轮的轮齿依次啮合而实现的。如图 7.9 所示，为了使齿轮连续地进行传动，必须使前一对轮齿尚未脱离啮合时，后一对轮齿就已经进入啮合。因而，应使实际啮合线段长度 B_1B_2 大于或等于 KK' 线段长度，即 B_1B_2 应大于或等于基圆齿距 p_b，即 $B_1B_2 \geqslant p_b$。因此，齿轮连续传动条件为

$$\varepsilon = \frac{B_1B_2}{p_b} \geqslant 1 \tag{7-6}$$

ε 称为重合度，ε 越大，表明齿轮同时参与啮合的轮齿对数越多，每对轮齿承受的载荷越小，齿轮传动也就越平稳，因此，ε 是衡量齿轮传动质量的指标之一。

对于标准齿轮，ε 的大小主要与齿轮的齿数有关，齿数越多，ε 越大。一般机械中常取 $\varepsilon = 1.1 \sim 1.4$，或更大。

4) 标准安装的条件

一对标准齿轮节圆与分度圆相重合的安装称为标准安装，标准安装时的中心距称为标准中心距，以 a 表示，其计算公式见表 7-3。一对齿轮标准安装时，两个齿轮的传动可以看作两个分度圆的纯滚动。在满足正确啮合的条件下，存在 $s_1 = e_2$，$e_1 = s_2$，此时，两轮可实现无侧隙啮合。

在齿轮啮合传动时，为避免冲击、振动、噪声，保证传动精度，理论上齿轮传动应为无侧隙啮合。但实际工作中，为了保证齿面润滑，避免轮齿运转发生热变形而卡死及补偿加工误差等方面的原因，在两轮的齿侧间留有一定侧隙，实际侧隙由制造公差保证，在设计计算齿轮尺寸时按无侧隙安装处理。

需要指出的是，分度圆和压力角是单个齿轮所具有的参数。节圆和啮合角是一对齿轮啮合时，才出现的几何参数，单个齿轮不存在节圆和啮合角。标准齿轮标准安装时，节圆与分度圆才重合，此时啮合角与分度圆压力角相等，即 $\alpha' = \alpha$。

【参考视频】

3. 渐开线齿轮的加工及精度选择与检验

1) 渐开线齿轮的切齿原理

齿轮的加工方法很多，有铸造、热轧、冲压、模锻和切削等。其中最常用的是切削方法，就其原理可以分为仿形法和展成法两大类。

(1) 仿形法。仿形法就是刀具的轴剖面刀刃形状和被切齿槽的形状相同。其刀具有盘状铣刀和指状铣刀等，如图 7.10 所示。

育人小课堂

青涩年华变
为多彩绽放，
精益求精铸
就青春信仰

图 7.10(a)所示为用盘形铣刀切制齿轮的情况。切削时，铣刀转动，同时毛坯沿它的轴线方向移动一个行程，这样就切出一个齿槽；然后毛坯退回原来的位置，并用分度盘将毛坯转过 $360°/z$ 再继续切削第二个齿槽，依次进行即可切削出所有轮齿。

图 7.10(b)所示为用指状铣刀切制齿轮的情况，其加工方法与盘状铣刀加工时基本相同。不过指状铣刀常用于加工模数较大($m>20$mm)的齿轮，并可用于切制人字齿轮。

由于轮齿渐开线的形状是随基圆的大小不同而不同的，而基圆的半径 $r_{\text{b}} = r\cos\alpha = \dfrac{mz}{2}\cos\alpha$，所以当 m 及 α 一定时，渐开线齿廓的形状将随齿轮齿数而变化。那么，如果想要切出完全准确的齿廓，则在加工 m 与 α 相同、而 z 不同的齿轮时，每一种齿数的齿轮就需要一把铣刀。显然，这在生产实际中是做不到的。所以，在工程上加工同样 m 与 α 的齿轮时，根据齿数不同，一般备有 8 把一套的铣刀，每把铣刀加工某一齿数范围内的齿轮(表 7-4)。每一号铣刀的齿形与其对应齿数范围中最少齿数的轮齿齿形相同。

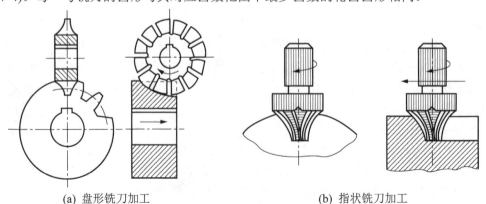

(a) 盘形铣刀加工   (b) 指状铣刀加工

图 7.10 仿形法加工齿轮

表 7-4 铣刀刀号与轮齿数对照表

刀号	1	2	3	4	5	6	7	8
轮齿数	12～13	14～16	17～20	21～25	26～34	35～54	55～134	≥135

仿形法加工齿轮方法简单，不需要专用设备(普通铣床即可)，成本低。但是其加工过程不连续，生产效率低。故该方法主要用于修配和单件小批量生产及加工精度要求不高的场合。

(2) 展成法。这种方法是加工齿轮中最常用的一种方法。它是利用一对齿轮啮合传动时，两轮的齿廓互为包络线的原理来加工的。加工时将其中一个齿轮(或齿条)变为刀具，而另一个齿轮作为轮坯，并使二者仍按原传动比进行传动。在传动过程中，切削刃在轮坯上留下连续的切削刃廓线，其切削刃所形成的包络线即为被加工的轮齿齿廓。常用的刀具有齿轮插刀、齿条插刀和齿轮滚刀。

【参考视频】

① 齿轮插刀加工。如图 7.11(a)所示，齿轮插刀的外形就像一个具有刀刃的渐开线外齿轮。插齿时，刀具与轮坯之间的相对运动主要有：齿轮插刀与轮坯以恒定的传动比作展成运动(及啮合传动)；齿轮插刀沿着轮坯的齿宽方向作往复切削运动；为了切出轮齿的高度，在切削过程中，齿轮插刀还需要向轮坯的中心移动，作径向进给运动；为了防止损伤加工好的齿面，在退刀时，轮坯还需作小距离的让刀运动。

【参考视频】

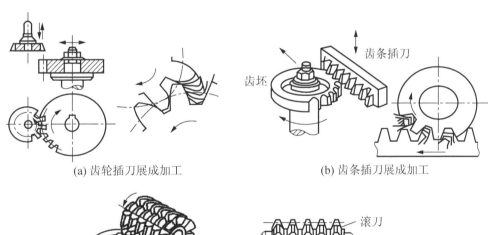

(a) 齿轮插刀展成加工　　　　　　　　(b) 齿条插刀展成加工

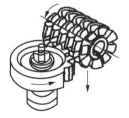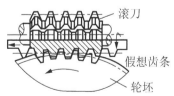

(c) 齿轮滚刀展成加工

图 7.11 展成法加工齿轮

② 齿条插刀加工。齿条插刀加工齿轮的原理与用齿轮插刀加工相同，仅仅是展成运动变为齿条与齿轮的啮合运动，如图 7.11(b)所示。

由加工过程可以看出，以上两种方法的切削都不是连续的，这样就影响了生产率的提

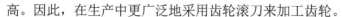

高。因此，在生产中更广泛地采用齿轮滚刀来加工齿轮。

③ 齿轮滚刀加工。如图 7.11(c)所示，滚刀形状像一个开有刀口的螺旋，且在其轴剖面(即轮坯端面)内是一齿条，其加工原理与用齿条插刀加工时基本相同。但滚刀转动时，刀刃的螺旋运动代替了齿条插刀的展成运动和切削运动。滚刀回转时，还需沿轮坯轴向方向作缓慢进给运动，以便切削一定的齿宽。加工直齿轮时，滚刀轴线与轮坯端面之间的夹角应等于滚刀的螺旋升角 γ，以使其螺旋的切线方向与轮坯径向相同。

滚刀的回转就像一个无穷长的齿条刀具在移动，所以这种加工方法是连续的，具有很高的生产率。

利用展成法加工齿轮，只要刀具和被加工齿轮的模数及压力角相同，不管被加工齿轮的齿数是多少，都可以利用一把刀具来加工，这给生产带来了很大方便，而且生产率较高，所以在大批量生产中广泛采用展成法。

2) 根切现象和不根切的最少齿数 z_{min}

(1) 根切现象。用展成法加工齿轮时，如果刀具的齿顶线超过了极限啮合点 N_1，轮齿根部的渐开线齿廓将会被刀具切去一部分，这种现象称为根切，如图 7.12(a)所示。

根切的齿轮会削弱轮齿的抗弯强度、降低传动的重合度和平稳性。所以在设计制造中应力求避免根切。

(2) 不产生根切的最少齿数 z_{min}。要避免根切，就必须使刀具的齿顶线与啮合线的交点 B_2 不超过 N_1 点。刀具模数确定后，刀具齿顶高也为一定值。由于标准齿轮在分度圆上的齿厚 s 与齿槽宽 e 相等，为此加工时刀具的分度中线必须与轮坯分度圆相切，这样，齿顶线位置也就确定下来。轮坯基圆半径越小，齿数越少，N_1 点就越接近 C，产生根切的可能性就越大。

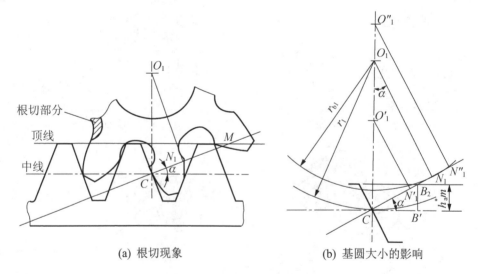

(a) 根切现象　　　　　　(b) 基圆大小的影响

图 7.12　轮齿根切及其原因

如图 7.12(b)所示，按不根切条件，应使 $CB_2 \leqslant CN_1$，即

$$\frac{h_a^* m}{\sin \alpha} \leqslant \frac{mz}{2} \sin \alpha$$

得

$$z \geqslant \frac{h_a^*}{\sin^2 \alpha}$$ (7-7)

对于渐开线标准圆柱齿轮，当 $\alpha=20°$，$h_a^*=1$(正常齿)时，$z_{min}=17$；当 $\alpha=20°$，$h_a^*=0.8$(短齿)时，$z_{min}=14$。

允许少量根切时，根据经验，正常齿制的 z_{min} 可取为 14。

(3) 变位及变位齿轮。对于齿数少于 z_{min} 的齿轮，为了避免根切，可以采用将刀具远离齿坯，使刀具顶线低于极限啮合点 N_1 的办法来切齿。这种通过改变刀具与齿坯相对位置的切齿方法称为变位。变位后切制的齿轮称为变位齿轮。变位除了可防止齿轮根切外，还可以凑齿轮的中心距、改善齿轮的强度及实现齿轮的修复等。变位齿轮的设计计算可参考有关设计手册。

【参考视频】

3) 齿轮传动的精度

齿轮在制造安装时存在一定的误差，这些误差将影响齿轮传动的工作性能、承载能力及使用寿命。所以，设计齿轮时必须根据使用要求，适当地选择齿轮传动的精度。

(1) 精度等级。

① 轮齿同侧齿面偏差的精度等级。GB/T 10095—2008 对于分度圆直径为 5～1000mm、模数(法面模数)为 0.5～70mm、齿宽为 4～1000mm 的渐开线圆柱齿轮的 11 项同侧齿面偏差，规定了 0，1，2…12 共 13 个精度等级，0 级最高，12 级最低。其中 0～2 级精度要求非常高，属于未来发展级；3～5 级精度为高精度等级；6～8 级精度为中等精度等级；9 级为较低精度等级；10～12 级精度为低精度等级。展成法粗滚、仿形铣等都属于低精度齿轮的加工方法，而较高精度(7 级以上)的齿轮需在精密机床上用精插或精滚的方法加工，对淬火齿轮需进行磨齿或研齿加工。

育人小课堂

人刀合一的加工精度

② 径向综合偏差的精度等级。GB/T 10095—2008 对于分度圆直径为 5～1000mm、模数(法面模数)为 0.2～10mm 的渐开线圆柱齿轮的径向综合偏差 F_i'' 和一齿径向综合偏差 f_i''，规定了 4，5…12 共 9 个精度等级，4 级最高，12 级最低。

③ 径向跳动的精度等级。在 GB/T 10095—2008 附录 B 中对于分度圆直径为 5～1000mm、模数(法面模数)为 0.5～70mm 的渐开线圆柱齿轮的径向跳动，推荐了 0，1，2…12 共 13 个精度等级，0 级最高，12 级最低。

(2) 齿轮精度等级的确定。齿轮精度等级的选择一般采用类比法，即根据齿轮传动的用途、使用要求和工作条件，查阅有关参考资料，参照经过实践验证的类似产品的精度进行选用。在机械传动中应用最多的齿轮既传递运动又传递动力，其精度等级与圆周速度密切相关，因此可根据计算出齿轮的最高圆周速度，参考表 7-5 确定齿轮的精度等级。

表 7-5　齿轮常用精度等级及应用范围

精度等级	圆周速度 v/(m/s)			应用举例
	直齿圆柱齿轮	斜齿圆柱齿轮	直齿锥齿轮	
6	≤15	≤30	≤9	精密机器、仪表、飞机、汽车、机床中的重要齿轮
7	≤10	≤20	≤6	一般机械中的重要齿轮；标准系列减速器；飞机、汽车、机床中的齿轮

续表

精度等级	圆周速度 v/(m/s)			应用举例
	直齿圆柱齿轮	斜齿圆柱齿轮	直齿锥齿轮	
8	≤5	≤9	≤3	一般机械中的齿轮；飞机、汽车、机床中不重要的齿轮；农业机械中的重要齿轮
9	≤3	≤6	≤2.5	工作要求不高的齿轮

(3) 齿轮精度等级在图样上的标注。齿轮工作图上，齿轮精度的标注分为三部分：精度等级、带括号的对应检验项目和所属标准号。

① 当齿轮的检验项目同为一个精度等级时，可标注精度等级和标准号。例如，齿轮的检验项目都为 8 级精度，标注为

$$8 \text{ GB/T } 10095.1 \text{ 或 } 8 \text{ GB/T } 10095.2$$

② 当齿轮的检验项目不是一个精度等级时，例如，齿廓总偏差 F_α 为 7 级，而单个齿距偏差 f_{pt}、齿距累计总偏差 F_p、螺旋线总偏差 F_β 均为 6 级时，标注为

$$7(F_\alpha) \text{、} 6(f_{pt} \text{、} F_p \text{、} F_\beta) \text{GB/T } 10095.1$$

③ 当齿轮的径向综合偏差要求为 6 级精度时，标注为

$$6(F_i'' \text{、} f_i'') \text{GB/T } 10095.2$$

齿轮各检验项目及其允许值标注在齿轮工作图右上角的参数表中。

4) 标准直齿圆柱齿轮的公法线长度

在检验齿轮的制造精度时，常需测量齿轮的公法线长度，用以控制轮齿齿侧间隙公差。如图 7.13 所示，基圆切线与齿轮某两条反向齿廓交点间的距离称为公法线长度，用 W 表示。测量公法线长度只需普通的卡尺或公法线千分尺，测量方法简便，结果准确，在齿轮加工中应用较广。W 的计算公式为

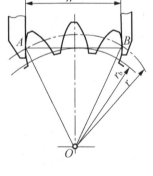

图 7.13　公法线长度

$$W = m[2.9521(k - 0.5) + 0.014z] \tag{7-8}$$

式中，m 为模数；z 为齿数；k 为跨齿数。

测量齿轮公法线长度时，尽可能使卡尺的卡脚与齿廓在分度圆附近相切，以保证测量准确。若跨齿数太多，卡尺的卡脚就会与齿廓顶部接触；若跨齿数太少，卡尺的卡脚就会与齿廓根部接触。卡脚与齿廓在分度圆附近相切时，合理的跨齿数 k 的计算公式为

$$k = \frac{z}{9} + 0.5 \approx 0.111z + 0.5 \tag{7-9}$$

计算出的 k 值必须四舍五入圆整为整数后再代入式(7-8)计算 W。W 和 k 值也可以从机械设计手册中直接查得。

对于大模数(m>10mm)的圆柱齿轮和锥齿轮，通常测定固定弦齿厚。

4. 齿轮传动的失效形式和设计准则

1) 失效形式

齿轮轮齿的失效形式主要有轮齿折断、齿面点蚀、齿面磨损、齿面胶合和齿面塑性变形等。

【参考视频】

(1) 轮齿折断。轮齿折断是指齿轮的一个或多个齿的整体或局部断裂，如图 7.14 所示，有疲劳折断和过载折断两种情况。

轮齿工作时，齿根部位产生的弯曲应力最大，再加上齿根过渡部分存在应力集中，当轮齿反复受载时，齿根部分在交变弯曲应力的作用下将产生疲劳裂纹，并逐渐扩展。当轮齿剩余断面上的应力超过齿轮的极限应力时，轮齿就会发生疲劳折断。在齿轮正常使用中，疲劳折断是轮齿折断的主要形式。

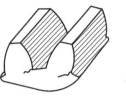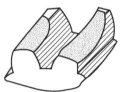

图 7.14　轮齿折断

当轮齿短时间严重过载，或经严重磨损后齿厚过薄时，由于静强度不足，也会发生轮齿折断，称为过载折断。用淬火钢或铸铁制成的齿轮，容易发生这种折断。

提高轮齿抗折断能力的措施有：增大齿根过渡圆角和降低齿根表面粗糙度值，以降低应力集中；改善材料的力学性能，在齿根处施加适当的强化措施(如喷丸)，以提高齿根强度；使轮齿芯部具有足够的韧性等。

(2) 齿面点蚀。齿面疲劳点蚀是一种齿面呈麻点状的齿面接触疲劳破坏，如图 7.15 所示。

轮齿工作时，其接触表层上产生很大的接触应力，轮齿在脉动循环变化的接触应力作用下，齿面表层会产生不规则的细微疲劳裂纹，随着应力循环次数的增加，裂纹逐渐扩展，致使齿面表层的金属微粒剥落，形成齿面麻点(或麻坑)，这种现象称为疲劳点蚀，又称点蚀。点蚀常发生在闭式传动中的软齿面(齿面硬度≤350HBW)齿轮上。对于开式齿轮传动，由于齿面磨损较快，点蚀未形成之前就已被磨掉，因而一般不会发生点蚀破坏。点蚀将引起齿轮传动冲击和振动，使传动不平稳。

为防止齿面发生疲劳点蚀，可采用提高齿面硬度，降低表面粗糙度，增大润滑油黏度，使用正变位齿轮传动等措施。

(3) 齿面磨损。齿面磨损是在齿轮啮合过程中，轮齿接触表面上的材料摩擦损耗的现象。因轮齿在啮合过程中存在相对滑动，当其工作面间进入灰尘、砂粒、金属屑等杂质时，将引起齿面磨损，如图 7.16 所示。当齿面严重磨损后，渐开线齿廓被破坏，齿侧间隙加大，引起冲击和振动。严重时会因轮齿变薄，抗弯强度降低而折断。齿面磨损是开式传动的主要失效形式。

为减轻齿面磨损，可采用闭式传动，保持良好的润滑条件和维护，提高齿面硬度，减小齿面表面粗糙度值及采用清洁的润滑油等措施。

(4) 齿面胶合。齿面胶合是一种严重的黏着磨损现象。在高速重载的齿轮传动中，齿面间的高压、高温使润滑油黏度降低，油膜破坏，两金属表面直接接触，而摩擦面瞬时产生的高热，使齿面接触区熔化并黏结在一起。当齿面相互滑动时，较软的金属表面沿滑动方向被撕下，形成沟纹，这种现象称为胶合，如图 7.17 所示。

图 7.15　齿面点蚀

图 7.16　齿面磨损

图 7.17　齿面胶合

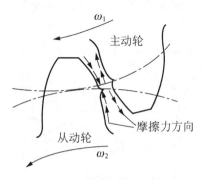

图 7.18　齿面塑性变形

提高齿面硬度和减小表面粗糙度值,限制油温,采用黏度较大或有添加剂的抗胶合润滑油等,将有利于提高轮齿齿面抗胶合的能力。

(5) 齿面塑性变形。在低速重载时,硬度较低的软齿面齿轮,由于齿面压力过大,轮齿表面材料在摩擦力作用下产生局部的金属塑性流动现象而失去原来的齿形,这种现象称为齿面塑性变形,如图 7.18 所示。

为防止轮齿产生塑性变形,可采取提高齿面硬度,选用屈服极限较高的材料,采用黏度较大的润滑油,避免频繁起动和过载等措施。

2) 设计准则

齿轮传动在不同的工作和使用条件下,有着不同的失效形式,针对不同的失效形式应分别确定相应的设计准则。由于目前对于齿面磨损、胶合等尚无可靠的计算办法,在工程实际中通常只进行齿根弯曲疲劳强度(轮齿折断)和齿面接触疲劳强度(齿面点蚀)的计算。

一般工作条件的闭式软齿面齿轮传动中(齿面硬度<350HBW),主要失效形式为齿面点蚀,故设计准则为按齿面接触疲劳强度设计,确定齿轮的主要参数和尺寸,再按齿根弯曲疲劳强度进行校核。

对于闭式硬齿面齿轮(齿面硬度>350HBW),主要失效形式是轮齿折断。故设计准则为先按齿根弯曲疲劳强度设计,确定模数和尺寸,然后按齿面接触疲劳强度进行校核。

对于开式齿轮传动,主要失效形式是齿面磨损和因磨损导致的轮齿折断。一般只按齿根弯曲疲劳强度进行设计计算,确定齿轮的模数。考虑磨损因素,将模数增大 10%~20%,无需校核齿面接触疲劳强度。

5. 齿轮的材料选择

选择齿轮材料的要求是应使齿轮的齿面具有较高的抗磨损、抗点蚀、抗胶合及抗塑性变形的能力,而齿根应有足够的抗折断能力。因此,对齿轮材料性能总的要求为齿面硬、齿芯韧,同时应具有良好的加工工艺性和热处理性能。

齿轮一般应选用具有良好力学性能的中碳钢和中碳合金钢;承受较大冲击载荷的齿轮,可选用合金渗碳钢;一些低速或中速低应力、低冲击载荷条件下工作的齿轮,可选用铸钢、灰铸铁或球墨铸铁;一些受力不大或在无润滑条件下工作的齿轮,可选用有色金属和非金属材料。

(1) 调质钢齿轮。调质钢主要用于制造对硬度和耐磨性要求不很高,对冲击韧度要求一般的中、低速和载荷不大的中、小型传动齿轮。如金属切削机床的变速箱齿轮、挂轮齿轮等,通常采用 45、40Cr、40MnB、35SiMn、45Mn2 等钢制造。一般常用的热处理工艺是经调质或正火处理后,再进行表面淬火(即硬齿面),有时经调质和正火处理后也可直接使用(软齿面)。对于精度要求高、转速快齿轮,可选用渗氮用钢(38CrMoAlA),经调质处理和渗氮处理后使用。

(2) 渗碳钢齿轮。渗碳钢主要用于制造高速、重载、冲击较大的重要齿轮,如汽车变速器齿轮、驱动桥齿轮、立式车床的重要齿轮等,通常采用 20CrMnTi、20CrMo、20Cr、18Cr2Ni4WA、20CrMnMo 等钢制造,经渗碳淬火和低温回火处理后(硬齿面),表面硬度高,耐磨性好，心部韧性好，耐冲击。为了增加齿面的残余压应力，进一步提高齿轮的疲劳强度，还可进行喷丸处理。

(3) 铸钢和铸铁齿轮。形状复杂、难以锻造成形的大型齿轮采用铸钢和铸铁等材料制造。对于工作载荷大、韧性要求较高的齿轮，如起重机齿轮等，选用 ZG270-500、ZG310-570、ZG340-640 等铸钢制造；对于耐磨性、疲劳强度要求较高，但冲击载荷较小的齿轮，如机油泵齿轮等，可选用球墨铸铁制造，如 QT500-7、QT600-3 等；对于冲击载荷很小的低精度、低速齿轮，可选用灰铸铁制造，如 HT200、HT250、HT300 等。

(4) 有色金属齿轮和塑料齿轮。仪器、仪表中的齿轮，以及某些在腐蚀介质中工作的轻载齿轮，常选用耐蚀、耐磨的有色金属制造，如黄铜、铝青铜、锡青铜、硅青铜等。塑料齿轮主要用于轻载、低速、耐蚀、无润滑或少润滑条件下，如仪表齿轮、无声齿轮，常用材料如尼龙、ABS、聚甲醛、聚碳酸酯等。

常用齿轮材料及其力学性能见表 7-6。由表可见，相同牌号的材料采用硬齿面时其许用应力值显著提高。所以条件许可时，选用硬齿面可使传动结构更紧凑。

表 7-6　常用齿轮材料及其力学性能

材料	热处理方法	强度极限 σ_b/MPa	屈服点 σ_s/MPa	齿面硬度/HBW	许用接触应力 $[\sigma_H]$/MPa	许用弯曲应力 $[\sigma_F]$[①]/MPa
HT300		300		187～255	290～347	80～105
QT600-3	正火	600		190～270	436～535	262～315
ZG310-570		580	320	163～197	270～301	171～189
ZG340-640		650	350	179～207	288～306	182～196
45		580	290	162～217	468～513	280～301
ZG340-640	调质	700	380	241～269	468～490	248～259
45		650	360	217～255	513～545	301～315
35SiMn		750	450	217～269	585～648	388～420
40Cr		700	500	241～286	612～675	399～427
45	调质后表面淬火			40～50HRC	972～1053	427～504
40Cr				48～55 HRC	1035～1098	483～518
20Cr	渗碳后淬火	650	400	56～62HRC	1350	645
20CrMnTi		1100	850	56～62HRC	1350	645

① $[\sigma_F]$ 是在轮齿单向受载的试验条件下得到的，若轮齿的工作条件为双向受载，则应将表中数值乘以 0.7。

选取齿轮的材料和热处理方法时，必须根据机器对齿轮传动的要求，本着既可靠又经济的原则来确定，应使齿轮不但有足够的承载能力和使用寿命，还要尺寸小、质量轻和成本低。一般要求的齿轮传动可采用软齿面齿轮。小齿轮的齿数少，齿根较薄，受载次数多，轮齿的磨损大，为了减小胶合的可能性，并使配对的大小齿轮寿命相当，小齿轮应比大齿轮选用较好一点的材料。在设计传递动力的齿轮时，常把小齿轮的齿面硬度选得比大齿轮高出 30～50HBW，传动比越大，硬度的差值也应越大。对于高速、重载或重要的齿轮传动，可采用硬齿面齿轮组合，齿面硬度可大致相同。

6. 标准直齿圆柱齿轮传动的强度计算

1) 齿轮受力分析

为了计算齿轮的强度，设计轴和轴承，首先应对齿轮的受力进行分析。

齿轮传动是靠轮齿间作用力传递功率的。为便于分析计算，现以节点作为计算简化点且忽略摩擦力的影响。如图 7.19 所示，齿廓间的总作用力 F_n 沿啮合线方向，F_n 称为法向力。在分度圆上 F_n 可分解成两个相互垂直的分力：指向轮心的径向力 F_r 和与分度圆相切的圆周力 F_t。

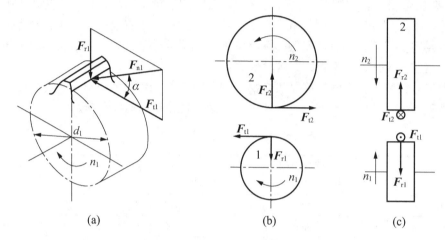

(a)   (b)   (c)

图 7.19   直齿圆柱齿轮受力分析

传动设计时，主动轮 1 传递的功率 P_1(kW)及转速 n_1(r/min)通常是已知的，为此，主动轮上的转矩 T_1(N·mm)可由式(7-10)求得：

$$T_1 = 9.55 \times 10^6 \frac{P_1}{n_1} \tag{7-10}$$

F_t、F_r 和 F_n 分别为

$$\begin{cases} F_{t1} = \dfrac{2T_1}{d_1} = -F_{t2} \\ F_{r1} = F_{t1} \tan\alpha = -F_{r2} \\ F_{n1} = \dfrac{F_t}{\cos\alpha} = \dfrac{2T_1}{d_1\cos\alpha} = -F_{n2} \end{cases} \tag{7-11}$$

式中，T_1 为主动轮上的转矩(N·mm)；d_1 为主动轮分度圆直径(mm)；α 为分度圆压力角，$\alpha=20°$。

各力的方向：F_{t1} 是主动轮上的工作阻力，故其方向与主动轮的转向相反；F_{t2} 是从动轮上的驱动力，其方向与从动轮的转向相同；F_{r1} 与 F_{r2} 指向各自的回转中心。

2) 计算载荷

上述轮齿上的法向力 F_n 是齿轮在理想的平稳工作条件下所承受的名义载荷，并且理论上是沿齿轮齿宽方向均匀分布的。实际上，由于制造、安装误差，受载后轴、轴承、轮齿的变形，原动机和工作机的不同特性等均会引起附加载荷。因此，计算齿轮强度时，要考虑这些附加载荷的影响，通常按计算载荷 F_{nc} 计算。计算载荷 F_{nc} 按下式确定

$$F_{nc} = KF_n$$

式中，K 为载荷系数，可查表 7-7 选取。

表 7-7　载荷系数 K

工 作 机 械	载 荷 特 性	原 动 机		
		电 动 机	多缸内燃机	单缸内燃机
均匀加料的运输机和加料机、轻型卷扬机、发电机、机床辅助传动	平稳、轻微冲击	1～1.2	1.2～1.6	1.6～1.8
不均匀加料的运输机和加料机、重型卷扬机、球磨机、机床主传动	中等冲击	1.2～1.6	1.6～1.8	1.8～2.1
冲床、钻床、轧床、破碎机、挖掘机	较大冲击	1.6～1.8	1.8～2.0	2.2～2.4

注：斜齿、圆周速度低、精度高、齿宽系数小、齿轮在两轴承间对称布置时取小值。直齿、圆周速度高、精度低、齿宽系数大、齿轮在两轴承间不对称布置时取大值。

3) 齿面接触疲劳强度计算

轮齿的齿面点蚀是因为接触应力过大而引起的，进行齿面接触疲劳强度计算是为了避免齿轮齿面点蚀失效。两齿轮啮合时，疲劳点蚀一般发生在节线附近，因此，应使齿面接触处所产生的最大接触应力小于或等于齿轮的许用接触应力，即 $\sigma_H \leqslant [\sigma_H]$。

经推导整理简化可得渐开线标准直齿圆柱齿轮传动的齿面接触疲劳强度计算公式为

校核公式　　　　　$\sigma_H = 3.52 Z_E \sqrt{\dfrac{KT_1(u \pm 1)}{b d_1^2 u}} \leqslant [\sigma_H]$　　　　　(7-12)

设计公式　　　　　$d_1 \geqslant \sqrt[3]{\left(\dfrac{3.52 Z_E}{[\sigma_H]}\right)^2 \dfrac{KT_1(u \pm 1)}{\psi_d u}}$　　　　　(7-13)

式中，σ_H 为齿面工作时产生的最大接触应力(MPa)；Z_E 为材料的弹性系数，查表 7-8；K 为载荷系数，查表 7-7；T_1 为小齿轮传动的转矩(N·mm)；b 为轮齿的工作宽度(mm)；d_1 为小齿轮的分度圆直径(mm)；$\pm$ 为 "+" 用于外啮合，"-" 用于内啮合；u 为齿数比，即大齿轮与小齿轮的齿数之比，$u = z_2 / z_1$；ψ_d 为齿宽系数，$\psi_d = \dfrac{b}{d_1}$；$[\sigma_H]$ 为齿轮材料的接触疲劳许用应力(MPa)，查表 7-6。

表 7-8　材料的弹性系数 Z_E

两齿轮材料	均 为 钢	钢 与 铸 铁	均 为 铸 铁
Z_E	189.8	165.4	144

应用式(7-12)和式(7-13)时应注意以下几点：

(1) 因为两轮的法向压力相同，即 $F_{n1} = F_{n2}$，所以两轮的齿面接触应力也相同，即 $\sigma_{H1} = \sigma_{H2}$。

(2) 若两轮材质硬度不同，则两轮的接触疲劳许用应力也不同，进行强度计算时应选较小值代入，一般 $[\sigma_H]_{min} = [\sigma_H]_2$。

(3) 当 d_1 保持不变，相应改变 m 和 z 时，σ_H 不变，所以齿轮的齿面接触应力 σ_H 与模

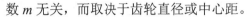

数 m 无关，而取决于齿轮直径或中心距。

4) 齿根弯曲疲劳强度计算

轮齿的疲劳折断主要与齿根弯曲应力的大小有关。为了防止轮齿根部的疲劳折断，应限制齿根弯曲应力，即 $\sigma_F \leqslant [\sigma_F]$。

在计算弯曲应力时，为简化计算并考虑安全性，假定载荷作用于齿顶，且全部载荷由一对轮齿承受，此时齿根部分产生的弯曲应力最大。经推导可得轮齿齿根弯曲疲劳强度的计算公式为

校核公式
$$\sigma_F = \frac{2KT_1}{bm^2 z_1} Y_F Y_S \leqslant [\sigma_F] \tag{7-14}$$

设计公式
$$m \geqslant \sqrt[3]{\frac{2KT_1}{\psi_d z_1^2} \frac{Y_F Y_S}{[\sigma_F]}} \tag{7-15}$$

式中，σ_F 为齿根危险截面的最大弯曲应力(MPa)；m 为模数(mm)；z_1 为主动轮齿数；Y_F 为齿形系数，当齿廓的基本参数已定时，齿形取决于齿数 z 和变位系数 x，对于标准齿轮，只决定于齿数 z，查表 7-9；Y_S 为应力修正系数，查表 7-9；$[\sigma_F]$ 为齿轮材料的弯曲疲劳许用应力(MPa)，查表 7-6。

表 7-9　标准外齿轮的齿形系数 Y_F 和应力修正系数 Y_S

z	17	18	19	20	22	25	28	30	35	40	45	50	60	80	100	$\geqslant 200$
Y_F	2.97	2.91	2.85	2.81	2.75	2.65	2.58	2.54	2.47	2.41	2.37	2.35	2.30	2.25	2.18	2.14
Y_S	1.53	1.54	1.55	1.56	1.58	1.59	1.61	1.63	1.65	1.67	1.69	1.71	1.73	1.77	1.80	1.88

应用式(7-14)和式(7-15)时应注意：

(1) 由于 m、z_1、Y_F 是反映齿形大小的几个参数，因此齿轮弯曲强度取决于轮齿的形状大小，最主要的影响参数是模数 m，而与齿轮直径无关。

(2) 在强度计算时，因两齿轮的齿数不同，故 Y_F 和 Y_S 都不相等，而且两轮材料的弯曲疲劳许用应力 $[\sigma_F]_1$、$[\sigma_F]_2$ 也不一定相等，因此必须分别校核两齿轮的齿根弯曲强度。

(3) 在设计计算时，应将两齿轮的 $\dfrac{Y_F Y_S}{[\sigma_F]}$ 值进行比较，取其中较大者代入式(7-15)中，计算所得模数应圆整成标准值。

7.2.3　平行轴斜齿圆柱齿轮传动

1. 斜齿圆柱齿轮齿廓曲面的形成和啮合特点

【参考视频】

如图 7.20(a)所示，直齿圆柱齿轮齿廓曲面是发生面 S 在基圆柱上作纯滚动，S 平面上与基圆母线 NN' 平行的 KK' 直线，在空间形成的渐开线柱面 $AKK'A'$[图 7.20(a)]。当一对直齿圆柱齿轮啮合时，轮齿的接触线是与轴线平行的直线，如图 7.20(b)所示。轮齿沿整个齿宽突然同时进入啮合和退出啮合，载荷沿齿宽也是突然加上及卸下，所以易引起冲击、振动和噪声，传动平稳性差。

斜齿圆柱齿轮齿廓曲面形成方法与直齿轮相同，只是 S 平面上的直线 KK' 与母线 NN' 成 β_b 角(基圆螺旋角)。斜直线 KK' 在空间形成渐开线螺旋面 $AKK'A'$ [图 7.21(a)]。由斜齿轮

【参考视频】

齿面的形成原理可知，在端平面上，斜齿轮与直齿轮一样具有准确的渐开线齿形。如图7.21(b)所示，斜齿轮啮合时，齿面接触线与齿轮轴线相倾斜，逐渐进入啮合及退出啮合。接触线的长度由零逐渐增加，又逐渐缩短，直至脱离接触，载荷沿齿宽也是逐渐加上及卸下，因此其传动平稳性好，承载能力强，重合度大，噪声和冲击小，适用于高速和大功率场合。

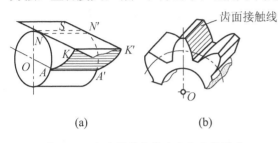

图 7.20　直齿圆柱齿轮齿廓曲面的形成

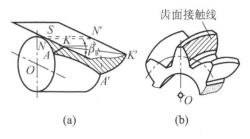

图 7.21　斜齿圆柱齿轮齿廓曲面的形成

斜齿轮传动的缺点是有轴向力 F_a。F_a 使轴承支承结构较为复杂。为此可改用人字形齿轮，使轴向力相互平衡，但人字形齿轮制造困难且精度较低，主要用于低速重型机械。

2. 斜齿圆柱齿轮的基本参数和几何尺寸计算

1) 螺旋角 β

将斜齿圆柱齿轮分度圆柱面展成平面(图7.22)，图中阴影部分表示分度圆齿厚，空白处表示齿槽宽。轮齿的齿向线与轴线所夹的锐角 β，称为分度圆螺旋角。为了防止轴向力过大，一般 $\beta=8°\sim20°$。螺旋角 β 越大，轮齿越倾斜，则传动的平稳性越好，但轴向力也越大，采用人字形齿轮可使轴向力相互抵消一部分，如图7.23所示。

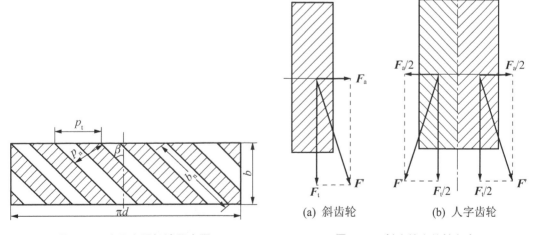

图 7.22　法面齿距与端面齿距

图 7.23　斜齿轮上的轴向力

斜齿轮按其齿廓渐开螺旋面的旋向，可以分为左旋和右旋两种，如图7.24所示。

2) 端面参数和法面参数

垂直于斜齿轮轴线的平面称为斜齿轮的端面，垂直于齿廓螺旋面方向的平面称为斜齿轮的法面。铣削斜齿轮时，用的是加工直齿轮的刀具，而且刀具的进刀方向是垂直于轮齿

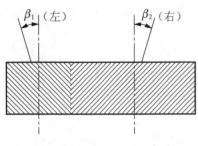

β_1（左） β_2（右）

图 7.24 斜齿轮轮齿的旋向

法面的，因此斜齿轮的法面参数与刀具参数相同。所以规定，斜齿轮的法面参数 m_n、α_n、h_{an}^*、c_n^* 为标准值，且与直齿圆柱齿轮的参数标准值相同。但斜齿轮的直径和传动中心距等几何尺寸计算是在端面内进行的，因此必须掌握法面参数与端面参数之间的换算关系。

(1) 法面模数 m_n 和端面模数 m_t。如图 7.22 所示，p_n 为法面齿距，p_t 为端面齿距，由图中几何关系可得

$$p_n = p_t \cos\beta$$

因为 $p = \pi m$，所以 m_n 和 m_t 的关系为

$$m_n = m_t \cos\beta \tag{7-16}$$

其中，m_n 按表 7-2 选取。

(2) 法面压力角 α_n 和端面压力角 α_t。法面压力角 α_n 与端面压力角 α_t 的关系为

$$\tan\alpha_n = \tan\alpha_t \cos\beta \tag{7-17}$$

其中，$\alpha_n = 20°$

(3) 齿顶高系数和顶隙系数。斜齿圆柱齿轮在端面和法面上的齿高是相等的，即 $h_{an}^* m_n = h_{at}^* m_t$，$c_n^* m_n = c_t^* m_t$。将式(7-16)代入可得

$$h_{at}^* = h_{an}^* \cos\beta , \quad c_t^* = c_n^* \cos\beta \tag{7-18}$$

3) 几何尺寸计算

标准斜齿圆柱齿轮几何尺寸计算公式见表 7-10。

表 7-10 标准斜齿圆柱齿轮几何尺寸计算公式

名　称		符号	计　算　公　式
基本参数	模数	m_n	根据强度条件计算，并取标准值
	齿数	z	由传动比和 $z \geq z_{min}$ 选定
	分度圆压力角	α_n	$\alpha_n = 20°$
	螺旋角	β	一般取 $8° \sim 20°$
几何尺寸	齿顶高	h_a	$h_a = h_{an}^* m_n$
	齿根高	h_f	$h_f = (h_{an}^* + c_n^*) m_n$
	全齿高	h	$h = (2h_{an}^* + c_n^*) m_n$
	分度圆直径	d	$d = m_t z = (m_n/\cos\beta) z$
	齿顶圆直径	d_a	$d_a = d + 2h_a = m_n(z/\cos\beta + 2h_{an}^*)$
	齿根圆直径	d_f	$d_f = d - 2h_f = m_n(z/\cos\beta - 2h_{an}^* - 2c_n^*)$
	基圆直径	d_b	$d_b = d\cos\alpha_t$
啮合传动	顶隙	c	$c = c_n^* m$
	中心距	a	$a = m_n(z_1 + z_2)/(2\cos\beta)$

斜齿轮的中心距与螺旋角 β 有关。当一对斜齿轮的模数、齿数一定时，可以通过在一定范围内调整螺旋角 β 的大小来配凑中心距，这也是斜齿轮的优点。

3. 斜齿圆柱齿轮的啮合传动

1) 正确啮合条件

一对外啮合斜齿圆柱齿轮传动的正确啮合条件为：两齿轮的法面模数相等；两齿轮的

法面压力角相等；两斜齿轮的螺旋角大小相等，方向相反，即

$$\begin{cases} m_{n1} = m_{n2} = m_n \\ \alpha_{n1} = \alpha_{n2} = \alpha_n \\ \beta_1 = -\beta_2 (内啮合 \beta_1 = \beta_2) \end{cases} \tag{7-19}$$

2) 重合度

由平行轴斜齿轮一对齿啮合过程的特点可知，在计算斜齿轮重合度时，还必须考虑螺旋角 β 的影响。图 7.25 所示为两个端面参数(齿数、模数、压力角、齿顶高系数及顶隙系数)完全相同的标准直齿轮和标准斜齿轮的分度圆柱面(即节圆柱面)展开图。由于直齿轮接触线为与齿宽相当的直线，从 B 点开始啮入，从 B' 点啮出，工作区长度为 BB'；斜齿轮接触线，由点 A 啮入，接触线逐渐增大，至 A' 啮出，比直齿轮多转过一个弧 $f = b\tan\beta$，因此平行轴斜齿轮传动的重合度为端面重合度和纵向重合度之和。平行轴斜齿轮的重合度随螺旋角 β 和齿宽 b 的增大而增大，其值可以达到很大。工程设计中常根据齿数和 $(z_1 + z_2)$ 及螺旋角 β 查表求重合度。

4. 斜齿圆柱齿轮的当量齿数

用刀具加工斜齿轮时，盘状铣刀是沿着齿向进刀的。这样加工出来的斜齿，其法向模数，法向压力角与刀具的模数和压力角相同，所以必须按照与斜齿轮法面齿形相当的直齿轮的齿数来选择铣刀。

图 7.26 所示为斜齿轮的分度圆柱，过任一齿厚中点 C 作垂直于螺旋线的法面，与分度圆柱的截交面是一椭圆。只有 C 点处的法向齿形与刀具参数最接近，以椭圆上 C 点的曲率半径 ρ 为分度圆半径作一直齿圆柱齿轮，这个假想的直齿圆柱齿轮称为该斜齿轮的当量齿轮，其齿形近似于法向齿形，其齿数为当量齿数 z_v。z_v 是选择成形刀具的依据。

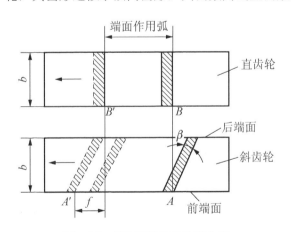

图 7.25   斜齿圆柱齿轮的重合度

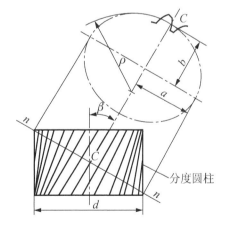

图 7.26   斜齿圆柱齿轮的当量齿轮

当量齿数的计算公式为

$$z_v = \frac{z}{\cos^3 \beta} \tag{7-20}$$

因为 $\cos\beta < 1$，所以 $z_v > z$。z_v 不一定是整数，也不必圆整，只要按照这个数值选取刀号即可。

由直齿轮当量齿轮不产生根切的最少齿数 z_{vmin}，可得斜齿轮不根切的最少齿数 $z_{min}= z_{vmin}\cos^3\beta=17\cos^3\beta<17$(正常齿制)。

当量齿数除可用于选择铣刀的刀号以外，还用于斜齿轮弯曲强度计算、斜齿轮变位系数选择和齿厚测量计算等。

5. 斜齿圆柱齿轮的强度计算

1) 受力分析

图 7.27(a)为斜齿圆柱齿轮传动中主动轮的受力情况。当轮齿上作用转矩 T_1 时，若不计摩擦力，作用在轮齿上法向力 F_n(垂直于齿廓)可分解为互相垂直的三个分力：圆周力 F_t、径向力 F_r 和轴向力 F_a。各个分力的大小为

$$\begin{cases} F_t = \dfrac{2T_1}{d_1} \\[2mm] F_r = \dfrac{F_t\tan\alpha_n}{\cos\beta} \\[2mm] F_a = F_t\tan\beta \end{cases} \tag{7-21}$$

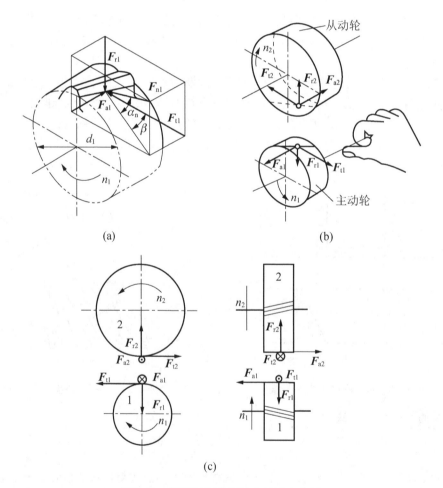

(a)　　　　　　　　　　(b)

(c)

图 7.27　平行轴斜齿圆柱齿轮受力分析

圆周力和径向力方向的判定方法与直齿圆柱齿轮相同。主动轮上的轴向力方向可根据"主动轮左、右手螺旋法则"判定：左旋用左手，右旋用右手，环握齿轮轴线，如图 7.27(b) 所示，弯曲的四指顺着齿轮的转向，拇指的指向即为轴向力的方向。从动轮上的轴向力方向与主动轮的轴向力方向相反。

作用在从动轮和主动轮上的各对力为作用力和反作用力的关系，如图 7.27(c)所示。

2）强度计算

斜齿圆柱齿轮传动的强度计算方法与直齿圆柱齿轮相似。但由于斜齿轮的重合度大，齿面接触线是倾斜的，故其接触应力和弯曲应力都比直齿轮有所降低。其强度计算公式如下：

(1) 齿面接触疲劳强度。

校核公式
$$\sigma_H = 3.17 Z_E \sqrt{\frac{KT_1(u \pm 1)}{bd_1^2 u}} \leqslant [\sigma_H] \tag{7-22}$$

设计公式
$$d_1 \geqslant \sqrt[3]{\left(\frac{3.17 Z_E}{[\sigma_H]}\right)^2 \frac{KT_1(u \pm 1)}{\psi_d u}} \tag{7-23}$$

(2) 齿根弯曲疲劳强度。

校核公式
$$\sigma_F = \frac{1.6 KT_1 \cos\beta}{bm_n^2 z_1} Y_F Y_S \leqslant [\sigma_F] \tag{7-24}$$

设计公式
$$m_n \geqslant \sqrt[3]{\frac{1.6 KT_1 \cos^2\beta}{\psi_d z_1^2} \frac{Y_F Y_S}{[\sigma_F]}} \tag{7-25}$$

式中，m_n 为法面模数(mm)，计算得的法面模数 m_n 按表 7-2 取标准值；Y_F、Y_S 为齿形系数、应力修正系数，应按斜齿轮的当量齿数 z_v 由表 7-9 选取。

其他参数的含义、单位及选取方法与直齿圆柱齿轮传动相同。

【例 7.2】 某企业原有一对直齿圆柱齿轮机构，已知：$z_1=20$，$z_2=40$，$m=4$mm，$\alpha=20°$，$h_a^*=1$。为了提高齿轮的平稳性，现要求在传动比和模数都不变的条件下，将标准直齿圆柱齿轮机构改换成标准斜齿圆柱齿轮机构。试求这对斜齿轮的齿数 z_1、z_2 和螺旋角 β。

解：传动比 $i = \dfrac{z_2}{z_1} = \dfrac{40}{20} = 2$

中心距
$$a = \frac{m(z_1+z_2)}{2} = \frac{4\times(20+40)}{2} = 120(\text{mm})$$

由
$$a = \frac{m_n(z_1+z_2)}{2\cos\beta}$$

得
$$\cos\beta = \frac{m_n(z_1+z_2)}{2a} = \frac{m_n z_1(1+i)}{2a} = \frac{4\times(1+2)z_1}{2\times120} = \frac{z_1}{20}$$

因为 $\cos\beta<1$，所以 z_1 只能取小于 20 的数。用试算法：

若取 $z_1=18$，则 $\cos\beta = \dfrac{18}{20} = 0.9$，$\beta=25°50'31''$

若取 $z_1=19$，则 $\cos\beta = \dfrac{19}{20} = 0.95$，$\beta=18°11'42''$

一般要求 β 应在 $8°\sim20°$ 范围内，可取 $z_1 =19$，则

$$z_2= 2z_1 = 38,\quad \beta=18°11'42''$$

β 在 $8°\sim20°$ 范围内，合适。

7.2.4　直齿锥齿轮传动

1. 锥齿轮传动的特点及应用

在很多情况下，需要将传动改变方向，特别是相互垂直动力的传递和转速的变化，这就需要利用两轴线相交的锥齿轮传动来实现。如图 7.28 所示，锥齿轮传动可以看成两个锥顶共点的圆锥体相互作纯滚动。锥齿轮的轮齿均匀分布在一个截锥体上，从大端到小端逐渐收缩，其轮齿有直齿、曲齿多种形式。直齿锥齿轮易于制造，适用于低速、轻载传动。曲齿锥齿轮传动平稳，承载能力高，常用于高速重载传动，如汽车、坦克和飞机中的锥齿轮机构，但其设计和制造复杂。这里只讨论直齿锥齿轮传动。

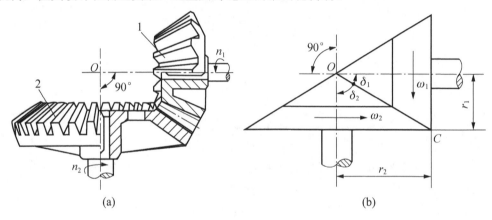

图 7.28　锥齿轮传动

由于锥齿轮的轮齿分布在截锥体上，因而圆柱齿轮中各有关的圆柱，在锥齿轮中均变成圆锥，如分度圆锥、齿顶圆锥、齿根圆锥和基圆锥。一对锥齿轮轴间的夹角 Σ 可根据机构的传动要求来决定，一般机械中多采用轴间夹角 $\Sigma=90°$ 的传动。

2. 直齿锥齿轮的基本参数和几何尺寸

1) 基本参数

为了制造和测量的方便，直齿锥齿轮规定以大端参数为标准值。基本参数有大端模数 m、压力角 $\alpha=20°$、分度圆锥角 δ [图 7.28(b)]、齿顶高系数 $h_a^*=1$、顶隙系数 $c^*=0.2$、齿数 z。

在图 7.28(b)所示两轴相互垂直的锥齿轮机构中，δ_1、δ_2 分别为两轮的分度圆锥角，r_1、r_2 分别为两轮大端分度圆半径，由几何关系可知其传动比为

$$i = \frac{\omega_1}{\omega_2} = \frac{z_2}{z_1} = \frac{d_2}{d_1} = \frac{r_2}{r_1} = \frac{\sin\delta_2}{\sin\delta_1} = \tan\delta_2 = \cot\delta_1 \tag{7-26}$$

一对直齿锥齿轮的正确啮合条件应为：两轮大端模数和压力角分别相等，即

$$\left.\begin{array}{l} m_1 = m_1 = m \\ \alpha_1 = \alpha_1 = \alpha \end{array}\right\} \tag{7-27}$$

2) 几何尺寸计算

图 7.29 所示为 $\Sigma=90°$ 的标准直齿锥齿轮传动,其各部分几何尺寸计算公式列于表 7-11 中。

为了便于锥齿轮的加工及保证齿轮小端轮齿有足够的刚度,锥齿轮的齿宽 b 不大于 $0.35R$。齿宽系数 $\psi_R=b/R$, 常取 $\psi_R=0.25\sim0.3$。

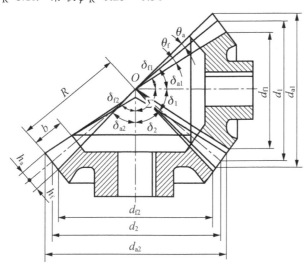

图 7.29　直齿锥齿轮的几何尺寸

表 7-11　标准直齿锥齿轮几何尺寸计算公式($\Sigma=90°$)

名称	代号	小齿轮	大齿轮	名称	代号	小齿轮	大齿轮
分锥角	δ	$\tan\delta_1=z_1/z_2$	$\delta_2=90°-\delta_1$	齿宽	b	$b\leqslant R/3$	
齿顶高	h_a	$h_a=h_a^* m=m$		齿根角	θ_f	$\tan\theta_f=h_f/R$	
齿根高	h_f	$h_f=(h_a^*+c^*)m=1.2m$		齿顶角	θ_a	$\theta_a=\theta_f$	
全齿高	h	$h=h_a+h_f=2.2m$		顶锥角	δ_a	$\delta_{a1}=\delta_1+\theta_f$	$\delta_{a2}=\delta_2+\theta_f$
分度圆直径	d	$d_1=mz_1$	$d_2=mz_2$	根锥角	δ_f	$\delta_{f1}=\delta_1-\theta_f$	$\delta_{f2}=\delta_2-\theta_f$
齿顶圆直径	d_a	$d_{a1}=d_1+2h_a\cos\delta_1$	$d_{a2}=d_2+2h_a\cos\delta_2$	顶隙	c	$c=c^* m=0.2m$	
齿根圆直径	d_f	$d_{f1}=d_1-2h_f\cos\delta_1$	$d_{f2}=d_2-2h_f\cos\delta_2$	分度圆齿厚	s	$s=\pi m/2$	
锥距	R	$R=\dfrac{m}{2}\sqrt{z_1^2+z_2^2}$					

3. 直齿锥齿轮的当量齿数

如图 7.30 所示,锥齿轮大端齿廓所在的圆锥面 O_1EE 称为背锥,背锥母线与以 O 为锥顶的分度圆锥面 OEE 的母线垂直相交。如将锥齿轮的背锥面展开成平面,得一扇形齿轮。如果以扇形齿轮的半径为分度圆半径将齿轮补充完整,则得一模数和压力角均与锥轮大端模数和压力角相同的直齿圆柱齿轮,其端面齿形与锥齿轮的大端齿形相当,故这一假想的直齿圆柱齿轮称为锥齿轮的当量齿轮,其齿数称为当量齿数,用 z_v 表示。

$$z_v = \frac{z}{\cos\delta} \tag{7-28}$$

用成形铣刀加工直齿圆锥齿轮时，铣刀的参数应与大端参数相同，铣刀的刀号应根据当量齿数 z_v 选取。标准直齿锥齿轮不发生根切的最少齿数也可通过当量齿数来计算，即

$$z_{\min} = z_v \cos\delta \tag{7-29}$$

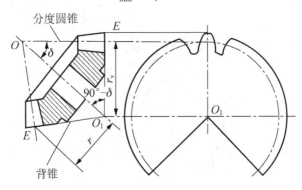

图 7.30　锥齿轮的当量齿轮

4. 直齿锥齿轮传动的强度计算

1) 受力分析

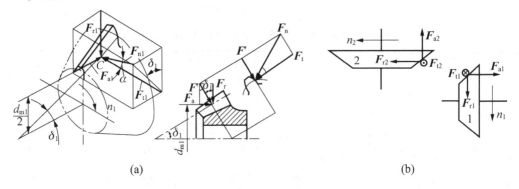

(a)　　　　　　　　　　　　　　　(b)

图 7.31　锥齿轮传动受力分析

如图 7.31 所示为直齿锥齿轮的受力情况，当轮齿上作用转矩 T_1 时，略去摩擦力，法向力 F_n 为作用在平均分度圆上的空间力，可分解为三个相互垂直的正交分力：圆周力、径向力和轴向力。各力计算公式为

$$\left. \begin{array}{l} F_{t1} = \dfrac{2T_1}{d_{m1}} = -F_{t2} \\[2mm] F_{r1} = F_{t1}\tan\alpha\cos\delta_1 = -F_{a2} \\[2mm] F_{a1} = F_{t1}\tan\alpha\sin\delta_1 = -F_{r2} \end{array} \right\} \tag{7-30}$$

式中，d_{m1} 为小齿轮的平均分度圆直径，$d_{m1}=(1-0.5\psi_R)d_1$。

各力的方向：圆周力 F_t 与径向力 F_r 的判断与圆柱齿轮相同。轴向力 F_a 的方向，在主、从动轮上均为由小端指向大端。

2) 强度计算

直齿锥齿轮的强度可按齿宽中点处当量直齿圆柱齿轮强度计算的方法进行。当轴交角

$\varSigma$=90° 时，其强度计算公式如下：

(1) 齿面接触疲劳强度。

校核公式
$$\sigma_{\mathrm{H}} = \frac{5Z_{\mathrm{E}}}{1-0.5\psi_{\mathrm{R}}}\sqrt{\frac{KT_1}{\psi_{\mathrm{R}}d_1^3 u}} \leqslant [\sigma_{\mathrm{H}}] \qquad (7\text{-}31)$$

设计公式
$$d_1 \geqslant \sqrt[3]{\left[\frac{5Z_{\mathrm{E}}}{(1-0.5\psi_{\mathrm{R}})[\sigma_{\mathrm{H}}]}\right]^2 \frac{KT_1}{\psi_{\mathrm{R}}u}} \qquad (7\text{-}32)$$

(2) 齿根弯曲疲劳强度。

校核公式
$$\sigma_{\mathrm{F}} = \frac{4KT_1}{\psi_{\mathrm{R}}(1-0.5\psi_{\mathrm{R}})^2 m^3 z_1^2 \sqrt{u^2+1}} Y_{\mathrm{F}} Y_{\mathrm{S}} \leqslant [\sigma_{\mathrm{F}}] \qquad (7\text{-}33)$$

设计公式
$$m \geqslant \sqrt[3]{\frac{4KT_1}{\psi_{\mathrm{R}}(1-0.5\psi_{\mathrm{R}})^2 z_1^2 \sqrt{u^2+1}} \frac{Y_{\mathrm{F}} Y_{\mathrm{S}}}{[\sigma_{\mathrm{F}}]}} \qquad (7\text{-}34)$$

式中，ψ_{R} 为齿宽系数；m 为大端模数(mm)；Y_{F}、Y_{S} 为齿形系数、应力修正系数，按锥齿轮的当量齿数 z_{v} 由表 7-9 选取。

其他参数的含义、单位及选取方法与直齿圆柱齿轮传动相同。

7.2.5　齿轮传动的设计方法与步骤

在齿轮传动设计中，需同时满足齿面接触疲劳强度和齿根弯曲疲劳强度两项准则，同时在设计中应完成齿轮的传动比、齿数、模数、齿宽系数等一系列参数的选择及结构设计。

1. 齿轮传动主要参数的选择

(1) 传动比 i。一对齿轮的传动比不宜选得过大，否则不仅大齿轮直径太大，而且整个齿轮传动的外廓尺寸也会增大。一般对于直齿圆柱齿轮传动，传动比 $i \leqslant 5$；对于斜齿圆柱齿轮传动，$i \leqslant 6 \sim 7$；对于开式齿轮传动或手动齿轮传动，i 可以取到 $8 \sim 12$。若传动比 i 过大时应采用分级传动。如果总传动比 $i = 8 \sim 40$，可分成二级传动；如果总传动比 $i > 40$，可分为三级或三级以上传动。

(2) 齿数 z。对闭式传动中的软齿面齿轮，一般是先按齿面接触疲劳强度计算出齿轮的分度圆直径，再确定齿数和模数。当齿轮分度圆直径一定时，齿数多，模数就小，齿数越多，重合度越大，传动越平稳，但模数小会使轮齿的弯曲强度降低。因此，设计时在保证弯曲强度的条件下，尽量选取较多的齿数。

对于闭式软齿面齿轮传动，常取 $z_1 > 20 \sim 40$。闭式软齿面齿轮载荷变动不大时，宜取较大值，以使传动平稳。在闭式硬齿面齿轮和开式齿轮传动中，其承载能力主要由齿根弯曲疲劳强度决定。为使轮齿不致过小，应适当减少齿数以保证有较大的模数，通常取 $z_1 = 17 \sim 20$。

大、小齿轮齿数选择应符合传动比 i 的要求。齿数取整可能会影响传动比数值，误差一般控制在 5% 以内。

大齿轮齿数为小齿轮齿数的倍数，磨合性能好。而对于重要的传动或重载高速传动，大、小齿轮齿数互为质数，这样轮齿磨损均匀，有利于提高寿命。

(3) 模数 m。传递动力的齿轮，其模数应大于 $1.5 \sim 2$mm。普通减速器、机床及汽车变速器中的齿轮模数一般在 $2 \sim 8$mm。

齿轮模数必须取标准值。为加工测量方便，一个传动系统中，齿轮模数的种类应尽量少。

（4）齿宽系数 ψ_d。齿宽系数 ψ_d 的大小表示齿宽 b 的相对值，$\psi_d = b/d_1$。当 d_1 一定时，增大齿宽系数必然增大齿宽，可提高齿轮的承载能力；但齿宽越大，载荷沿齿宽的分布越不均匀，极易造成偏载而降低传动能力，因此应合理选择 ψ_d。ψ_d 的选择可参见表 7-12。

表 7-12　齿宽系数 ψ_d

齿轮相对于轴承的位置	齿 面 硬 度	
	软齿面（≤350HBW）	硬齿面（>350HBW）
对称布置	0.8～1.4	0.4～0.9
不对称布置	0.6～1.2	0.3～0.6
悬臂布置	0.3～0.4	0.2～0.25

在一般精度的圆柱齿轮减速器中，为防止两轮因装配后轴向错位减小啮合宽度，应使小齿轮比大齿轮略宽一些，通常小齿轮的齿宽取 $b_1 = b_2 + (5～10)$mm，因此实际上齿宽系数 $\psi_d = b_2/d_1$。齿宽 b_1 和 b_2 都应圆整为整数，最好个位数为 0 或 5。

（5）螺旋角 β。一般斜齿圆柱齿轮螺旋角在 8°～20°，β 过小，显不出斜齿轮传动平稳、重合度大等优势。但 β 过大，会使轴向力增大，从而增大轴承及整个传动装置的结构尺寸，从经济上不可取，且传动效率也下降。一般情况下，高速、大功率传动的场合，β 宜取大些；低速、小功率传动的场合，β 宜取小些。

设计中，常在模数 m_n 和齿数 z_1、z_2 确定后，为圆整中心距或配凑标准中心距而需根据以下几何关系计算螺旋角 β

$$\beta = \arccos \frac{m_n(z_1 + z_2)}{2a} \tag{7-35}$$

β 的计算值应精确到秒($''$)。

【参考图文】

2. 齿轮的结构设计

齿轮结构设计的主要任务是确定齿轮的轮毂、轮辐、轮缘等部分的尺寸大小和结构形式。通常是先按齿轮的直径大小选定合适的结构形式，再根据经验公式和数据进行结构设计。齿轮常用的结构形式有以下几种：

（1）实体式齿轮。当齿轮的齿顶圆直径 $d_a < 200$mm，可采用实体式结构，如图 7.32 所示。这种结构形式的齿轮常用锻钢制造。

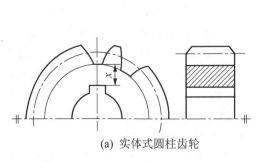
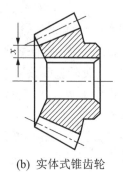

(a) 实体式圆柱齿轮　　　(b) 实体式锥齿轮

图 7.32　实体式齿轮

(2) 齿轮轴。当圆柱齿轮的齿根圆至键槽底部的距离 $x \leqslant (2 \sim 2.5)m_n$ 时[图 7.32(a)]，或当锥齿轮小端的齿根圆至键槽底部的距离 $x \leqslant (1.6 \sim 2)m$ 时[图 7.32(b)]，应将齿轮与轴制成一体，称为齿轮轴，如图 7.33 所示。

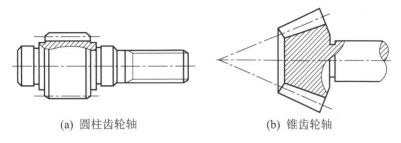

(a) 圆柱齿轮轴　　　　　　　　(b) 锥齿轮轴

图 7.33　齿轮轴

(3) 腹板式齿轮。当齿轮的齿顶圆直径 $d_a = 200 \sim 500$mm 时，可采用腹板式结构，如图 7.34 所示。这种结构的齿轮一般多用锻钢制造，其各部分尺寸由图中经验公式确定。

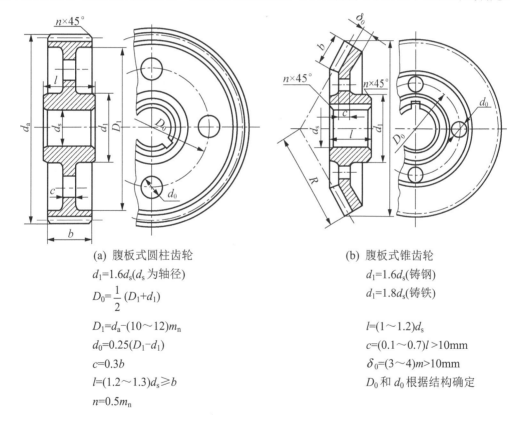

(a) 腹板式圆柱齿轮

$d_1 = 1.6d_s(d_s$ 为轴径$)$

$D_0 = \dfrac{1}{2}(D_1 + d_1)$

$D_1 = d_a - (10 \sim 12)m_n$

$d_0 = 0.25(D_1 - d_1)$

$c = 0.3b$

$l = (1.2 \sim 1.3)d_s \geqslant b$

$n = 0.5m_n$

(b) 腹板式锥齿轮

$d_1 = 1.6d_s$(铸钢)

$d_1 = 1.8d_s$(铸铁)

$l = (1 \sim 1.2)d_s$

$c = (0.1 \sim 0.7)l > 10$mm

$\delta_0 = (3 \sim 4)m > 10$mm

D_0 和 d_0 根据结构确定

图 7.34　腹板式齿轮

(4) 轮辐式齿轮。当齿轮的齿顶圆直径 $d_a > 500$mm 时，可采用轮辐式结构，如图 7.35 所示。这种结构的齿轮常采用铸钢或铸铁制造，其各部分尺寸按图中经验公式确定。

3. 齿轮传动装置的润滑

齿轮传动时对轮齿进行润滑，可以减少齿面间的摩擦和磨损，还可以缓蚀和降低噪声，从而可提高传动效率和延长齿轮寿命，所以，润滑对齿轮传动是非常重要的。

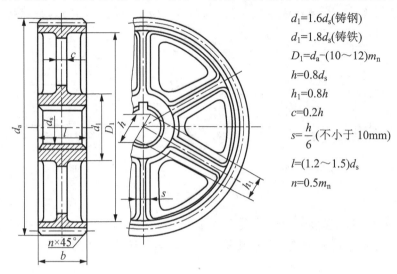

$d_1 = 1.6d_s$(铸钢)
$d_1 = 1.8d_s$(铸铁)
$D_1 = d_a - (10 \sim 12)m_n$
$h = 0.8d_s$
$h_1 = 0.8h$
$c = 0.2h$
$s = \dfrac{h}{6}$(不小于 10mm)
$l = (1.2 \sim 1.5)d_s$
$n = 0.5m_n$

图 7.35 铸造轮辐式圆柱齿轮

1) 润滑方式

闭式齿轮传动的润滑方式有浸油(油浴)润滑和喷油润滑两种，一般可根据齿轮的圆周速度进行选择。

【参考视频】

【参考视频】

(1) 浸油润滑。当齿轮的圆周速度 $v<12\text{m/s}$ 时，通常采用浸油润滑方式，如图 7.36 所示。浸入油中的深度约一个齿高，但不小于 10mm，浸油过深会增大运动阻力并使油温升高。注意浸油齿轮的齿顶距离油箱底面距离一般为 30～50mm，以免搅起箱底的杂质，如图 7.36(a)所示。在多级齿轮传动中，可采用带油轮将油带到未浸入油池内的轮齿面上，如图 7.36(b)所示，同时将油甩到齿轮箱壁上散热，有利于冷却。

(2) 喷油润滑。当齿轮的圆周速度 $v>12\text{m/s}$ 时，由于圆周速度大，齿轮搅油剧烈，且因离心力较大，会使粘附在齿廓面上的油被甩掉，因此不宜采用浸油润滑，可采用喷油润滑。喷油润滑是用油泵将具有一定压力的润滑油经喷嘴喷到齿面上，如图 7.37 所示。

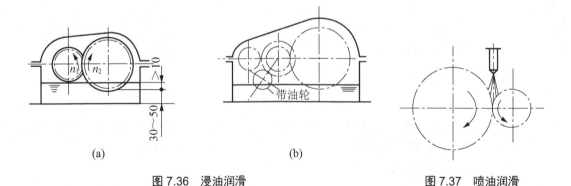

(a)   (b)

图 7.36 浸油润滑   图 7.37 喷油润滑

对于开式齿轮传动的润滑，由于传动速度较低，通常采用人工定期加油润滑方式。

2) 润滑剂的选择

齿轮传动的润滑剂多采用润滑油。通常根据齿轮材料和圆周速度选取油的黏度，并由选定的黏度确定润滑油的牌号(参看有关机械设计手册)。润滑油的黏度可参考表 7-13 选用。

表 7-13　齿轮传动润滑油黏度荐用值

齿轮材料	强度极限 σ_b/MPa	圆周速度 v/(m/s)						
		<0.5	0.5～1	1～2.5	2.5～5	5～12.5	12.5～25	>25
		运动黏度 $\upsilon_{50℃}$ ($\upsilon_{100℃}$)/(mm²/s)						
塑料、青铜、铸铁	—	180(23)	120(15)	85	60	45	34	—
钢	450～1000	270(34)	180(23)	120(15)	85	60	45	34
	1000～1250	270(34)	270(34)	180(23)	120(15)	85	60	45
渗碳或表面淬火钢	1250～1580	450(53)	270(34)	270(34)	180(23)	120(15)	85	60

注：1. 多级齿轮传动按各级所选润滑油黏度的平均值来确定润滑油。

　　2. 对于 σ_b>800MPa 的镍铬钢制齿轮(不渗碳)，润滑油黏度取高一档的数值。

4. 齿轮传动的设计步骤

(1) 根据给出的已知条件，明确传动形式，选择合适的材料和热处理方法，确定相应的许用应力。

(2) 根据设计准则，设计计算 m 或 d_1。

(3) 确定参数(初定齿数 z_1、z_2，螺旋角 β，齿宽系数 ψ_d 等)，计算主要几何尺寸。

(4) 根据设计准则进行齿面接触疲劳强度或齿根弯曲疲劳强度校核。

(5) 验算齿轮的圆周速度，选择齿轮传动的精度等级和润滑方式等。

(6) 齿轮结构设计，绘制齿轮工作图。

7.2.6　齿轮传动的使用与维护

正确使用与维护是保证齿轮传动正常工作、延长齿轮使用寿命的必要条件。日常维护工作主要有以下内容：

1. 安装与磨合

在轴上安装齿轮时，要注意其固定和定位都应符合技术要求。使用一对新齿轮时，先作磨合运转，即在空载及逐步加载的方式下，运转十几小时至几十小时，然后清洗箱体，更换新油，才能使用。

2. 检查齿面接触情况

采用涂色法检查齿面接触情况，若色迹处于齿宽中部，且接触面积较大，如图 7.38(a)所示，说明装配良好。若接触面积过小或接触部位不合理，如图 7.38(b)～图 7.38(d)所示，都会使载荷分布不均。通常可通过调整轴承座位置及修理齿面等方法解决。

3. 保证正常润滑

必须经常检查齿轮传动润滑系统的状况(如润滑油的油面高度)。按规定的润滑方式，定时、定质、定量加润滑油。对于压力喷油等自动润滑系统，还需检查油压状况，注意油路是否畅通，润滑机构是否灵活。

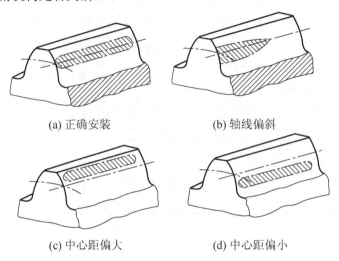

(a) 正确安装   (b) 轴线偏斜

(c) 中心距偏大   (d) 中心距偏小

图 7.38　圆柱齿轮齿面接触斑点

4. 监控运转状态

使用设备时，要遵守操作规程(如变速器应在空载时换挡，以免折断轮齿)，不得超速、超载。传动失效或运行不正常一般都有预兆，齿形损坏和轮齿折断会产生冲击、振动和噪声，胶合会产生高温。通过看、摸、听，监视有无不正常现象，若发现异常现象，应及时检查加以解决，禁止其"带病工作"。对高速、重载或重要场合的齿轮传动，可采用自动监测装置，对齿轮运行状态的信息搜集处理、故障诊断及报警等，实现自动控制，确保齿轮传动的安全、可靠。

5. 安装防护罩

对于开式齿轮传动，应安装防护罩，防止灰尘、切屑等杂物进入啮合表面，加速齿面磨损；防止酸、碱等腐蚀性介质接触齿轮；同时保护人身安全。

7.2.7　蜗杆传动

在运动转换中，常需要进行空间交错轴之间的运动转换，在要求大传动比的同时，又希望传动装置的结构紧凑，采用蜗杆传动(图 7.39)可以满足上述要求。

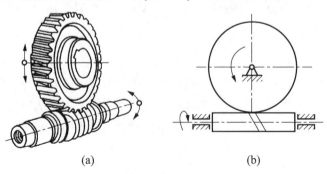

(a)   (b)

图 7.39　蜗杆传动

1. 蜗杆传动的特点及应用

蜗杆传动主要由蜗杆和蜗轮组成,用于传递空间两交错轴之间的回转运动和动力,通常两轴交错角为 90°,一般蜗杆是主动件。蜗杆传动工作平稳,噪声低,结构紧凑,传动比大(单级传动比为 8~80,在分度机构中可达到 1000);但传动效率低,一般为 70%~80%,自锁时低于 50%,易磨损、发热,制造成本高,轴向力较大。蜗杆传动常用于传动比较大,结构要求紧凑,传动功率不大的场合。

【参考视频】

根据蜗杆形状的不同,蜗杆传动可分为圆柱蜗杆传动[图 7.40(a)]和环面蜗杆传动[图 7.40(b)]等。

圆柱蜗杆按刀具加工位置的不同,又分为阿基米德蜗杆和渐开线蜗杆。阿基米德蜗杆螺旋面的形成与螺纹的形成相同(图 7.41),在垂直于蜗杆轴线的截面上,齿廓为阿基米德螺旋线。由于阿基米德蜗杆制造简便,故应用较广。下面讨论两轴垂直交错的阿基米德蜗杆传动。

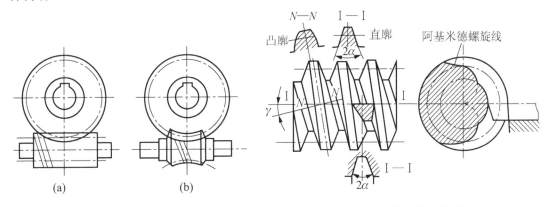

图 7.40   蜗杆传动的类型   图 7.41   阿基米德圆柱蜗杆

2. 蜗杆传动的主要参数及几何计算

如图 7.42 所示,通过蜗杆轴线并与蜗轮轴线相垂直的平面称为中间平面。在中间平面内,蜗杆和蜗轮的啮合可看作齿条与渐开线齿轮的啮合。因此,蜗杆传动的参数和几何尺寸计算与齿轮传动相似,设计和加工都以中间平面上的参数和尺寸为准。

【参考视频】

1) 蜗杆传动的主要参数

(1) 模数 m 和压力角 α。标准规定蜗杆、蜗轮在中间平面内的模数和压力角为标准值。标准模数见表 7-14,压力角 $\alpha=20°$。为了正确啮合,在中间平面内蜗杆和蜗轮的模数、压力角应分别相等,即蜗轮的端面模数 m_{t2} 等于蜗杆的轴向模数 m_{a1},蜗轮的端面压力角 α_{t2} 等于蜗杆的轴向压力角 α_{a1}。当轴交错角 $\Sigma=90°$ 时,蜗轮的螺旋角 β_2 还应等于蜗杆的导程角 γ。于是蜗杆蜗轮正确啮合条件表示为

$$\begin{cases} m_{t2} = m_{a1} = m \\ \alpha_{t2} = \alpha_{a1} = \alpha \\ \beta_2 = \gamma \end{cases} \tag{7-36}$$

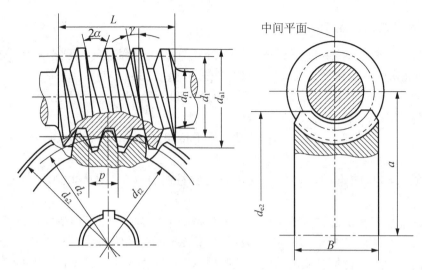

图 7.42　蜗杆传动的几何尺寸

表 7-14　蜗杆基本参数(Σ=90°)(摘自 GB/T 10085—1988)

m/mm	d_l/mm	z_1	q	m^2d_1/mm³	m/mm	d_l/mm	z_1	q	m^2d_1/mm³
2	(18)	1,2,4	9.000	72	3.15	(28)	1,2,4	8.889	278
	22.4	1,2,4,6	11.200	89.6		35.5	1,2,4,6	11.270	352
	(28)	1,2,4	14.000	112		(45)	1,2,4	14.286	447.5
	35.5	1	17.750	142		56	1	17.778	556
2.5	(22.4)	1,2,4	8.960	140	4	(31.5)	1,2,4	7.875	504
	28	1,2,4,6	11.200	175		40	1,2,4,6	10.000	640
	(35.5)	1,2,4	14.200	221.9		(50)	1,2,4	12.500	800
	45	1	18.000	281		71	1	17.750	1136
5	(40)	1,2,4	8.000	1000	10	(71)	1,2,4	7.100	7100
	50	1,2,4,6	10.000	1250		90	1,2,4,6	9.000	9000
	(63)	1,2,4	12.600	1575		(112)	1,2,4	11.200	11200
	90	1	18.000	2250		160	1	16.000	16000
6.3	(50)	1,2,4	7.936	1985	12.5	(90)	1,2,4	1.200	14062
	63	1,2,4,6	10.000	2500		112	1,2,4	8.960	17500
	(80)	1,2,4	12.698	3175		(140)	1,2,4	11.200	21875
	112	1	17.778	4445		200	1	16.000	31250
8	(63)	1,2,4	7.875	4032	16	(112)	1,2,4	7.000	28672
	80	1,2,4,6	10.000	5120		140	1, 2, 4	8.750	35840
	(100)	1,2,4	12.500	6400		(180)	1, 2, 4	11.250	46080
	140	1	17.500	8960		250	1	15.625	64000

注：1. 括号中的数据尽可能不采用。

　　2. q 为蜗杆直径系数。

(2) 蜗杆头数 z_1、蜗轮齿数 z_2 和传动比 i。蜗杆传动的传动比为

$$i = \frac{n_1}{n_2} = \frac{z_2}{z_1}$$

蜗杆头数通常为 z_1=1，2，4，6。头数多，加工困难。要求传动比大或传递转矩大时，z_1 取小值；要求反行程自锁时，z_1 取 1；要求传递功率大、效率高、传动速度大时，z_1 取大值。蜗轮齿数 $z_2 = iz_1$，取值范围通常为 28～80。z_2 过少会降低传动的平稳性，且易产生根切；若 z_2 过多会使 d_2 过大，与之相应的蜗杆长度增加、刚度下降，从而影响啮合的精度。z_1、z_2 的推荐值见表 7-15。

表 7-15　z_1、z_2 推荐值

传动比 i	7～13	14～27	28～40	>40
z_1	4	3	2～1	1
z_2	28～52	28～54<	28～80	>40

(3) 蜗杆分度圆直径 d_1 和蜗杆直径系数 q。为了保证蜗轮与蜗杆的正确啮合，加工蜗轮要用与蜗杆分度圆直径相同的蜗轮滚刀，因此加工同一模数的蜗轮，不同的蜗杆分度圆直径，就需要有不同的滚刀。为了限制刀具的数目和便于刀具的标准化，对应于每一个标准模数 m，国家标准规定了 1～4 种分度圆直径 d_1，并把 d_1 与 m 的比值称为直径系数 q，见表 7-14。

由于 $q = \dfrac{d_1}{m}$，蜗杆直径可表示为

$$d_1 = mq \tag{7-37}$$

需要指出的是，蜗杆传动的传动比 $i \ne \dfrac{d_2}{d_1}$。

(4) 蜗杆导程角 γ。与螺纹相同，蜗杆螺旋线也分为左旋与右旋，一般情况下多为右旋。如图 7.43 所示，将蜗杆分度圆柱面上的螺旋线展开，则蜗杆的导程角 γ(相当于螺杆的螺旋升角 λ)满足

$$\tan \gamma = \frac{z_1 p_{a1}}{\pi d_1} = \frac{z_1 \pi m}{\pi d_1} = \frac{z_1 m}{d_1} = \frac{z_1}{q} \tag{7-38}$$

通常蜗杆导程角 γ=3.5°～27°。导程角 γ 小，传动效率低，但可实现自锁(γ=3.5°～4.5°)；导程角 γ 大，传动效率高，但蜗杆的车削加工困难。

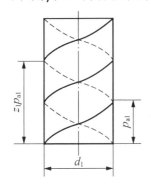
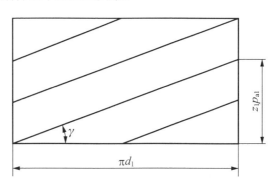

图 7.43　蜗杆导程角

(5) 中心距 a。蜗杆传动的中心距为

$$a = \frac{1}{2}(d_1 + d_2) = \frac{1}{2}m(q + z_2) \tag{7-39}$$

【参考图文】

2) 蜗杆传动的几何尺寸计算

蜗杆和蜗轮的几何尺寸除上述蜗杆分度圆直径 d_1 和中心距 a 外，其余尺寸均可参照直齿圆柱齿轮的公式计算，但需注意，其顶隙系数有所不同，$c^* = 0.2$。标准阿基米德蜗杆传动的几何尺寸计算公式列于表 7-16。

表 7-16　标准阿基米德蜗杆传动的几何尺寸计算公式

名　称	符号	蜗　杆	蜗　轮	名　称	符号	蜗　杆	蜗　轮
齿顶高	h_a	$h = h_a^* m$		齿根圆直径	d_f	$d_{f1} = d_1 - 2h_f$	$d_{f2} = d_2 - 2h_f$
齿根高	h_f	$h_f = (h_a^* + c^*)m$		蜗杆导程角	γ	$\gamma = \arctan(z_1/q)$	
全齿高	h	$h = (2h_a^* + c^*)m$		蜗轮螺旋角	β_2		$\beta_2 = \gamma$
分度圆直径	d	$d_1 = mq$	$d_2 = mz_2$	径向间隙	c	$c = c^* m = 0.2m$	
齿顶圆直径	d_a	$d_{a1} = d_1 + 2h_a$	$d_{a2} = d_2 + 2h_a$	中心距	a	$a = \frac{1}{2}m(q + z_2)$	

【参考图文】

3) 蜗杆、蜗轮结构

(1) 蜗杆结构。蜗杆一般与轴做成一体，只有当 $d_{f1} \geqslant 1.7d_0$ 时，才采用蜗杆齿套装在轴上的形式。对于车制蜗杆[图 7.44(a)]，取 $d_0 = d_{f1} - (2\sim4)$mm；对于铣制蜗杆，轴径可大于 d_{f1}[图 7.44(b)]。

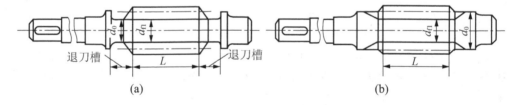

(a)　　　　　　　　　　　　　　　　(b)

图 7.44　蜗杆的结构

(2) 蜗轮结构。常用的蜗轮结构形式有以下几种：

【参考图文】

① 整体式。用于铸铁蜗轮或分度圆直径小于 100mm 的青铜蜗轮[图 7.45(a)]。

② 组合式。为节省贵重金属，直径较大的蜗轮通常由青铜齿圈和铸铁轮芯组成，两者采用 H7/r6 配合，为了防止齿圈和轮芯因发热而松动，在接缝处用台肩和紧定螺钉固定，螺钉数 4～8 个[图 7.45(b)]。这种结构用于尺寸不太大，工作温度变化较小的场合。

③ 螺栓联接式。当 $d_2 > 400$mm 时，可采用螺栓联接式[图 7.45(c)]。这种结构便于拆装，常用于尺寸较大或磨损后需要更换齿圈的场合。

④ 镶铸式。将青铜轮缘直接铸在铸铁轮芯上，轮芯上制出榫槽，以防两者产生轴向滑动[图 7.45(d)]，适用于大批量生产。

3. 蜗杆传动的设计

1) 蜗杆传动的失效形式及材料的选择

(1) 传动的失效形式。蜗杆传动轮齿的失效形式和齿轮传动轮齿的失效形式基本相同。但是，由于传动时齿面间的滑动速度较大，传动效率低、发热量大，因而更容易产生胶合和磨损。其中闭式传动易产生胶合和点蚀，开式传动易产生齿面磨损和轮齿折断。又由于材料和结构上的原因，蜗杆的强度总是高于蜗轮的强度，所以失效常发生在蜗轮轮齿上。因此传动的强度计算，主要是针对蜗轮进行，作齿面接触疲劳强度和齿根弯曲疲劳强度的条件计算。

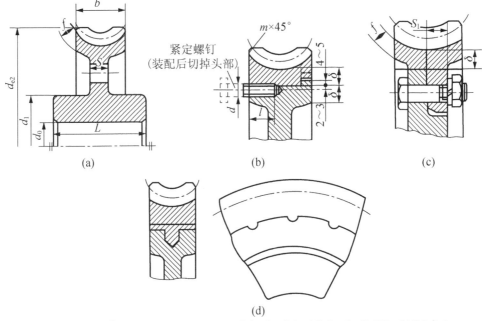

$f = 1.7m > 10\text{mm}$，$\delta = 2m > 10\text{mm}$，$d_1 = (1.6 \sim 1.8)d_0$，$L = (1.2 \sim 1.8)d_0$，$d = (0.075 \sim 0.12)d_0 \geqslant 5\text{mm}$

$l = 2d$，$S = 0.3b$，$S_1 = 0.25b$，$d_{e2} \leqslant d_{a1} + \dfrac{6m}{z_1 + 2}$

当 $z_1 = 1$，2或3时，$b \leqslant 0.75d_{a1}$

当 $z_1 = 4$ 时，$b \leqslant 0.67d_{a1}$

图 7.45　蜗轮的结构

(2) 蜗杆和蜗轮材料的选择。根据传动的失效特点，蜗杆、蜗轮的材料不仅要有足够的强度，而且更重要的是具有良好的减摩性、耐磨性和抗胶合能力。蜗杆一般用碳钢或合金钢制造，蜗轮常用的材料为铸锡青铜、铸铝青铜或灰铸铁。蜗杆、蜗轮的常用材料见表 7-17、表 7-18。

表 7-17　蜗杆常用材料及应用

蜗杆材料	热处理	硬度	表面粗糙度 $Ra/\mu\text{m}$	应用举例
40Cr、40CrNi	表面淬火	45~55HRC	1.6~0.8	中速、中载、一般传动
15CrMn、20CrNi	渗碳淬火	58~63HRC	1.6~0.8	高速、重载、重要传动
45	调质			低速、轻载、不重要传动

表 7-18　蜗轮常用材料及许用应力

材　料　牌　号	铸造方法	滑动速度/(m/s)	许用接触应力[σ_H]/MPa						
			滑动速度/(m/s)						
			0.5	1	2	3	4	6	8
ZCuSn10Pb1	砂模 金属模	≤25	134 200						
ZCuSn5Pb5Zn5	砂模 金属模 离心浇注	≤12	128 134 174						
ZCuAl9Fe2	砂模 金属模 离心浇注	≤10	250	230	210	180	160	120	90
HT150 HT200	砂模	≤2	130	115	90				

注：1. 表中[σ_H]是蜗杆齿面硬度大于350HBW条件下的值，若不大于350HBW，需降低15%～20%。

　　2. 当传动为短时工作时，可将表中铸锡青铜的[σ_H]值增加40%～50%。

2) 蜗杆传动的精度等级选择

在蜗杆传动精度标准(GB/T 10089—1988)中，对蜗杆传动规定了12个精度等级，按精度的高低依次为1，2…12，并根据用途、滑动速度等确定。表7-19列出了常用的6～9级精度应用范围，可供选用时参考。

表 7-19　蜗杆传动的精度等级和应用

精度等级	滑动速度/(m/s)	加 工 方 法		应 用 举 例
		蜗　杆	蜗　轮	
6	>10	淬火、磨光和抛光	滚切后用蜗杆形剃齿刀精加工,加载磨合	速度较高的精密传动,中等精密的机床分度机构
7	≤10	淬火、磨光和抛光	滚切后用蜗杆形剃齿刀精加工,加载磨合	速度较高的中等功率传动,中等精度的工业运输机的传动
8	≤5	调质、精车	滚切后加载磨合	速度较低或一般不太重要的传动
9	≤2	调质、精车	滚切后加载磨合	不重要的低速传动或手动

3) 蜗杆传动的强度计算

(1) 蜗杆传动的受力分析。蜗杆传动的受力分析与斜齿轮传动相似。如图7.46所示，为简化计算，通常不计齿面间的摩擦力，作用在蜗轮齿面上的法向力 $\boldsymbol{F}_n$ 可分解三个相互垂直的正交分力：圆周力 $\boldsymbol{F}_t$、径向力 $\boldsymbol{F}_r$ 和轴向力 $\boldsymbol{F}_a$。由图7.46可知

$$\left.\begin{aligned} F_{t1} &= \frac{2T_1}{d_1} = -F_{a2} \\ F_{t2} &= \frac{2T_2}{d_2} = -F_{a1} \\ F_{r2} &= F_{t2}\tan\alpha = -F_{r1} \end{aligned}\right\} \tag{7-40}$$

式中，T_1 为蜗杆上的转矩(N·mm)，$T_1 = 9.55\times10^6\dfrac{P_1}{n_1}$，$P_1$ 为蜗杆的输入功率(kW)，n_1 是蜗

杆的转速(r/min)；T_2 为蜗轮转矩(N·mm)；$T_2 = T_1 \eta i$；η 为蜗杆传动效率；i 为传动比。

各力的方向：各力方向的判断规律与斜齿圆柱齿轮相同。蜗杆轴向力 F_{a1} 的方向应根据蜗杆螺旋线的旋向和蜗杆的转向，应用"左、右手定则"来确定。左旋用左手，右旋用右手，四个手指的弯曲方向为蜗杆的转向，大拇指向即为蜗杆轴向力方向。已知蜗杆轴向力 F_{a1} 方向后，由作用力与反作用力定律就可确定蜗轮上的圆周力 F_{t2} 的方向，进而可确定蜗轮的转向。

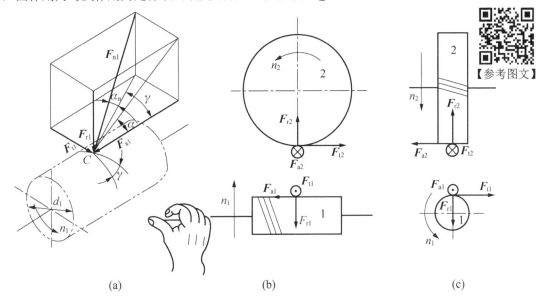

图 7.46　蜗杆传动受力分析

※(2) 蜗杆传动的强度计算。蜗轮齿面接触疲劳强度校核公式和设计公式分别为

$$\sigma_H = 500\sqrt{\frac{KT_2}{d_1 d_2^2}} = 500\sqrt{\frac{KT_2}{m^2 d_1 z_2^2}} \leqslant [\sigma_H] \qquad (7\text{-}41)$$

$$m^2 d_1 \geqslant KT_2 \left(\frac{500}{z_2 [\sigma_H]}\right)^2 \qquad (7\text{-}42)$$

式中，K 为载荷系数，$K=1.1\sim1.4$，载荷平稳，滑动速度 $v_s \leqslant 3\text{m/s}$，传动精度高时，取小值；$[\sigma_H]$ 为许用接触应力(MPa)，见表 7-18。

蜗轮轮齿弯曲疲劳强度所限定的承载能力，大都超过齿面的承载能力。只有在受到强烈冲击或采用脆性材料时才需计算，具体可参考有关资料。

4) 蜗杆传动的效率和热平衡计算

(1) 蜗杆传动的效率。闭式蜗杆传动的功率损失包括三部分：轮齿啮合摩擦损失、轴承摩擦损失及零件搅动润滑油飞溅损失。后两项损失不大，一般效率为 0.95～0.97。因此，蜗杆传动总效率为

$$\eta = (0.95 \sim 0.97) \frac{\tan\gamma}{\tan(\lambda + \rho_v)} \text{（推导从略）} \qquad (7\text{-}43)$$

式中，γ 为蜗杆导程角；ρ_v 为当量摩擦角。

在初步估算时，蜗杆传动的总效率，可取下列近似数值：

闭式传动　　　　　　　　$z_1 = 1$　　　　$\eta = 0.65 \sim 0.75$；

$$z_1=2 \qquad \eta=0.75\sim0.82;$$
$$z_1=4,6 \qquad \eta=0.82\sim0.92;$$
$$自锁时 \qquad \eta<0.5$$

开式传动 $\qquad z_1=1,2 \qquad \eta=0.6\sim0.7$

(2) 蜗杆传动的热平衡计算。蜗杆传动效率低，发热量大，在闭式传动中，如果散热条件不好，会引起润滑不良而产生齿面胶合，因此要对闭式蜗杆传动进行热平衡计算。

蜗杆传动热平衡条件是：在热平衡状态下单位时间内发热量与散热量相等，即

$$1000P_1(1-\eta)=K_sA(t_1-t_0)$$

由此可得到热平衡时润滑油的工作温度 t_1 的计算式

$$t_1=\frac{1000P_1(1-\eta)}{K_sA}+t_0 \leqslant [t_1] \tag{7-44}$$

式中，P_1 为蜗杆传动输入功率(kW)；η 为蜗杆传动的总效率；K_s 为散热系数[W/(m²·℃)]，一般取 $K_s=10\sim17$ W/(m²·℃)；A 为散热面积(m²)；t_0 为周围空气温度(℃)，一般取 $t_0=20$℃；$[t_1]$ 为齿面间润滑油许可的工作温度，通常取 $[t_1]=70\sim90$℃。

如果润滑油的工作温度超过许用温度，可采用下述冷却措施：

① 增加散热面积。合理设计箱体结构，在箱体上铸出或焊上散热片。

② 提高表面散热系数。在蜗杆轴上装置风扇[图 7.47(a)]，或在油池内装设蛇形冷却水管[图 7.47(b)]，或用循环油冷却[图 7.47(c)]。

【参考视频】

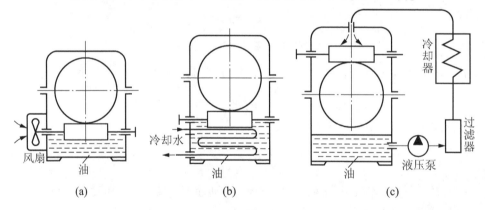

图 7.47 蜗杆传动散热方式

7.3 任务实施

带式输送机减速器采用的齿轮传动的具体设计步骤如下：

1) 选择齿轮的材料，确定许用应力

因为是一般减速器，而且转速不高、载荷平稳，故选用闭式软齿面齿轮传动。为了简化制造，降低成本，查表 7-6，选择小齿轮材料为 45 钢，调质处理，硬度为 255HBW；大齿轮材料也为 45 钢，正火处理，硬度为 215HBW。输送机为一般机械，速度不高，查表 7-5，选择 8 级精度。

2) 按齿面接触疲劳强度设计

软齿面闭式传动主要的失效形式为齿面点蚀。根据齿面接触疲劳强度，按式(7-13)计算

齿轮分度圆直径，即

$$d_1 \geqslant \sqrt[3]{\left(\frac{3.52Z_E}{[\sigma_H]}\right)^2 \frac{KT_1(u\pm1)}{\psi_d u}}$$

式中，按表 7-8 选弹性系数 $Z_E=189.8$；按表 7-7 选载荷系数 $K=1.2$；转矩 $T_1 = 9.55\times10^6\frac{P_1}{n_1} =$

$9.55\times10^6\times\dfrac{5}{1440} = 33159.7(\text{N}\cdot\text{mm})$；$u=i=4.6$；查表 7-6，取 $[\sigma_H]_1=540\text{MPa}$，$[\sigma_H]_2=500\text{MPa}$；

由表 7-12，取 $\psi_d=1.1$。代入后计算得

$$d_1 \geqslant \sqrt[3]{\left(\frac{3.52\times189.8}{500}\right)^2\times\frac{1.2\times33159.7\times(4.6+1)}{1.1\times4.6}} = 42.84(\text{mm})$$

3）确定参数，计算主要几何尺寸

(1) 齿数：取 $z_1=22$，则 $z_2=uz_1=4.6\times22=101$

(2) 模数：$m = \dfrac{d_1}{z_1} = \dfrac{42.84}{22} = 1.947(\text{mm})$。由表 7-2 取标准模数 $m=2\text{mm}$。

实际传动比 $i = \dfrac{101}{22} = 4.59$，$\Delta i = \dfrac{4.6-4.59}{4.6} = 0.2\%$，传动比误差小于允许范围±5%。

(3) 实际中心距：$a = \dfrac{m}{2}(z_1+z_2) = \dfrac{2}{2}(22+101) = 123(\text{mm})$

(4) 齿宽：$b=\psi_d d_1=\psi_d mz_1=1.1\times2\times22=48(\text{mm})$，取 $b_2=48\text{mm}$，$b_1=b_2+5=48+5=53(\text{mm})$。

(5) 大小齿轮主要几何尺寸。

分度圆直径：　　　　　　　　　$d_1=mz_1=2\times22=44(\text{mm})$

$d_2=mz_2=2\times101=202(\text{mm})$

齿顶圆直径：　　　$d_{a1}=d_1+2m=44+2\times2=48(\text{mm})$

$d_{a2}=d_2+2m=202+2\times2=206(\text{mm})$

齿根圆直径：　　　$d_{f1}=d_1-2.5m=44-2.5\times2=39(\text{mm})$

$d_{f2}=d_2-2.5m=202-2.5\times2=197(\text{mm})$

全齿高：　　　　　　　$h=2.25m=2.25\times2=4.5(\text{mm})$

4）校核齿根弯曲疲劳强度

大小齿轮的齿数和材质硬度不一样，故应该按式(7-14)分别校核。

由表 7-9 查得，齿形系数 $Y_{F1}=2.75$，$Y_{F2}=2.18$；应力修正系数 $Y_{S1}=1.58$，$Y_{S2}=1.80$。

查表 7-6，取许用弯曲应力 $[\sigma_F]_1=301\text{MPa}$，$[\sigma_F]_2=280\text{MPa}$。

$$\sigma_{F1} = \frac{2KT_1}{bm^2z_1}Y_{F1}Y_{S1} = \frac{2\times1.2\times33159.7}{48\times2^2\times22}\times2.75\times1.58 = 81.86(\text{MPa}) \leqslant [\sigma_F]_1$$

$$\sigma_{F2} = \sigma_{F1}\frac{Y_{F2}Y_{S2}}{Y_{F1}Y_{S1}} = 81.86\times\frac{2.18\times1.80}{2.75\times1.58} = 73.93(\text{MPa}) \leqslant [\sigma_F]_2$$

所以两齿轮的齿根弯曲疲劳强度足够。

5）验算齿轮的圆周速度

$$v = \frac{\pi d_1 n_1}{60\times1000} = \frac{3.14\times44\times1440}{60\times1000} = 3.32(\text{m/s}) < 5\text{m/s}，由表 7-5 可知，取 8 级精度合适。$$

因为 $v<12\text{m/s}$，所以选择齿轮传动的润滑方式为浸油润滑。

6) 齿轮结构设计，绘制齿轮工作图(以大齿轮为例)

由于 $d_{a2}=206\text{mm}$，大齿轮采用腹板式结构。齿轮轮毂孔的孔径 d_s 按轴的设计确定，若假定轴径 $d_s=56\text{mm}$，则由图 7.34 中所示的齿轮结构计算公式可确定其结构尺寸，图 7.48 为大齿轮零件工作图。

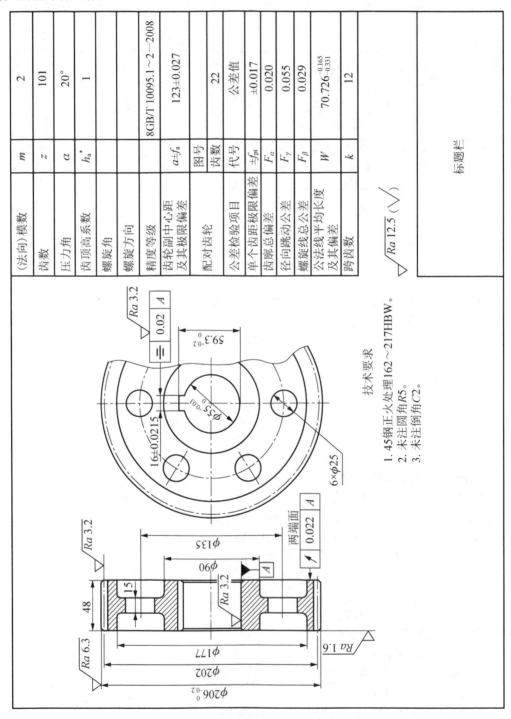

		公差值
(法向)模数	m	2
齿数	z	101
压力角	α	20°
齿顶高系数	h_a^*	1
螺旋方向		
精度等级		8GB/T 10095.1~2—2008
齿轮副中心距及其极限偏差	$a\pm f_a$	123±0.027
	图号	
配对齿轮	齿数	22
公差检验项目	代号	公差值
单个齿距极限偏差	$\pm f_{pt}$	±0.017
齿廓总偏差	F_α	0.020
径向跳动公差	F_γ	0.055
螺旋线总公差	F_β	0.029
公法线平均长度及其偏差	W	$70.726^{-0.165}_{-0.331}$
跨齿数	k	12

标题栏

$\sqrt{Ra\ 12.5}\ (\sqrt{\ })$

技术要求
1. 45钢正火处理162~217HBW。
2. 未注圆角R5。
3. 未注倒角C2。

图 7.48 直齿圆柱齿轮零件工作图

7.4　任务评价

本任务评价考核见表 7-20。

表 7-20　任务评价考核

序号	考 核 项 目	权重	检 查 标 准	得分
1	齿轮传动类型、特点及应用	5%	了解各种齿轮传动的类型、特点及应用	
2	渐开线齿廓及其啮合特性	5%	(1) 理解渐开线的形成及特性； (2) 熟悉渐开线齿廓的啮合特性	
3	直齿圆柱齿轮传动	30%	(1) 掌握齿轮各参数的含义，会计算几何尺寸； (2) 熟悉直齿圆柱齿轮传动正确啮合条件、连续传动条件及标准安装条件等； (3) 熟悉渐开线齿轮的加工方法、精度选择及检验； (4) 掌握齿轮传动的各种失效形式及对应的设计准则； (5) 熟悉齿轮的常用材料并会选择； (6) 掌握标准直齿圆柱齿轮传动的强度计算方法	
4	平行轴斜齿圆柱齿轮传动	10%	(1) 了解斜齿圆柱齿轮传动的特点及基本参数； (2) 了解斜齿圆柱齿轮强度计算	
5	直齿锥齿轮传动	5%	(1) 了解锥齿轮传动的特点及基本参数； (2) 了解锥齿轮强度计算	
6	齿轮传动的设计方法与步骤	30%	会设计圆柱齿轮传动	
7	齿轮传动的使用与维护	5%	了解齿轮传动的使用与维护常识	
8	蜗杆传动	10%	(1) 了解蜗杆传动的特点及应用； (2) 了解蜗杆传动的主要参数及几何尺寸计算； (3) 了解蜗杆传动的设计内容	

习　　题

7.1　齿轮传动的类型有哪些？

7.2　什么是渐开线？它有哪些特性？

7.3　什么是分度圆和节圆？在什么情况下分度圆和节圆重合？

7.4　齿轮的失效形式有哪些？采取什么措施可减缓失效发生？

7.5　根切现象产生的原因是什么？如何避免根切？

7.6　为什么规定斜齿圆柱齿轮法面参数为标准值？

7.7　何谓斜齿轮的当量齿数？它有何用途？怎样计算？

7.8　锥齿轮传动有哪些特点？直齿锥齿轮以哪个端的参数为标准值？

7.9　直齿圆柱齿轮与斜齿圆柱齿轮的正确啮合条件有何区别？

7.10 一对啮合的大小齿轮，在材料选择上应该注意哪些问题？

7.11 与齿轮传动相比，蜗杆传动有何优点？在什么情况下宜采用蜗杆传动？

7.12 试述蜗杆直径系数的意义。为何要引入蜗杆直径系数 q？

7.13 为什么对蜗杆传动要进行热平衡计算？当热平衡不满足要求时，可采取什么措施？

7.14 如何恰当地选用蜗杆传动的传动比 i、蜗杆头数 z_1 和蜗轮齿数 z_2？

7.15 C6150 车床主轴箱内有一对外啮合标准直齿圆柱齿轮，其模数 $m=3$mm，齿数 $z_1=21$，$z_2=66$，压力角 $\alpha=20°$，正常齿制。试计算两齿轮的主要几何尺寸。

7.16 为修配一个已损坏的齿数 $z=20$ 的正常齿制外啮合标准直齿圆柱齿轮，实际测得齿顶圆直径 $d_a=65.7$mm。试计算：(1)齿轮的模数 m；(2)分度圆直径 d；(3)齿顶圆直径 d_a；(4)齿根圆直径 d_f。

7.17 在技术革新中，拟使用现有的两个正常齿制的外啮合标准直齿圆柱齿轮，已测得齿数 $z_1=22$，$z_2=98$，小齿轮齿顶圆直径 $d_{a1}=240$mm，大齿轮的全齿高 $h=22.5$mm(因大齿轮太大，不便测其齿顶圆直径)。试判断这两个齿轮能否正确啮合传动。

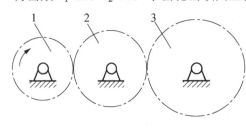

图 7.49 题 7.18 图

7.18 已知直齿圆柱齿轮 1 顺时针方向转动，分析并标出图 7.49 所示齿轮 2 所受的圆周力和径向力。

(1) 当齿轮 1 为主动轮时；

(2) 当齿轮 2 为主动轮时。

7.19 已知一对外啮合标准直齿圆柱齿轮传动，$m=3$mm，$z_1=24$，$\alpha=20°$，$P=7.5$kW，$n_1=960$r/min。试计算作用于各齿轮上的圆周力 F_t 和径向力 F_r 的大小。

7.20 某闭式标准直齿圆柱齿轮传动，中心距 $a=120$mm，$\alpha=20°$，材料、热处理、齿面硬度已定。现有两个传动方案：方案一：$z_1=18$，$z_2=42$，$m=4$mm，$b=60$mm；方案二：$z_1=36$，$z_2=84$，$m=2$mm，$b=60$mm。试问：

(1) 哪对齿轮接触疲劳强度高？

(2) 哪对齿轮弯曲疲劳强度高？

(3) 哪对齿轮传动平稳性好？

7.21 一单级闭式直齿圆柱齿轮减速器，小齿轮材料为 45 钢，调质处理，大齿轮材料为 45 钢，正火处理。传递功率 $P=5$kW，$n_1=960$r/min，$m=3$mm，$z_1=24$，$z_2=81$，$b_1=60$mm，$b_2=55$mm，电动机驱动，单向运转，载荷平稳。验算该齿轮传动的接触疲劳强度和弯曲疲劳强度。

7.22 设计一对标准直齿圆柱齿轮闭式传动，电动机驱动，功率为 7.5kW，$i=3.5$，$n_1=1480$r/min，单向运转，有轻微振动，小齿轮相对轴承为不对称布置。两班制，每年工作 300 天，使用寿命为 10 年。

7.23 试分析图 7.50 所示齿轮传动各齿轮所受的力，用受力图表示出各力的作用位置及方向。

7.24 图 7.51 所示为二级斜齿圆柱齿轮减速器。已知：高速级齿轮 $z_1=21$，$z_2=52$，$m_{nⅠ}=3$mm，$\beta_1=12°7'43''$；低速级齿轮 $z_3=27$，$z_4=54$，$m_{nⅡ}=5$mm；输入功率 $P_1=10$kW，$n_1=1450$r/min。齿轮啮合效率 $\eta_1=0.98$，滚动轴承效率 $\eta_2=0.99$。试求：

(1) 低速级小齿轮 3 以何旋向才能使得中间轴上的轴承所受轴向力最小。

(2) 低速级斜齿轮分度圆螺旋角 β_{II} 应取多大值才能使中间轴上的轴向力完全抵消。

(3) 各轴转向及所受转矩。

(4) 齿轮各啮合点作用力的方向和大小(用分力表示)。

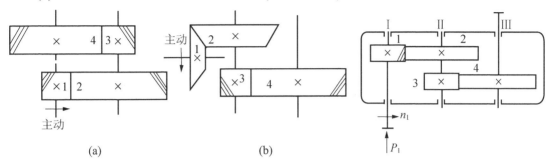

(a)	(b)

图 7.50　题 7.23 图

图 7.51　题 7.24 图

7.25　在一中心距 a=150mm 的旧箱体上，配上一对传动比 i=96/24、模数 m_n=3mm 的斜齿圆柱齿轮。试问这对齿轮的螺旋角 β 应为多少？

7.26　试设计一螺旋输送机，用闭式单级斜齿圆柱齿轮传动，已知传递功率 P_1=7.5kW，转速 n_1=670r/min，齿数比 u=4.1，电动机驱动，单向运转，两班制，使用期限 15 年，要求转速误差±5%。

7.27　如图 7.52 所示蜗杆传动，根据蜗杆或蜗轮的螺旋线旋向和回转方向，试求：

(1) 标全蜗杆或蜗轮的旋向和转向；

(2) 标出节点处蜗杆和蜗轮的三个啮合分力。

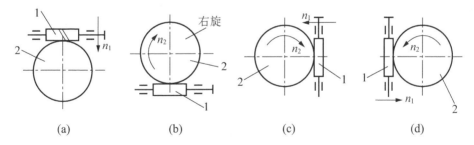

(a)	(b)	(c)	(d)

图 7.52　题 7.27 图

任务 8

轮系的分析

8.1 任务导入

在机械传动中，仅用一对齿轮往往不能满足大传动比、变速和换向等要求，须采用一系列相互啮合的齿轮组成的传动系统——轮系来完成。本任务将学习轮系的类型、功用，并对各种轮系的传动比进行计算。

图 8.1 所示为铣床主轴箱传动系统。箱外有一级 V 带传动减速装置，箱内 I 轴上有三联滑移齿轮，III 轴上有双联滑移齿轮。用拨叉分别移动三联和双联滑移齿轮，可使主轴III得到六种不同的转速。已知 I 轴的转速 $n_1=360r/min$，各齿轮齿数为 $z_1=14$，$z_2=48$，$z_3=28$，$z_4=20$，$z_5=30$，$z_6=70$，$z_7=36$，$z_8=56$，$z_9=40$，$z_{10}=30$，计算主轴III的六种转速。

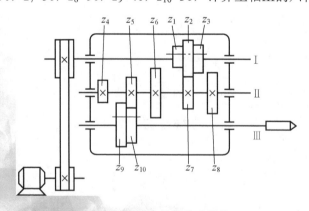

图 8.1　铣床主轴箱传动系统

8.2　任务资讯

8.2.1　轮系的分类与功用

1. 轮系的分类

如果轮系中各齿轮的轴线互相平行，则称这种轮系为平面轮系，否则称为空间轮系。

根据轮系在运转过程中各齿轮轴线位置相对于机架是否固定，可将轮系分为定轴轮系和周转轮系。

1) 定轴轮系

如图 8.2 所示的轮系，所有齿轮的轴线相对机架都是固定的，这种轮系称为定轴轮系。

2) 周转轮系

在图 8.3 所示的轮系中，齿轮 2 空套在构件 H 的小轴上，既绕自身轴线 O_2 转动，又随构件 H 绕齿轮 1 固定轴线 O_1 转动。这种至少有一个齿轮的几何轴线绕其他齿轮固定轴线回转的轮系，称为周转轮系。齿轮 2 称为行星齿轮，支持行星齿轮的构件 H 称为行星架或系杆，与行星轮相啮合且轴线固定的齿轮 1 和 3 称为中心轮或太阳轮。

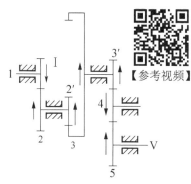

图 8.2　定轴轮系

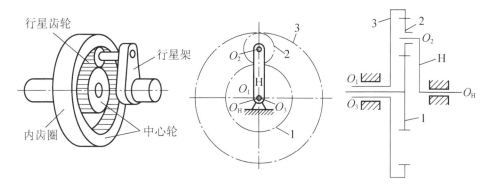

图 8.3　周转轮系

在每个周转轮系中，行星齿轮一般有 1～4 个；行星架只有一个；中心轮不超过 2 个。行星架固定轴线与中心轮的固定轴线必须重合，否则不能转动。如果有一个中心轮固定称为行星轮系，否则称为差动轮系。

2. 轮系的应用

轮系的应用非常广泛，可归纳为以下几个方面：

(1) 用于相距较远的两轴之间的传动。

(2) 实现变速和换向传动。

(3) 获取大的传动比。

(4) 实现分路传动。

(5) 实现运动的合成和分解。

8.2.2 定轴轮系传动比计算

轮系中输入齿轮与输出齿轮的角速度比或转速比，称为轮系的传动比，即

$$i = \frac{\omega_1}{\omega_k} = \frac{n_1}{n_k}$$

式中，下角标 1 和 k 分别表示输入轮和输出轮。

轮系传动比的计算，包含以下两方面的内容：① 计算传动比的大小；② 确定输出轮的转向。

对于由圆柱齿轮组成的定轴轮系，由于一对外啮合圆柱齿轮的转向相反，而一对内啮合圆柱齿轮的转向相同，故外啮合圆柱齿轮传动比取负号，内啮合圆柱齿轮传动比取正号。因此在图 8.2 所示的轮系中，各对齿轮传动比分别为

$$i_{12} = \frac{n_1}{n_2} = -\frac{z_2}{z_1} \qquad i_{2'3} = \frac{n_2'}{n_3} = +\frac{z_3}{z_2'}$$

$$i_{3'4} = \frac{n_3'}{n_4} = -\frac{z_4}{z_3'} \qquad i_{45} = \frac{n_4}{n_5} = -\frac{z_5}{z_4}$$

将上述各式连乘，得

$$i_{15} = i_{12}\, i_{2'3}\, i_{3'4}\, i_{45} = \frac{n_1 n_2' n_3' n_4}{n_2 n_3 n_4 n_5} = \left(-\frac{z_2}{z_1}\right)\left(+\frac{z_3}{z_2'}\right)\left(-\frac{z_4}{z_3'}\right)\left(-\frac{z_5}{z_4}\right) = (-1)^3 \frac{z_2 z_3 z_5}{z_1 z_2' z_3'}$$

因为 $n_2 = n_2'$，$n_3 = n_3'$，所以 $i_{15} = i_{12}\, i_{2'3}\, i_{3'4}\, i_{45} = \frac{n_1}{n_5} = (-1)^3 \frac{z_2 z_3 z_5}{z_1 z_2' z_3'}$

由上式可知：

(1) 定轴轮系的传动比等于轮系中各对齿轮传动比的连乘积，也等于轮系中所有从动轮齿数连乘积与所有主动轮齿数连乘积之比。若轮系中有 k 个齿轮，则定轴轮系传动比的一般表达式为

$$i_{1k} = \frac{n_1}{n_k} = (-1)^m \frac{\text{所有从动轮齿数的连乘积}}{\text{所有主动轮齿数的连乘积}} \tag{8-1}$$

【参考视频】

(2) 传动比的符号取决于外啮合齿轮的对数 m，当 m 为奇数时，i_{1k} 为负号，说明首、末两轮转向相反；当 m 为偶数时，i_{1k} 为正号，说明首末两轮转向相同。定轴轮系的转向关系也可用箭头在图上逐对标出，如图 8.2 所示。

(3) 图 8.2 中的齿轮 4 既是前一级的从动轮，又是后一级的主动轮，它对传动比的大小没有影响，但却起到了改变外啮合次数的作用，从而影响了从动轮的转向，这种齿轮称为惰轮。惰轮通常用于改变传动装置的转向和调节轮轴间距，又称为过桥齿轮。

当遇到含有锥齿轮、蜗杆等传动的空间定轴轮系时，其传动比的大小仍可用式(8-1)计算，但其转动方向只能用箭头在图上标出，而不能用 $(-1)^m$ 来确定。箭头标定转向的一般方法为：对圆柱齿轮传动，外啮合箭头方向相反[图 8.4(a)]，内啮合箭头方向相同[图 8.4(b)]；对锥齿轮传动，可用两箭头同时指向或背离啮合处来表示两轮的实际转向[图 8.4(c)]；对蜗

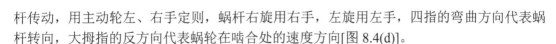

杆传动，用主动轮左、右手定则，蜗杆右旋用右手，左旋用左手，四指的弯曲方向代表蜗杆转向，大拇指的反方向代表蜗轮在啮合处的速度方向[图 8.4(d)]。

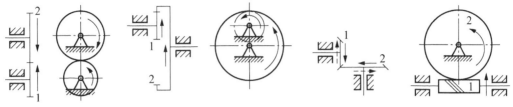

(a)平行轴外啮合齿轮传动　　(b)平行轴内啮合齿轮传动　　(c)锥齿轮传动　　(d)蜗杆传动

图 8.4　一对齿轮传动的转动方向

【例 8.1】　在图 8.5 所示的轮系中，已知各齿轮的齿数分别为，z_1=18、z_2=20、$z_{2'}$=25、z_3=25、$z_{3'}$=2(右旋)、z_4=40，并且已知 n_1=100r/min(A 向看为逆时针)，求轮 4 的转速及转向。

解：该轮系为空间定轴轮系，可由式(8-1)计算其传动比的大小

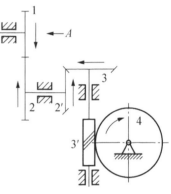

$$i_{14} = \frac{n_1}{n_4} = \frac{z_2 z_3 z_4}{z_1 z_{2'} z_{3'}} = \frac{20 \times 25 \times 40}{18 \times 25 \times 2} = \frac{200}{9}$$

所以蜗轮 4 的转速为

$$n_4 = \frac{n_1}{i_{14}} = \frac{100}{\frac{200}{9}} = 4.5(\text{r/min})$$

各轮的转向如图 8.5 中箭头所示。

图 8.5　空间定轴轮系

8.2.3　周转轮系传动比计算

对于周转轮系，其传动比的计算显然不能直接利用定轴轮系传动比的计算公式。这是因为行星轮除绕本身轴线自转外，还随行星架绕固定轴线公转。

为了利用定轴轮系传动比的计算公式，间接求出行星轮系的传动比，可设法使行星架固定不动。为此用反转法，给整个轮系加上一个与行星架 H 转速等值反向的附加转速"$-n_H$"[图 8.6(a)]。根据相对运动原理可知，各构件之间的相对运动关系并不改变，但此时行星架的转速变成 $n_H-n_H=0$，即行星架静止不动[图 8.6(b)]，于是，行星轮系转化为一假想的定轴轮系，这个假想的定轴轮系称为原周转轮系的转化轮系。转化轮系中各构件对行星架的相对转速分别用 n_1^H、n_2^H、n_3^H 及 n_H^H 表示，其大小见表 8-1。

表 8-1　构件在转化轮系中的相对转速

构　　件	周转轮系中的转速	转化轮系中的转速
中心轮 1	n_1	$n_1^H = n_1 - n_H$
行星轮 2	n_2	$n_2^H = n_2 - n_H$
中心轮 3	n_3	$n_3^H = n_3 - n_H$
行星架 H	n_H	$n_H^H = n_H - n_H = 0$

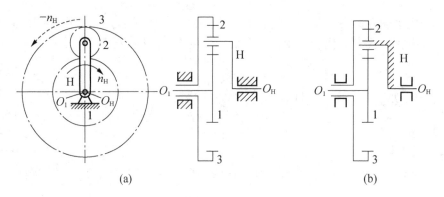

图 8.6 周转轮系的转化轮系

上述周转轮系既已转化为定轴轮系，该转化轮系的传动比就可按照定轴轮系的计算方法来计算，如图 8.6 所示轮系传动比为

$$i_{13}^{H} = \frac{n_1^{H}}{n_3^{H}} = \frac{n_1 - n_{H}}{n_3 - n_{H}} = -\frac{z_2 z_3}{z_1 z_2}$$

式中，齿数比前的负号，表示转化轮系中轮 1 与轮 3 的转向相反。

推广到一般情况，设行星轮系中，首轮为 1，末轮为 k，则有

$$i_{1k}^{H} = \frac{n_1^{H}}{n_k^{H}} = \frac{n_1 - n_{H}}{n_k - n_{H}} = (-1)^{m} \frac{\text{转化轮系中从1到}k\text{所有从动轮齿数的乘积}}{\text{转化轮系中从1到}k\text{所有主动轮齿数的乘积}} \qquad (8-2)$$

式中，m 为转化轮系在齿轮 1、k 间外啮合的次数。

应用式(8-2)时必须注意以下几点：

(1) 式中 1 为主动轮，k 为从动轮。中间各轮的主、从动地位从齿轮 1 按顺序判定。

(2) 将 n_1、n_k 和 n_{H} 已知值代入式(8-2)时，必须带有正、负号，两构件转向相同时取同号，两构件转向相反时取异号。

(3) 因为只有两轴平行时，两轴转速才能代数相加，故式(8-2)只用于齿轮 1、k 和行星架 H 轴线平行的场合。对于锥齿轮组成的行星轮系，两中心轮和行星架轴线必须平行，转化轮系的传动比 i_{1k}^{H} 的正、负号可用画箭头的方法确定。

【例8.2】如图 8.7 所示的汽车差速器所使用的锥齿轮行星轮系，各齿轮的齿数为 $z_1=20$、$z_2=30$、$z_{2'}=50$、$z_3=80$，已知 $n_1=100\text{r/min}$。试确定：(1)轮系传动比 i_{1H}；(2)行星架 H 的转速及转向。

解：经分析可知该轮系为行星轮系，将 H 固定，标出转化轮系各轮的转向，如图 8.7 中虚线所示。由式(8-2)得

$$i_{13}^{H} = \frac{n_1^{H}}{n_3^{H}} = \frac{n_1 - n_{H}}{n_3 - n_{H}} = -\frac{z_2 z_3}{z_1 z_{2'}}$$

上式中"−"号是由轮 1 和轮 3 的虚线箭头反向而确定的。因为轮 3 固定，则 $n_3=0$，代入上式得

$$\frac{n_1 - n_{H}}{0 - n_{H}} = -\frac{n_1}{n_{H}} + 1 = -i_{1H} + 1 = -\frac{30 \times 80}{20 \times 50} = -2.4$$

故

$$i_{1H} = \frac{n_1}{n_{H}} = 3.4$$

设轮 1 的转向为正，已知 $n_1 = 100 \text{r/min}$，因而行星架 H 的转速 $n_H = \dfrac{n_1}{i_{1H}} = \dfrac{100}{3.4}$ $= 29.4 (\text{r/min})$，转向与轮 1 相同。

【例 8.3】图 8.8 所示为大传动比减速器，已知各轮齿数为：$z_1 = z_{2'} = 100$，$z_2 = 99$，$z_3 = 101$。计算行星架 H 与中心轮 1 的传动比 i_{H1}。

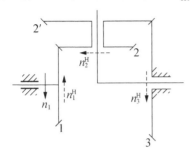

图 8.7   锥齿轮行星轮系

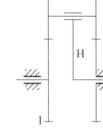

图 8.8   大传动比减速器

解：该轮系为行星轮系，并且所有轴线都平行，有两对外啮合。所以

$$i_{13}^H = \frac{n_1^H}{n_3^H} = \frac{n_1 - n_H}{n_3 - n_H} = (-1)^2 \frac{z_2 z_3}{z_1 z_{2'}}$$

由图 8.8 可知轮 3 固定，则 $n_3 = 0$，代入上式得

$$\frac{n_1 - n_H}{0 - n_H} = -\frac{n_1}{n_H} + 1 = -i_{1H} + 1 = \frac{99 \times 101}{100 \times 100} = \frac{9999}{10000}$$

故

$$i_{1H} = \frac{n_1}{n_H} = 1 - \frac{9999}{10000} = \frac{1}{10000}$$

因而

$$i_{H1} = \frac{1}{i_{1H}} = 10000$$

上式表明，当行星架 H 转 10000 转时，轮 1 才转一转。

可见该行星轮系具有大减速比功能。在相同传动比条件下，采用定轴齿轮减速器比大传动比减速器体积增大 1～5 倍，质量增加 1～4 倍。但是该轮系的缺点是其机械效率随着传动比的增加而急剧下降，所以一般用于传递运动，如用在仪表中测量高速转动及专用机床的微进给机构中。

8.2.4   混合轮系传动比计算

【参考视频】

在工程实际中，除了采用单一的定轴轮系或单一的周转轮系外，有时也采用混合轮系，混合轮系就是定轴轮系与周转轮系或几个周转轮系复合而成的轮系。因为混合轮系由两种运动性质不同的轮系构成，所以计算其传动比时，必须先将轮系分解成各个周转轮系和定轴轮系，然后分别列出各部分的传动比的计算公式，最后联立求解。

混合轮系分解方法是，先找出各周转轮系，余下的便是定轴轮系。找周转轮系的方法是：先找出行星齿轮，即找出几何轴线不固定的齿轮；再找出支持行星齿轮的行星架和直接与行星齿轮相啮合的齿轮即中心轮。

【例 8.4】 图 8.9 所示为卷扬机卷筒机构，该轮系结构紧凑，机构传动比大，轮系置于卷筒 H 内。已知各轮齿数：$z_1=24$、$z_2=48$、$z_{2'}=30$、$z_3=90$、$z_{3'}=40$、$z_4=20$、$z_5=120$，$n_1=750\text{r/min}$。试求该机构的传动比。

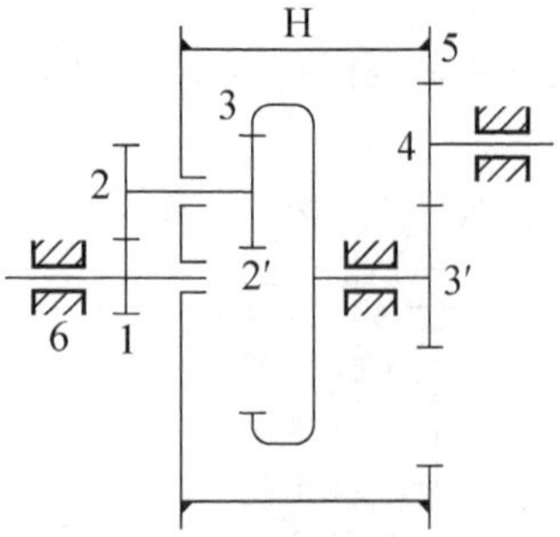

解：(1) 分解轮系。在该轮系中，由于双联齿轮 2—2′ 的轴线不固定，所以这两个齿轮是双联的行星齿轮，支承它运动的卷筒 H 就是行星架，与行星齿轮 2—2′相啮合的齿轮 1、3 为中心轮，因此，齿轮 1、2—2′、3 和行星架 H 一起组成了差动轮系；其余齿轮 3′、4、5 各绕自身固定几何轴线转动，组成了定轴轮系；两者合在一起便构成一个混合轮系。3—3′为双联齿轮，$n_3=n_{3'}$，行星架 H 与齿轮 5 为同一构件，$n_5=n_H$。

图 8.9　卷扬机滚筒机构

(2) 求 i_{13}^{H} 和 $i_{3'5}$。行星轮系的转化轮系传动比由式(8-2)可得

$$i_{13}^{H}=\frac{n_1^{H}}{n_3^{H}}=\frac{n_1-n_H}{n_3-n_H}=(-)^1\frac{z_2 z_3}{z_1 z_{2'}}=-\frac{48\times90}{24\times30}=-6 \qquad ①$$

定轴轮系传动比，由式(8-1)可得

$$i_{3'5}=\frac{n_{3'}}{n_5}=\frac{n_3}{n_H}=(-)^1\frac{z_4 z_5}{z_{3'} z_4}=-\frac{120}{40}=-3 \qquad ②$$

(3) 求 n_H。由①、②联立求解得 $n_H=30\text{r/min}$。

n_H 为正值表明卷筒 H 与齿轮 1 的转动方向相同。

育人小课堂

谐波减速器
后又传捷报！

8.2.5　谐波齿轮传动简介

1. 组成及传动比

谐波齿轮传动是一种依靠弹性变形来实现机械传动的一种新型传动，它突破了以往传动机构中构件为刚性体的模式，采用了一个柔性构件来传动。如图 8.10 所示，谐波齿轮传动主要由柔性齿轮(相当于行星齿轮)、刚性齿轮(相当于太阳轮)、波发生器(相当于系杆)等基本构件组成。刚性齿轮是一个在工作时始终保持其原始形状的内齿轮。柔性齿轮是在波发生器作用下能产生可控弹性变形的薄壁齿轮。波发生器是使柔性齿轮按一定变形规律产生弹性波的构件。波发生器的形式很多，图 8.10 中的波发生器由一椭圆盘与柔性滚动轴承组成。谐波齿轮传动的三个基本构件中的任何一个都可作为主动件，其余两个之一或为从动件或为固定件。

现以波发生器为主动件、柔性齿轮为从动件、刚性齿轮为固定件的情况说明谐波齿轮传动的工作原理。由于柔性齿轮的内孔径略小于波发生器的长轴，所以在波发生器的作用下，迫使柔性齿轮产生弹性变形而呈椭圆形，其椭圆长轴两端的轮齿插进刚性齿轮的齿槽中而相互啮合，短轴两端的轮齿却与刚性齿轮的轮齿完全脱开，其余各处的轮齿则处于啮入或啮出的过渡状态。当波发生器转动时，柔轮长轴和短轴的位置不断变化，从而使柔性齿轮轮齿依次与刚性齿轮轮齿啮合，实现柔性齿轮相对于刚性齿轮的转动。由此可见，谐波齿轮传动是通过控制柔性齿轮的弹性来实现运动和动力传递的。

图 8.10　谐波齿轮传动示意图

根据波发生器转一周使柔性齿轮上某点变形的循环次数不同，谐波齿轮传动可分为双波传动及三波传动，最常用的是双波传动，椭圆盘波发生器就是一种双波传动。一般刚性齿轮的齿数 z_1 与柔性齿轮齿数 z_2 之差应等于波数。

谐波齿轮的传动比可用以下公式计算：

$$i_{H2} = \frac{n_H}{n_2} = -\frac{z_2}{z_1 - z_2}$$

该式仅适用于刚性齿轮固定时波发生器与柔性齿轮的传动比计算。

目前，谐波齿轮的齿形多采用易于加工的小模数渐开线齿形。

2. 谐波齿轮传动的优缺点

谐波齿轮传动的优点：传动比大，波发生器为主动件时，其单级传动比为 70～320；啮合齿数多，承载能力大，传动平稳，传动效率高；体积小，质量轻，结构简单；齿侧间隙小，适用于反向传动；具有良好的封闭性。

谐波齿轮传动的缺点：柔性齿轮和柔性轴承发生周期性变形，易于疲劳破坏，需采用高性能合金钢制造；为避免柔性齿轮变形过大，当波发生器为主动件、传动比小于 35 时不宜采用；起动力矩大，制造工艺比较复杂。

谐波齿轮传动的独特优点，使其在军工、航空航天、造船、矿山、机械、纺织、医疗器械等行业中得到了广泛应用。

8.3　任务实施

铣床主轴箱传动系统主轴转速的求解如下：

(1) 当III轴上双联齿轮 $z_{10}=30$ 与 II 轴的 $z_5=30$ 啮合时，移动 I 轴上的三联齿轮，可得到主轴的三种不同转速：

① $z_1 \rightarrow z_6 \rightarrow z_5 \rightarrow z_{10}$

$$i_{总1} = \frac{n_I}{n_{III}} = \frac{70 \times 30}{14 \times 30} = 5, \quad n_{III} = n_I \times \frac{1}{i_{总1}} = 360 \times \frac{1}{5} = 72(\text{r/min})$$

② $z_3 \rightarrow z_8 \rightarrow z_5 \rightarrow z_{10}$

$$i_{总.2} = \frac{n_I}{n_{III}} = \frac{56 \times 30}{28 \times 30} = 2, \quad n_{III} = n_I \times \frac{1}{i_{总.2}} = 360 \times \frac{1}{2} = 180(\text{r/min})$$

③ $z_2 \rightarrow z_7 \rightarrow z_5 \rightarrow z_{10}$

$$i_{总.3} = \frac{n_I}{n_{III}} = \frac{36 \times 30}{48 \times 30} = \frac{3}{4}, \quad n_{III} = n_I \times \frac{1}{i_{总.3}} = 360 \times \frac{4}{3} = 480(\text{r/min})$$

(2) 当III轴上双联齿轮 z_9=40 与 II 轴的 z_4=20 啮合时，移动 I 轴上的三联齿轮，又可得到主轴的三种不同转速：

① $z_1 \rightarrow z_6 \rightarrow z_4 \rightarrow z_9$

$$i_{总.4} = \frac{n_I}{n_{III}} = \frac{70 \times 40}{14 \times 20} = 10, \quad n_{III} = n_I \times \frac{1}{i_{总.4}} = 360 \times \frac{1}{10} = 36(\text{r/min})$$

② $z_3 \rightarrow z_8 \rightarrow z_4 \rightarrow z_9$

$$i_{总.5} = \frac{n_I}{n_{III}} = \frac{56 \times 40}{28 \times 20} = 4, \quad n_{III} = n_I \times \frac{1}{i_{总.5}} = 360 \times \frac{1}{4} = 90(\text{r/min})$$

③ $z_2 \rightarrow z_7 \rightarrow z_4 \rightarrow z_9$

$$i_{总.6} = \frac{n_I}{n_{III}} = \frac{36 \times 40}{48 \times 20} = \frac{3}{2}, \quad n_{III} = n_I \times \frac{1}{i_{总.6}} = 360 \times \frac{2}{3} = 240(\text{r/min})$$

8.4 任务评价

本任务评价考核见表 8-2。

表 8-2 任务评价考核

序号	考核项目	权重	检查标准	得分
1	轮系的分类与功用	20%	(1) 熟悉轮系的分类； (2) 了解轮系的功用	
2	定轴轮系传动比计算	45%	会计算定轴轮系的传动比	
3	行星轮系传动比计算	20%	掌握行星轮系传动比计算方法	
4	混合轮系传动比计算	10%	了解混合轮系传动比计算方法	
5	谐波齿轮传动比计算	5%	了解谐波齿轮传动比的计算方法	

习　题

8.1　轮系有哪几种类型？其主要功用有哪些？

8.2　何谓定轴轮系？如何计算平面定轴轮系的传动比？如何计算空间定轴轮系的传动比？

8.3　何谓行星轮系？它由哪些基本构件组成？

8.4　定轴轮系与行星轮系的主要区别是什么？为什么用"转化机构法"求行星轮系传动比？

8.5　如何求混合轮系的传动比？

8.6　分析图 8.11 所示的车床主轴传动系统，主轴Ⅵ可能具有的转速有多少种？ 计算图示位置时Ⅵ轴的转速 n_6。已知Ⅰ轴转速 n_1=820r/min，各齿轮齿数为 z_1=51，z_2=43，z_3=22，z_4=58，z_5=20，z_6=80，z_7=20，z_8=80，z_9=26，z_{10}=58。

8.7　在图 8.12 所示的车床溜板箱进给轮系中，运动由齿轮 1 输入，由齿轮 5 输出。各齿轮齿数为 z_1=18，z_2=87，z_3=28，z_4=20，z_5=84。试计算轮系的传动比 i_{15}。

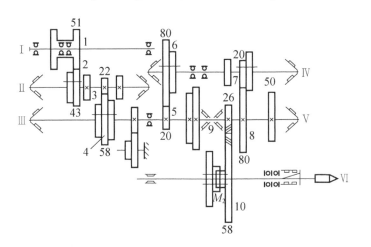

图 8.11　车床主轴传动系统

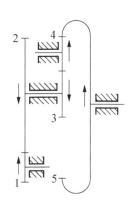

图 8.12　车床溜板箱进给轮系

8.8　在图 8.13 所示的车床变速箱轮系中，移动三联齿轮 a 可使齿轮 3′ 和 4′ 啮合，移动双联齿轮 b，可使齿轮 5′ 和 6′ 啮合。已知各轮的齿数为 z_1=42，z_2=58，$z_{3'}$=38，$z_{4'}$=42，$z_{5'}$=50，$z_{6'}$=48，电动机的转速为 1450r/min。试求此种情况下输出轴转速的大小和方向。

8.9　在图 8.14 所示的组合机床动力滑台轮系中，运动由电动机输入，由蜗轮输出。电动机转速 n=960r/min，各齿轮齿数 z_1=34，z_2=42，z_3=21，z_4=31，蜗轮齿数 z_6=38，蜗杆头数 z_5=2，螺旋线方向为右旋。试确定蜗轮的转速和转向。

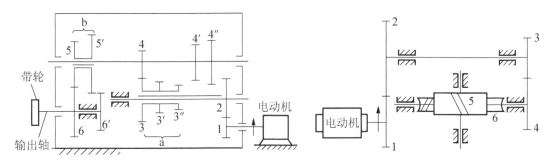

图 8.13　车床变速箱轮系　　　　图 8.14　组合机床动力滑台轮系

8.10　图 8.15 所示为一提升装置，其中各轮齿数均为已知，试求传动比 i_{15}，并画出当提升重物时电动机轴的转向。

8.11　在图 8.16 所示的轮系中，已知各齿轮的齿数 z_1=20，z_2=40，$z_{2'}$=15，z_3=60，$z_{3'}$=18，z_4=18，z_7=20，齿轮 7 的模数 m=3mm，蜗杆头数为 1(左旋)，蜗轮齿数 z_6=40。齿轮 1 为主动轮，转向如图所示，转速 n_1=100r/min，试求齿条 8 的速度和移动方向。

8.12 如图 8.17 所示的轮系，已知各齿轮齿数 z_1=48，z_2=27，$z_{2'}$=45，z_3=102，z_4=120，设输入转速 n_1=3750r/min，试求传动比 i_{14} 和 n_4。

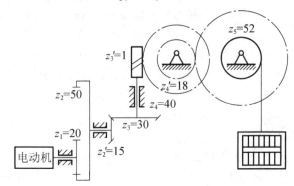

图 8.15　题 8.10 图

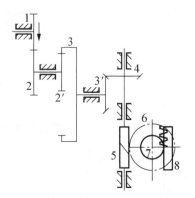

图 8.16　题 8.11 图

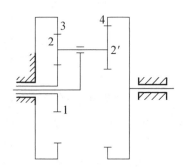

图 8.17　题 8.12 图

8.13 在图 8.18 所示的轮系中，各轮的齿数为 z_1=36，z_2=60，z_3=23，z_4=49，$z_{4'}$=69，z_5=30，z_6=131，z_7=94，z_8=36，z_9=167。设输入转速 n_1=3549r/min，试求行星架 H 的转速 n_H。

8.14 图 8.19 所示为万能工具磨床工作台进给机构，齿轮 4 与固定在工作台上的齿条 (未画出)啮合。当转动手柄 H 时，通过行星传动和齿轮 4 驱动齿条，从而使工作台获得进给运动。已知各齿轮齿数 z_1=$z_{2'}$=41，z_2=z_3=39，试求 i_{H1}。

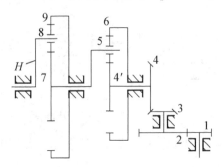

图 8.18　题 8.13 图

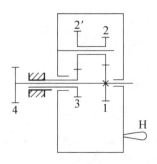

图 8.19　万能工具磨床工作台进给机构

项目 6
支承零部件设计

【知识目标】

- 轴的分类和材料
- 轴的结构设计
- 轴的强度和刚度计算
- 滚动轴承的结构、类型和代号
- 滚动轴承的选择和计算
- 滚动轴承的组合设计
- 滑动轴承简介

【能力目标】

- 具有对不同类型的轴进行结构分析和设计的能力
- 掌握不同类型轴的工作特性和强度计算方法
- 掌握滚动轴承的类型、特性和应用
- 具有对不同类型的滚动轴承进行选择计算的能力
- 会分析已有滚动轴承的组合结构
- 具有一定的维护和保养轴承的常识

【素质目标】

- 引导学生读美文看名著，树立正确的价值观和人生观。
- 培养学生认真负责的工作态度、质量意识和安全意识。
- 培养学生的社会责任感和国家使命感。

【参考视频】

支承零部件包括轴和轴承。它们的主要功能是将传动零件(如齿轮、带轮、凸轮、联轴器等)可靠地支承在机架上，以传递动力和转矩。

任务 9

减速器低速轴的设计

9.1 任 务 导 入

轴是组成机器的重要零件，机器中做回转运动的传动零件都安装在轴上，用轴承支承起来进行工作，通过轴实现传动。轴的工作状况好坏直接影响整台机器的性能和质量。本任务将学习设计轴，并且对轴上零件进行定位安装。

试设计图 9.1 所示带式输送机中一级斜齿圆柱齿轮减速器的低速轴。已知轴的转速 $n=80\text{r/min}$，传递功率 $P=3.15\text{kW}$。轴上齿轮的参数为：法面模数 $m_n=3\text{mm}$，螺旋角 $\beta=12°$，齿数 $z=94$，齿宽 $b=70\text{mm}$。

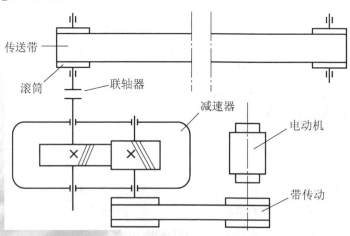

图 9.1　带式输送机机构运动简图

9.2　任务资讯

9.2.1　轴的分类和材料

1．轴的分类

根据承载情况不同，可将轴分为心轴、传动轴和转轴三类。各类轴的承载情况及特点见表 9-1。

【参考视频】

表 9-1　心轴、传动轴和转轴的承载情况及特点

种类		举　例	受力简图	特　点
心轴	固定心轴	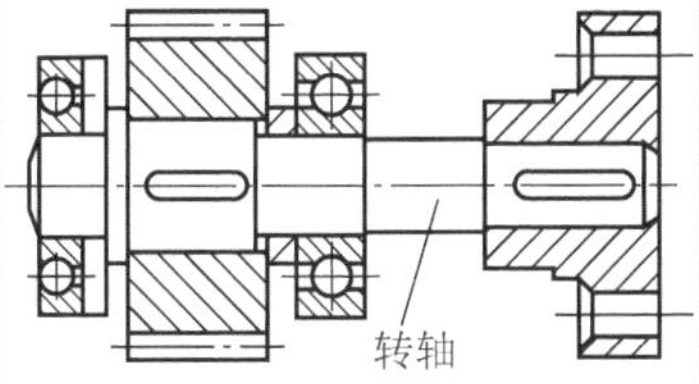 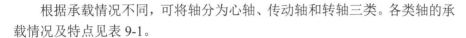自行车前轴	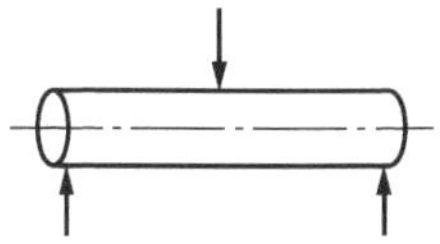	只承受弯矩，不承受转矩起支承作用	截面上的弯曲应力 σ 为静应力 $$\sigma = \frac{M}{W_z}$$ M ——截面上的弯矩；W_z ——抗弯截面系数
	转动心轴	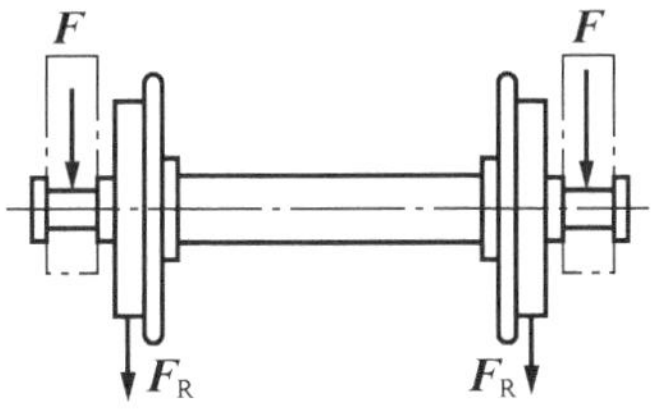 火车轮轴	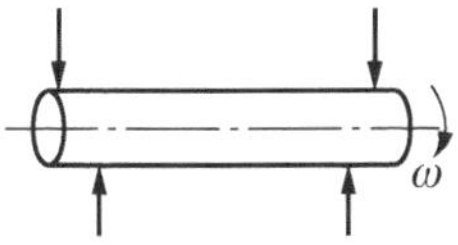		截面上的弯曲应力 σ 为静应力 $$\sigma = \frac{M}{W_z}$$ 【参考视频】
传动轴		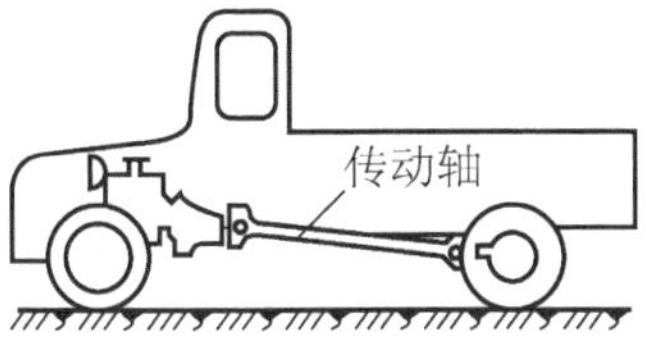 汽车变速器与后桥之间的轴			主要承受转矩，不承受弯矩或承受很小的弯矩；仅起传递动力的作用；截面上的扭转切应力 $$\tau = \frac{T}{W_p}$$ T ——截面上的扭矩 W_p ——抗扭截面系数 【参考视频】

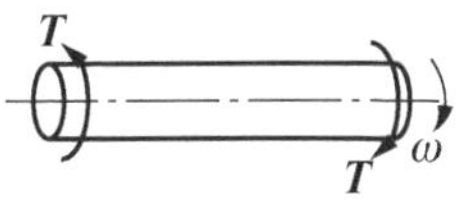

续表

种类	举 例	受力简图	特 点
转轴	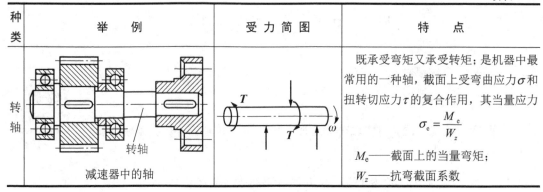转轴 减速器中的轴		既承受弯矩又承受转矩；是机器中最常用的一种轴，截面上受弯曲应力σ和扭转切应力τ的复合作用，其当量应力 $$\sigma_e = \frac{M_e}{W_z}$$ M_e——截面上的当量弯矩； W_z——抗弯截面系数

根据轴线形状，可将轴分为直轴(图 9.2)、曲轴(图 9.3)、挠性钢丝轴(图 9.4)。

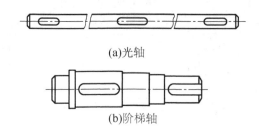

(a)光轴

(b)阶梯轴

(c)空心轴

图 9.2 直轴

【参考视频】

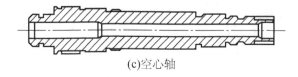

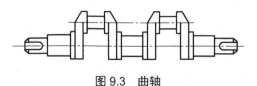

图 9.3 曲轴

　　直轴应用较广，根据外形，可分为直径无变化的光轴[图 9.2(a)]和直径有变化的阶梯轴[图 9.2(b)]。为了提高刚度或减轻质量，有时制成空心轴[图 9.2(c)]。空心轴往往是大直径轴，其内孔可以用于输送液体、工件和微小机构等。车床主轴就是典型的空心轴。

　　曲轴用于将直线往复运动转换为旋转运动或将旋转运动转换为直线往复运动的轴。如汽车发动机曲轴、内燃机曲轴、空气压缩机曲轴等。

　　挠性钢丝轴是由几层紧贴在一起的钢丝层构成的[图 9.4(a)]。它的挠性好，可以在传递转矩的同时在一定范围内改变轴线方向，将运动灵活地传递到指定位置。但其传递的转矩较小，且不能承受弯矩，主要用于以传递运动为主的机械装置中，如装配流水线上的电动螺钉扳手、建筑机械(如捣振器)及医疗器械等。

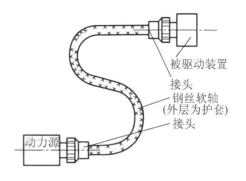

被驱动装置

接头

钢丝软轴
(外层为护套)

接头

动力源

(a)钢丝软轴的绕制　　　　　　　　(b)钢丝软轴的应用

图 9.4　挠性钢丝轴

2. 轴的材料

轴的主要失效形式为疲劳破坏，轴的材料应具有较好的强度、韧性及耐磨性。一般用途的轴常采用优质碳素结构钢，如 35、45、50 牌号的钢，尤以 45 钢应用最广泛；轻载或不重要的轴可采用 Q235、Q275 等普通碳素钢；重载或重要的轴可选用合金结构钢，其力学性能高，但价格较贵，选用时应综合考虑。轴的毛坯一般采用轧制圆钢和锻件，轴的常用材料及其主要力学性能见表 9-2。

表 9-2　轴的常用材料及其主要力学性能

材料牌号	热处理方法	毛坯直径/mm	硬度/HBW	抗拉强度 σ_b/MPa	屈服点 σ_s/MPa	许用弯曲应力/MPa			备　注
				不小于		$[\sigma_{+1}]_b$	$[\sigma_0]_b$	$[\sigma_{-1}]_b$	
Q235-A	热轧或锻后空冷	≤100		400～420	225	125	70	40	用于不重要的轴
		>100～250		375～390	215				
35	正火	≤100	149～187	520	270	170	75	45	用于一般轴
45	正火	≤100	170～217	600	300	200	95	55	用于较重要的轴
	调质	≤200	217～255	650	360	215	108	60	
40Cr	调质	≤100	241～286	750	550	245	120	70	用于载荷较大，但冲击不太大的重要轴
	调质	>100～300		700	500				
35SiMn	调质	≤100	229～286	800	520	270	130	75	用于中小型轴，可代替 40Cr
42SiMn	调质								
40MnB	调质	≤200	241～286	750	500	245	120	70	用于小型轴，可代替 40Cr

9.2.2　轴的结构设计

轴的结构设计的目的，是确定轴的结构形状和尺寸。由于影响轴结构的因素很多，故轴的结构设计具有较大的灵活性和多样性，但应满足如下要求：

【参考视频】

① 轴和轴上的零件要有准确的工作位置(轴向和周向的定位与固定)。

② 轴上的零件应便于装拆和调整。

③ 轴的直径应适合所配合零件的标准尺寸。

④ 轴应具有良好的加工工艺性。

⑤ 轴的受力位置布局要合理,以提高轴的刚度和强度。

⑥ 轴的结构应尽量减小应力集中,以提高疲劳强度。

此外,为节省材料和减轻质量,轴的尺寸在满足强度和刚度要求的同时应尽量小。通常,由于要满足轴的上述种种要求,轴的结构多数是阶梯轴。

图9.5所示为阶梯轴的典型结构。轴上各直径段的名称为:安装轮毂的轴段称为轴头(图9.5中的①、④段),安装轴承的轴段称为轴颈(图9.5中的③、⑦段),连接轴头和轴颈的轴段称为轴身(图9.5中的②、⑥段),图9.5中的⑤段称为轴环,直径不等的相邻两轴段之间的环型轴端称为轴肩。

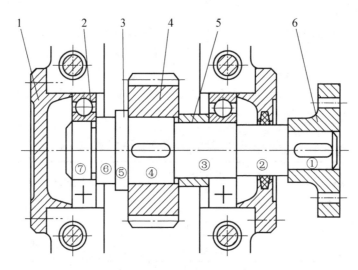

图9.5 阶梯轴的典型结构

1—轴承盖;2—轴承;3—轴;4—齿轮;5—套筒;6—半联轴器

设计轴时,一般应已知:机器或部件的装配简图,轴的转速,传递的功率,轴上零件的类型和尺寸等。

下面以单级圆柱齿轮减速器的输入轴为例,来说明轴结构设计的一般步骤和方法。图9.6所示为减速器的装配简图,图中给出了减速器主要零件的相互位置关系。设计轴时,即可按此确定轴上主要零件的安装位置[图9.7(a)]。考虑到箱体可能有铸造误差,齿轮端面与箱体内壁应留有一定的间距a,滚动轴承内侧与箱体内壁间应留出轴承调整的空间距离s,带轮内端面与轴承端盖间的距离为$l(l$、s、a均为经验数据,可查机械设计手册)。

1. 拟定轴上零件的装配方案

轴的结构形式取决于轴上零件的装配方案,因而进行轴的结构设计时,必须拟定几种不同的装配方案,以便进行比较和选择。图9.7(c)所示输入轴的结构形式即为装拆方案之一,按此方案,圆柱齿轮、套筒、左端轴承及轴承端盖和带轮依次由轴的左端装配与拆卸;而

266

图 9.7(d)所示为输入轴的另一装配方案。经分析比较，后者比前者多设一个轴向固定的套筒，使轴上零件增多，质量增大，同时也增加了装配难度，因此前一个方案较为合理。

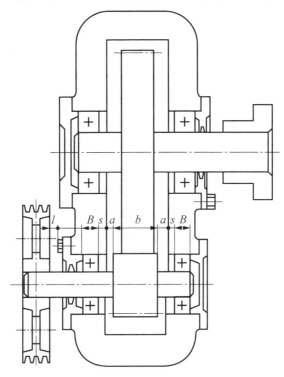

图 9.6　单级圆柱齿轮减速器简图

2. 轴的各段直径及长度的确定

1) 确定轴的各段直径

由于设计初期，轴的长度、支反力作用点和跨距等都是未知的，往往无法确定弯矩的大小和分布情况，因而不能按轴所受的实际载荷来计算和确定轴的直径。此时，通常先根据轴所传递的转矩，按扭转强度来初步估算轴的直径，其方法如下：

设轴所传递的转矩为 T，其强度条件为

$$\tau = \frac{T}{W_{\mathrm{P}}} \approx \frac{9.55 \times 10^6 \dfrac{P}{n}}{0.2d^3} \leqslant [\tau] \tag{9-1}$$

式中，τ 为扭转切应力(MPa)；T 为转矩(N·mm)；W_{P} 为轴的抗扭截面系数(mm³)；n 为轴的转速(r/min)；P 为轴传递的功率(kW)；d 为计算剖面处轴的直径(mm)；$[\tau]$ 为许用扭转切应力(MPa)，见表 9-3。

表 9-3　轴常用材料的[τ]及 C 值

轴的材料	Q235、20	45	40Cr、35SiMn、2Cr13
[τ]/MPa	12～20	30～40	40～52
C	160～135	118～107	107～90

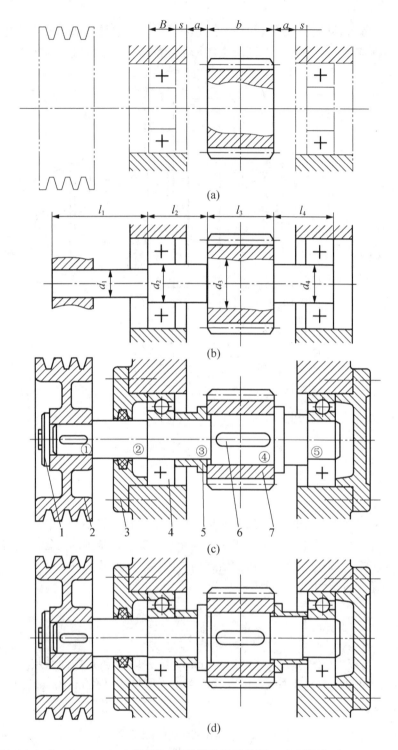

图 9.7　轴的结构设计分析

1—轴端挡圈；2—V 带轮；3—轴承端盖；4—滚动轴承；5—套筒；6—平键；7—圆柱齿轮

由式(9-1)可得轴的直径计算公式为

$$d \geqslant \sqrt[3]{\frac{9.55 \times 10^6 P}{0.2[\tau]n}} = \sqrt[3]{\frac{9.55 \times 10^6}{0.2[\tau]}} \sqrt[3]{\frac{P}{n}} = C \sqrt[3]{\frac{P}{n}} \qquad (9\text{-}2)$$

式中，C 是与许用切应力$[\tau]$有关的系数，其值见表 9-3。

应当注意，用式(9-2)求得的直径，对于只承受转矩的传动轴，可作为最终计算；对于转轴，只能作为轴上受扭段的最小直径 $d_{\min}$。估算出轴的最小轴径后，可根据轴上零件的装配方案和定位要求，依次确定各轴段的直径，如图 9.7(b)所示。确定各轴段的直径时，应注意下列几点：

(1) 应考虑键槽对轴的强度削弱。例如，计算最小轴径时，若该处有一个键槽，则直径的计算值应加大 3%～5%；若有两个键槽，则应加大 7%～10%，然后圆整至标准值。

(2) 轴上装配标准件处，其轴段直径必须符合标准件的标准直径系列值(如联轴器、滚动轴承、密封件等)。

(3) 轴上车制螺纹部分的直径，必须符合外螺纹大径的标准系列值。

(4) 与零件(如齿轮、带轮等)相配合的轴头直径，应采用按优先数系制定的标准尺寸，见表 9-4。

(5) 非配合轴段的直径，可不取标准值，但一般应取成整数。

表 9-4　按优先数系制定的轴头标准直径(GB/T 2822—2005)　　　　(单位：mm)

12	14	16	18	20	22	24	25	26	28	30	32	34	36
38	40	42	45	48	50	53	56	60	67	71	75	80	85
90	95	100	105	110	120	130	140	150	160	170	180	190	200

注：对已有专用标准规定的尺寸，可按专用标准选用。

2) 确定轴的各段长度

根据各轴段处装配零件的宽度、相邻零件间的间距要求及机器(或部件)总体布局要求等，可确定各轴段的长度。如图 9.7(b)中，$l_2 = B + s + a$(B 为轴承宽度)。确定轴的各段长度时，应注意以下几点：

(1) 当零件需要轴向定位时，则该处轴段的长度应比所装零件的宽度(或长度)短 2～3mm，以保证零件沿轴向可靠定位，如装齿轮和带轮的轴段。

(2) 装轴承处的轴段长度一般与轴承宽度相同。

(3) 轴段长度的确定应考虑轴系中各零件之间的相互关系和装拆工艺要求，如图 9.7(c)中带轮和左端轴承之间的轴段②就是根据轴承端盖的装拆要求、轴承端盖的厚度确定的。

3. 轴上零件的定位与固定

为了保证机器能够正常工作，轴上零件和轴本身都应进行准确的定位和可靠的固定。轴上零件的定位和固定一般分为轴向定位与固定和周向固定两大类。

1) 轴上零件的轴向定位与固定

为了保证零件有确定的工作位置，防止零件沿轴向移动并能承受轴向载荷，必须对其进行轴向定位与固定。轴向定位与固定的方法很多，常见的有轴肩、轴环、套筒、各种挡圈、圆锥面、圆螺母及紧定螺钉等定位方式，其特点和应用见表 9-5。

表 9-5　轴上零件的轴向固定方法及特点

固定方法	简　图	特　点
轴肩、轴环	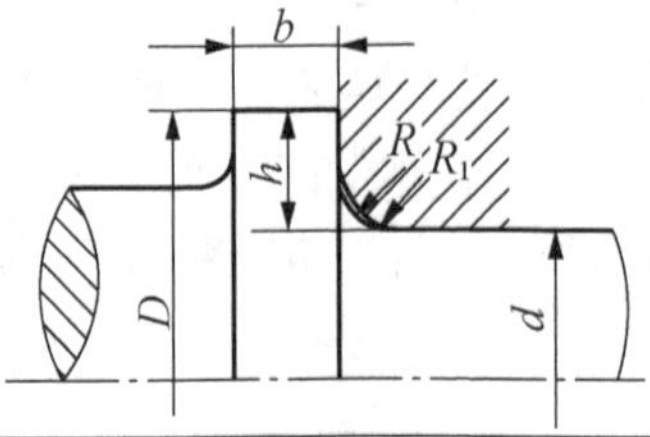 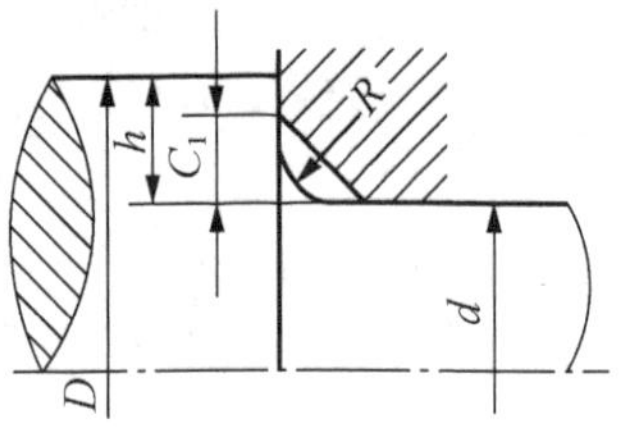	结构简单，定位可靠，可承受较大的轴向力，常用于齿轮、链轮、带轮、联轴器和轴承等的轴向定位； 定位轴肩高度 h 应大于 R_1 或 C_1，通常取 $h=(0.07\sim0.1)d$，同时为了保证零件紧靠定位面，应使 $R<C_1$ 或 $R<R_1$，R、R_1、C_1 值见表 9-6； 非定位轴肩是为了加工和装配方便而设置的，其高度没有严格的规定，一般取为 $0.5\sim2\text{mm}$； 轴环宽度 $b\approx1.4h$； 与滚动轴承配合处的 h 与 R 值应根据滚动轴承的类型与尺寸确定
套筒	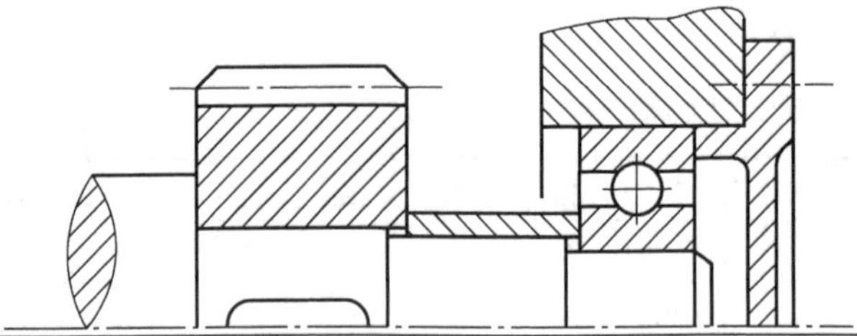	结构简单，定位可靠，轴上不需开槽、钻孔和切制螺纹，因而不影响轴的疲劳强度。一般用于零件间距较小的场合，以免增加结构重量。轴的转速很高时不宜采用
圆螺母	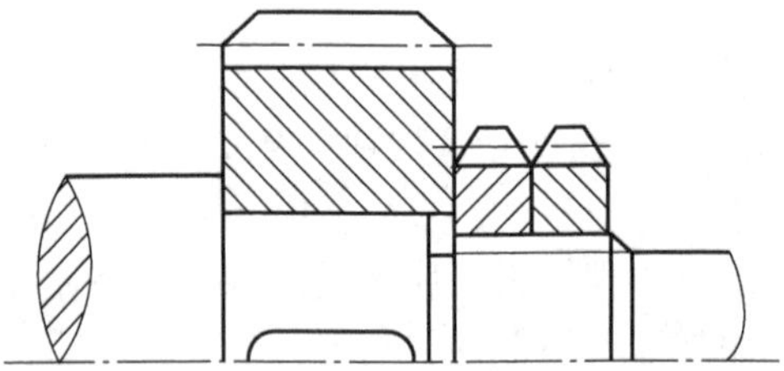	固定可靠，装拆方便，可承受较大的轴向力。由于轴上需切制螺纹，使轴的疲劳强度降低。常用双圆螺母或圆螺母与止动垫圈固定轴端零件，当零件间距较大时，也可用圆螺母代替套筒以减小结构质量； 圆螺母和止动垫圈的结构尺寸见 GB/T 812—1988 和 GB/T 858—1988
轴端挡圈	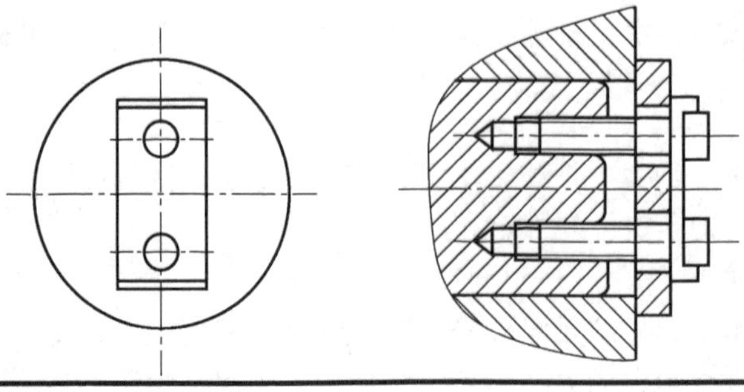	适用于固定轴端零件，可承受剧烈振动和冲击载荷； 螺栓紧固轴端挡圈的结构尺寸见 GB/T 892—1986

【参考图文】

续表

固定方法	简 图	特 点
圆锥面		能消除轴与轮毂间的径向间隙，装拆较方便，可兼作周向固定，能承受冲击载荷。多用于轴端零件固定，常与轴端压板或螺母联合使用，使零件获得双向轴向固定
弹性挡圈		结构简单紧凑，只能承受很小的轴向力，常用于固定滚动轴承；轴用弹性挡圈的结构尺寸见 GB/T 894.1—1986

2) 轴上零件的周向固定

为了传递转矩，防止零件与轴产生相对转动，轴上零件与轴必须有可靠的周向固定。固定方法要根据载荷的大小和性质、轮毂与轴的对中要求和重要性等因素来确定。如齿轮与轴多采用平键联接；在重载、冲击或振动情况下，可采用过盈配合加键联接；在传递转矩较大，轴上零件需做轴向移动或对中要求较高的情况下，可采用花键联接；轻载或不重要的情况下可采用销联接或紧定螺钉联接；而滚动轴承与轴的周向定位一般通过过盈配合来实现。具体形式如图 9.8 所示。

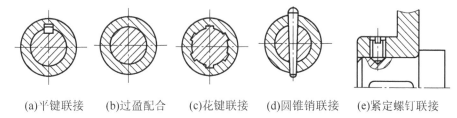

(a)平键联接 (b)过盈配合 (c)花键联接 (d)圆锥销联接 (e)紧定螺钉联接

图 9.8 零件在轴上周向固定的形式

4. 具有良好的制造和装配工艺性

(1) 轴端、轴头、轴颈的端部都应有倒角，以方便装配和保证安全，其结构尺寸见表 9-6。

【参考图文】

表 9-6 轴环与轴肩尺寸 b、h、R 及零件孔端圆角半径 R_1 和倒角 C_1

轴径 d	>10～18	>18～30	>30～50	>50～80	>80～100
R	0.8	1.0	1.6	2.0	2.5
R_1 或 C_1	1.6	2.0	3.0	4.0	5.0
h_{min}	2	2.5	3.5	4.5	5.5
b	$b \approx 1.4h$				

(2) 为了车制完整的螺纹,应留有退刀槽(图 9.9),其结构尺寸参见国家标准 GB/T 3—1997。

(3) 为了磨削出准确的定位轴肩,应留有砂轮越程槽(图 9.10),其结构尺寸参见国家标准 GB/T 6403.5—2008。

(4) 为了便于拆卸滚动轴承,轴肩高度 h 一般应小于轴承内圈高度。若因结构上的原因轴肩高度超出允许值,可利用锥面过渡,如图 9.11 所示。

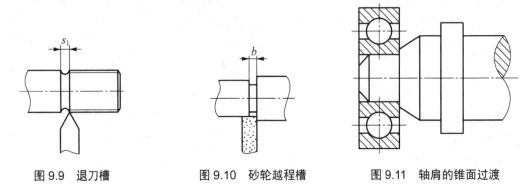

图 9.9　退刀槽　　　　　图 9.10　砂轮越程槽　　　　图 9.11　轴肩的锥面过渡

(5) 当轴上有两个以上的键槽时,应将键槽置于同一母线上,槽宽应尽量统一,以利于加工,如图 9.12 所示。

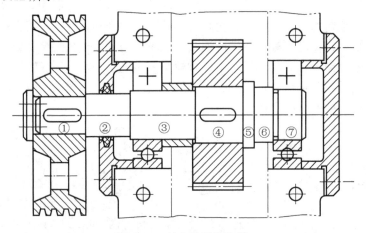

图 9.12　轴上键槽的布置

(6) 为了测量和磨削轴的外圆,在轴的端部应制有定位中心孔(图 9.13),其结构尺寸参见国家标准 GB/T 145—2001。

(7) 对过盈配合表面的压入端,最好加工成导向锥面(图 9.14),以便装配时压入零件,图中 $e \geqslant 0.01d + 2\text{mm}$。

5. 提高轴的强度与刚度的措施

具体内容参见任务 2 的 2.2.6 节。

【例 9.1】　图 9.15 是一轴系部件的结构图,在轴的结构和零件固定方面存在一些不合理的地方,请在图上标出这些不合理的地方,并说明不合理的原因,最后画出正确的轴系部件的结构图。

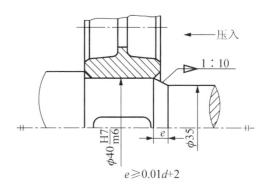

图 9.13　带有定位中心孔的轴端　　　图 9.14　过盈配合联接及其工艺结构

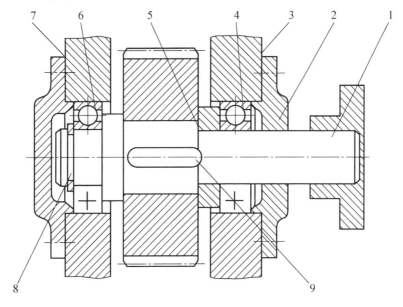

图 9.15　轴结构改错图

分析过程如下：

序号 1 处有三处不合理的地方：①联轴器应打通；②安装联轴器的轴段应有定位轴肩；③安装联轴器的轴段上应有键。

序号 2 处有三处不合理的地方：①轴承端盖和轴接触处应留有间隙；②轴承端盖和轴接触处应装有密封圈；③轴承端盖的形状虽然可以用，但加工面与非加工面分开则更佳。

序号 3 处有两处不合理的地方：①安装轴承端盖的部位应高于整个箱体，以便加工；②箱体本身的剖面不应该画剖面线。

序号 4 处有一处不合理的地方：安装轴承的轴段应高于右边的轴段，形成一个轴肩，以便轴承的安装。

序号 5 处有两处不合理的地方：①安装齿轮的轴段长度应比齿轮的宽度短一点，以便齿轮更好地定位；②套筒直径太大，套筒的最大直径应小于轴承内圈的最小安装直径，以方便轴承的拆卸。

序号 6 处有两处不合理的地方：①定位轴肩太高，应留有拆卸轴承的空间；②安装轴承的轴段应留有砂轮越程槽。

序号 7 处有一处不合理的地方：安装轴承端盖的部位应高于整个箱体，以便加工。

序号 8 处的结构虽然可以用，但能找到更好的结构，如单向固定的结构。

序号 9 处有一处不合理的地方：键太长，键的长度应小于该轴段的长度。

轴结构的改正如图 9.16 所示。

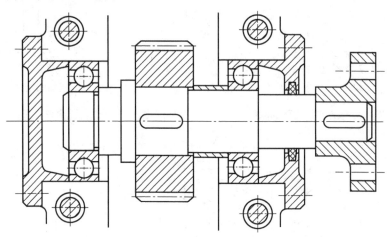

图 9.16　轴结构正确图

9.2.3　轴的强度与刚度计算

1. 轴的强度计算

轴的强度计算应根据轴的具体受载情况采取相应的计算方法。传动轴仅受转矩的作用，按扭转强度计算；心轴仅受弯矩的作用，按弯曲强度计算；转轴既受转矩作用又受弯矩作用，一般按弯扭合成强度计算。下面以应用较广的实心转轴为例，讨论有关计算问题。

当转轴的结构设计完成后，轴的形状和尺寸、轴上外载荷和支反力作用点均已确定，即可按弯扭合成强度条件计算轴的强度。一般步骤如下：

1) 绘制轴的受力简图(力学模型)

通常将轴简化为简支梁或外伸梁(两端轴承视为一端活动铰支座，另一端固定铰支座)，且忽略轴系各零件的质量，再将轴上零件所受的载荷(若为空间力系，应将其分解为圆周力、径向力和轴向力)全部转化到轴上。并将其分解为水平面受力图和铅垂面受力图，求出水平面和铅垂面内支承点的支反力。

在计算简图中，一般将传动件(齿轮、带轮、链轮等)传给轴的分布力简化为作用于轮缘宽度中点的集中力；作用在轴上的转矩简化为过轮毂宽度对称中点的集中转矩。若轴的外伸端安装的是带轮或链轮，则轴在此处除受转矩外，还受由轴压力引起的弯矩。

支反力的位置由支承形式确定，常见轴承的支反力位置可根据图 9.17 查机械设计手册确定。

2) 绘制弯矩图

分别绘制水平面弯矩图 M_H 和铅垂面弯矩图 M_V。然后由式(9-3)计算出合成弯矩，并绘制合成弯矩图 M。

$$M = \sqrt{M_H^2 + M_V^2} \tag{9-3}$$

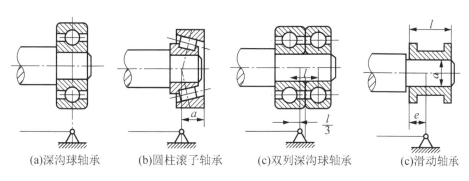

     (a)深沟球轴承   (b)圆柱滚子轴承   (c)双列深沟球轴承   (c)滑动轴承

图 9.17　轴承支反力位置的确定

3) 绘制扭矩图

根据轴所受的扭矩 T，绘制扭矩图。

4) 判断危险截面，计算当量弯矩

轴的危险截面一般按合成弯矩图进行判断。理论研究和实践都表明，轴上弯矩最大的截面及弯矩次大、但轴径小的截面均为危险截面。危险截面确定后，应根据以上求出的合成弯矩 M 和扭矩 T，按第三强度理论求当量弯矩 M_e。

$$M_e = \sqrt{M^2 + (\alpha T)^2} \tag{9-4}$$

式中，α 是考虑弯曲应力和扭转切应力的循环特性而引入的修正系数。通常，弯曲应力是对称循环变化，而扭转切应力则随工作情况变化。当扭矩稳定不变时，$\alpha = [\sigma_{-1}]_b / [\sigma_{+1}]_b \approx 0.3$；当扭矩脉动变化时，$\alpha = [\sigma_{-1}]_b / [\sigma_0]_b \approx 0.6$；当扭矩对称变化(轴频繁正反转)时，$\alpha = [\sigma_{-1}]_b / [\sigma_{+1}]_b = 1$。其中，$[\sigma_{+1}]_b$、$[\sigma_0]_b$ 和 $[\sigma_{-1}]_b$ 分别是静应力、脉动应力和对称应力下轴的许用弯曲应力(MPa)，其值见表 9-2。

对于减速器而言，轴所承受的扭转切应力一般可按脉动循环变化考虑，故取修正系数 $\alpha = 0.6$。

5) 校核轴的强度

当轴危险截面的当量弯矩求出后，即可按式(9-5)对轴进行强度校核

$$\sigma_e = \frac{M_e}{W_z} = \frac{\sqrt{M^2 + (\alpha T)^2}}{0.1d^3} \leqslant [\sigma] \tag{9-5}$$

式中，σ_e 是计算截面的弯曲应力(MPa)；M、T、M_e 分别为计算截面的合成弯矩、扭矩和当量弯矩(N·mm)；d 是计算截面的直径(mm)；$[\sigma]$ 是轴的许用弯曲应力(MPa)。对于转动的轴，$[\sigma] = [\sigma_{-1}]_b$；对于固定不动的轴，考虑启动、停止等影响，$[\sigma] = [\sigma_0]_b$。

2. 轴的刚度计算

轴的刚度不足，在工作时将产生过大的弹性变形，影响机器的正常工作。例如，机床主轴刚度不足，将影响加工精度；发动机凸轮轴变形过大，会引起较大的振动，扰乱阀门的正常启闭。因此对于有刚度要求的轴，必须进行刚度计算。

表 9-7　轴的许用变形量

变形种类	应用范围	许用值	变形种类	应用范围	许用值/rad
许用挠度 $[y]$/mm	一般用途轴 机床主轴 感应电动机轴 安装齿轮的轴 安装蜗轮的轴	$(0.0003\sim0.0005)l$ $0.0002\,l$ 0.1Δ $(0.01\sim0.03)m_n$ $(0.02\sim0.05)m$	许用偏转角 $[\theta]$/rad	滑动轴承 深沟球轴承 调心球轴承 圆柱滚子轴承 圆锥滚子轴承 安装齿轮处	0.001 0.005 0.05 0.0025 0.0016 $0.001\sim0.002$
		l ——跨距； Δ ——电动机定子与转子间气隙； m_n ——齿轮法面模数； m ——蜗轮端面模数	许用扭转角 $[\varphi]$/(°/m)	对于精密传动 对于一般传动 对于要求不高的传动	$(0.25\sim0.50)$ $(0.5\sim1.0)$ >1

轴的刚度主要是弯曲刚度和扭转刚度，前者以挠度 y 或偏转角 θ 度量，后者以扭转角 φ 度量。轴的刚度计算就是计算出轴受载时的变形量，并使其控制在允许的范围内，即

$$\left.\begin{array}{c}y\leqslant[y]\\\theta\leqslant[\theta]\\\varphi\leqslant[\varphi]\end{array}\right\}\tag{9-6}$$

式中，$[y]$、$[\theta]$、$[\varphi]$ 根据各类机器的实际要求确定，其值可参考表 9-7。y、θ、φ 可按项目 1 中材料力学公式计算。

9.2.4　轴的使用与维护

轴是最容易损坏的零件之一，其失效将危及整部机器，故应注意对轴的使用与维护。

1. 轴的使用

(1) 使用前，应注意轴上零件的安装质量。轴和轴上零件的固联应可靠，轴和轴上有相对运动的零件的间隙应适当；轴颈润滑应符合要求，避免非正常磨损。

(2) 使用中，不要突加、突减负载或超载，尤其是使用已久的轴更应注意，以防其疲劳断裂和过大的弯曲变形。

(3) 机器大修和中修时，应检验轴有无裂纹、弯曲、扭曲及轴颈磨损等，如不合要求，应及时修复或更换。

2. 轴的修复

轴断裂后难以修复，一般应予以更换。轴的主要修复内容有：

(1) 轴颈磨损。轴颈因磨损会失去正确的几何形状和尺寸。当轴颈磨损在 0.4 mm 以下时，先用机加工恢复轴的正确几何形状，然后用镀铬、镀铁或喷涂方法修复。磨损较大时，可堆焊或镶套修复。堆焊后需机加工并热处理退火。镶套时可先用机加工方法使轴恢复正确的几何形状误差，然后按轴颈实际尺寸选配新轴衬。镶配时套与轴为过盈配合。

(2) 圆角磨损。圆角的磨伤可用细锉或车削、磨削修复。圆角磨损很大时，需进行堆焊，然后退火并车削到原尺寸。

(3) 螺纹受损。当轴表面上的螺纹碰伤导致螺母不能拧入时，可用圆板牙或车削修整。当螺纹滑牙或掉牙时，可先车削掉全部螺纹，然后进行堆焊，再车削加工修复。

(4) 键槽磨损。键槽上只有小凹痕、毛刺和轻微磨损时，可用细锉、油石或刮刀等进行修整。当键槽磨损较大时，可扩大键槽，或对键槽焊堵，并在其他位置重铣键槽。

(5) 花键键齿磨损。键齿磨损不大时，先将花键部分退火，进行局部加热，然后用钝錾子对准键齿顶中间，手锤敲击，并沿键长移动、使键宽增加。花键被挤压而形成的槽用电焊焊补，最后进行机加工和热处理。键齿磨损较大时，可用堆焊修复磨损的齿侧，再铣出花键。

(6) 裂纹。轴出现裂纹后将有断裂的危险。对轻载且不重要的轴，可采用焊补或粘接修复。对裂纹较深且重载而重要的轴，应予以更换。

(7) 弯曲变形。轴的弯曲量小于长度的 8/1000 时，可用冷压校正。对于要求高、需精确校正的轴，或弯曲量较大的轴，则用局部火焰加热校正。

9.3　任务实施

带式输送机中一级斜齿圆柱齿轮减速器的低速轴的具体设计如下：

1) 选择轴的材料和热处理方法

减速器功率不大，又无特殊要求，故选最常用的 45 钢并作正火处理。由表 9-2 查得抗拉强度 σ_b=600MPa，许用弯曲应力$[\sigma_{-1}]_b$=55MPa。

2) 初步估算轴的最小直径

安装联轴器处轴的直径为轴的最小直径 d_1。根据式(9-2)，查表 9-3 得 C=118～107，于是得

$$d_1 \geq C\sqrt[3]{\frac{P}{n}} = (118～107)\times\sqrt[3]{\frac{3.15}{80}} = 40.14～36.4(mm)$$

考虑该轴段上有一键槽，轴径应增大 3%～5%，即 d_1=(40.14～36.4)×(1.03～1.05)= 42.15～37.49mm。该任务中轴头安装弹性套柱销联轴器，故轴径应取其孔径系列标准值，查附表 8，取 d_1=40mm。

3) 轴的结构设计

(1) 拟定轴上零件的装配方案。轴上的大部分零件，包括齿轮、左端挡油环(兼作套筒)、左端轴承和轴承端盖及联轴器依次从左端装配，仅右端挡油环、右端轴承和轴承端盖由右端装配。

(2) 根据轴向定位的要求确定轴的各段直径和长度。根据轴的结构设计要求，轴的结构草图设计如图 9.18 所示。轴段①、②之间应有定位轴肩；轴段②、③及③、④之间应设置非定位轴肩以利于装配；轴段⑤为轴环。

各轴段的具体设计如下：

轴段①：由第 2)步已确定 d_1=40mm，查附表 8，LT7 弹性套柱销联轴器与轴配合部分的长度 L_1=84mm，为保证轴端挡圈压紧联轴器，l_1 应比 L_1 略小，故取 l_1=82mm。

轴段②：这段轴径由密封件的尺寸来决定。联轴器右端用轴肩定位，根据 $h=(0.07\sim 0.1)d_1=2.8\sim 4mm$，然后查表 9-6，可知 $h>h_{min}=3.5mm$，且 d_2 的个位数一般为 0 或 5(附表 4)，故取轴肩高 $h=5mm$，所以 $d_2=d_1+2h=(40+2\times 5)=50(mm)$。该段长度可根据结构和安装要求最后确定。

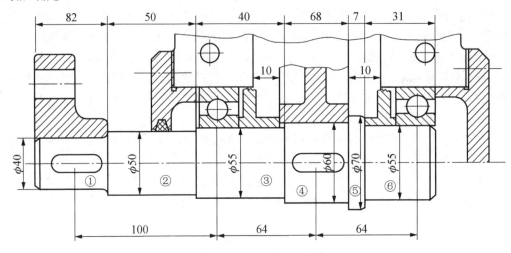

图 9.18　轴的结构设计草图

轴段③：这段轴径由滚动轴承的内径来决定。斜齿轮虽有轴向力但其值不大，所以选用结构简单、价格便宜的深沟球轴承。因为已确定 $d_2=50mm$，$d_3=d_2+(1\sim 2)mm$，且 d_3 的个位数一般为 0 或 5，故取 $d_3=55mm$，55mm 也是此处所安装滚动轴承的内径。由此便知：轴段③可选 6011 型轴承(其宽度 B 为 18mm，内径为 55mm)。左侧轴承用挡油环(兼作套筒)定位，根据 6011 型轴承对安装尺寸的要求(附表 1)，挡油环左侧高度应取 3.5 mm。

该轴段长度 l_3 的确定如下：考虑箱体铸造误差，保证齿轮两侧端面与箱体内壁不相碰，齿轮端面至箱体内壁应有 $10\sim 15mm$ 的距离，这里取 10mm。为保证轴承含在箱体轴承座孔内，并考虑轴承的润滑[图示为脂润滑，为防止箱体内润滑油溅入轴承而带走润滑脂，应设挡油环(兼作套筒定位)]，为此轴承端面至箱体内壁应有 $10\sim 15mm$ 的距离，这里取 10mm(如为油润滑应取 $3\sim 5mm$)，故挡油环的总宽度为 20mm。因此 $l_3=[18+20+(70-68)]=40(mm)$(齿轮宽度为 70mm，轴段④的长度 l_4 为 68mm)。

此时可确定轴段②的长度 l_2：根据箱体箱盖的加工和安装要求，取箱体轴承座孔长度为 51mm[此处 51mm=δ(减速器箱座壁厚)+C_1+C_2(扳手空间)+$(5\sim 10)mm$(轴承座凸台的高度)，计算办法详见《机械设计基础课程设计指导书》]；轴承端盖和箱体之间应有调整垫片，取其厚度为 2mm；轴承端盖厚度取 10mm；为了保证拆卸轴承端盖或松开端盖加润滑油及调整轴承时，联轴器不与轴承端盖联接螺钉相碰，联轴器右端面与端盖间应有 $15\sim 20mm$ 的间隙，这里取 15mm。因此 $l_2=15+10+2+51+10+2-l_3=15+10+2+51+10+2-40=50(mm)$。

轴段④：$d_4=[d_3+(1\sim 2)]\times(1.03\sim 1.05)=57.68\sim 59.85(mm)$，此轴段安装齿轮，直径尽可能采用推荐的轴头标准系列值(表 9-4)，取 $d_4=60mm$。该段长度应小于齿轮轮毂宽度，取 $l_4=68mm$。

轴段⑤：齿轮右端用轴环定位，根据 $h=(0.07\sim 0.1)d_4=(0.07\sim 0.1)\times 60=4.2\sim 6(mm)$，取 $h=5mm$，故轴环直径 $d_5=d_4+2h=60+2\times 5=70(mm)$，轴环宽度一般为高度的 1.4 倍，取 $l_5=7mm$。

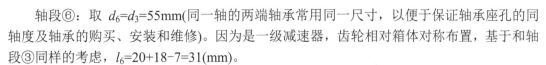

轴段⑥：取 $d_6=d_3=55$mm(同一轴的两端轴承常用同一尺寸，以便于保证轴承座孔的同轴度及轴承的购买、安装和维修)。因为是一级减速器，齿轮相对箱体对称布置，基于和轴段③同样的考虑，$l_6=20+18-7=31$(mm)。

如图 9.17 所示，深沟球轴承的支反力作用点在轴承的结构中心处。因此两支座之间的跨距 $L=9+20+70+20+9=128$(mm)，由此可进行轴和轴承等的计算。

(3) 轴上零件的周向固定。齿轮、半联轴器与轴的周向固定均采用平键联接。为了保证齿轮与轴有良好的对中性，采用 H7/r6 的配合，半联轴器与轴的配合为 H7/k6，滚动轴承与轴的配合为 H7/k6。

(4) 确定轴肩处的圆角半径及轴端倒角尺寸(查表 9-6)。

4) 轴的强度校核

(1) 画轴的计算简图。

由轴的结构草图(图 9.18)，可确定轴承支点跨距 $l_{BC}=l_{CD}=64$mm，悬臂 $l_{AB}=100$mm。由此可画出轴的计算简图，如图 9.19(a)所示。

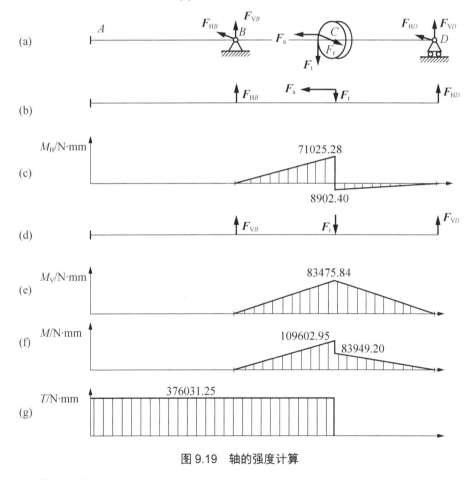

图 9.19　轴的强度计算

(2) 计算轴上外力。

$$T = 9.55 \times 10^6 \frac{P}{n} = 9.55 \times 10^6 \times \frac{3.15}{80} = 376031.25 \text{(N} \cdot \text{mm)}$$

$$d = \frac{m_n z}{\cos\beta} = \frac{3 \times 94}{\cos 12°} = 288.30 \text{(mm)}$$

$$F_t = \frac{2T}{d} = \frac{2 \times 376031.25}{288.30} = 2608.61 \text{(N)}$$

$$F_r = F_t \frac{\tan\alpha_n}{\cos\beta} = 2608.61 \times \frac{\tan 20°}{\cos 12°} = 970.67 \text{(N)}$$

$$F_a = F_t \tan\beta = 2608.61 \times \tan 12° = 554.48 \text{(N)}$$

(3) 求支反力。

水平面内支反力：由 $\sum M_D(F)=0$，得 $F_a \times d/2 + F_r \times l_{CD} - F_{HB} \times l_{BD} = 0$，所以

$$F_{HB} = \frac{F_a \times \dfrac{d}{2} + F_r \times l_{CD}}{l_{BD}} = \frac{554.48 \times \dfrac{288.30}{2} + 970.67 \times 64}{128} = 1109.77 \text{(N)}$$

由 $\sum F_H = 0$，得 $F_{HB} - F_r + F_{HD} = 0$，所以

$$F_{HD} = F_r - F_{HB} = 970.67 - 1109.77 = -139.10 \text{(N)}$$

垂直面内支反力：由 $\sum F_V = 0$，得 $F_{VB} - F_t + F_{VD} = 0$，所以

$$F_{VB} = F_{VD} = \frac{F_t}{2} = \frac{2608.61}{2} = 1304.31 \text{(N)}$$

(4) 画弯矩图。

水平面弯矩：

$$M_{HC左} = F_{HB} l_{BC} = 1109.77 \times 64 = 71025.28 \text{(N·mm)}$$
$$M_{HC右} = F_{HD} l_{CD} = -139.10 \times 64 = -8902.4 \text{(N·mm)}$$

垂直面弯矩：

$$M_{VC} = F_{VB} l_{BC} = 1304.31 \times 64 = 83475.84 \text{(N·mm)}$$

水平面和垂直面弯矩图如图 9.19(c)、图 9.19(e)所示。

合成弯矩为：

$$M_{C左} = \sqrt{M_{HC左}^2 + M_{VC}^2} = \sqrt{71025.28^2 + 83475.84^2} = 109602.95 \text{(N·mm)}$$

$$M_{C右} = \sqrt{M_{HC右}^2 + M_{VC}^2} = \sqrt{(-8902.4)^2 + 83475.84^2} = 83949.2 \text{(N·mm)}$$

合成弯矩图如图 9.19(f)所示。

(5) 画扭矩图。由扭矩 $T=376031.25 \text{(N·mm)}$，画扭矩图，如图 9.19(g)所示。

(6) 判断危险截面，计算当量弯矩。由图 9.19(f)可见，C 处弯矩最大，该截面为危险截面。

对于减速器而言，轴所承受的扭转切应力一般可按脉动循环变化考虑，故取修正系数 $\alpha=0.6$，则截面 C 的当量弯矩为

$$M_e = \sqrt{M_{C左}^2 + (\alpha T)^2} = \sqrt{109602.95^2 + (0.6 \times 376031.25)^2} = 250831.87 \text{(N·mm)}$$

(7) 校核轴的强度。由式(9-5)可得

$$\sigma_e = \frac{M_e}{W_z} = \frac{M_e}{0.1 d_4^3} = \frac{250831.87}{0.1 \times 60^3} = 11.68 \text{(MPa)}$$

因 $\sigma_e < [\sigma_{-1}]_b = 55 \text{MPa}$，故截面 C 的强度足够。

5) 绘制轴的零件工作图

根据上述设计结果可绘出轴的零件工作图，此处省略，读者可自行绘制。

9.4　任 务 评 价

本任务评价考核见表 9-8。

表 9-8　任务评价考核

序号	考核项目	权重	检查标准	得分
1	轴的分类和材料	15%	(1) 掌握不同类型轴的工作特性； (2) 熟悉轴的常用材料及应用	
2	轴的结构设计	50%	(1) 会拟定轴上零件的装配方案； (2) 会确定阶梯轴各段直径及长度； (3) 掌握轴上零件的定位与固定方法； (4) 熟悉阶梯轴制造和装配的工艺性要求	
3	轴的强度和刚度计算	25%	(1) 掌握轴的强度计算方法； (2) 了解轴的刚度计算方法	
4	轴的使用和维护	10%	了解轴的使用和维护常识	

习　　题

9.1　轴的功用是什么？

9.2　心轴、传动轴、转轴工作时有何特点？分别列举你所知道的应用实例。

9.3　轴的常用材料有哪些？如何选用？哪种应用最普遍？为什么？

9.4　轴的结构设计应考虑哪些问题？

9.5　轴上零件的周向和轴向定位、固定方式有哪些？

9.6　轴的哪些直径应符合零件标准和标准尺寸？哪些尺寸可随结构而定？

9.7　从轴的结构工艺性来看，在进行轴的设计时应注意哪些问题？

9.8　轴的强度计算公式 $M_e = \sqrt{M^2 + (\alpha T)^2}$ 中 α 的含义是什么？其大小如何确定？

9.9　如图 9.20 所示传统系统，齿轮 2 空套在轴Ⅲ上，齿轮 1、3 均和轴用键联接，卷筒和齿轮 3 固联而与轴Ⅳ空套。试问：

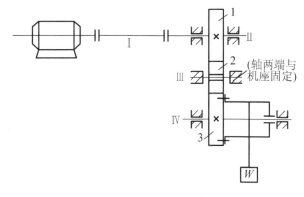

图 9.20　题 9.9 图

(1) 轴Ⅰ、Ⅱ、Ⅲ、Ⅳ工作时，分别承受何种类型的载荷？

(2) 各轴产生什么应力？说明其性质。

9.10 如图9.21所示的减速器轴，安装在一对6206轴承上。试确定下列尺寸：齿轮内孔倒角C_1，轴上装轴承处的圆角r_1，装齿轮处的圆角r_2，装轴承处轴肩高度h，轴环直径d，轴端倒角C，装齿轮轴段长度l。

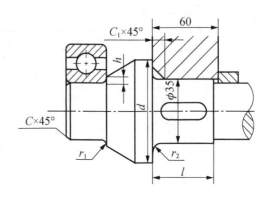

图 9.21 题 9.10 图

9.11 根据图9.22所示的尺寸，试确定轴承的内径、套筒的内径和外径、安装联轴器和齿轮处轴段的长度。

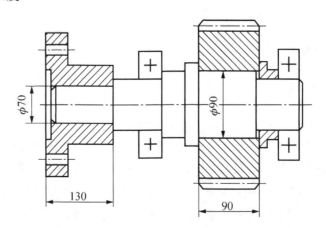

图 9.22 题 9.11 图

9.12 试设计图9.23中直齿圆柱齿轮减速器的从动轴。已知传递的功率$P=7.5\text{kW}$，大齿轮的转速$n_2=730\text{r/min}$，齿数$z_2=50$，模数$m=2\text{mm}$，齿宽$b=60\text{mm}$，采用深沟球轴承，单向转动，轴的跨距为120mm。

9.13 试设计图9.24所示单级平行轴斜齿圆柱齿轮减速器的高速轴Ⅰ。已知Ⅰ轴传递的功率$P_1=9.1\text{kW}$，转速$n_1=431.4\text{r/min}$，小齿轮的分度圆直径$d_1=90\text{mm}$，齿轮的轮毂长度为98mm，螺旋角$\beta=10°21'$（右旋）；大带轮轮毂宽度为120mm，轴压力$F_Q=2300\text{N}$。减速器长期工作，载荷平稳。

9.14 如图9.25所示的轴系结构图中，存在若干错误，请将错误之处标出，说明原因，并绘制正确的结构图。已知轴承采用脂润滑。

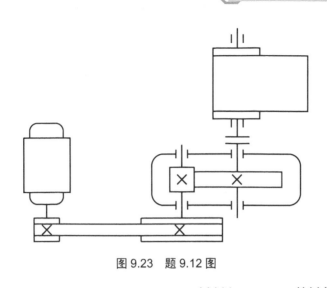

图 9.23　题 9.12 图

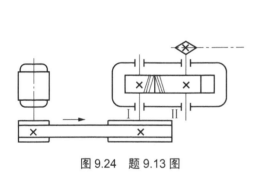

图 9.24　题 9.13 图

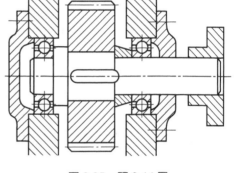

图 9.25　题 9.14 图

任务 10

轴承的选择与设计

10.1　任务导入

　　轴承是各类机械设备中的重要支承件,其功用是支承轴和轴上零件,承受和传递载荷,保持轴的旋转精度,减少轴与支承间的摩擦和磨损。按摩擦性质,轴承可分为滑动轴承和滚动轴承两大类。在一般机器中,如无特殊使用要求,优先推荐使用滚动轴承。滚动轴承是由专门工厂大量生产的标准化产品,设计时只需根据具体的工作条件,正确选择滚动轴承的类型及尺寸,并进行轴承的组合结构设计。本任务将学习这些问题。

　　试完成任务 9 中(参见图 9.1)一级斜齿圆柱齿轮减速器低速轴滚动轴承的设计选用。由任务 9 的实施过程可知轴承的设计参数为:轴径 d=55mm,转速仍为原值(n=80r/min),跨距为 128mm,两轴承在水平和铅垂平面内的径向支反力分别为 F_{HB}=1109.77N,F_{HD}=-139.1N,F_{VB}=F_{VD}=1304.31N,斜齿轮作用在轴上的轴向载荷 F_a=554.48N。要求轴承预期寿命为 36000h(三班制工作,工作年限 5 年,每年按 300 天计),载荷有轻微冲击,工作温度不高于 70℃。

10.2　任务资讯

10.2.1　滚动轴承的结构、类型和代号

1. 滚动轴承的结构和材料

　　滚动轴承的典型结构如图 10.1 所示,通常由外圈 1、内圈 2、滚动体 3 和保持架 4 组成。内圈装在轴颈上,外圈装在轴承座孔内,多数情况下内圈与轴一起转动,外圈保持不动。工作时,滚动体在内外圈间滚动。保持架将滚动体均匀地隔开,以减少滚动体之间的摩擦和磨损。

　　滚动体有多种形式,常用的滚动体有球、圆柱滚子、圆锥滚子、球面滚子和滚针等,如图 10.2 所示。

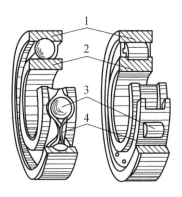

图 10.1 滚动轴承的结构

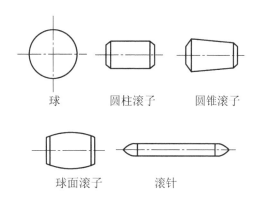

图 10.2 常用滚动体

1—外圈；2—内圈；3—滚动体；4—保持架

滚动轴承的内、外圈及滚动体，一般采用强度高、耐磨性好的滚动轴承钢制造，如 GCr15、GCr15SiMn 等，热处理后工作表面硬度可达 60~65HRC。保持架一般用低碳钢板冲压而成[图 10.3(a)，它与滚动体间有较大间隙，工作时噪声较大]，也有用铜合金、铝合金或塑料等制成的实体保持架[图 10.3(b)，具有较好的定心作用]。

2. 滚动轴承的结构特性

(1) 公称接触角。滚动体与套圈接触处的法线与轴承的径向平面(垂直于轴心线的平面)之间的夹角称为公称接触角α，如图 10.4 所示。公称接触角越大，承受轴向载荷的能力也越大，滚动轴承的分类及受力分析都与之有关。

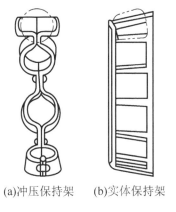

(a)冲压保持架　(b)实体保持架

图 10.3 保持架形式

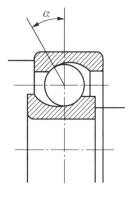

图 10.4 公称接触角

(2) 游隙。滚动轴承的游隙是指轴承的内、外圈与滚动体之间的间隙量，将内圈或外圈中的一个固定，另一个上下(径向)、左右(轴向)方向移动时的相对移动量。沿径向移动量为径向游隙Δr，沿轴向移动量为轴向游隙Δa，如图 10.5 所示。

(3) 偏位角。由于制造、安装误差或轴的变形等都会引起轴承与座孔轴线不同轴，两轴线之间所夹锐角θ称为偏位角。此时，应使用能适应这种轴线夹角变化的调心轴承(图 10.6)。

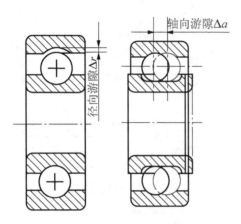

图 10.5　滚动轴承的游隙

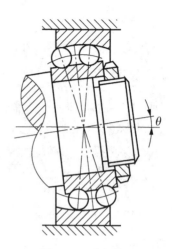

图 10.6　调心轴承

3. 滚动轴承的类型及应用

滚动轴承的分类方法很多，常见的有以下几种：

(1) 按滚动体的形状，滚动轴承可以分为球轴承和滚子轴承。

球轴承的滚动体为球体，其制造工艺简单，极限转速较高，价格较低；由于球体与内、外圈滚道为点接触，故球轴承的承载能力、耐冲击能力和刚度都较低。滚子轴承的滚动体为圆柱或圆锥体，与内、外圈滚道为线接触，其承载能力、耐冲击能力和轴承刚度均较球轴承高，但滚子的制造工艺较球体复杂，因而价格比球轴承高。

(2) 按所能承受载荷的方向和接触角，滚动轴承可分为向心轴承和推力轴承，见表10-1。

表 10-1　各类轴承的公称接触角 α

轴 承 种 类	向 心 轴 承		推 力 轴 承	
	径 向 接 触	向心角接触	推力角接触	轴 向 接 触
公称接触角 α	$\alpha = 0°$	$0° < \alpha \leqslant 45°$	$45° < \alpha \leqslant 90°$	$\alpha = 90°$
图例(以球轴承为例)				
所受载荷性质	主要承受径向载荷	能同时承受径向载荷和轴向载荷	主要承受轴向载荷也能承受不大的径向载荷	只能承受轴向载荷

【参考图文】

滚动轴承因其结构类型多样而具有不同的性能和特点，表10-2给出了常用滚动轴承的类型、结构简图、性能特点和应用范围，可供选择轴承类型时参考。

表 10-2　滚动轴承类型、结构简图、性能特点及应用范围

类型及其代号	结构简图	负荷方向	允许角偏位	额定动载荷比[①]	极限转速比[②]	轴向载荷能力	性能特点	适用条件及举例
双列角接触球轴承 0	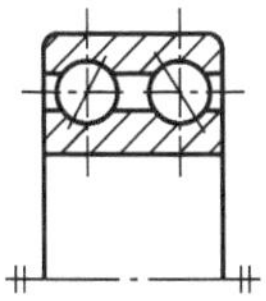		2′～10′	—	高	较大	可同时承受径向和轴向载荷,也可承受纯轴向载荷(双向),承受载荷能力大	适用于刚性大、跨距大的轴(固定支承),常用于蜗杆减速器、离心机等
调心球轴承 1	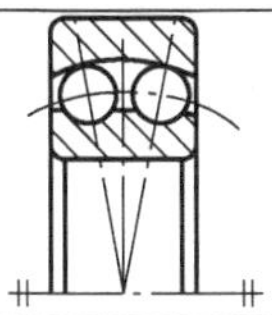		1.5°～3°	0.6～0.9	中	少量	不能承受纯轴向载荷,能自动调心	适用于多支点传动轴、刚性小的轴及难以对中的轴
调心滚子轴承 2	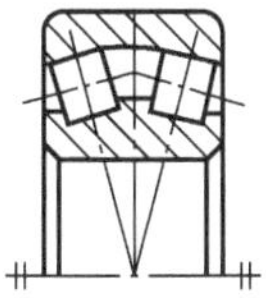	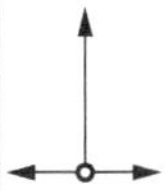	1.5°～3°	1.8～4	低	少量	承受载荷能力最大,但不能承受纯轴向载荷,能自动调心	常用于其他种类轴承不能胜任的重载情况,如轧钢机,大功率减速器、破碎机,吊车走轮等
推力调心滚子轴承 2	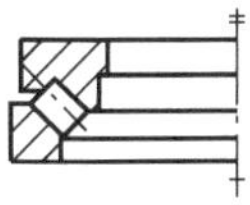	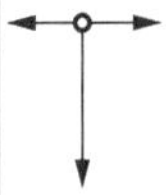	2°～3°	1.2～1.6	中	大	比推力球轴承有更大轴向载荷能力,且能承受少量径向载荷。极限转速高于5类轴承,能自动调心,价格高	适用于重负荷和要求调心性能好的场合,如大型立式水轮机等
圆锥滚子轴承 3 31300 (α=28°48′39″) 其他 (α=10°～18°)	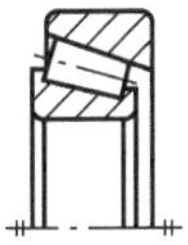		2′	1.1～2.1 1.5～2.5	中 中	很大 较大	内、外圈可分离,游隙可调,摩擦因数大,常成对使用。31300型不宜承受纯径向载荷,其他型号不宜承受轴向载荷	适用于刚性较大的轴。应用很广,如减速器、车轮轴、轧钢机、起重机、机床主轴等
双列深沟球轴承 4	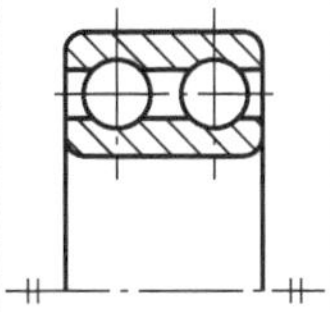	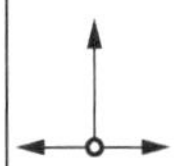	2′～10′	1.5～2	高	少量	当量摩擦因数小,高转速时可用来承受不大的纯轴向载荷	适用于刚性较大的轴,常用于中等功率电动机、减速器、运输机的托辊、滑轮等

287

类型及其代号	结构简图	负荷方向	允许角偏位	额定动载荷比[1]	极限转速比[2]	轴向载荷能力	性能特点	适用条件及举例
推力球轴承 5 双向推力球轴承 5	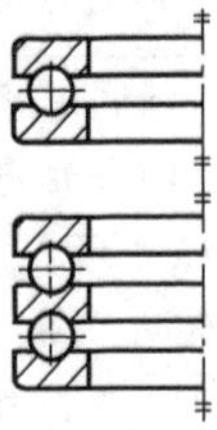		不允许	1	低	大	轴线必须与轴承底座面垂直,不适用于高转速	常用于起重机吊钩、蜗杆轴、锥齿轮轴、机床主轴等
深沟球轴承 6	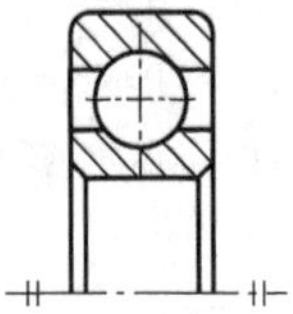		2′～10′	1	高	少量	当量摩擦因数最小,高转速时可用来承受不大的纯轴向载荷	适用于刚性较大的轴,常用于小功率电动机、减速器、运输机的托辊、滑轮等
角接触球轴承 7000C(α=15°) 7000AC(α=25°) 7000B(α=40°)	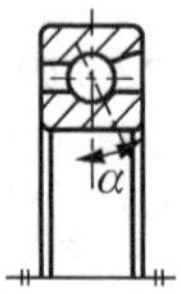		2′～10′	1～1.4 1～1.3 1～1.2	高	一般较大更大	可同时承受径向载荷和轴向载荷,也可承受纯轴向载荷	适用于刚性较大跨距不大的轴及须在工作中调整游隙时,常用于蜗杆减速器、离心机、电钻、穿孔机等
外圈无挡边圆柱滚子轴承 N	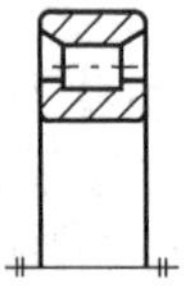		2′～4′	1.5～3	高	0	内外圈可以分离,滚子用内圈凸缘定向,内外圈允许少量的轴向移动	适用于刚性很大、对中良好的轴,常用于大功率电动机、机床主轴、人字齿轮减速器等
滚针轴承 NA	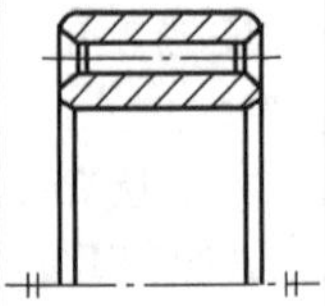		不允许	—	低	0	径向尺寸最小,径向载荷能力很大,摩擦因数较大,旋转精度低	适用于径向载荷很大而径向尺寸受限制的地方,如万向联轴器、活塞销、连杆销等

① 额定动载荷比:同一尺寸系列各种类型和结构形式的轴承的额定动载荷与深沟球轴承(推力轴承则与推力球轴承)的额定动载荷之比。

② 极限转速比:同一尺寸系列/P0级精度的各种类型和结构形式的轴承脂润滑时的极限转速与深沟球轴承脂润滑时的极限转速的约略比较。各种类型轴承极限转速之间采取下列比例关系:

高,等于深沟球轴承极限转速的90%～100%;

中,等于深沟球轴承极限转速的60%～90%;

低,等于深沟球轴承极限转速的60%以下。

【参考图文】

4. 滚动轴承的代号

为方便生产和使用，国家标准 GB/T 272—1993《滚动轴承 代号方法》规定了滚动轴承的代号，并通常将代号刻印在轴承套圈的端面上。滚动轴承代号由前置代号、基本代号和后置代号三部分组成，见表 10-3。

表 10-3　滚动轴承代号的构成

前置代号	基 本 代 号					后 置 代 号						
	一	二	三	四	五							
轴承分部件代号	类型代号	尺寸系列代号		内径代号		内部结构代号	密封与防尘结构代号	保持架及其材料代号	特殊轴承材料代号	公差等级代号	径向游隙组别代号	多轴承配置代号	其他代号
		宽度系列代号	直径系列代号									

1) 基本代号

基本代号表示轴承的基本类型、结构和尺寸，是轴承代号的基础，由以下三部分内容构成。

(1) 类型代号。轴承类型代号用数字或字母表示，常用滚动轴承的类型代号见表 10-2。

(2) 尺寸系列代号。对于同一内径的轴承，为了适应承受大小不同的载荷，需要采用不同尺寸的滚动体，因而轴承的外径和宽度也不相同，如图 10.7 所示。

尺寸系列，它由宽(推力轴承指高)度系列代号和直径系列代号组合而成。宽度系列代号表示内径和外径相同的同类轴承宽度的变化，见表 10-4。直径系列代号表示内径相同的同类轴承有几种不同的外径和宽度。

多数向心轴承的宽度系列代号为 0 时可省略，但对调心滚子轴承和圆锥滚子轴承，当其宽度系列代号为 0 时，则不能省略。

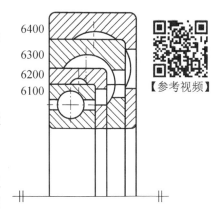

【参考视频】

图 10.7　直径系列对比

表 10-4　滚动轴承尺寸系列代号

宽(高)度系列代号											直径系列代号
向 心 轴 承							推 力 轴 承				
窄 0	正常 1	宽 2	特宽 3	特宽 4	特宽 5	特宽 6	特低 7	低 9	正常 1	正常 2	
尺寸系列代号											
—	17	—	37	—	—	—	—	—	—	—	超特轻 7
08	18	28	38	48	58	68	—	—	—	—	超轻 8

续表

宽(高)度系列代号											直径系列代号
向心轴承							推力轴承				
窄 0	正常 1	宽 2	特宽 3	特宽 4	特宽 5	特宽 6	特低 7	低 9	正常 1	正常 2	
尺寸系列代号											
09	19	29	39	49	59	69	—	—	—	—	超轻 9
00	10	20	30	40	50	60	70	90	10	—	特轻 0
01	11	21	31	41	51	61	71	91	11	—	特轻 1
02	12	22	32	42	52	62	72	92	12	22	轻 2
03	13	23	33	—	—	63	73	93	13	23	中 3
04	—	24	34	—	—	—	74	94	14	24	重 4
—	—	—	—	—	—	—	—	95	—	—	特重 5

(3) 内径代号,见表 10-5。

表 10-5　滚动轴承的内径代号

内径代号	00	01	02	03	04~96
轴承内径/mm	10	12	15	17	数字×5

注:内径为 22、28、32 和 500 的轴承,代号直接用内径毫米数表示,并用"/"与其他代号分开。如深沟球轴承 62/22,表示轴承内径为 22mm。

2) 前置代号与后置代号

前置代号与后置代号是轴承在结构形状、尺寸、精度、技术要求与常规轴承有所不同时,在基本代号前后添加的补充代号。

(1) 前置代号。代表轴承组件,用字母表示。代号及含义见表 10-6。

(2) 后置代号。用字母或字母加数字表示。下面介绍常用的有关部分后置代号的含义。

① 内部结构代号。表示同一类型轴承的不同内部结构,见表 10-7。

② 公差等级代号。按精度由低到高依次分别用/P0、/P6、/P6x、/P5、/P4、/P2 表示。/P0 级为普通级,在代号中省略不标。

③ 径向游隙组别代号。由小到大依次分别用/C1、/C2、/C0、/C3、/C4、/C5 表示。其中,0 组为常用游隙组别,在代号中不标注。当公差等级代号和游隙组别代号同时标注时,游隙代号前的"/"可省略,如:/P52 表示轴承的公差等级为 5 级,径向游隙为 2 组。

表 10-6　滚动轴承前置代号

代　号	含　义	示　例	代　号	含　义	示　例
L	可分离轴承的可分离内圈或外圈	LNU 207 LN207	K	滚子和保持架组件	K 81107
R	不带可分离内圈或外圈的轴承(滚针轴承仅适用于 NA 型)	RNU 207 RNA 6904	WS	推力圆柱滚子轴承轴圈	WS 81107
			GS	推力圆柱滚子轴承座圈	GS 81107

表 10-7　滚动轴承内部结构代号

代　号	含　义	示　例
C	角接触球轴承公称接触角 $\alpha = 15°$ 调心滚子轴承 C 型	7005C 23122C
AC	角接触球轴承公称接触角 $\alpha = 25°$	7210AC
B	角接触球轴承公称接触角 $\alpha = 40°$ 圆锥滚子轴承接触角加大	7210B 32310B
E	加强型	N207E

【例 10.1】　说明滚动轴承代号 20205 和 7314B/P6 的含义。

解：

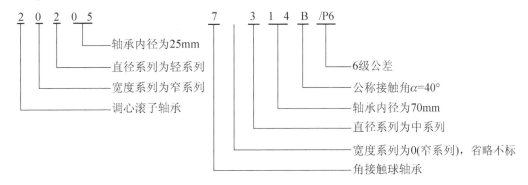

10.2.2　滚动轴承的合理选用

合理地选择轴承是机械设计的一个重要环节。由于滚动轴承已标准化，所以在轴承设计中，主要是根据工作条件正确选择轴承的类型和尺寸。

【参考视频】

1. 滚动轴承的类型选择

选用滚动轴承时，首先选择轴承类型。选择轴承类型时应考虑的因素很多，具体选择时主要考虑以下几个方面：

1) 轴承所受的载荷

轴承所受载荷的大小、方向和性质是选择轴承类型的主要依据。一般滚子轴承的承载能力大，且承受冲击振动的能力强，因此若载荷较大或有冲击载荷时，宜选用滚子轴承。若承受纯径向载荷，宜选用向心轴承，如深沟球轴承(6 类)、圆柱滚子轴承(N 类)或滚针轴承(NA 类)；只承受纯轴向载荷，可选用推力轴承(5 类)；当同时承受轴向载荷 F_A 和径向载荷 F_R 并且 F_A/F_R 较小时，选用深沟球轴承(6 类)或接触角 α 较小的角接触球轴承(7 类)或圆锥滚子轴承(3 类)；当 F_A/F_R 较大时，选用 α 较大的角接触球轴承(7 类)或圆锥滚子轴承(3 类)，或在一个支承同时用一个向心轴承和一个推力轴承配合。

2) 轴承的转速

在滚动轴承标准中规定了各类轴承的极限转速，一般球轴承的极限转速高于滚子轴承，因此，转速较高、载荷较小，宜选用较小直径的球轴承；转速较低、载荷较大，可采用滚子轴承。当轴承承受的径向载荷和轴向载荷都较大时，若转速较高，宜选用角接触球轴承；

若转速不高，宜选用圆锥滚子轴承。

【参考视频】

　　3) 调心要求

　　轴承工作时，若轴的中心与支座孔的中心不同心，或轴因受力变形较大等，都会造成轴承内、外圈轴线产生偏位角θ，使滚动体工作不正常，甚至卡住，这时宜采用有一定调心性能的调心球轴承或调心滚子轴承。一般球轴承的调心性能优于滚子轴承。应当指出，调心轴承必须成对使用，否则将失去调心作用。

　　4) 轴承的游动和轴向位移

　　当一根轴的两个支承距离较远，或工作前后有较大温差时，为了适应轴和外壳不同热膨胀的影响，防止支承卡死，只需把一端的轴承轴向固定，而另一端的轴承可以轴向游动。内圈或外圈无挡边的短圆柱滚子轴承或滚针轴承特别适合作游动轴承使用。如果采用其他类型的轴承，如深沟球轴承或调心滚子轴承，则在安装时轴承外圈不作轴向固定，且与座孔的配合应较松，以便外圈相对座孔能作轴向窜动。角接触球轴承或圆锥滚子轴承不能作为游动轴承。

　　5) 轴承的刚性要求

　　在有些机械中，如机床的主轴，轴承刚性对主轴精度的影响较大。因此，当支承刚性要求较高时，可选用刚性好的圆柱滚子轴承或圆锥滚子轴承。

　　6) 轴承允许的空间

　　当轴承的径向空间受限制时，宜选用特轻、超轻系列轴承或滚针轴承；轴承轴向尺寸受限制时，宜选择窄或特窄系列的轴承。

　　7) 装拆要求

　　对于需经常拆卸或装拆困难的支点，宜选用内、外圈可分离的轴承，如圆柱滚子轴承和圆锥滚子轴承等；若轴较大，且轴承安装在轴的中部，可采用带内锥孔和紧定套的轴承(图 10.8)。

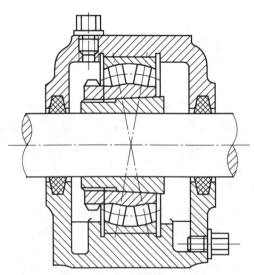

图 10.8　安装在开口圆锥紧定套上的轴承

8) 经济性要求

在保证轴承工作性能要求的前提下，应尽可能降低成本。一般球轴承价格低于滚子轴承，向心轴承价格低于向心推力轴承。同类轴承，精度等级越高，价格也越高，一般机械传动应选用普通级(P0)精度。在相同精度的轴承中，调心轴承的价格最高，而深沟球轴承价格最低，一般尽量选用此类轴承。

2. 滚动轴承的尺寸选择(型号选择)与计算

选定轴承类型后，要进行尺寸选择。尺寸选择就是确定轴承内径、直径系列和宽度系列。轴承内径根据轴颈处的直径选取，轴承尺寸系列根据空间位置用类比法选取。对于直径系列，载荷很小时，可以选择超轻或特轻系列；一般情况下可选用轻系列或中系列；载荷很大时，可以选用重系列。对于宽度系列，一般情况下可以选用正常系列。

初学者在实际选择时，可先初选承载能力居中的尺寸系列。后面通过寿命计算，若寿命余量过高，为提高经济性，则向承载能力较低的尺寸系列修正；若寿命不足，则应向承载能力较高的尺寸系列修正。

例如，对深沟球轴承和角接触球轴承，一般初选(0)2 尺寸系列。对圆锥滚子轴承，一般初选 03 尺寸系列。

【参考图文】

初选尺寸后，就要针对其主要失效形式进行必要的计算，其计算准则是：对于在一般条件下运转的轴承，主要的失效形式是疲劳点蚀，应进行寿命(疲劳强度)计算；对于转速很低或摆动的轴承，主要失效形式是塑性变形，应进行静强度计算；对于高速轴承，针对磨损、烧伤等，除进行寿命计算外，还需校核极限转速。

1) 滚动轴承的寿命计算

(1) 基本额定寿命。轴承寿命是指轴承中任一元件首次出现疲劳点蚀前的总转数或工作小时数。即使一批相同规格且在相同条件下工作的轴承，因轴承的制造工艺、材料及热处理等方面的差异，其寿命常会有很大的差距。因此，对一个具体的轴承很难预知其确切寿命。为保证轴承工作的可靠性，在标准中规定以基本额定寿命作为计算依据。

基本额定寿命是指一批相同的轴承在相同条件下运转，其中 90%的轴承在疲劳点蚀前的总转数或工作小时数，分别用 L_{10}(单位为 10^6r)或 L_h(单位为 h)表示。

(2) 基本额定动载荷。基本额定动载荷是轴承的基本额定寿命为 10^6r 时所能承受的最大载荷，用 C 表示。轴承的基本额定动载荷是衡量轴承承载能力的主要指标，C 值越大，轴承抗疲劳点蚀的能力越强。对主要承受径向载荷的向心轴承(如 6 类、7 类、3 类轴承)，这一载荷称为径向基本额定动载荷，以 C_r 表示；对推力轴承，称为轴向基本额定动载荷，以 C_a 表示。在基本额定动载荷 C 的作用下，轴承工作寿命为 10^6r 时，一批轴承中有 90%可以继续工作，只有 10%失效。

(3) 当量动载荷。基本额定动载荷 C 是滚动轴承在一定条件下确定的。对向心轴承指纯径向载荷；对推力轴承则指的是中心轴向载荷。而实际轴承多是同时受到径向载荷和轴向载荷的共同作用，为了计算轴承寿命时能与基本额定动载荷作等价比较，须将实际载荷换算成与实际载荷作用下寿命相同的等效载荷。这个假想的等效载荷称为当量动载荷，用 P 表示。

当量动载荷的计算公式为

$$P = f_P(X F_R + Y F_A) \tag{10-1}$$

式中，f_P 为载荷系数，见表 10-8；F_R 为径向载荷(N)；F_A 为轴向载荷(N)；X、Y 为径向载荷和轴向载荷系数，见表 10-9。

表 10-8 载荷系数 f_P

载 荷 性 质	机 器 举 例	f_P
无冲击或轻微冲击	电动机、汽轮机、水泵、通风机	1.0～1.2
中等冲击振动	车辆、机床、传动装置、起重机、冶金设备、内燃机、减速器	1.2～1.8
强大冲击振动	破碎机、轧钢机、石油钻机、振动筛	1.8～3.0

表 10-9 径向载荷系数 X 和轴向载荷系数 Y 值

轴 承 类 型	F_A/C_{0r}[①]	e	$F_A/F_R > e$		$F_A/F_R \le e$	
			X	Y	X	Y
深沟球轴承(60000)	0.014	0.19	0.56	2.30	1	0
	0.028	0.22		1.99		
	0.056	0.26		1.71		
	0.084	0.28		1.55		
	0.11	0.30		1.45		
	0.17	0.34		1.31		
	0.28	0.38		1.15		
	0.42	0.42		1.04		
	0.56	0.44		1.00		
角接触球轴承 / 70000 C ($\alpha=15°$)	0.015	0.38	0.44	1.47	1	0
	0.029	0.40		1.40		
	0.058	0.43		1.30		
	0.087	0.46		1.23		
	0.12	0.47		1.19		
	0.17	0.50		1.12		
	0.29	0.55		1.02		
	0.44	0.56		1.00		
	0.58	0.56		1.00		
70000 AC ($\alpha=25°$)	—	0.68	0.41	0.87	1	0
70000 B ($\alpha=40°$)	—	1.14	0.35	0.57	1	0
圆锥滚子轴承(单列) (30000)	—	$1.5\tan\alpha$	0.4	$0.4\cot\alpha$	1	0

① C_{0r} 是轴承的径向基本额定静载荷。

对于只承受纯径向载荷的向心轴承(6 类、7 类、3 类)，当量动载荷

$$P = f_P F_R \tag{10-2}$$

对于只承受纯轴向载荷的推力轴承(5 类)，当量动载荷为

$$P = f_P F_A \tag{10-3}$$

(4) 滚动轴承的寿命计算公式。

滚动轴承所承受载荷与寿命的关系可用图 10.9 表示。其曲线方程为

$$P^{\varepsilon} L_{10} = \text{常数}$$

式中，P 为当量动载荷(N)；L_{10} 为基本额定寿命 (10^6r)；ε 为寿命指数，球轴承取 $\varepsilon = 3$，滚子轴承取 $\varepsilon = 10/3$。

当轴承的基本额定寿命 $L_{10} = 10^6 \text{ r}$，可靠度为 90%时，该轴承能承受的载荷就是基本额定动载荷 C，因此可得轴承的寿命计算公式为

$$P^{\varepsilon} L_{10} = C^{\varepsilon} \times 1$$

$$L_{10} = \left(\frac{C}{P} \right)^{\varepsilon}$$

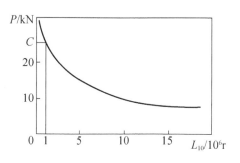

图 10.9　滚动轴承疲劳曲线

实际计算时，用小时数 L_h 表示比较方便，设轴承转速为 $n(\text{r/min})$，则有

$$L_h = \frac{L_{10}}{60n} = \frac{10^6}{60n} \left(\frac{C}{P} \right)^{\varepsilon} = \frac{16670}{n} \left(\frac{C}{P} \right)^{\varepsilon} \geq [L_h] \tag{10-4}$$

式中，$[L_h]$ 为轴承的预期寿命，一般地，可将机器的中修或大修年限作为轴承的预期寿命。表 10-10 中的轴承预期寿命荐用值可供参考。

表 10-10　轴承预期寿命[L_h]的荐用值

机 器 种 类		预期寿命/h
不经常使用的仪器设备		500
航空发动机		500～2000
间断使用的机器	中断使用不致引起严重后果的手动机械、农业机械等	3000～8000
	中断使用会引起严重后果，如升降机、运输机、吊车等	8000～12000
每天工作 8h 的机器	利用率不高的齿轮传动、电动机等	12000～20000
	利用率较高的通用设备、机床等	20000～30000
连续工作 24h 的机器	一般可靠性的空气压缩机、电动机、水泵等	50000～60000
	高可靠性的电站设备、给排水装置等	>100000

当轴承温度高于 120℃时，基本额定动载荷 C 值将降低，应引入温度系数 f_t 加以修正，f_t 由表 10-11 查取，此时轴承的基本额定寿命公式变为

$$L_h = \frac{16670}{n} \left(\frac{f_t C}{P} \right)^{\varepsilon} \geq [L_h] \tag{10-5}$$

在轴承寿命计算的设计过程中，往往已知载荷 P、转速 n 和轴承的预期寿命$[L_h]$，这时利用式(10-5)，可求出轴承所需的基本额定动载荷 C' 值，即

$$C'=\frac{P}{f_t}\left(\frac{n\,[L_h]}{16670}\right)^{\frac{1}{\varepsilon}} \tag{10-6}$$

式(10-5)和式(10-6)分别为滚动轴承寿命计算的校核公式和设计公式。当轴承型号已定时，用式(10-5)校核轴承的寿命，要求 $L_h \geqslant [L_h]$；若轴承型号未定，用式(10-6)求出轴承所需的基本额定动载荷 C' 值，再由该计算值查轴承标准来选择轴承型号，要求 $C' \leqslant C$。

表 10-11　温度系数 f_t

轴承工作温度/℃	≤120	125	150	175	200	225	250	300
f_t	1	0.95	0.9	0.85	0.8	0.75	0.70	0.60

【例 10.2】　拟选择一机械传动装置传动轴上的深沟球轴承，已知轴的直径 $d=35$mm，转速 $n=3000$r/min，轴承所受径向载荷 $F_R=2300$N，轴向载荷 $F_A=540$N，常温下工作，要求轴承预期寿命$[L_h]=5000$h，试选则轴承型号。

解： ① 求当量动载荷 P。

根据 $d=35$mm，初选型号为 6207 轴承，其 $C_{0r}=15200$N，因为 $F_A/C_{0r}=0.036$，则 $e=0.24$(查表 10-9)。

由 $F_A/F_R=540/2300=0.235<e$，查表 10-9，得 $X=1$，$Y=0$，查表 10-8，取 $f_P=1.1$ 则当量动载荷

$$P=f_P \times 2300=2530\text{(N)}$$

② 计算实际承受的额定动载荷 C'。

查表 10-11，根据常温下工作，取 $f_t=1$，则

$$C'=\frac{P}{f_t}\left(\frac{n\,[L_h]}{16670}\right)^{\frac{1}{\varepsilon}}=\frac{2530}{1}\times\left(\frac{3000\times5000}{16670}\right)^{\frac{1}{3}}=24425\text{(N)}$$

③ 确定轴承型号。

查附表 1，型号为 6207 轴承的基本额定动载荷 $C_r=25500$N，因此 $C'<C_r$，故选用深沟球轴承 6207 合适。

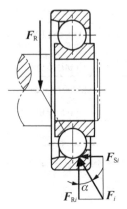

图 10.10　角接触轴承的受力分析

(5) 角接触轴承轴向载荷的计算。由于角接触轴承(角接触球轴承、圆锥滚子轴承)在承受径向载荷 F_R 时，会产生内部轴向力 F_S。因此，在计算这类轴承的当量动载荷 P 时，式(10-1)中的轴向载荷 F_A 并不等于作用在轴上的轴向外力，而应根据整个轴上外加轴向力 F_a 和各轴承产生的内部轴向力 F_S 之间的平衡条件分析确定。

① 内部轴向力产生的原因、大小和方向。由于角接触轴承存在接触角 α，当它承受径向载荷 F_R 时，在承载区内第 i 个滚动体上的法向力 F_i 可分解为径向分力 F_{Ri} 和轴向分力 F_{Si} (图 10.10)。各滚动体上所受径向分力 F_{Ri} 之和 $\sum F_{Ri}$ 与径向载荷 F_R 平衡，轴向分力 F_{Si} 之和 $\sum F_{Si}$ 即为轴承的内

部轴向力 F_S。内部轴向力将使轴承内圈与外圈产生沿轴向分离的趋势，故这类轴承通常成对使用，对称安装。

角接触轴承内部轴向力 F_S 的计算公式列于表 10-12。轴向力 F_S 的作用线在轴线上，方向由外圈的宽边指向窄边。

表 10-12　角接触轴承的内部轴向力 F_S

轴承类型	角接触球轴承			圆锥滚子轴承
	70000C($\alpha=15°$)	70000AC($\alpha=25°$)	70000B($\alpha=40°$)	30000
F_S	eF_R	$0.68F_R$	$1.14F_R$	$F_R/(2Y)$

注：Y 是 $F_A/F_R>e$ 时的轴向系数，其值查表 10-9。

② 轴向载荷 F_A 的计算。分析角接触轴承的轴向载荷 F_A 时，既要考虑轴承内部轴向力 F_S，也要考虑轴上传动零件作用于轴承上的轴向力(如斜齿轮、蜗轮等产生的轴向力 F_a)。

在图 10.11(a)中 F_{R1}/F_{R2} 为两轴承的径向载荷(即径向支反力，F_R 距轴承外侧距离可查轴承手册，一般也可认为作用于轴承宽度中点)，相应产生的内部轴向力为 F_{S1} 与 F_{S2}。轴上斜齿轮作用于轴的轴向力为 F_a，作用于轴上的各轴向力如图 10.11(b)所示。

现将轴和轴承内圈视为一体，按下述两种情况分析轴承 I、II 所受的轴向力。

第一种情况：若 $F_{S1}+F_a>F_{S2}$ [图 10.11(c)]，则轴向力有右移的趋势，使轴承 II 压紧，轴承 I 放松。由于轴承外圈已被端盖轴向定位，不能右移，故轴承 II 处应产生平衡反力 F'_{S2} ($F'_{S2}=F_{S1}+F_a-F_{S2}$)，才能使轴系平衡。由此可得轴承 II 的轴向载荷 F_{A2} 为

$$F_{A2}=F_{S2}+F'_{S2}=F_{S2}+(F_{S1}+F_a-F_{S2})=F_{S1}+F_a$$

此时轴承 I 的轴向载荷则为其内部轴向力 F_{S1}，即

$$F_{A1}=F_{S1}$$

第二种情况：若 $F_{S1}+F_a<F_{S2}$ [图 10.11(d)]，则轴有左移趋势，轴承 I 为压紧端，轴承 II 为放松端。同理，两轴承轴向载荷分别为

$$F_{A1}=F_{S1}+F'_{S1}=F_{S1}+(F_{S2}-F_a-F_{S1})=F_{S2}-F_a$$

$$F_{A2}=F_{S2}$$

根据以上两种情况分析，计算角接触轴承轴向载荷 F_A 的方法可按如下步骤进行：

a. 判断轴上全部轴向力(外载荷 F_a 及轴承的内部轴向力 F_S)之合力的指向，再根据轴承结构，分析哪一端轴承是"压紧"端轴承，哪一端轴承是"放松"端轴承。对正装轴承(外圈窄边相对的轴承称为正装轴承，如图 10.11 所示)而言，合力所指向的轴承即为"压紧"端轴承。

b. "压紧"端轴承的轴向载荷等于除去本身内部轴向力以外，其余所有轴向力的代数和。

c. "放松"端轴承的轴向载荷就等于其本身的内部轴向力 F_S。

【例 10.3】　一传动装置的主动轴，拟采用一对向心角接触球轴承 7206AC 支承，安装方式为正装，如图 10.12 所示。已知轴承所受径向载荷为 $F_{R1}=1600N$，$F_{R2}=1000N$，轴向载荷 $F_a=900N$，轴的转速 $n=1460r/min$，轴承在常温下工作，工作中有中等冲击，要求预期寿命为 5000h，试判断该对轴承是否适用？若不适用，请选择适用的型号。

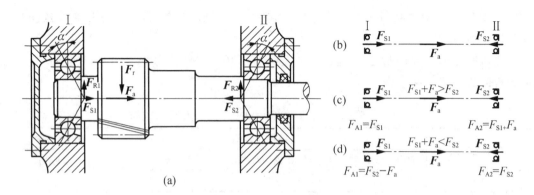

图 10.11　角接触轴承的轴向载荷 F_A

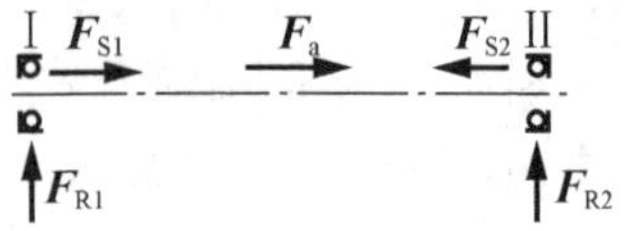

解: ① 计算内部轴向力 F_{S1}、F_{S2}。

查表 10-12, 可知 70000AC 轴承的内部轴向力 $F_S = 0.68$

图 10.12　角接触球轴承受力简图

F_R, 故

$$F_{S1} = 0.68 F_{R1} = 0.68 \times 1600 = 1088(\text{N})$$
$$F_{S2} = 0.68 F_{R2} = 0.68 \times 1000 = 680(\text{N})$$

② 计算轴向载荷 F_{A1}、F_{A2}。

$$F_{S1} + F_a = 1088 + 900 = 1988(\text{N}) > F_{S2},$$

轴有向右移的趋势, 由于两轴承为正装, 故可判定, 轴承 1 为放松端, 轴承 2 为压紧端, 两轴承的轴向载荷分别为

$$F_{A1} = F_{S1} = 1088\text{N}, \quad F_{A2} = F_{S1} + F_a = 1988\text{N}$$

③ 求系数 X/Y。

查表 10-9, 可知 $e = 0.68$

$$F_{A1}/F_{R1} = 1088/1600 = 0.68 = e, \quad 查得 X_1 = 1, \quad Y_1 = 0$$
$$F_{A2}/F_{R2} = 1988/1000 = 1.99 > e, \quad 查得 X_2 = 0.41, \quad Y_2 = 0.87$$

④ 计算当量动载荷 P_1、P_2

查表 10-8, 取载荷系数 $f_P = 1.5$, 由公式 $P = f_P (X F_R + Y F_A)$ 得

$$P_1 = f_P (X_1 F_{R1} + Y_1 F_{A1}) = 1.5 \times (1 \times 1600 + 0 \times 1088) = 2400(\text{N})$$
$$P_2 = f_P (X_2 F_{R2} + Y_2 F_{A2}) = 1.5 \times (0.41 \times 1000 + 0.87 \times 1988) = 3209(\text{N})$$

⑤ 计算轴承寿命 L_h。

因 $P_2 > P_1$, 取 $P = P_2 = 3209$ N, 对于角接触球轴承, $\varepsilon = 3$, 查 7206AC 轴承的额定动载荷 $C_r = 16.8$ kN, 则

$$L_h = \frac{16670}{n} \left(\frac{C_r}{P} \right)^\varepsilon = \frac{16670}{1460} \times \left(\frac{16800}{3209} \right)^3 = 1638(\text{h}) < 6000\text{h}$$

计算寿命不能满足预期寿命要求, 改用 7306AC 轴承。查该轴承的额定动载荷 $C_r = 25.2$kN, 计算该轴承的寿命 L_h 为

$$L_h = \frac{16670}{n} \left(\frac{C}{P} \right)^\varepsilon = \frac{16670}{1460} \times \left(\frac{25200}{3209} \right)^\varepsilon = 5529(\text{h}) > 5000\text{h}$$

故 7306AC 轴承适用。

2) 滚动轴承的静强度计算

对于在低转速($n <10\text{r/min}$)或在缓慢摆动条件下工作的滚动轴承，为了限制滚动体与滚道接触处在静载荷作用下产生过大的塑性变形，应进行滚动轴承的静强度计算。对在重载荷或冲击载荷下转速较高的轴承，除进行寿命计算外，为安全起见，也要按静强度对轴承进行验算。

(1) 基本额定静载荷。基本额定静载荷是指当内外圈之间相对转速为零时，受载最大的滚动体与滚道接触处的最大接触应力达到一个定值(调心球轴承为 4600MPa、滚子轴承为 4000MPa、其他类型轴承为 4200MPa)时，轴承所受的载荷，用 C_0 表示。对向心轴承，这一载荷称为径向基本额定静载荷，以 C_{0r} 示；对推力轴承，称为轴向基本额定静载荷，以 C_{0a} 表示。各种型号轴承的基本额定静载荷 C_{0r} 或 C_{0a} 可由轴承标准查得。

(2) 当量静载荷 P_0。当轴承同时承受径向和轴向载荷时，可将其折合成一个假想的当量静载荷 P_0，轴承在这个载荷的作用下，滚动体和滚道接触处的最大接触应力与实际载荷作用下的相同。当量静载荷 P_0 的计算公式为

$$P_0 = X_0 F_R + Y_0 F_A \tag{10-7}$$

式中，X_0、Y_0 分别为当量静载荷的径向和轴向系数，其值可查表 10-13。

表 10-13　当量静载荷的 X_0、Y_0 系数

轴 承 名 称	类 型 代 号	X_0	Y_0
深沟球轴承	60000	0.6	0.5
角接触球轴承	70000 C	0.5	0.46
	70000 AC		0.38
	70000 B		0.26
圆锥滚子轴承	30000	0.5	$0.22 \cot \alpha$

(3) 静强度计算。按静强度选择轴承的计算式为

$$C_0 \geq S_0 P_0 \tag{10-8}$$

式中，S_0 为静强度安全系数，其值可查表 10-14。

表 10-14　静强度安全系数 S_0

轴承使用情况	使用要求、载荷性质和使用场合	S_0
旋转轴承	对旋转精度和平稳运转要求较高，或承受很大的冲击载荷	1.2~2.5
	正常使用	0.8 ~1.2
	对旋转精度和平稳运转要求较低，没有冲击振动	0.5 ~0.8
不旋转或摆动轴承	水坝闸门装置	≥1
	吊桥	≥1.5
	附加动载荷较小的大型起重机吊钩	≥1
	附加动载荷很大的小型装卸起重机吊钩	≥1.6
	各种使用场合下的推力调心滚子轴承	≥2

10.2.3 滚动轴承的组合设计

为了保证轴承的正常工作，除合理选择轴承类型、型号外，还要解决轴承的轴向定位、轴承与其他零件的配合、装拆和润滑密封等一系列问题，也就是还要合理地进行轴承的组合设计。

1. 滚动轴承组合的轴向固定

1) 轴承的轴向固定

(1) 内圈固定。轴承内圈的一端常用轴肩定位固定，它能承受大的单向轴向力，主要用于承受单向载荷的场合或全固定式支承结构[图10.13(a)]。另一端则可采用轴用弹性挡圈[图10.13(b)，能承受的轴向力不大]，轴端挡圈[图10.13(c)，能承受中等的轴向力]，圆螺母和止动垫圈[图10.13(d)，能承受大的轴向力]。

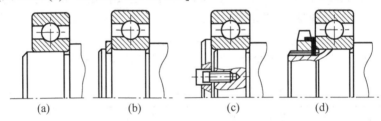

(a)　　　　(b)　　　　(c)　　　　(d)

图 10.13　内圈轴向固定的常用方法

(2) 外圈固定。外圈在轴承孔中的轴向位置常用座孔的凸肩[图10.14(a)，能承受大的轴向力]、轴承端盖[图10.14(b)、图10.14(c)，能承受大的轴向力]、止动环[图10.14(d)，能承受大的轴向力]、孔用弹性挡圈[图10.14(e)，能承受的轴向力不大]等结构固定。

外圈的轴向固定可以是单向固定也可以是双向固定。

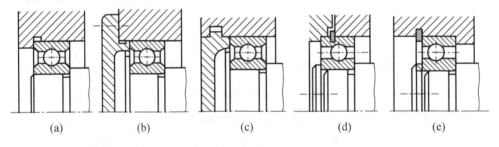

(a)　　　　(b)　　　　(c)　　　　(d)　　　　(e)

图 10.14　外圈轴向固定的常用方法

2) 轴系的轴向定位

轴系在机器中必须有确定的位置，以保证工作时不发生轴向窜动，但同时为了补偿轴的热伸长，又应允许在适当的范围内可以有微小的自由伸缩。常用的轴系轴向定位方式有以下三种：

(1) 两端单向固定(双固式)。如图 10.15(a)所示，每个轴承都靠轴肩和轴承盖作单向固定，两个轴承合起来限制了轴的轴向移动。这种支承结构简单，便于安装，是最常见的固定方式，适用于工作温度较低($t<70℃$)，跨距较小($L<350$mm)的轴。在这种情况下，轴的热伸长量不大，对于深沟球轴承，可在轴承外圈与轴承盖之间留出 $a=0.2\sim0.4$mm 的热补偿间

隙。当采用角接触轴承和圆锥滚子轴承时，轴的热伸长量只能由轴承游隙补偿。间隙 a 和轴承游隙的大小可通过调整垫片组的厚度[图 10.15(a)]或用调整螺钉[图 10.15(b)]等来调节。由于此种支承结构的轴承游隙可调，因而特别适用于旋转精度要求高的机械。

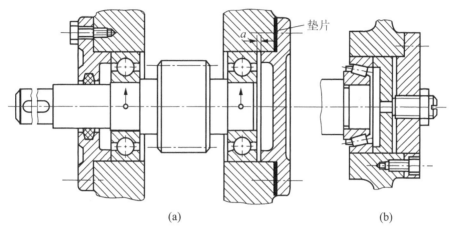

(a)   (b)

图 10.15   两端单向固定

(2) 一端固定、一端游动(固游式)。这种支承是指一端轴承的内、外圈都为双向固定(称为固定端)，以限制轴的双向移动，另一端轴承为游动支承(称为游动端)。

游动端有两种结构：一种是外圈两侧均不固定，而内圈用弹性挡圈锁紧，轴承外圈和座孔间采用间隙配合。这种情况下，游动支承与轴承盖之间应留有足够大的间隙，一般 a=3～8mm，以便当轴受热膨胀伸长时能在孔中自由游动，如图 10.16(a)所示。另一种情况如图 10.16(b)所示，游动端采用外圈无挡边的可分离型轴承(如圆柱滚子轴承、滚针轴承)，内外圈均需做双向固定。这种情况下，当轴受热伸长时，内圈连带滚动体沿外圈内表面游动。

固游式支承的运转精度高，对各种工作条件的适用性强，因此在各种机床主轴、工作温度较高的蜗杆轴及跨距较大(L>350mm)的长轴支承中得到广泛的应用。

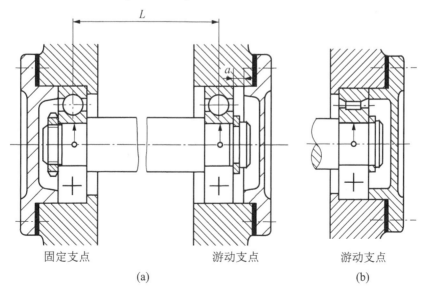

固定支点   游动支点   游动支点
(a)   (b)

图 10.16   一端固定一端游动

(3) 两端游动(全游式)。图 10.17 所示为人字齿轮主动轴，由于轮齿两侧螺旋角不易做到完全对称，为了防止轮齿卡死或两侧受力不均匀，应采用轴系能有左右微量轴向游动的结构。图中两端都选用圆柱滚子轴承，滚动体与外圈间可轴向移动。与其相啮合的另一轴系则必须两端固定，以使该轴系在箱体中有固定位置。这种支承只在某些特殊情况下使用。

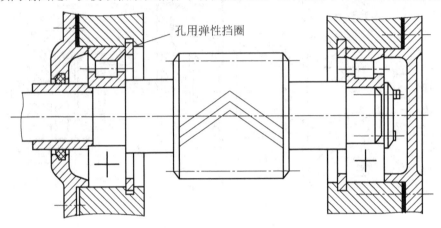

孔用弹性挡圈

图 10.17　两端游动

2. 滚动轴承的预紧

轴承的预紧就是在安装轴承时使其受到一定的轴向力，以消除轴承的游隙并使滚动体和内、外圈接触处产生弹性预变形。

预紧的目的在于提高轴承的刚度和旋转精度，减小机器工作时轴的振动。成对并列使用的圆锥滚子轴承、角接触球轴承，对旋转精度和刚度有较高要求的轴系(如机床主轴轴承)通常都要预紧。预紧的方法有：加金属垫片[图 10.18(a)]、磨窄套圈[图 10.18(b)]及内、外圈分别安装长度不同的套筒[图 10.18(c)]等。

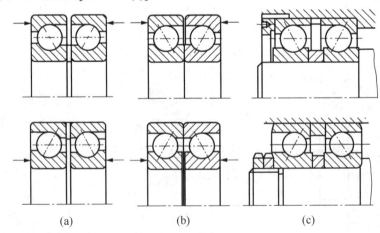

(a)　　　　(b)　　　　(c)

图 10.18　轴承的预紧方法

3. 滚动轴承的配合

滚动轴承是标准件，轴承内圈与轴的配合采用基孔制，轴承外圈与轴承座孔的配合则采用基轴制。

选择配合时，应考虑载荷的方向、大小和性质，以及轴承类型、转速和使用条件等因素。当外载荷方向不变时，转动套圈应比固定套圈的配合紧一些，一般情况下是内圈随轴一起转动，外圈固定不转，故内圈与轴常取具有过盈的过渡配合，如轴的公差采用 k6、m6；外圈与座孔常取较松的过渡配合，如座孔的公差采用 H7、J7 或 JS7。当轴承作游动支承时，外圈与座孔应取保证有间隙的配合，如座孔公差采用 G7，具体的选择可参考机械设计手册。

4. 滚动轴承的装拆

由于滚动轴承的内圈与轴颈的配合较紧，安装时为了不损伤轴承及其他零件，对中小型轴承可用手锤敲击装配套筒(铜套)装入轴承，如图 10.19 所示；对大型或过盈较大的轴承，可用压力机压套装入；有时为了便于安装，可利用温差法将轴承在油池中加热到 80～100℃后再进行热装。拆卸轴承时也需有专门的拆卸工具(图 10.20)，为了便于拆卸，应使轴承内圈在轴肩上露出足够的高度，并要有足够的空间位置，以便安放顶拔器；内外圈可分离的轴承，外圈的拆卸一般用手锤敲击顶着外圈的套筒即可，或通过螺钉挤压将外圈拆卸。为了便于拆卸，座孔的结构应留出拆卸高度 h_0 和宽度 b_0(一般 b_0=8～10mm)，或者在机体上做出拆卸用的螺钉孔，如图 10.21 所示。

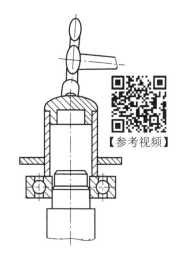

【参考视频】

图 10.19　用手锤安装轴承

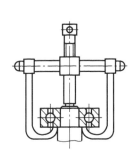

图 10.20　用顶拔器拆卸轴承

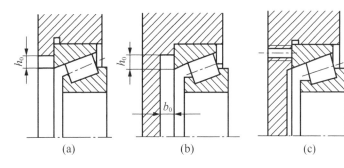

(a)　　　　　　　(b)　　　　　　　(c)

图 10.21　便于外圈拆卸的座孔结构

5. 滚动轴承的维护和使用

1) 滚动轴承的润滑

润滑轴承的主要目的是减小摩擦与减轻磨损，滚动接触部位如能形成油膜，还有吸收振动、降低工作温度和噪声等作用。

滚动轴承的润滑剂可以是润滑脂、润滑油或固体润滑剂。一般情况下，滚动轴承采用润滑脂润滑，但在轴承附近已经具有润滑油源时(如变速箱内本来就有润滑齿轮的油)，也可采用润滑油润滑。具体选择可按速度因数 dn 值来定，d 为轴承内径(mm)，n 为轴承套圈的转速(r/min)。dn 值间接地反映了轴颈的圆周速度，当 $dn<(1.5\sim2)\times10^5$mm·r/min 时，一般滚动轴承可采用润滑脂润滑，超过这一范围宜采用润滑油润滑。

因润滑脂不易流失，故便于密封和维护，而且一次充填润滑脂可运转较长时间，但是转速较高时，脂润滑功率损失较大。润滑脂在轴承中的填充量不要超过轴承内空隙的 1/3～1/2，否则轴承容易过热。滚动轴承每工作 3～6 个月应补充一次新的润滑脂。每过一年，应拆开清洗，填充新脂。

油润滑的优点是比脂润滑摩擦阻力小，并能散热，主要用于高速或工作温度较高的轴承。

滚动轴承常用的油润滑方式有油浴润滑、飞溅润滑、喷油润滑和油雾润滑。油浴润滑时油面不应高于最下方滚动体中心，以免因搅油能量损失较大，使轴承过热。该方法简单易行，适用于中、低速轴承的润滑。飞溅润滑是一般闭式齿轮传动装置中轴承常用的润滑方法，利用转动的齿轮把润滑油甩到箱体的四周内壁面上，然后通过油槽把油引到轴承中。而高速轴承可采用喷油润滑或油雾润滑。

2) 滚动轴承的密封

轴承的密封是为了阻止灰尘、水分等杂物进入轴承，同时也为了防止润滑剂的流失。密封方法的选择与润滑剂种类、工作环境、温度、密封处的圆周速度等有关。密封方法分接触式、非接触式和组合式三大类，常用的滚动轴承密封形式见表 10-15。

表 10-15　常用的滚动轴承密封形式

密封类型	图　例	适用场合	说　明
接触式密封	毛毡圈密封 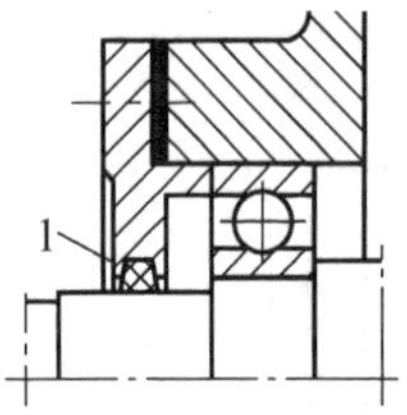	脂润滑。要求环境清洁，密封处轴的圆周速度 v 不大于 4～5m/s，工作温度不超过 90℃	将断面为矩形的毛毡圈压入轴承端盖的梯形槽内，使之产生对轴的压紧作用而实现密封。毛毡圈内径略小于轴的直径，尺寸已标准化，见附表 4
	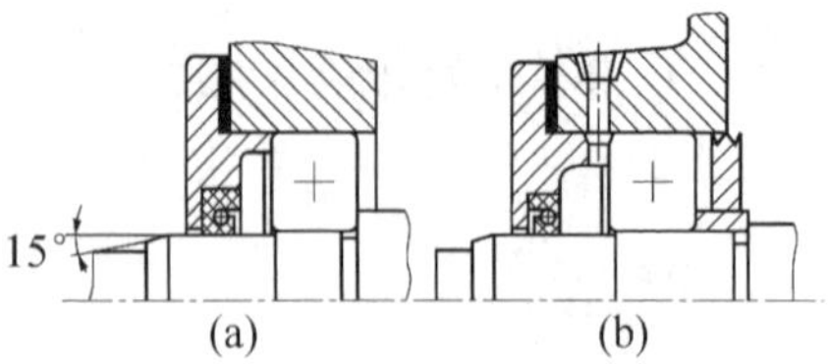 (a)　　　　(b)	脂润滑或油润滑。密封处轴的圆周速度 $v < 7$m/s，工作温度范围-40～100℃	密封圈用皮革、塑料或耐油橡胶制成，有的具有金属骨架，有的没有骨架，密封圈是标准件。图(a)所示密封唇朝里，目的是防漏油；图(b)所示密封唇朝外，主要目的是防灰尘、杂质进入
非接触式密封	间隙密封 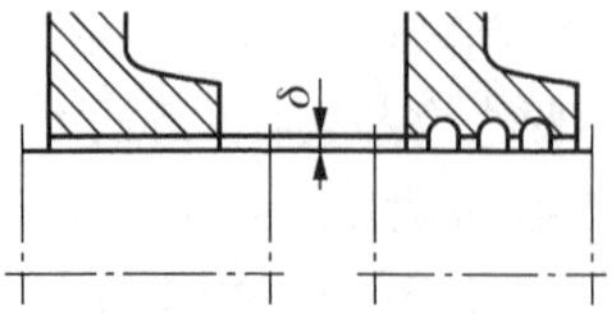	脂润滑。干燥清洁环境	靠轴与端盖间的细小环形间隙密封，间隙越小越长，效果越好，间隙 δ 取 0.1～0.3mm

续表

密封类型	图 例	适用场合	说 明
非接触式密封	挡油环密封 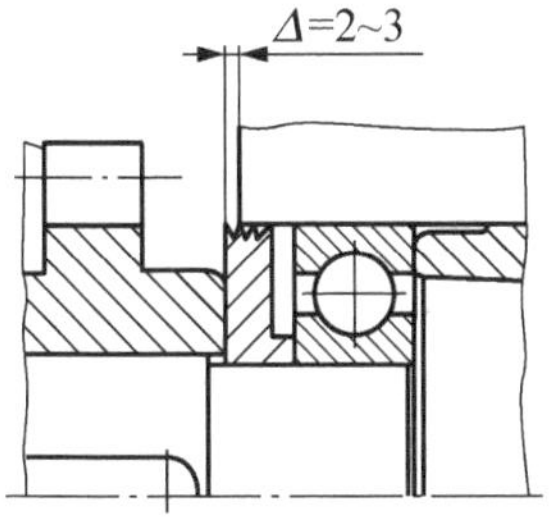 $\Delta=2\sim3$	多用于轴承部位使用脂润滑的场合	在轴承座孔内的轴承内侧与工作零件之间安装一挡油环,挡油环随轴一起转动,利用其离心作用,将箱体内溅起的油及杂质甩走,阻止油进入轴承部位
	迷宫式密封 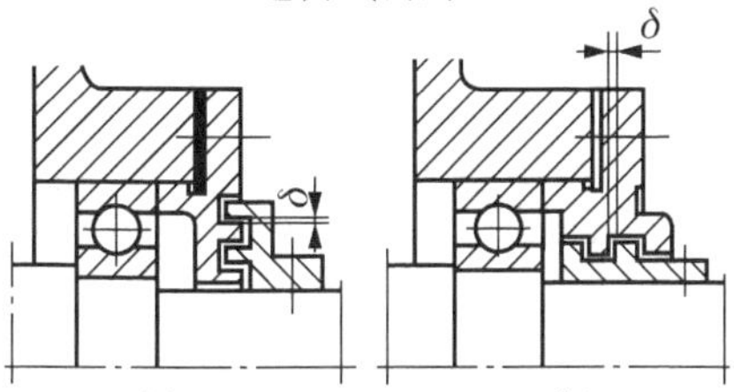 δ (a) (b)	脂润滑或油润滑。工作温度不高于密封用脂的滴点。这种密封效果可靠	将旋转件与静止件之间的间隙做成迷宫(曲路)形式,并在间隙中充填润滑油或润滑脂以加强密封效果。分径向、轴向两种:图(a)所示为径向曲路,径向间隙 δ 不大于 $0.1\sim0.2$mm;图(b)所示为轴向曲路,因考虑到轴受热后会伸长,间隙应取大些,$\delta=1.5\sim2$mm
组合式密封	毛毡加迷宫密封 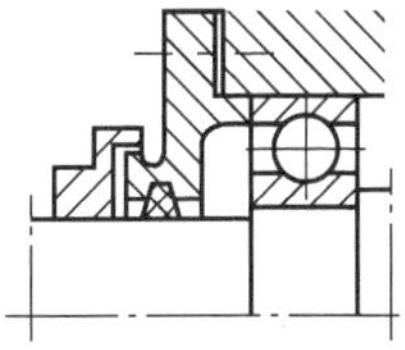	适用于脂润滑或油润滑	这是组合密封的一种形式,毛毡加迷宫,可充分发挥各自优点,提高密封效果。组合方式很多,在此不一一列举

3) 滚动轴承的检验

机器设备在中修或大修时应将轴承彻底清洗干净,并逐个予以检验。检验主要内容有以下三个方面:

(1) 外观检视。检视内圈与外圈的滚道、滚动体有无金属剥落及黑斑点,有无凹痕;保持架有无裂纹,磨损是否严重,铆钉是否有松动现象。

(2) 空转检验。手拿内圈旋转外圈,检查轴承是否转动灵活,有无噪声、阻滞等现象。

(3) 游隙测量。轴承的磨损大小,可通过测量其径向游隙来判定。如图 10.22 所示,将轴承放在平台上,使百分表的测头抵住外圈,一手压住轴承内圈,另一手往复推动外圈,则百分表指针指示的最大与最小数值差,即为轴承的径向游隙。所测径向游隙值一般不应超过 $0.1\sim0.15$mm。

在检验中,如发现内圈与外圈的滚道、滚动体有严重烧伤变色或出现金属剥落及大量黑斑点;内圈与外圈、滚动体或保持架有裂纹或断裂;空转检验时转动不灵活;径向游隙过大等情况,则应更换轴承。如损坏情况轻微,在一般机械中可继续使用。

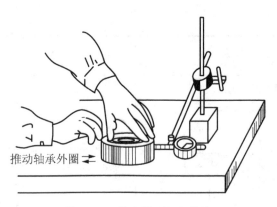

图 10.22　检查轴承径向游隙

　　如发现轴承内圈与轴或外圈与座孔松动时，可采取金属喷镀轴颈，或电镀轴承内、外圈表面的方法进行修复，以便继续使用。

10.2.4　滑动轴承简介

　　如前所述，一般机器如无特殊使用要求，优先推荐使用滚动轴承。但是在高速、重载、高精度、承受较大冲击载荷或结构上要求剖分等使用场合，滑动轴承就显示出它的优良性能。因而汽轮发电机、内燃机和高精密机床等多采用滑动轴承。此外低速、重载或冲击载荷较大的一般机械，如铁路机车、冲压机械、农业机械和起重设备等也常采用滑动轴承。

　　滑动轴承结构简单，易于制造，便于安装，缺点是在一般情况下摩擦损耗大，维护比较复杂。

　　按受载方向，滑动轴承分为受径向载荷的径向滑动轴承和受轴向载荷的止推轴承。

　　1. 径向滑动轴承

　　1）整体式滑动轴承

　　图 10.23 所示为典型整体式滑动轴承。它由轴承座 1 和轴瓦 2 组成，结构简单，成本低。但轴颈和轴承孔间的间隙无法调整，当轴承磨损到一定程度时必须更换轴瓦。此外，在装拆时必须作轴向移动，很不方便，故多用于轻载、低速且不经常拆装的场合。这种轴承有标准可供选择，其标准见 JB/T 2560—2007。

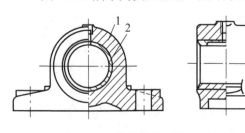

图 10.23　整体式径向滑动轴承

1—轴承座；2—轴瓦

　　2）剖分式滑动轴承

　　图 10.24 所示为剖分式径向滑动轴承。它由轴承座 3、轴承盖 2、剖分的上下轴瓦 4 和 5、双头螺柱 1 等组成。轴承盖上部开有螺纹孔，用以安装油杯或油管。剖分式轴瓦通常是下轴瓦承受载荷，上轴瓦不承受载荷。为了节省贵重金属通常在轴瓦内表面贴附一层轴承衬。为了使润滑油能均匀分布在整个工作表面上，一般在轴瓦不承受载荷的表面上开出油沟和油孔，油沟的形式很多，如图 10.25 所示。轴承盖和轴承座的剖分面做成阶梯形定位止口，这样在安装时容易对中，并可承受剖分面方向的径向分力，保证螺栓不受横向载荷。

【参考视频】

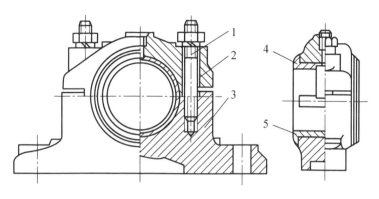

图 10.24　剖分式径向滑动轴承

1—双头螺柱；2—轴承盖；3—轴承座；4—上轴瓦；5—下轴瓦

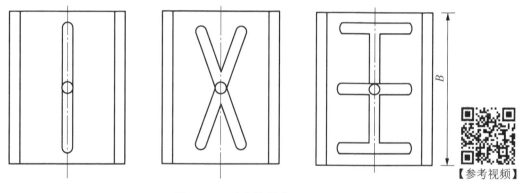

图 10.25　油沟的形式

当载荷垂直向下或略有偏斜时，轴承的剖分面通常为水平面。若载荷方向有较大偏斜，则轴承的剖分面可倾斜布置，使剖分面垂直或接近垂直于载荷(图 10.26)。

3) 自动调心式径向滑动轴承

当轴承宽度 B 较大时($B/d > 1.5 \sim 2$)，由于轴的变形、装配或工艺原因，会引起轴颈轴线与轴承轴线偏斜，使轴承两端边缘与轴颈局部接触[图 10.27(a)]，这将导致轴承两端边缘急剧磨损。因此，应采用自动调心式滑动轴承。常见调心滑动轴承结构为轴承外支承表面呈球面，球面的中心恰好在轴线上[图 10.27(b)]，轴承可绕球形配合面自动调整位置。

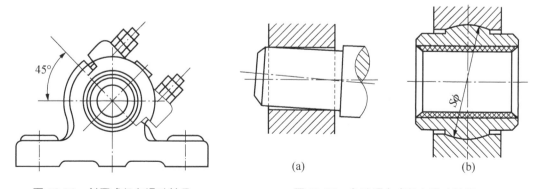

图 10.26　斜开式径向滑动轴承　　　　图 10.27　自动调心式径向滑动轴承

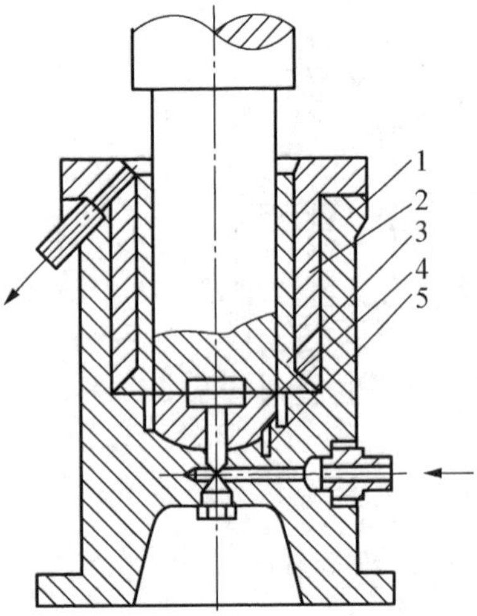

图 10.28　止推滑动轴承

1—轴承座；2—衬套；3—轴瓦；
4—推力轴瓦；5—销钉

2. 止推滑动轴承

图 10.28 所示为止推滑动轴承。它由轴承座 1、衬套 2、轴瓦 3 和推力轴瓦 4 组成。为了使推力轴瓦工作表面受力均匀，推力轴承底部做成球面，用销钉 5 来防止轴瓦随轴转动。润滑油从下面油管注入，从上面油管导出。这种轴承主要承受轴向载荷，也可承受较小的径向载荷。

图 10.29 所示为常见的止推轴承轴颈的结构形式，有实心、空心、环形和多环形等几种。由图可见，止推轴承的工作表面可以是轴的端面或轴上的环形平面。由于支承面上离中心越远处，其相对滑动速度越大，因而磨损也越严重。实心端面上的压力分布极不均匀，靠近中心处的压力极高。因此，一般止推轴承大多采用环状支承面。多环轴颈不仅能承受双向的轴向载荷，且承载能力较大。

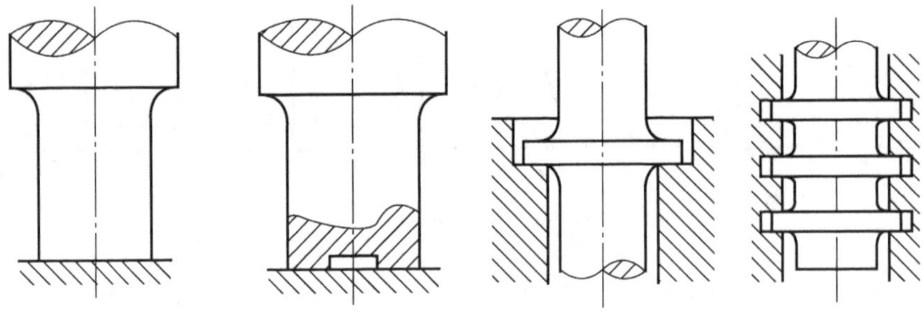

(a)实心　(b)空心　(c)环形　(d)多环形

图 10.29　止推轴承轴颈结构

10.3 任务实施

齿轮减速器低速轴滚动轴承的设计选用步骤如下：

1) 轴承类型与型号选择

一级斜齿圆柱齿轮减速器低速轴两个轴承的径向载荷分别为

$$F_{RB}=\sqrt{F_{HB}^2+F_{VB}^2}=\sqrt{1109.77^2+1304.31^2}=1712.55(\text{N})$$

$$F_{RD}=\sqrt{F_{HD}^2+F_{VD}^2}=\sqrt{(-139.10)^2+1304.31^2}=1311.71(\text{N})$$

由图 9.19(a)可知，斜齿轮作用在轴上的轴向载荷 F_a 水平向左，所以

轴承Ⅰ：F_{R1}=1712.55N，F_{A1}=F_a=554.48N

轴承Ⅱ：F_{R2}=1311.71N，F_{A2}=0

虽然轴承Ⅰ既受径向载荷又受轴向载荷，但轴向载荷不大，考虑选用结构简单、价格便宜的深沟球轴承。下面选择其具体型号：

(1) 计算当量动载荷 P。由于轴承型号未定，C_r、C_{0r}、e 等值无法确定，通常先试选轴承型号。根据轴颈处的直径 $d=55\text{mm}$，试选 6011 轴承，查轴承标准，$C_r=30200\text{N}$，$C_{0r}=21800\text{N}$。

根据 $\dfrac{F_{A1}}{C_{0r}}=\dfrac{554.48}{21800}=0.025$，由表 10-9，线性插值得：$e=0.22$

$\dfrac{F_{A1}}{F_{R1}}=\dfrac{554.48}{1712.55}=0.324>e$，由表 10-9，线性插值得：$X=0.56$，$Y=2.0$

因载荷有轻微冲击，查表 10-8，取载荷系数 $f_P=1.1$，根据式(10-1)，得

$$P_1=f_P(XF_{R1}+YF_{A1})=1.1\times(0.56\times1712.55+2.0\times554.48)=2274.79(\text{N})$$
$$P_2=f_P F_{R2}=1.1\times1311.71=1442.88(\text{N})$$

(2) 计算轴承所需的径向基本额定动载荷 C'。因工作温度不高于 70℃，查表 10-11，取温度系数 $f_t=1$，由于 $P_1>P_2$，故只对 P_1 轴承进行计算，根据式(10-6)，则有

$$C'=\frac{P}{f_t}\left(\frac{n\,[L_h]}{16670}\right)^{\frac{1}{\varepsilon}}=\frac{2274.79}{1}\left(\frac{80\times36000}{16670}\right)^{\frac{1}{3}}=12669.52(\text{N})<C_r$$

(3) 确定轴承型号。计算所需的基本额定动载荷比 6011 轴承的 C_r 值小，因此选用 6011 轴承合适。

2) 轴承的组合设计

由设计参数可知：轴的跨距为 128mm(小于 350mm)，工作温度不高(小于 70℃)，故采用最常见的两端单向固定式(双固式)的支承形式(图 10.15)，这种形式结构简单，便于安装，容易调整。

由于速度因数 $dn=55\times80=4400(\text{mm}\cdot\text{r/min})<(1.5\sim2)\times10^5\text{mm}\cdot\text{r/min}$，因此滚动轴承选用脂润滑。

因轴颈处的圆周速度 $v=\dfrac{\pi dn}{60\times1000}=\dfrac{3.14\times55\times80}{60\times1000}=0.23(\text{m/s})<4\sim5\text{m/s}$，轴承选用毛毡圈密封，具体型号查附表 4。

因支承形式采用双固式，即内圈旋转外圈固定，因此轴承内圈与轴颈之间采用较紧的配合 k6，外圈与轴承座孔选择较松的配合 H7。

10.4　任 务 评 价

本任务评价考核见表 10-16。

表 10-16　任务评价考核

序号	考 核 项 目	权重	检 查 标 准	得分
1	滚动轴承的结构、类型和代号	30%	(1) 掌握滚动轴承的结构和材料； (2) 熟悉滚动轴承的结构特性； (3) 熟悉滚动轴承的类型及应用； (4) 掌握滚动轴承代号的含义	
2	滚动轴承的合理选用	40%	(1) 会选择滚动轴承的类型； (2) 掌握常用滚动轴承的尺寸选择及计算方法	

续表

序号	考核项目	权重	检查标准	得分
3	滚动轴承的组合设计	20%	(1) 熟悉滚动轴承组合的轴向固定方法； (2) 了解滚动轴承的预紧方法； (3) 能正确选择滚动轴承与其他零件的配合； (4) 会装、拆滚动轴承； (5) 能对滚动轴承进行合适的润滑、密封和检验	
4	滑动轴承简介	10%	了解滑动轴承的特点、使用场合和常用类型	

习　题

10.1　滚动轴承由哪些元件组成？它们的作用是什么？

10.2　滚动轴承的主要类型有哪些？各有何特点？

10.3　说明下列滚动轴承代号的含义，并说明哪个轴承不能承受径向载荷？

　　60310/P6x　　62/22　　N2312　　70214AC　　30306/P5　　5307/P6

10.4　试通过查阅手册比较 6008、6208、6308、6408 轴承的内径 d、外径 D、宽度 B 和基本额定动载荷 C，并说明尺寸系列代号的意义。

10.5　选择滚动轴承时应考虑哪些因素？并举出相应工程实例加以说明。

10.6　滚动轴承的主要失效形式有哪些？其计算准则是什么？

10.7　何谓滚动轴承的基本额定寿命？何谓当量动载荷？如何计算？

10.8　滚动轴承的基本额定动载荷 C 与基本额定静载荷 C_0 有何本质区别？

10.9　试说明角接触轴承内部轴向力 F_S 产生的原因及其方向的判断方法。

10.10　为什么角接触轴承和调心轴承通常要成对使用？

10.11　在进行滚动轴承组合设计时应考虑哪些问题？

10.12　滚动轴承的内、外圈如何实现轴向固定？

10.13　为什么两端固定式轴向固定适用于工作温度不高的短轴，而一端固定、一端游动式则适用于工作温度高的长轴？

10.14　为什么说轴承预紧能增加支承的刚度和提高旋转精度？常用的预紧方法有哪些？

10.15　装、拆滚动轴承时应注意哪些问题？

10.16　轴承润滑和密封的目的各是什么？

10.17　轴承常用的密封装置有哪些？各适用于什么场合？

10.18　滑动轴承的主要特点是什么？什么场合应采用滑动轴承？

10.19　滑动轴承有哪几种类型？各有什么特点？

10.20　在滑动轴承上为什么要开设油孔和油沟？轴瓦上的油沟应设在什么位置？油沟可否与轴瓦端面连通？

10.21　30208 轴承基本额定动载荷 C=63000N。

(1) 若当量动载荷 P=6200N，工作转速 n=750r/min，试计算轴承寿命 L_h。

(2) 若工作转速 n=960r/min，轴承的预期寿命[L_h]=10000h，求允许的最大当量动载荷 P。

10.22　试用滚动轴承寿命计算公式分析 6210 轴承：

(1) 当其转速一定时，若当量动载荷由 P 增大为 $2P$ 时，寿命是否下降为原来的一半？

(2) 当其当量动载荷一定时，工作转速由 n 增大为 $2n$，其寿命又将如何变化？

10.23 一深沟球轴承受径向载荷 F_R=7500N，转速 n=2000r/min，预期寿命 $[L_h]$=4000h，中等冲击，温度小于 100℃。试计算轴承应有的径向基本额定动载荷 C' 值。

10.24 如图 10.30 所示的轴采用一对 7214AC 轴承支承，两轴承所受的径向载荷分别为 F_{R1}=5000N、F_{R2}=3500N，试求当轴上作用的轴向载荷 F_a 分别为 500N、1020N、1500N 时，轴承所受的总轴向载荷 F_{A1}、F_{A2}。

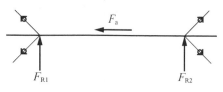

图 10.30 题 10.24 图

10.25 7210C 轴承的基本额定动载荷 C=32800N。

(1) 当量动载荷 P=5200N，工作转速 n=720r/min 时，试计算轴承寿命 L_h。

(2) P=5000N，若要求 $[L_h]$=15000h，允许最高转速是多少？

(3) 工作转速 n=720r/min，要求 $[L_h]$=20000h，求允许的当量动载荷 P。

10.26 直齿轮轴系用一对深沟球轴承支承，轴径 d=35mm，转速 n=1450r/min，每个轴承受径向载荷 F_R=2100N，载荷平稳，常温下工作预期寿命 $[L_h]$=8000h，试选择轴承型号。

10.27 图 10.31 所示轴上安装有一对 30311 轴承，轴承 1、2 所受径向载荷 F_{R1}=1800N、F_{R2}=2000N，轴向力 F_a=2000N(向右)，载荷系数 f_P=1.2，工作轴转速 n=1000r/min。

(1) 说明该轴承 30311 代号的意义。

(2) 在图上标出内部轴向力 F_{S1}、F_{S2} 方向，并计算大小。

(3) 计算该对轴承的寿命 L_h。

10.28 设轴承内径为 d=90mm，在 F_{R1}=7500N，F_{R2}=15000N，F_a=3000N，n=1470r/min，f_P=1，预期寿命 $[L_h]$=8000h 的条件下工作，如图 10.32 所示反装。

图 10.31 题 10.27 图

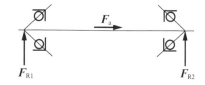

图 10.32 题 10.28 图

(1) 选用 70000C 型轴承。

(2) 选用 30000 型轴承。

试分析用哪种轴承更符合设计要求？

10.29 如图 10.33 所示，轴上装有一斜齿圆柱齿轮，轴支承在一对正装的 7209AC 轴承上。齿轮轮齿上受到的圆周力 F_t=8100N，径向力 F_r=3052N，轴向力 F_a=2170N，转速 n=300r/min，载荷系数 f_P=1.2。试计算两个轴承的基本额定寿命(以小时计)。若两轴承反装，轴承的基本额定寿命将有何变化？

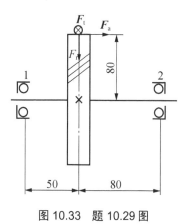

图 10.33 题 10.29 图

项目 7
常用联接的工作情况分析与选择

【知识目标】

- 键联接的类型、特点和应用
- 平键联接的选用及强度计算
- 花键联接与销联接的类型、特点和应用
- 螺纹联接的类型、特点和应用
- 螺纹联接的预紧和防松及螺栓组的结构设计
- 联轴器与离合器的类型、特点和应用
- 联轴器与离合器的选择和计算

【能力目标】

- 熟悉常用联接的类型、特点和应用
- 具有对常用联接进行工作情况分析的能力
- 会设计选用平键联接、联轴器等常用联接

【素质目标】

- 培养学生精益求精、一丝不苟的规范意识。
- 培养学生认真负责的工作态度、质量意识和安全意识。
- 培养学生的社会责任感和国家使命感。

将两个或两个以上的物体接合在一起的形式称为联接。在机械中，为了便于制造、安装、运输、维修等，广泛地使用了各种联接。

联接可分为两大类：一类是机器在使用中被联接零件间可以有相对运动的联接，称为动联接(如滑移齿轮与轴)，另一类是机器在使用中，被联接零件间不允许产生相对运动的联接，称为静联接。

联接通常又分为可拆联接和不可拆联接。可拆联接是不需毁坏联接中的任一零件就可拆开的联接，一般具有通用性强、可随时更换、维修方便等特点，允许多次重复拆装，常见的有键联接、销联接、螺纹联接、轴间联接(联轴器和离合器)等。不可拆联接一般是指需要毁坏联接中的某一部分才能拆开的联接，具有结构简单、成本低廉、简便易行的特点，常见的有铆接、焊接、胶接等。

在机械不能正常工作的情况中，大部分是由于联接失效造成的。因此，联接在机械设计与使用中占有重要地位。

任务11

减速器轴与齿轮间的键联接的设计选用

11.1 任务导入

机器是零部件通过联接实现的有机组合体。图 11.1 所示为减速器结构图，减速器是原动机和工作机之间独立的闭式传动装置，用来降低转速和增大转矩，以满足工作需要。该减速器由许多零部件组成，其间采用了多种联接方法实现各种功能，使两个或两个以上的零件相互接触。例如：①减速器利用普通平键保证齿轮机构在传递运动和动力时，不与轴产生周向相对运动；②为了保证轴承座孔的加工精度和安装精度，在箱体联接凸缘的长度方向适当的位置安装两个圆锥定位销进行定位；③上下箱体采用普通螺栓和螺母联接，在螺母和联接件之间采用弹簧垫圈进行防松。

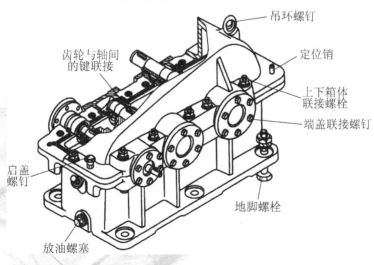

图 11.1 减速器结构图

通过完成以下任务，你将学会对键联接等常用联接进行工作情况分析，进而完成其设计和选用。

试完成任务 9 中(参见图 9.1)一级斜齿圆柱齿轮减速器低速轴与大齿轮(从动轮)间的键联接的设计选用。由任务 9 的实施过程已知设计参数为：轴的材料为 45 钢，安装齿轮处的轴径 d_4=60mm，转矩 T=376031.25N·mm，其他参数均按原值(轴的转速 n=80r/min，传递功率 P=3.15kW，齿宽 b=70mm)，齿轮的材料为 45 钢，载荷有轻微冲击。

11.2 任务资讯

11.2.1 键联接

键联接主要用于轴与轴上零件(如齿轮、带轮)之间的周向固定，用以传递转矩，其中有的键联接也兼有轴向固定或轴向导向的作用。

1. 键联接的类型和特点

键是标准件，可以分为平键、半圆键、楔键和切向键等几类。平键联接和半圆键联接构成松键联接，楔键和切向键联接构成紧键联接。

1) 松键联接

(1) 平键联接。如图 11.2(a)所示，平键的两侧面是工作面，上面与轮毂槽底面间留有间隙，工作时，靠键同键槽侧面的挤压来传递转矩。平键联接结构简单、装拆方便、对中性较好，故应用最广，但不能承受轴向力。按用途的不同，平键分为普通平键、导向平键和滑键三种。

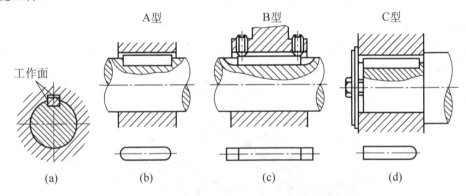

图 11.2 普通平键联接

普通平键用于轴毂间无相对轴向移动的静联接，按端部形状分为 A 型(圆头)、B 型(方头)、C 型(单圆头)三种。A 型键和 B 型键用在轴的中部，C 型键用在轴端，如图 11.2(b)~图 11.2(d)所示。A 型键和 C 型键在轴上的键槽用立铣刀铣出[图 11.3(a)]，键在槽中固定良好，但键槽引起的应力集中较大。B 型键在轴上的键槽用盘铣刀铣出[图 11.3(b)]，轴的应力集中较小，但键在槽中固定不好，当键尺寸较大时，宜用紧定螺钉将键固定在键槽中，以防松动。

导向平键(图 11.4)用于轴上零件轴向移动量不大的动联接。它是加长的普通平键，用螺钉固定在轴上的键槽中，轮毂沿键滑动。为拆卸方便，在键中部制有起键螺孔。

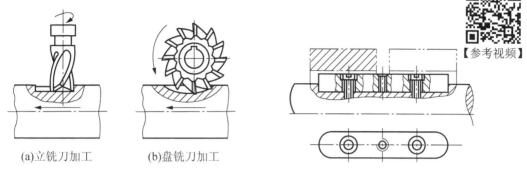

【参考视频】

(a)立铣刀加工　　　(b)盘铣刀加工

图 11.3　轴上键槽的加工　　　　　图 11.4　导向平键联接

滑键(图 11.5)固定在轮毂上，可与轮毂一起沿轴上键槽滑移，适用于轮毂沿轴向移动量较大的动联接。

(2) 半圆键联接。如图 11.6 所示，键的侧面为半圆形，也是靠键两侧工作面来传递转矩，轴上键槽用尺寸与键相同的圆盘铣刀铣出，因而键能在槽中摆动，以适应轮毂槽底面的倾斜。半圆键联接的工艺性和对中性均较好，且装配方便；但因键槽较深，对轴削弱较大，故主要用于轻载联接，尤其适于锥形轴端与轮毂的联接。

【参考视频】

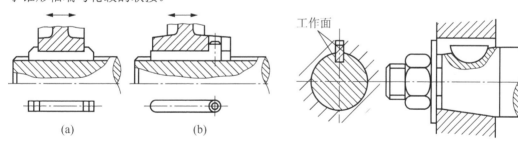

(a)　　　　　　(b)　　　　　　　工作面

图 11.5　滑键联接　　　　　　图 11.6　半圆键联接

2) 紧键联接

(1) 楔键联接。如图 11.7 所示，楔键的上下两面是工作面。键的上表面和与它相配的轮毂槽底面各有 1∶100 的斜度。装配后，键即楔紧在轴和轮毂的键槽里。工作时，靠键楔紧的摩擦力传递转矩，同时还可承受单向轴向力，对轮毂起到单向轴向固定作用。楔键的侧面与键槽侧面间有很小的间隙，当转矩过载而导致轴与轮毂发生相对转动时，键的侧面能像平键那样参与工作。但楔紧后使轴和轮毂产生偏心，故多用于对中性要求不高、载荷平稳的低转速场合，如带轮、链轮轮毂与轴的联接等。

楔键分为普通楔键和钩头楔键两种。使用钩头楔键时，拆卸较方便，但如安放在轴端，应注意加装防护罩。

(2) 切向键联接。如图 11.8 所示，切向键由一对斜度为 1∶100 的楔键组成，其工作面是由一对楔键沿斜面拼合后相互平行的两个窄面，被联接的轴

【参考视频】

和轮毂上都制有相应的键槽。装配时，把一对楔键分别从轮毂两端打入，拼合而成的切向键就沿轴的切线方向楔紧在轴与轮毂之间。工作时，靠工作面上的挤压力和轴与轮毂间的摩擦力来传递转矩。用一个切向键时，只能传递单向转矩；传递双向转矩时，需采用两个互成 120°～130°的切向键。切向键常用于载荷较大且对中性要求不高的重型机械，如矿山机械。由于键槽对轴的削弱较大，故一般在直径大于 100mm 的轴上使用。

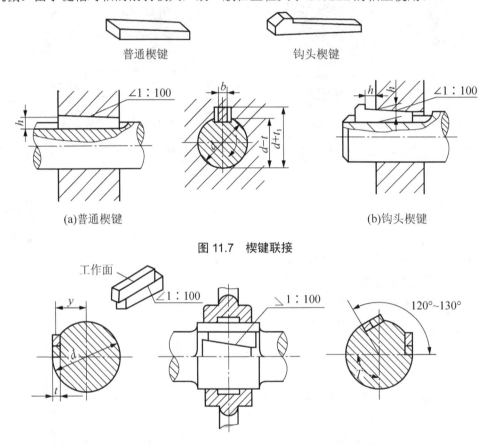

图 11.7　楔键联接

图 11.8　切向键联接

2. 平键联接的选用及强度计算

1) 键的选择

(1) 键的类型选择。平键的类型选择应考虑传递转矩的大小、对中性要求、是否要求轴向固定或沿轴向移动及移动距离、键在轴的中部或端部等。

例如，在选择减速器的键时，考虑到减速器中轴与其上的传动件有较高的对中要求，应选普通平键。用于轴中间时，选 A 型平键；用于轴端时可选 A 型平键，也可选 C 型平键。

(2) 键的尺寸选择。平键的主要尺寸为宽度 b、高度 h 与长度 L，键的剖面尺寸 $b×h$ 按轴径 d 由标准中选定。键的长度 L 略小于轮毂宽度 B，一般 $L=B-(5\sim10)$mm，并符合标准规定的长度系列，见表 11-1。

表 11-1　平键联接的标准尺寸(GB/T 1095—2003、GB/T 1096—2003)　　　　(单位：mm)

轴 公称直径 d	键 公称尺寸 $b \times h$	键槽 宽度 b 公称尺寸 b	松联接 轴H9	松联接 毂D10	正常联接 轴N9	正常联接 毂Js9	较密联接 轴和毂P9	深度 轴t 公称尺寸	轴t 极限偏差	毂t_1 公称尺寸	毂t_1 极限偏差	半径r 最小	半径r 最大
自6~8	2×2	2	+0.025 / 0	+0.060 / +0.020	-0.004 / -0.029	±0.0125	-0.006 / -0.031	1.2	+0.1 / 0	1	+0.1 / 0	0.08	0.16
>8~10	3×3	3						1.8		1.4			
>10~12	4×4	4	+0.030 / 0	+0.078 / +0.030	0 / -0.030	±0.015	-0.012 / -0.042	2.5		1.8			
>12~17	5×5	5						3.0		2.3			
>17~22	6×6	6						3.5		2.8		0.16	0.25
>22~30	8×7	8	+0.036 / 0	+0.098 / +0.040	0 / -0.036	±0.018	-0.015 / -0.051	4.0		3.3			
>30~38	10×8	10						5.0		3.3			
>38~44	12×8	12	+0.043 / 0	+0.120 / +0.050	0 / -0.043	±0.0215	-0.018 / -0.061	5.0	+0.2 / 0	3.3	+0.2 / 0	0.25	0.40
>44~50	14×9	14						5.5		3.8			
>50~58	16×10	16						6.0		4.3			
>58~65	18×11	18						7.0		4.4			
>65~75	20×12	20	+0.052 / 0	+0.149 / +0.065	0 / -0.052	±0.026	-0.022 / -0.074	7.5		4.9			
>75~85	22×14	22						9.0		5.4		0.40	0.60
>85~95	25×14	25						9.0		5.4			
>95~110	28×16	28						10.0		6.4			
键的长度 (L) 系列	6, 8, 10, 12, 14, 16, 18, 20, 22, 25, 28, 32, 36, 40, 45, 50, 56, 63, 70, 80, 90, 100, 110, 125, 140, 160, 180, 200, 220, 250, 280, 320, 360…500												

注：1. 在工作图中，轴槽深用 $d-t$ 标注，轮毂槽深用 $d+t_1$ 标注。

　　2. $d-t$ 和 $d+t_1$ 两组组合尺寸的偏差按相应的 t 和 t_1 的偏差选取，但 $d-t$ 偏差值应取负号。
　　对于键，b 的偏差按 h9，h 的偏差按 h11，L 的偏差按 h14。

平键的标记示例：圆头普通平键(A 型)，$b=16\text{mm}$，$h=10\text{mm}$，$L=100\text{mm}$，标记为键 16×100 GB/T 1096—2003。

2) 平键联接的强度校核

工程设计中，假定挤压应力在键的工作面上是均布的。平键联接的受力情况如图 11.9 所示。普通平键联接的主要失效形式为工作表面被压溃，导向平键和滑键联接的主要失效形式是工作面的过度磨损，故通常对普通平键联接校核其挤压强度，而对导向平键和滑键联接校核其压强。强度条件分别为

静联接
$$\sigma_{\mathrm{p}} = \frac{4T}{dhl} \leqslant [\sigma_{\mathrm{p}}] \tag{11-1}$$

动联接
$$p = \frac{4T}{dhl} \leqslant [p] \tag{11-2}$$

式中，σ_p 为工作面上的挤压应力(MPa)；p 为工作面上的压强(MPa)；T 为轴所传递的转矩(N·mm)；d 为轴的直径(mm)；h 为键的高度(mm)；l 为键的工作长度(mm)；对于 A 型平键 $l=L-b$，B 型平键 $l=L$，C 型平键 $l=L-b/2$；$[\sigma_p]$ 为许用挤压应力(MPa)，见表 11-2；$[p]$ 为许用压强(MPa)，见表 11-2。

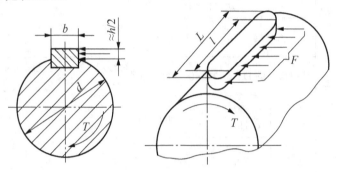

图 11.9　平键联接的受力分析

表 11-2　键联接的许用应力　　　　　　　　　　(单位：MPa)

许用应力	联接方式	零件材料	载 荷 性 质		
			静载荷	轻度冲击	冲 击
$[\sigma_p]$	静联接	钢	120～150	100～120	60～90
		铸铁	70～80	50～60	30～45
$[p]$	动联接	钢	50	40	30

注：如与键有相对滑动的被联接件表面经过淬火，则动联接的许用压强[p]可提高 2～3 倍。

当单键联接强度不足时，若结构允许，可适当增加轮毂宽和键长，但应使 $L \leqslant 2.5d$，以避免载荷沿键长分布不均；若结构受限制，可采用相隔 180° 布置的双键联接。考虑到载荷在两个键上的分配不均现象，双键联接的强度只按 1.5 个键计算。

【例 11.1】　选择如图 11.10 所示的减速器输出轴与齿轮间的平键联接。已知传递的转矩 $T=600$N·m，齿轮的材料为铸钢，载荷有轻微冲击。

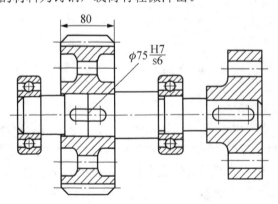

图 11.10　轴与齿轮间的平键联接

解：(1) 键的类型与尺寸选择。输出轴与齿轮的键联接在轴的中部，且齿轮传动要求齿轮与轴对中性好，以避免啮合不良，故联接选用普通 A 型平键。根据轴的直径 $d=75$mm，轮毂宽度 80mm，查表 11-1，得键宽 b=20mm，键高 h=12mm，键长 L 计算得 L=80-(5～10)mm=75～70mm，取 L=70mm，标记为：键 20×70 GB/T 1096—2003。

(2) 强度校核。因为齿轮的材料为铸钢，载荷有轻微冲击，由表 11-2 查得[σ_p]=100～120MPa，键的工作长度 l=70-20=50(mm)，则

$$\sigma_p = \frac{4T}{dhl} = \frac{4 \times 600 \times 10^3}{75 \times 12 \times 50} = 53.3(\text{MPa}) < [\sigma_p]$$

故所选平键联接满足强度要求。

11.2.2 花键联接

在轴上加工出多个键齿称为花键轴，在轮毂孔上加工出多个键槽称为花键孔，二者组成的联接称为花键联接，如图 11.11 所示。花键齿的侧面为工作面，靠轴与轮毂的齿侧面的挤压传递转矩。由于多键传递载荷，所以它比平键联接的承载能力高，对中性和导向性好；由于键槽浅，齿根应力集中小，故对轴的强度削弱小。一般用于定心精度要求高和载荷大的静联接和动联接，如汽车、飞机和机床等都广泛地应用花键联接。但花键联接的制造需要专用设备，故成本较高。

花键已标准化，常用花键按其齿形分为矩形花键和渐开线花键两类。

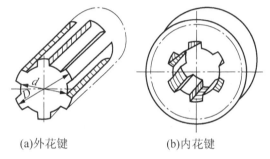

(a)外花键   (b)内花键

图 11.11   外花键和内花键

1. 矩形花键

矩形花键如图 11.12 所示，键的剖面形状为矩形，加工方便，标准规定，用热处理后磨削过的小径 d 定心，即外花键和内花键的小径为配合面。它的定心精度高，稳定性好，因此应用广泛。

2. 渐开线花键

渐开线花键的齿廓为渐开线，如图 11.13 所示。它可用制造齿轮的方法加工，工艺性较好，制造精度也较高。与矩形花键相比，渐开线花键的根部较厚，应力集中小，承载能力大；渐开线花键的定心方式为齿形定心，它具有自动对中作用，并有利于各键的均匀受力；但加工小尺寸的渐开线花键孔的拉刀制造复杂，成本较高。因此，它适用于载荷较大、定心精度要求较高和尺寸较大的联接。渐开线花键的标准压力角为 30°和 45°。

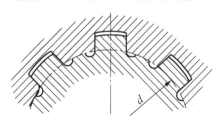

图 11.12   矩形花键联接

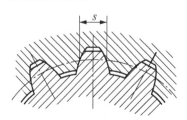

图 11.13   渐开线花键联接

11.2.3　销联接

销联接通常用来固定零件间的相互位置，即起定位作用[图 11.14(a)和图 11.14(b)]，是组合加工和装配时的重要辅助零件；同时也可用于轴与轮毂的联接，以传递不大的载荷[图 11.14(c)]，还可以作为安全装置中的过载剪断元件[图 11.14(d)]。

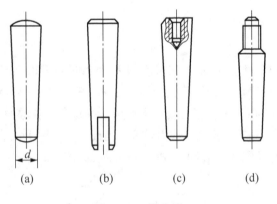

图 11.14　销联接

销为标准件，其材料根据用途可选用 35、45 钢。按销形状的不同，可分为圆柱销[图 11.14(a)]、圆锥销(图 11.15)、开口销(图 11.16)、异形销等。圆柱销利用微量过盈固定在铰制孔中，多次拆装后定位精度和联接紧固性会下降；圆锥销具有 1∶50 的锥度，小头直径为标准值[图 11.15(a)]。圆锥销安装方便，且多次装拆对定位精度的影响也不大，应用较广。为确保销安装后不致松脱，圆锥销的尾端可制成开口的，如图 11.15(b)所示的开尾圆锥销。为方便销的拆卸，圆锥销的上端也可做成带内、外螺纹的，如图 11.15(c)、图 11.15(d)所示。开口销常用低碳钢丝制成，是一种防松零件。

图 11.15　圆锥销　　　　　　　　　图 11.16　开口销

11.2.4　螺纹联接

螺纹联接是利用螺纹零件构成的可拆联接，其结构简单，装拆方便，成本低，互换性好，广泛用于各类机械设备中。各种螺纹及其连接件大多制定有国家标准。

1. 联接用螺纹的种类

机械设备中常用的联接螺纹大多为三角形螺纹，它分为普通螺纹和管螺纹两种。前者多用于紧固联接，后者用于紧密联接。

1) 普通螺纹(米制)

普通螺纹牙型角 $\alpha=60°$，大径 d 为公称直径，中径 $d_2=d-0.6495P$，小径 $d_1=d-1.0825P$，其标准为 GB/T 196—2003。同一大径 d 可有多种螺距 P，螺距最大的为粗牙螺纹[图 11.17(a)]，其余为细牙螺纹，它们均已标准化。

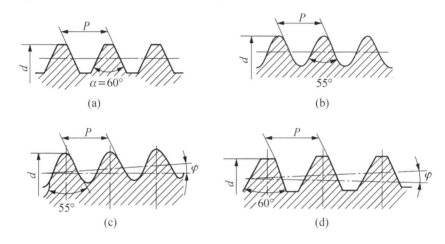

图 11.17　联接用的螺纹

(1) 粗牙螺纹。它是螺距最大的普通螺纹，广泛用于各种联接。

(2) 细牙螺纹。与相同大径 d 的粗牙螺纹相比，细牙螺纹螺距小，小径和中径较大，升角小，自锁性好。但细牙螺纹经常拆装容易产生滑牙，所以细牙螺纹多用于强度要求较高的薄壁零件或受变载、冲击及振动的不常装拆的联接中。例如，固定轴上零件用的圆螺母即为细牙螺纹。

2) 管螺纹

管螺纹是用于管子联接的螺纹。管螺纹牙型角 α 有 55°[图 11.17(b)、图 11.17(c)]和 60°两种[图 11.17(d)]，可以是圆柱螺纹[GB/T 7307—2001，图 11.17(b)]或锥螺纹[GB/T 7306—2000，图 11.17(c)；GB/T 12716—2002，图 11.17(d)]，且有米制和英制之分。英制管螺纹的公称直径是管的孔径，米制管螺纹的公称直径是螺纹大径。

圆柱管螺纹广泛用于水、煤气和润滑管路系统中。若需联接密封，常需在螺旋副间填充密封物，或在密封面之间加密封垫。圆锥管螺纹联接密封性好、不用填料，适用于密封要求较高(如高温、高压系统等)的管道联接中。

2. 螺纹联接的基本类型和应用

1) 螺纹联接的基本类型

螺纹联接的主要类型有螺栓联接、双头螺柱联接、螺钉联接及紧定螺钉联接。它们的基本类型、结构、特点及应用见表 11-3。

【参考视频】

表 11-3　螺纹联接的基本类型、结构特点及应用

类型	构　造	主要尺寸关系	特点及应用
螺栓联接 【参考视频】	普通螺栓联接 铰制孔螺栓联接 	螺纹余量长度 l_1 的计算： 静载荷 $l_1 \geqslant (0.3 \sim 0.5)d$ 变载荷 $l_1 \geqslant 0.75d$ 冲击、弯曲载荷 $l_1 \geqslant d$ 铰制孔用螺栓联接：$l_1 \approx d$ 尽可能小，螺纹伸出长度 $l_2 = (0.2 \sim 0.3)d$，螺栓轴线到被联接件边缘的距离 $e = d + (3 \sim 6)$mm	螺栓杆与被连接件孔壁间有间隙，通孔加工精度要求低；被联接件无须切制螺纹，使用不受被联接件材料的限制；结构简单，装拆方便，成本低，应用广泛；用于通孔，能从被联接件两边进行装配的场合；工作时螺栓受拉伸作用 螺杆与孔之间紧密配合；用螺杆承受横向载荷或固定被联接件的相互位置；工作时，螺栓一般受剪切力，故也常称为受剪螺栓联接
双头螺柱联接	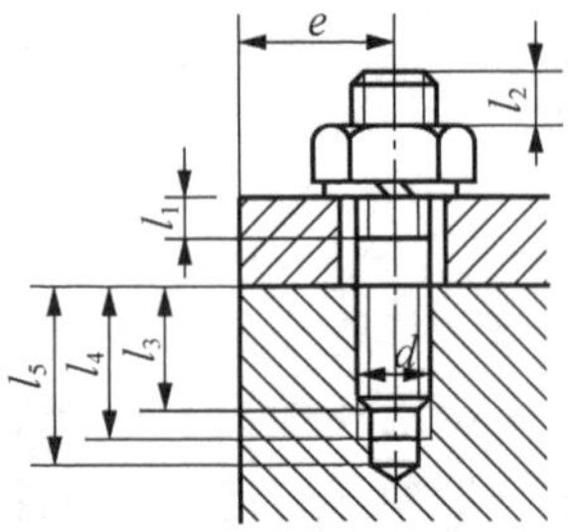	螺纹旋入深度 l_3，当螺纹孔零件为：钢或青铜 $l_3 = d$ 铸铁 $l_3 = (1.25 \sim 1.5)d$ 铝合金 $l_3 = (1.5 \sim 2.5)d$ 螺纹孔深度 $l_4 = l_3 + (2 \sim 2.5)P$ 钻孔深度 $l_5 = l_4 + (0.5 \sim 1)d$ l_1、l_2、e 含义同螺栓联接	双头螺柱的两端都有螺纹，其中一端旋紧在一被联接件的螺孔内；另一端则穿过另一被联接件的孔，与螺母旋合而将两被联接件联接。常用于被联接件之一太厚，结构要求紧凑或经常拆卸的场合
螺钉联接 【参考视频】	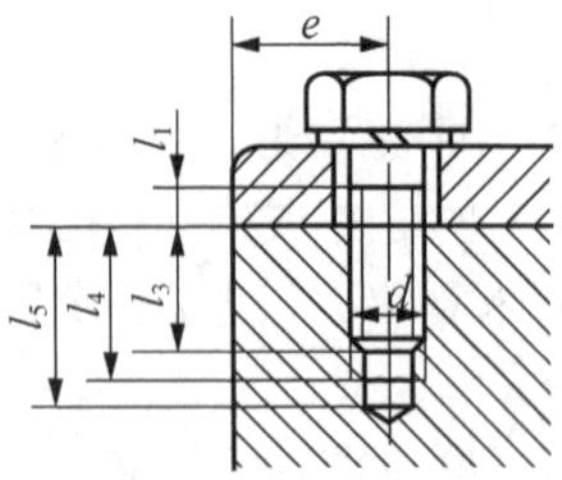	l_1、l_2、l_4、l_5、e 含义同螺栓联接和双头螺柱联接	不用螺母，而且能有光整的外露表面；应用与双头螺柱相似，但不宜用于经常拆卸的联接，以免损坏被联接件的螺孔
紧定螺钉联接 【参考视频】	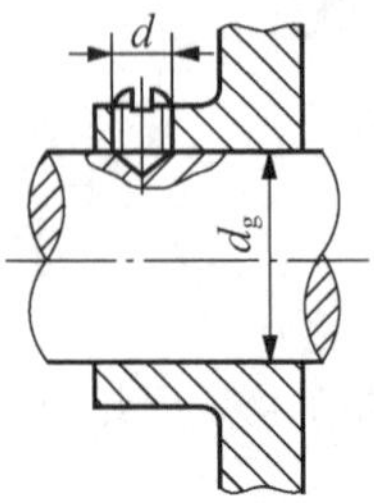	$d \approx (0.2 \sim 0.3)d_g$ 转矩大时取大值	旋入被联接件之一的螺纹孔中，其末端顶住另一被联接件的表面或顶入相应的坑中，以固定两个零件的相互位置，并可传递不大的力或转矩

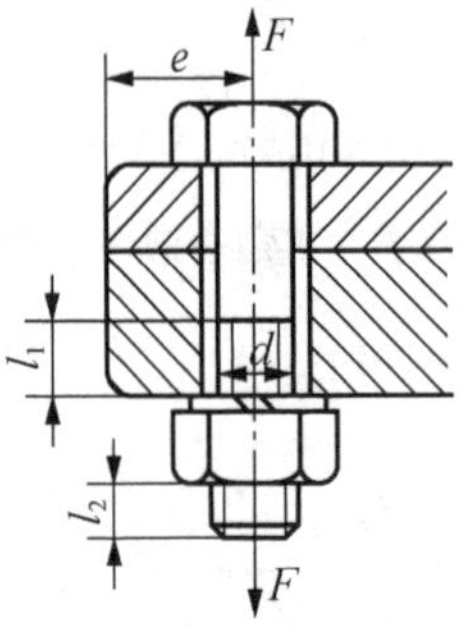

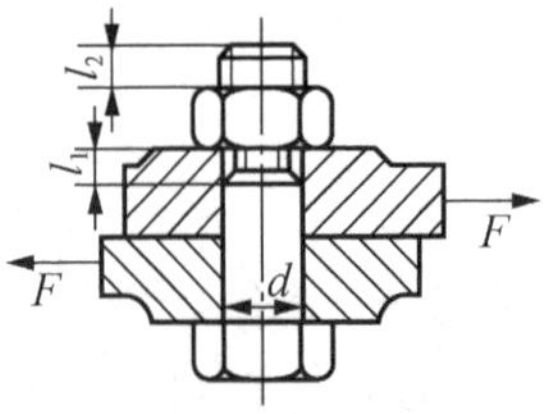

2) 螺纹联接件

螺纹联接件的类型很多，其中常用的有螺栓、双头螺柱、螺钉、紧定螺钉、螺母、垫圈及防松零件等。它们的结构形式和尺寸均已标准化。其中公称尺寸均为螺纹的大径，设计时可根据标准选用。其常用类型、结构特点及应用见表 11-4。

表 11-4　常用标准螺纹联接件的类型、结构特点及应用

类型	图　例	特点及应用
六角头螺栓	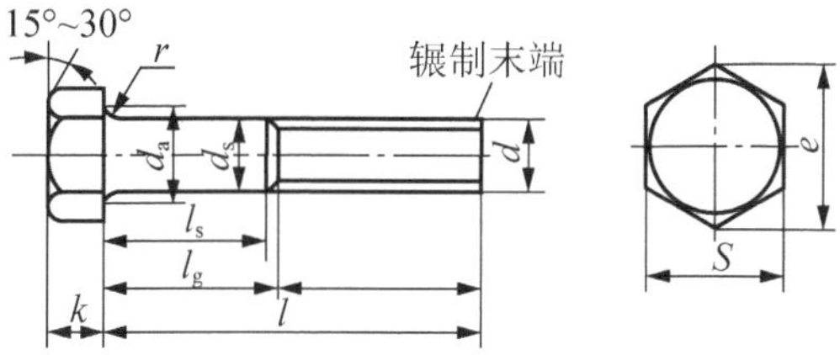	螺栓精度分 A、B、C 三级，通常多用 C 级；杆部可以是全螺纹或一段螺纹
双头螺柱	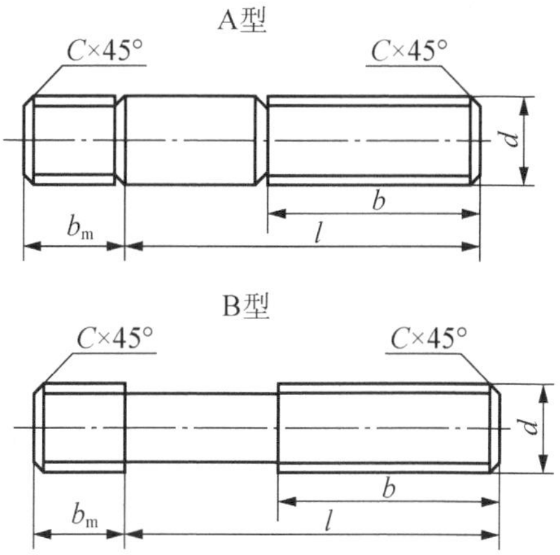 A型　　B型	两端均有螺纹，两端螺纹可以相同或不同；有 A 型和 B 型两种结构；一端拧入厚度大不便穿透的被联接件，另一端用螺母
螺钉	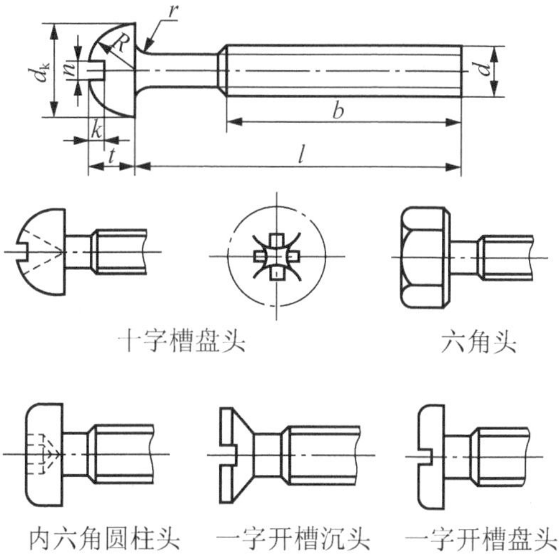 十字槽盘头　六角头　内六角圆柱头　一字开槽沉头　一字开槽盘头	头部形状有圆头、扁圆头、六角头、圆柱头和沉头等。螺钉旋具槽有一字槽、十字槽、内六角孔等，十字槽强度高，便于用机动工具。内六角头螺栓可代替普通六角头螺栓，用于要求结构紧凑的地方

323

续表

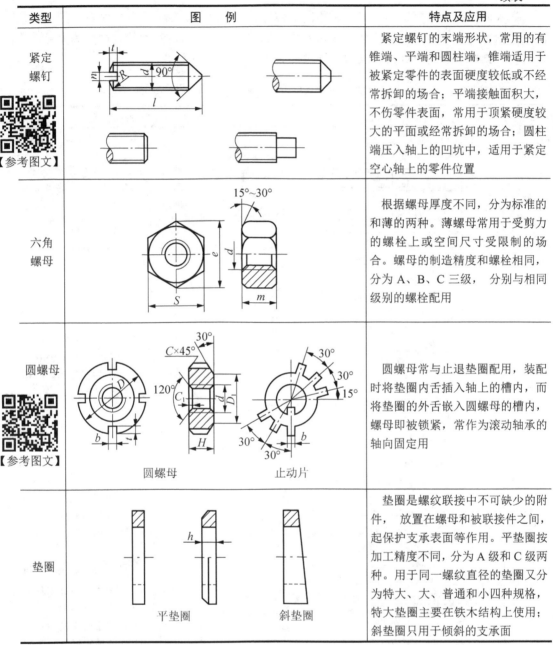

类型	图例	特点及应用
紧定螺钉		紧定螺钉的末端形状，常用的有锥端、平端和圆柱端，锥端适用于被紧定零件的表面硬度较低或不经常拆卸的场合；平端接触面积大，不伤零件表面，常用于顶紧硬度较大的平面或经常拆卸的场合；圆柱端压入轴上的凹坑中，适用于紧定空心轴上的零件位置
六角螺母		根据螺母厚度不同，分为标准的和薄的两种。薄螺母常用于受剪力的螺栓上或空间尺寸受限制的场合。螺母的制造精度和螺栓相同，分为 A、B、C 三级，分别与相同级别的螺栓配用
圆螺母	圆螺母　止动片	圆螺母常与止退垫圈配用，装配时将垫圈内舌插入轴上的槽内，而将垫圈的外舌嵌入圆螺母的槽内，螺母即被锁紧，常作为滚动轴承的轴向固定用
垫圈	平垫圈　斜垫圈	垫圈是螺纹联接中不可缺少的附件，放置在螺母和被联接件之间，起保护支承表面等作用。平垫圈按加工精度不同，分为 A 级和 C 级两种。用于同一螺纹直径的垫圈又分为特大、大、普通和小四种规格，特大垫圈主要在铁木结构上使用；斜垫圈只用于倾斜的支承面

3. 螺纹联接的预紧和防松

1) 螺纹联接的预紧

生产实际中，为了增强螺纹联接的刚性，提高被连接件的密封性和防松能力，螺纹连接一般需要预紧，即在装配时将螺母或螺钉拧紧，使螺杆产生一定的轴向预紧力 F_0。

对有气密性要求的管路、压力容器等联接，预紧可使被联接件的接合面在工作载荷的作用下，仍具有足够的紧密性，避免泄漏。对承受横向载荷的螺栓

【参考视频】

联接，预紧力在被联接件的接合面间产生所需的正压力，使接合面间产生的总摩擦力足以平衡外载荷。由此可见，预紧在螺栓联接中起着重要的作用。

一般螺纹联接可凭经验控制预紧力大小，对重要的螺纹联接，通常借助测力矩扳手(图 11.18)或定力矩扳手来控制。对于常用的钢制 M10～M68 的粗牙普通螺纹，拧紧力矩 $T(\text{N} \cdot \text{mm})$ 的经验公式为

$$T \approx 0.2F_0d \tag{11-3}$$

式中，F_0 为预紧力(N)；d 为螺纹公称直径(mm)。

由于摩擦力不稳定和加在扳手上的力难以准确控制，有时可能拧得过紧而使螺杆被拧断，因此在重要的联接中如果不能严格控制预紧力的大小，宜使用大于 M12 的螺栓。

2) 螺纹联接的防松

联接螺纹都能满足自锁条件，并且螺母和螺栓头部支承面处的摩擦也能起防松作用，故在静载荷下，螺纹联接不会自动松脱。但在冲击、振动或变载荷的作用下，或当温度变化很大时，螺纹副间的摩擦力可能减小或瞬间消失。这种现

图 11.18 测力矩扳手

象多次重复，联接就会松开，影响联接的牢固和紧密，甚至会引起严重事故。因此在设计螺纹联接时，必须考虑防松问题。防松的根本问题是防止螺母和螺栓的相对转动，防松方法很多，常用的防松方法见表 11-5。

表 11-5 螺纹联接常用的防松方法

防松方法		结 构 形 式	特点和应用
摩擦防松	对顶螺母	副螺母　主螺母	用两个螺母对顶着拧紧，使旋合螺纹间始终受到附加的压力和摩擦力的作用；结构简单，但联接的高度尺寸和重量加大；适用于平稳、低速和重载的联接
	弹簧垫圈		拧紧螺母后弹簧垫圈被压平，垫圈的弹性恢复力使螺纹副轴向压紧，同时垫圈斜口的尖端抵住螺母与被联接件的支承面，也有防松的作用；结构简单，应用方便，广泛用于一般的联接
	自锁螺母	锁紧锥面螺母	螺母一端制成非圆形收口或开缝后径向收口，当螺母拧紧后收口胀开，利用收口的弹力使旋合螺纹压紧。该方式结构简单、防松可靠，可多次装拆而不降低防松能力

防松方法		结 构 形 式	特点和应用
机械防松	开口销和槽型螺母	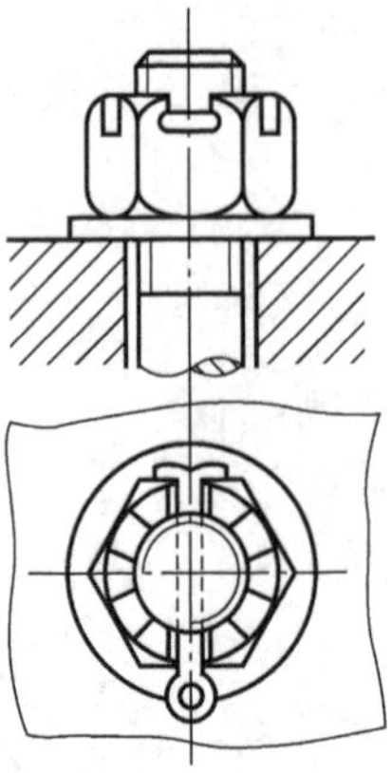	拧紧槽形螺母后,将开口销插入螺栓尾部小孔和螺母的槽内,再将销的尾部分开,使螺母锁紧在螺栓上;适用于有较大冲击、振动的高速机械中的联接
	止动垫圈	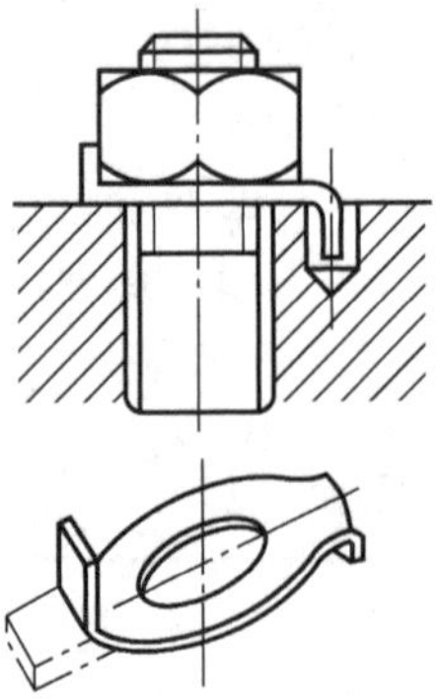	将垫圈套入螺栓,并使其下弯的外舌放入被联接件的小槽中,再拧紧螺母,最后将垫圈的另一边向上弯,使之和螺母的一边贴紧,但螺栓需另有约束,则可防松。该方式结构简单,使用方便,防松可靠
	圆螺母和止动垫圈	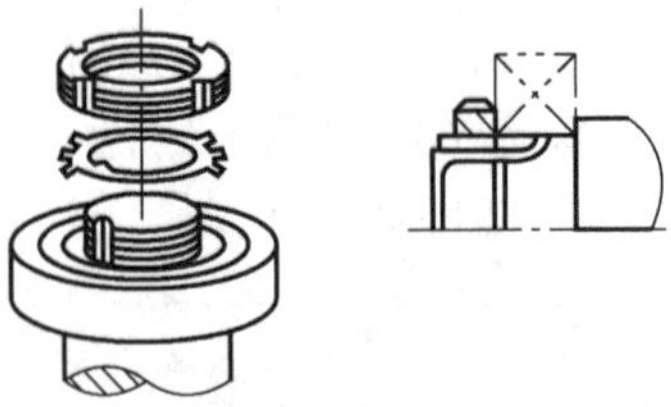	带翅垫圈具有几个外翅和一个内翅,将内翅嵌入螺栓(或轴)的轴向槽内,旋紧螺母,将一个外翅弯入螺母的槽内,螺母即被锁住。该方式结构简单、使用方便、防松可靠
	串联钢丝	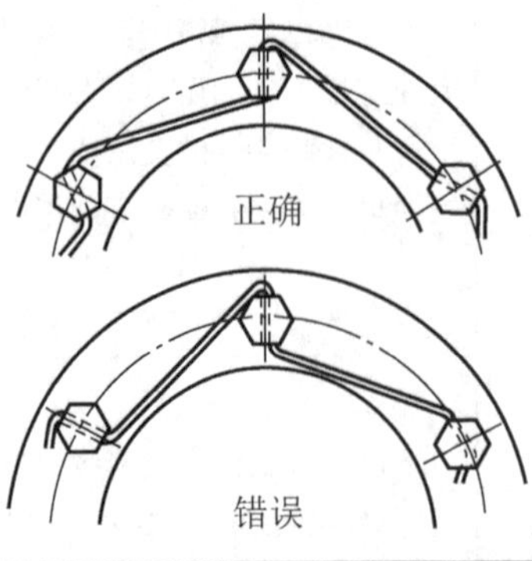	用低碳钢丝穿入各螺钉头部的孔内,将各螺钉串联起来,使其相互约束,使用时必须注意钢丝的穿入方向;适用于螺钉组联接,防松可靠,但装拆不便

防松方法		结 构 形 式	特点和应用
不可拆防松	冲点	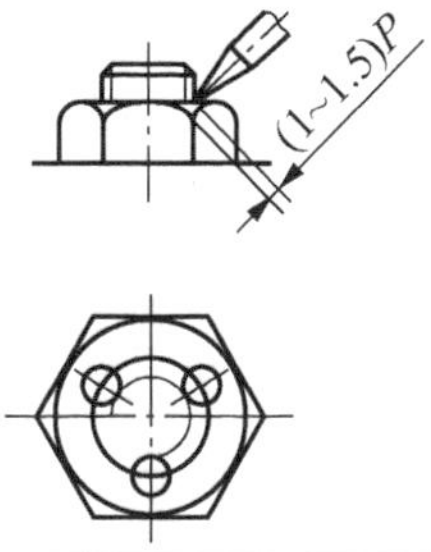 (1~1.5)P	螺母拧紧后,在螺栓末端与螺母的旋合缝处冲点或焊接来防松;防松可靠,但拆卸后联接不能重复使用,适用于不需拆卸的特殊联接
	点焊	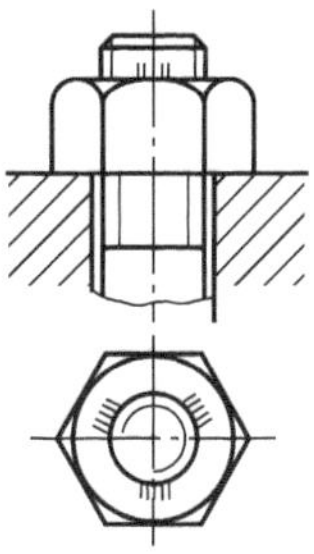	
	粘结	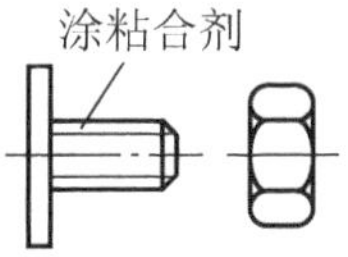 涂粘合剂	用粘合剂涂于螺纹旋合表面,拧紧螺母后粘合剂能自行固化,防松效果良好

※4. 螺纹联接的强度计算

螺栓联接通常成组使用。进行强度计算时,应在螺栓组中找出受力最大的螺栓,作为强度计算的对象。对于单个螺栓来讲,其受力的形式分轴向载荷和横向载荷两种。受轴向载荷的螺栓联接(受拉螺栓)主要失效形式是螺纹部分发生塑性变形或断裂,因而其设计准则应该保证螺栓的抗拉强度;而受横向载荷的螺栓联接(受剪切螺栓)主要失效形式是螺栓杆被剪断或孔壁和螺栓杆的接合面上出现压溃,其设计准则是保证联接的挤压强度和螺栓的剪切强度,其中联接的挤压强度对联接的可靠性起决定性作用。螺纹的其他部分的尺寸,通常不需要进行强度计算。关于螺纹联接的强度计算见 2.2.2 节剪切与挤压和机械零件设计手册中各类螺栓联接的强度计算。

5. 螺栓组联接的结构分析

对机械设备中成组使用的螺栓连接,在结构设计时,应考虑以下几方面的问题:

(1) 在联接的接合面上,合理地布置螺栓。螺栓组的布置应尽可能对称,以使接合面受力比较均匀。一般都将接合面设计成对称的简单几何形状,并使螺栓组的对称中心与接合面的几何形心重合。为了便于画线钻孔,螺栓应布置在同一圆周上,并取易于等分圆周的螺栓个数,如 3、4、6、8、12 等,如图 11.19(a)所示。

螺栓的布置应使各螺栓受力合理。当被联接件承受转矩时,应使螺栓适当靠近接合面边缘,以减小螺栓受力,如图 11.19(b)所示。

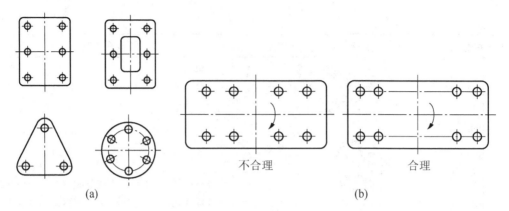

(a)

不合理　　　　　　　　　合理

(b)

图 11.19　螺栓组的布置

(2) 在一般情况下，为了安装方便，同一组螺栓中不论其受力大小，均采用同样的材料和尺寸。

(3) 普通螺栓联接受到较大的横向载荷时，可用键、套筒、销等零件来分担横向载荷，以减小螺栓的预紧力和结构尺寸，如图 11.20 所示。

【参考视频】

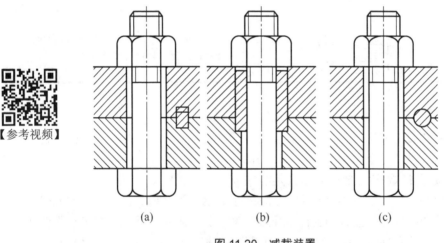

(a)　　　　　　　(b)　　　　　　　(c)

图 11.20　减载装置

(4) 螺栓布置要有合理的距离。在布置螺栓时，螺栓中心线与机体壁之间、螺栓相互之间的距离，要根据扳手活动所需的空间大小来决定，如图 11.21 所示。扳手空间的尺寸可查有关手册。

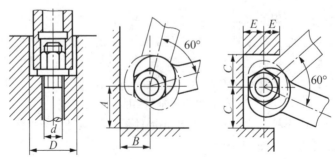

图 11.21　扳手空间

(5) 对压力容器等紧密性要求较高的重要联接，螺栓的间距 t 不得大于表 11-6 给出的数据。

表 11-6　有紧密性要求的螺栓间距

	工作压力/MPa					
	≤1.6	>1.6～4	>4～10	>10～16	>16～20	>20～30
	t					
	$7d$	$5.5d$	$4.5d$	$4d$	$3.5d$	$3d$

注：表中 d 为螺纹的公称直径。

(6) 为避免使螺栓承受附加的弯曲应力，与螺栓接触的被联接件表面应平整并垂直于螺栓的轴线，可采用如图 11.22 所示的支承面结构。

【参考视频】

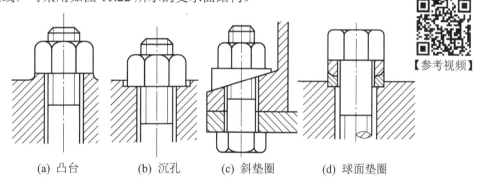

| (a) 凸台 | (b) 沉孔 | (c) 斜垫圈 | (d) 球面垫圈 |

图 11.22　支承面结构

(7) 为使联接牢固、可靠、接合面受力均匀，在螺栓联接装配过程中，应根据螺栓分布情况按一定顺序逐次拧紧各个螺栓(必要时可分 2～3 次完成)，如图 11.23 所示。

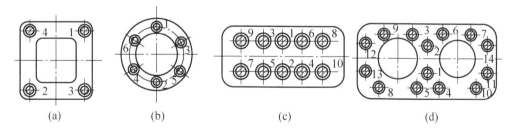

| (a) | (b) | (c) | (d) |

图 11.23　拧紧螺栓的顺序示例

11.3　任务实施

减速器低速轴与大齿轮间键联接的设计步骤如下：

1) 键的类型与尺寸选择

低速轴与大齿轮间的键联接在轴的中部，且齿轮传动要求齿轮与轴对中性好，以避免啮合不良，故联接选用普通 A 型平键。根据轴的直径 d_4=56mm，及轮毂宽度 70mm，查表 11-1，得键宽 b=16mm，键高 h=10mm，键长 L 计算得 L=70-(5～10)mm=65～60mm，取 L=63mm，标记为：键 16×63 GB/T 1096—2003。

2) 强度校核

由设计参数查表 11-2，得[σ_p]=100～120MPa，键的工作长度 l=63-16=47(mm)，则

$$\sigma_p = \frac{4T}{dhl} = \frac{4\times376031.25}{56\times10\times47} = 57.17(MPa) < [\sigma_p]$$

故所选平键联接满足强度要求。

11.4 任务评价

本任务评价考核见表 11-7。

表 11-7 任务评价考核

序号	考核项目	权重	检查标准	得分
1	键联接	50%	(1) 熟悉键联接的类型、特点及应用； (2) 掌握平键联接的选用及强度计算方法	
2	花键联接	5%	了解花键联接的类型、特点及应用	
3	销联接	5%	了解销联接的类型、特点及应用	
4	螺纹联接	40%	(1) 了解联接用的螺纹种类； (2) 熟悉螺纹联接的基本类型和应用； (3) 会对螺纹联接进行正确的预紧； (4) 熟悉螺栓联接的常用防松方法； (5) 能对螺栓组联接进行合理的结构设计	

习 题

11.1 键联接的主要类型有哪些？各有何特点？

11.2 平键联接有哪几种？各有何特点？

11.3 圆头、方头及单圆头普通平键各有何优缺点？分别用在什么场合？轴上的键槽是怎样加工的？

11.4 平键的尺寸如何确定？平键联接的失效形式是什么？如何进行强度校核？

11.5 如果普通平键联接经校核强度不够，可采用哪些措施来解决？

11.6 按结构形式分，销有哪几种？各有何特点？各举一应用实例。

11.7 花键联接和平键联接相比有哪些优缺点？

11.8 花键的齿形有哪几种？哪种齿形应用较广？哪种齿形是非标准的？

11.9 螺纹联接的基本类型有哪些？请说明其特点和应用场合。

11.10 普通螺栓联接和绞制孔螺栓联接有什么不同？当这两种联接在工作时螺栓各受什么力作用？

11.11 为什么多数螺纹联接工作前要预紧？如何控制预紧力？

11.12 螺纹联接为什么要考虑防松？螺纹联接常用的防松方法和装置有哪些？各适用于哪些场合？画出三种常用的防松实例，并进行简要说明。

11.13 螺栓联接结构设计中应注意哪些问题？

11.14 避免螺栓承受弯曲应力的措施有哪些？

11.15 任选下列一种产品(设施)进行实物调查，指出 5～6 处联接部位，并说明采用的联接方法：

(1)电脑桌；(2)公用电话亭；(3)健身器材或设施；(4)家用电器。

11.16 分析图 11.24 中，螺纹联接有哪些不合理之处？画出正确的结构图。

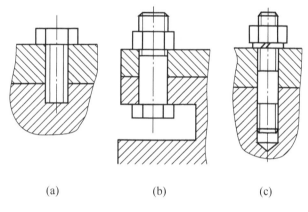

(a) (b) (c)

图 11.24 题 11.16 图

11.17 已知轴直径 d=50mm，试选择 A 型平键，并绘出键与轴槽和轮毂槽联接的横剖面图。

11.18 图 11.25 所示为在直径 d=80mm 的轴端安装一钢制直齿圆柱齿轮，轮毂长 L=1.5d，工作时有轻微冲击。试确定平键联接尺寸，并计算其能传递的最大转矩。

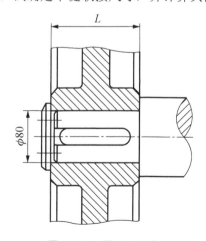

图 11.25 题 11.18 图

11.19 图 11.26 所示减速器的低速轴与凸缘联轴器及圆柱齿轮之间分别用键联接。已知轴传递的转矩 T=1000N·m，齿轮材料为锻钢，凸缘联轴器材料为 HT200，工作时，有轻微冲击，联接处轴及轮毂尺寸如图 11.26 所示。试选择键的类型和尺寸，并校核其联接强度。

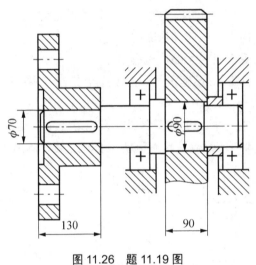

图 11.26　题 11.19 图

任务12

带式输送机中
联轴器的设计选用

12.1 任 务 导 入

在机械传动中，常需将机器中不同机构的轴联接起来，以传递运动和动力。将两轴直接联接起来以传递运动和动力的联接称为轴间联接。轴间联接通常采用联轴器和离合器来实现。联轴器联接的两轴只有在机器停车后，经拆卸才能使其分离；而用离合器联接的两轴一般可在机器运转中随时使它们分离与接合。下面分析联轴器和离合器在机器中的具体应用。图 12.1 所示为带式输送机，电动机 1 的高速回转通过减速器 3 变成滚筒 5 的低速回转。减速器 3 与滚筒 5 之间用联轴器 4 联接起来，对加工、装配、运输、维修都很方便。图 12.2 所示为曲柄压力机，其中带传动 2 和齿轮传动 4 是减速装置，它们将电动机 1 的高速回转变成曲轴 5 的低速回转和冲头 6 的低速往复运动。为了便于操作，在从动带轮轴上装有离合器 3，使电动机 1 连续回转时，可以随时控制冲头 6 的起停。

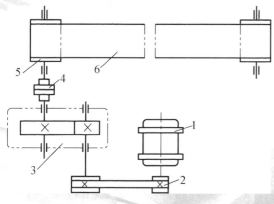

图 12.1 带式输送机机构运动简图

1—电动机；2—带传动；3—减速器；
4—联轴器；5—滚筒；6—输送带

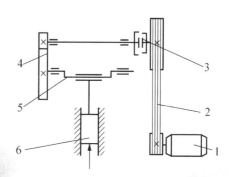

图 12.2 曲柄压力机机构运动简图

1—电动机；2—带传动；3—离合器；
4—齿轮传动；5—曲轴；6—冲头

联轴器和离合器的类型很多，其中多数已标准化、系列化，设计选用时可根据工作要求查阅有关技术手册，选择合适的类型，必要时对其中的主要零部件进行强度校核。通过完成以下任务，你将学会如何设计选用联轴器和离合器。

试完成任务 9 中(参见图 9.1)一级斜齿圆柱齿轮减速器低速轴与滚筒之间联轴器的选用。由任务 9 的实施过程已知设计参数为：与联轴器配合处的轴端直径 d_1=40mm，转矩 T=376031.25N·mm，轴的转速仍按原值(n=80r/min)，齿轮单向运转，载荷有轻微冲击。

12.2 任务资讯

12.2.1 联轴器

1. 联轴器的类型和特点

联轴器所联接的两轴，由于制造及安装误差、承载后的变形及温度变化的影响，往往存在某种程度的相对位移与偏斜，如图 12.3 所示。因此，联轴器除了能传递所需的转矩外，还应在一定程度上具有补偿两轴间偏移的性能，否则就会在轴、联轴器、轴承中引起附加载荷，导致工作情况的恶化，甚至引起轴折断及轴承或联轴器中元件的损坏。

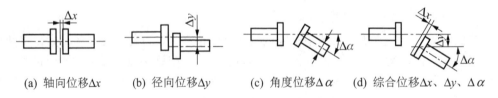

(a) 轴向位移Δx　　(b) 径向位移Δy　　(c) 角度位移Δα　　(d) 综合位移Δx、Δy、Δα

图 12.3　联轴器所联接两轴的偏移形式

联轴器按有无弹性元件可分为刚性联轴器和弹性联轴器两类。

1) 刚性联轴器

刚性联轴器由于无弹性元件，不能缓冲吸振，因此，适用于两轴能严格对中、在工作中不发生相对位移的地方。刚性联轴器按能否补偿轴线的偏移又可分为固定式刚性联轴器和可移式刚性联轴器。常用的固定式刚性联轴器有凸缘联轴器、套筒联轴器和夹壳联轴器等；常用的可移式刚性联轴器有十字滑块联轴器、万向联轴器和齿式联轴器等。

(1) 固定式刚性联轴器。

① 凸缘联轴器。如图 12.4 所示，凸缘联轴器由两个带凸缘的半联轴器和一组螺栓组成。这种联轴器有两种对中方式：一种是通过分别具有凸榫和凹槽的两个半联轴器的相互嵌合来对中，半联轴器之间采用普通螺栓联接[图 12.4(a)]；另一种是通过铰制孔用螺栓与孔的紧配合对中[图 12.4(b)]。当尺寸相同时后者传递的转矩较大，且装拆时轴不必作轴向移动。

凸缘联轴器结构简单、成本低、传递的转矩较大，但要求两轴的同轴度要好；适用于刚性大、振动冲击小和低速大转矩的联接场合，是应用最广的一种刚性联轴器。凸缘联轴器已标准化(GB/T 5843—2003)。

② 套筒联轴器。如图 12.5 所示，套筒联轴器是利用套筒及联接零件(键或销)将两轴联

接起来。图 12.5(a)中的螺钉用作轴向固定,图 12.5(b)中的锥销当轴超载时会被剪断,即可作为安全联轴器使用。套筒联轴器结构简单、径向尺寸小、容易制造,但缺点是装拆时因需作轴向移动而使用不太方便;适用于载荷不大、工作平稳、两轴严格对中并要求联轴器径向尺寸小的场合,常用于机车传动系统中。套筒联轴器目前尚未标准化。

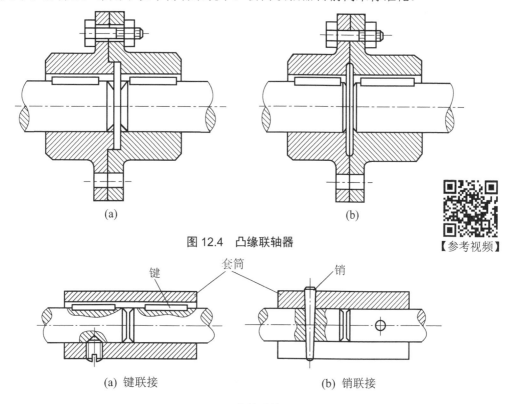

(a)　　　　　　　　　　(b)

图 12.4　凸缘联轴器

【参考视频】

(a) 键联接　　　　　　　　　(b) 销联接

图 12.5　套筒联轴器

③ 夹壳联轴器。由纵向剖分的两半筒形夹壳和联接它们的螺栓组成,靠夹壳与轴之间的摩擦力或键来传递转矩,如图 12.6 所示。由于这种联轴器是剖分结构,在装拆时不用移动轴,所以使用起来很方便。夹壳材料一般为铸铁,少数用钢。夹壳联轴器主要用于低速、工作平稳的场合。

【参考视频】

图 12.6　夹壳联轴器

(2) 可移式刚性联轴器。

① 十字滑块联轴器。十字滑块联轴器由两个端面开有径向凹槽的半联轴器 1、3 和一个两端具有相互垂直的凸榫的中间滑块 2 组成[图 12.7(a)],滑块上的凸榫分别嵌入两个半

联轴器相应的凹槽中。由于滑块可在半联轴器的凹槽中沿径向滑动，故可补偿两轴之间的径向偏移Δy，还能补偿角偏移$\Delta \alpha$[图12.7(b)]。凹槽和滑块工作面需润滑。

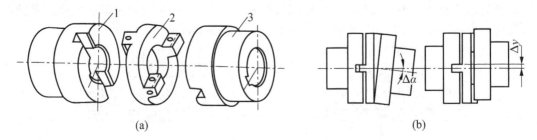

图12.7　十字滑块联轴器

1、3—半联轴器；2—滑块

十字滑块联轴器结构简单，径向尺寸小，但不耐冲击，易磨损；适用于低速($n<300$r/min)、两轴线的径向位移量$\Delta y \leqslant 0.04d$(d为轴的直径)的情况。所以十字滑块联轴器常用于轴线间相对径向位移较大、冲击小、转速低、传递转矩较大的两轴联接。

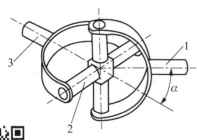

【参考视频】

图12.8　万向联轴器示意图

1、3—叉形接头；2—十字轴

② 万向联轴器。万向联轴器如图12.8所示，它由两个叉形接头1、3和中间连接件十字轴2铰接而成。两轴线间的夹角α最大可达35°～45°，但α角越大，传动效率越低。若万向联轴器单个使用[图12.9(a)]，当主动轴以等角速度转动时，从动轴作变角速度回转，从而在传动中引起附加动载荷，而且夹角α越大，两轴的瞬时角速度相差越大。为了避免这种现象，可采用两个万向联轴器(称双万向联轴器)，使两次角速度变动的影响相互抵消，从而使主动轴与从动轴同步转动[图12.9(b)]。这时中间轴的两叉形接头必须在同一平面内，两个万向联轴器的夹角α必须相等。

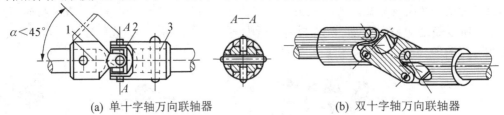

(a) 单十字轴万向联轴器　　　　　(b) 双十字轴万向联轴器

图12.9　万向联轴器

1、3—叉形接头；2—十字轴

万向联轴器结构紧凑、维护方便，可用于联接两相交轴或平行轴，或用于工作时有较大角度偏移的场合，在汽车(图12.10)、拖拉机、多头钻床等机器的传力系统中得到广泛应用。

【参考视频】

③ 齿式联轴器。它主要由两个具有外齿的半联轴器1、4和两个具有内齿的外壳2、3组成，两外壳用螺栓联成一体，两半联轴器分别用键装在主

动轴和从动轴上，如图 12.11 所示。工作时，靠内外轮齿相啮合传递转矩。内、外齿轮齿数相等，均采用 20° 压力角的渐开线齿廓，由于外齿的齿顶制成椭球面，并且保证与内齿啮合后具有适当的顶隙和侧隙，故具有较大的综合偏移补偿能力。为减少轮齿之间的磨损及相对移动时的摩擦阻力，在外壳内腔注入润滑油，并在联轴器两端设有密封装置。

图 12.10　万向联轴器在汽车中的应用

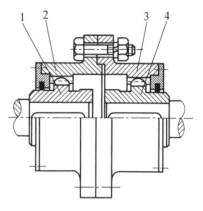

图 12.11　齿式联轴器

1、4—半联轴器；2、3—外壳

　　这种联轴器能传递很大的转矩，工作可靠，允许有较大的综合偏移量，但结构复杂，制造困难．成本高，不适于联接立轴。常用于起动频繁、经常正反转的重型机械。

　　2) 弹性联轴器

　　弹性联轴器具有弹性元件，工作时具有缓冲吸振作用，能补偿由于振动等原因引起的偏移。因此，适用于载荷多变、频繁起动、经常正反转及两轴不能严格对中或两轴有偏斜的传动中。常见的弹性联轴器有弹性套柱销联轴器、弹性柱销联轴器等。

　　(1) 弹性套柱销联轴器。这种联轴器的构造与凸缘联轴器相似，不同之处是用带有弹性套的柱销代替了联接螺栓，如图 12.12 所示。弹性套柱销联轴器已经标准化，其规格尺寸可通过国家标准 GB/T 4323—2002 查取。弹性套常用耐油橡胶制成，剖面形状为梯形以提高弹性。弹性套的变形可以补偿两轴的径向位移和角位移，并有缓冲吸振作用。其半联轴器与轴配合孔可制成圆柱形或圆锥形。设计中应注意留出安装距离 A；为了补偿轴向位移，安装时应注意留出相应大小的间隙 c。弹性套柱销联轴器制造简单，装拆方便，但弹性套易磨损，寿命较短。它适用于载荷平稳，经常正反转、起动频繁和中小功率的两轴联接，多用于电动机的输出与工作机械的联接上。

【参考视频】

　　(2) 弹性柱销联轴器。弹性柱销联轴器的结构(图 12.13)与弹性套柱销联轴器相似，差别主要在于用尼龙柱销代替了橡胶套柱销，它利用弹性柱销将两个半联轴器联接起来，使其传递转矩的能力增大。为防止柱销滑出，两侧装有挡板。其规格尺寸可按标准 GB/T 5014—2003 查取。这种联轴器的结构更简单，制造、安装方便，寿命长，具有缓冲吸振和补偿较大轴向位移的能力，但允许径向和角位移量小。它适用于轴向窜动量大，经常正反转、起动频繁和转速较高的场合。由于尼龙柱销对温度较敏感，使用弹性柱销联轴器时,其工作温度限制在-20～70℃。

【参考视频】

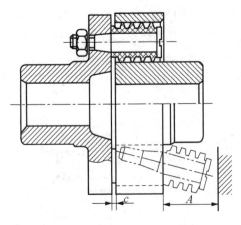

图 12.12 弹性套柱销联轴器

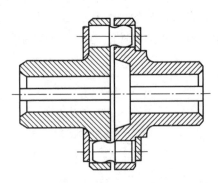

图 12.13 弹性柱销联轴器

2. 联轴器的选用

联轴器大多已标准化，需要时直接从标准中选取。选用联轴器步骤为先选择类型，再选择型号，必要时应校核其薄弱件的承载能力。

1) 联轴器类型的选择

应根据机器的工作特点和要求，结合各类联轴器的性能，并参照同类机器的使用经验来选择联轴器的类型。两轴对中性要求较高、轴的刚度又较大时，可选用套筒联轴器和凸缘联轴器；两轴对中较困难，轴的刚度又较小时，应选用对轴的偏移具有补偿能力的联轴器；传递的转矩较大时，应选用凸缘联轴器和齿式联轴器；高速轴常选用弹性联轴器，低速轴常用可移式刚性联轴器或弹性联轴器；两轴相交一定角度时，应选用十字轴万向联轴器。

2) 联轴器型号的选择

联轴器的型号是根据所传递的转矩、轴的直径和转速，从联轴器标准中选用的。考虑工作机起动、制动、变速时的惯性力和冲击载荷等因素，应按计算转矩 T_c 选择联轴器。计算转矩 T_c 和工作转矩 T 之间的关系为

$$T_c = KT \tag{12-1}$$

式中，K 为工况系数，见表 12-1，一般刚性联轴器选用较大的值，弹性联轴器选用较小的值；从动件的转动惯量小、载荷平稳时取较小值。

所选型号联轴器必须同时满足：$T_c \leqslant T_n$，$n \leqslant [n]$。

表 12-1 工况系数 K

原 动 机	工 作 机 械	K
电动机	带式运输机、鼓风机、连续运转的金属切削机床	1.25～1.5
	链式运输机、刮板运输机、螺旋运输机、离心泵、木工机械	1.5～2.0
	往复运动的金属切削机床	1.5～2.0
	往复式泵、往复式压缩机、球磨机、破碎机、冲剪机	2.0～3.0
	起重机、升降机、轧钢机	3.0～4.0

续表

原 动 机	工 作 机 械	K
涡轮机	发电机、离心泵、鼓风机	1.2～1.5
往复式发动机	发电机	1.5～2.0
	离心泵	3～4
	往复式工作机	4～5

联轴器与轴一般采用键联接，有平键单键和平键双键。轴孔又分为圆柱形长孔、短孔和圆锥孔等多种(附表 6)。

【例 12.1】 功率 P=11kW、转速 n=970r/min 的电动起重机中，联接直径 d =42mm 的主、从动轴，试选择联轴器的类型和型号。

解:(1) 选择联轴器类型。电动起重机的载荷为冲击载荷，为了缓和振动和冲击，选用弹性套柱销联轴器。

(2) 选择联轴器型号。计算转矩，由表 12-1 查取 K=3.5，按式(12-1)计算得

$$T_{\mathrm{c}} = KT = K \times 9550 \frac{P}{n} = 3.5 \times \frac{11}{970} = 379(\mathrm{N \cdot m})$$

按计算转矩、转速和轴径，查附表 8 选用 LT7 型弹性套柱销联轴器。其公称转矩为 T_{n}=500N·m，许用转速[n]=3600r/min，允许轴径有 40mm、42mm、45 mm、48 mm 几种，满足 $T_{\mathrm{c}} \leq T_{\mathrm{n}}$、$n \leq [n]$和联接直径 d_1=42mm 的要求，故所选联轴器合适。

3. 联轴器的使用与维护

使用联轴器时，除考虑前述各自特点及应用等基本因素外，还应考虑工作环境、安装条件和使用寿命等方面的问题。

(1) 联轴器的安装误差应严格控制。由于所联接两轴的相对偏移在负载后还可能增大，故通常要求安装误差不大于许用补偿量的二分之一。

(2) 在工作后应检查两轴对中情况，其相对偏移不应大于许用补偿量。应定期检查传力零件是否损坏，如联接螺栓断裂、弹性套磨损失效等，以便及时更换。

(3) 对于转速较高的联轴器力求径向尺寸小、质量轻，同时要进行动平衡试验，并按标记组装。

(4) 有润滑要求的联轴器(如齿式联轴器等)，要定期检查润滑情况。

12.2.2　离合器

1. 离合器的类型和特点

离合器主要用于机器运转过程中随时将主、从动轴接合或分离，使机器能空载起动，起动后又能随时接合、中断，以完成传动系统的换向、变速、调整、停止等工作。离合器应工作可靠，接合、分离迅速而平稳，操纵灵活、省力，调节和修理方便，外形小、质量轻。对于摩擦式离合器，还应具有良好的散热能力。有的离合器还具有安全保护功能。

离合器的类型很多，按实现两轴接合和分离的过程可分为操纵离合器、自控离合器；按离合的工作原理可分为牙嵌式离合器、摩擦式离合器等。

【参考视频】

常用的离合器有以下几种：

1) 牙嵌式离合器

图 12.14 所示为牙嵌式离合器，它由两个端面带齿的半离合器组成。半离合器 1 用平键和主动轴相联接，另一半离合器 2 通过导向平键 3 与从动轴联接，利用操纵杆移动操纵滑环 4 可使离合器接合或分离，对中环 5 固定在半离合器 1 上，使从动轴能在环中自由转动，保证两轴对中。操纵滑环的移动可通过杠杆、液压、气动或电磁吸力等操纵机构实现。

牙嵌式离合器的齿形有矩形、梯形和锯齿形(图 12.15)：矩形齿无轴向分力，接合困难，磨损后无法补偿，冲击也较大，故使用较少；梯形齿强度高，传递转矩大，能自动补偿齿面磨损后造成的间隙，接合面间有轴向分力，容易分离，因而应用最为广泛；锯齿形齿只能单向工作，反转时由于有较大的轴向分力，会迫使离合器自行分离。

牙嵌式离合器的特点是结构简单、尺寸紧凑、工作可靠、承载能力大、传动准确。为了防止牙齿因受冲击载荷而断裂，离合器的接合必须在两轴转速差很小或停转时进行。

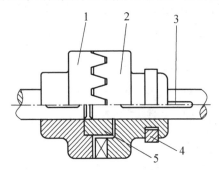

图 12.14　牙嵌式离合器

1、2—半离合器；3—导向平键；
4—操纵滑环；5—对中环

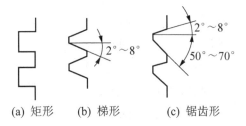

(a) 矩形　　(b) 梯形　　(c) 锯齿形

图 12.15　牙嵌式离合器的齿形

2) 摩擦式离合器

【参考视频】

摩擦式离合器利用主、从动半离合器摩擦盘接触面间的摩擦力传递转矩。为提高传递转矩的能力，通常采用多盘摩擦式离合器。它能在不停车或两轴有较大转速差时进行平稳接合，并且可在过载时因摩擦盘间打滑而起到过载保护作用。

【参考视频】

图 12.16(a)所示为多盘摩擦式离合器，它有两组摩擦盘：一组外摩擦盘 5[图 12.16(b)]以其外齿插入主动轴 1 上的外鼓轮 2 内缘的纵向槽中，盘的孔壁则不与任何零件接触，故外摩擦盘 5 可与主动轴 1 一起转动，并可在轴向力推动下沿轴向移动；另一组内摩擦盘 6 [图 12.16(c))]以其孔壁凹槽与从动轴 3 上的套筒 4 的凸齿相配合，而盘的外缘不与任何零件接触，故内摩擦盘 6 可与从动轴 3 一起转动，也可在轴向力的推动下作轴向移动。另外在套筒 4 上开有三个纵向槽，其中安置可绕销轴转动的曲臂压杆 8；当滑环 7 向左移动时，曲臂压杆 8 通过压板 9 将所有内、外摩擦盘紧压在调节螺母 10 上，离合器即进入接合状态。调节螺母 10 可调节摩擦盘之间的压力。内摩擦盘也可做成蝶形[图 12.16(d)]，当承压时，可被压平而与外

盘贴紧；松脱时，由于内摩擦盘的弹力作用可以迅速与外摩擦盘分离。

多盘摩擦式离合器由于摩擦面增多，传递转矩的能力提高，径向尺寸相对减小，但结构较为复杂。图 12.17 所示为摩擦式离合器在汽车上的应用实例。

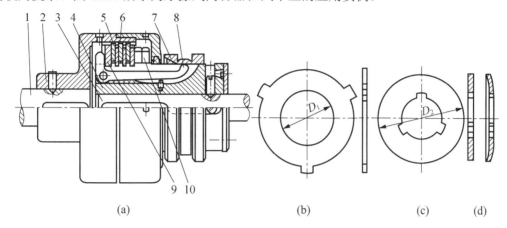

图 12.16　多盘摩擦式离合器

1—主动轴；2—外鼓轮；3—从动轴；4—套筒；5—外摩擦盘；6—内摩擦盘；
7—滑环；8—曲臂压杆；9—压板；10—调节螺母

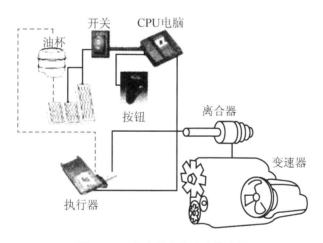

图 12.17　离合器在汽车上的应用

3) 定向离合器

定向离合器只能按一个转向传递转矩，反方向时能自动分离。近年来在很多机器中，广泛采用滚柱式定向离合器，如图 12.18 所示，它由星轮 1、外圈 2、滚柱 3 和弹簧顶杆 4 组成。滚柱的数目一般为 3~8 个，星轮和外圈都可作主动件，当星轮为主动件并作顺时针转动时，滚柱受摩擦力的作用被揳紧在星轮与外圈之间，从而带动外圈一起回转，离合器为接合状态；当星轮逆时针转动时，滚柱被推到楔形空间的宽敞部分而不再揳紧，离合器为分离状态。

若外圈随星轮作顺时针同向转动，同时外圈转速大于星轮转速时，离合器也将处于分离状态。因外圈可超越星轮的转速顺时针方向自由转动，故又称其为超越离合器。超越离合器的这种定向及超越作用，使其广泛应用于车辆、飞机、机床及轻工机械中。

2. 离合器的选用

由于大多数离合器已经标准化或规格化，因此在设计中，往往参考有关手册对离合器进行类比设计或选择。所选离合器应满足的基本要求是：接合平稳，分离彻底，动作迅速可靠；结构简单，质量轻，外形尺寸小，工作安全；操纵方便省力，容易调节和维护，寿命长，散热性好等。实际上要同时满足上述要求是很困难的，一般应根据使用要求和工作条件进行选择，确保主要条件，兼顾其他条件。如要求转速较低、转矩大、工作可靠、尺寸小等，则可选嵌入式离合器；而要求转速高、接合平稳、主从动轴不要求完全同步转动，则可选用摩擦式离合器。

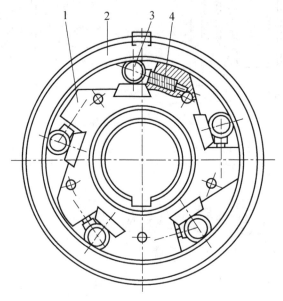

图 12.18　定向离合器

1—星轮；2—外圈；3—滚柱；4—弹簧顶杆

3. 离合器的使用与维护

(1) 片式摩擦离合器在工作时不应有打滑或分离不彻底现象。应经常检查作用在摩擦片上的压力是否足够，回位弹簧是否灵活，摩擦片的磨损情况，主、从动片之间的间隙，必要时应调整或更换。

(2) 应定期检查离合器的操纵系统是否操作灵活，工作可靠。有防护罩、散热片的离合器，使用前应检查防护罩、散热片是否完好。

(3) 有润滑要求的离合器(如超越离合器)应密封严实，不得有漏油现象。在运行中如有异常响声，应及时停车检查。

12.3　任务实施

减速器低速轴与滚筒之间的联轴器的设计步骤如下：

1) 选择联轴器类型

考虑减缓冲击作用，选用弹性套柱销联轴器。

2) 选择联轴器型号

(1) 计算转矩。由表 12-1 查取 $K=1.3$，则

$$T_c = KT = 1.3 \times 376031.25 \times 10^{-3} = 488.8(\text{N} \cdot \text{m})$$

(2) 选择联轴器型号　按计算转矩、转速和轴径，查附表 8 选用 LT7 型弹性套柱销联轴器，其公称转矩 $T_n = 500\text{N} \cdot \text{m}$，许用转速 $[n]=3600\text{r/min}$，允许轴径有 40mm、42mm、45mm、48mm 几种，满足 $T_c \leqslant T_n$、$n \leqslant [n]$ 和联接直径 $d_1=40\text{mm}$ 的要求，故所选联轴器合适。

12.4　任 务 评 价

本任务评价考核见表 12-2。

表 12-2　任务评价考核

序号	考 核 项 目	权重	检 查 标 准	得分
1	联轴器的类型和特点	30%	(1) 了解刚性联轴器的类型、特点和应用； (2) 了解弹性联轴器的类型、特点和应用	
2	联轴器的设计选用	50%	(1) 会选择联轴器的类型； (2) 能通过计算选择联轴器的型号	
3	联轴器的使用和维护	5%	了解联轴器使用和维护的常识	
4	离合器	15%	(1) 了解离合器的类型、特点和应用； (3) 了解离合器的选择； (3) 了解离合器使用和维护的常识	

习　　题

12.1　常用联轴器有哪些类型？各有什么优缺点？ 各适用于什么场合？

12.2　在选用联轴器的类型时应考虑哪些因素？

12.3　凸缘联轴器两种对中方法的特点各是什么？

12.4　联轴器和离合器的功用是什么？两者的根本区别是什么？

12.5　圆盘摩擦式离合器与牙嵌式离合器的工作原理有什么不同？各有什么优缺点？

12.6　下列情况下，分别选用何种类型的联轴器较为合适？

(1) 刚性大，对中性好的两轴间的联接。

(2) 轴线相交的两轴间的联接。

(3) 正反转多变、起动频繁、冲击大的两轴间的联接。

(4) 轴间径向位移大、转速低、无冲击的两轴间的联接。

(5) 转速高、载荷平稳、中小功率的两轴间的联接。

(6) 转速高、载荷大、正反转多变、起动频繁的两轴间的联接。

12.7 某发动机需用电动机起动，当发动机运行正常后，两机脱开，试问发动机与电动机间该采用哪种离合器？

12.8 电动机经减速器驱动水泥搅拌机工作。已知电动机的功率 $P=11$kW，转速 $n=970$r/min，电动机轴的直径和减速器输入轴的直径均为 42mm。试选择电动机与减速器之间的联轴器。

12.9 图 12.19 所示定向离合器处于图示状态时，假设主动轴与外环 1 相联，从动轴与星轮 2 相联。(1)主动轴顺时针转动；(2)主动轴逆时针转动；(3)主、从动轴都逆时针转动，主动轴转速快。试问这三种情况中，哪种情况主动轴能带动从动轴？

12.10 选择图 12.20 所示的蜗轮、蜗杆减速器与电动机及卷筒轴之间的联轴器。已知电动机功率 $P_1=7.5$kW，转速 $n_1=970$r/min，电动机轴直径 $d_1=42$mm，减速器传动比 $i=30$，传动效率 $\eta=0.8$，输出轴直径 $d=60$mm，工作机为轻型起重机。

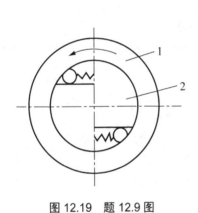

图 12.19 题 12.9 图

1—外环；2—星轮

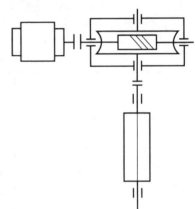

图 12.20 题 12.10 图

项目 8

零件的精度分析

【知识目标】

- 标准化和互换性的基本概念
- 极限与配合的规律和应用
- 零件的几何公差要求
- 表面粗糙度值的选用

【能力目标】

- 掌握有关国家标准的内容和原则
- 初步掌握零件的精度设计内容和方法
- 能看懂图样的各项精度要求
- 能够查用各种精度表格，并能在图样上正确标注

在进行机械设计时，不仅要通过强度、刚度来确定零件的尺寸大小，而且还要进行精度(尺寸精度、形状和位置精度及表面粗糙度等)设计，以满足产品使用性能的要求。

任务 13

轴类零件的精度设计

13.1 任 务 导 入

图 13.1 所示为一减速器传动轴工作图。它是轴制造、检验和制定工艺规程的基本技术文件，既要反映设计意图，又要考虑加工制造的可能性和使用的合理性，因此要求轴的零件工作图应包括制造和检测轴所需的全部内容，其中的尺寸公差、形状和位置公差、表面粗糙度属于精度设计的内容。试分析图样上标注的这些精度符号各代表什么含义，各项精度要求又是怎样确定的？

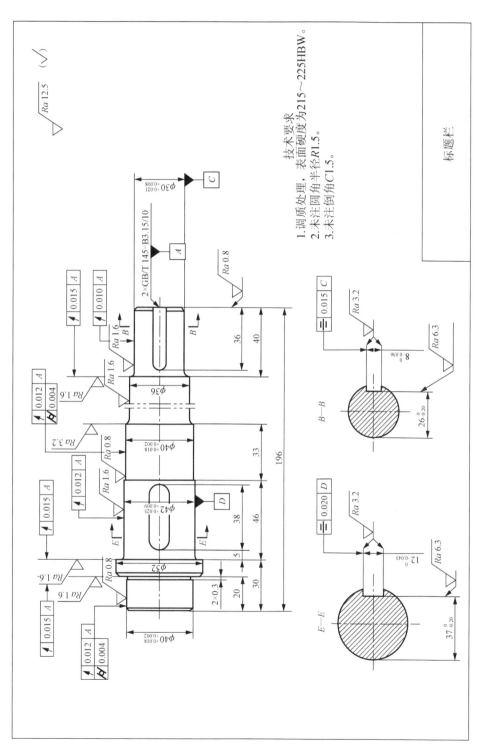

技术要求
1. 调质处理，表面硬度为215～225HBW。
2. 未注圆角半径R1.5。
3. 未注倒角C1.5。

图 13.1　减速器传动轴工作图

13.2 任 务 资 讯

工业生产中，经常要求零部件具有互换性。图 13.2 所示的圆柱齿轮减速器，由齿轮、轴、箱体、轴承等零部件经装配而成，而这些零部件是分别由不同的工厂和车间制成的。机械装配时，若同一规格的零部件，不需经过任何挑选或修配，便能安装在机械上，并且能够达到规定的功能要求，则称这样的零部件具有互换性。零部件的互换性就是指同规格零部件，能够相互替换使用而效果相同的性能。

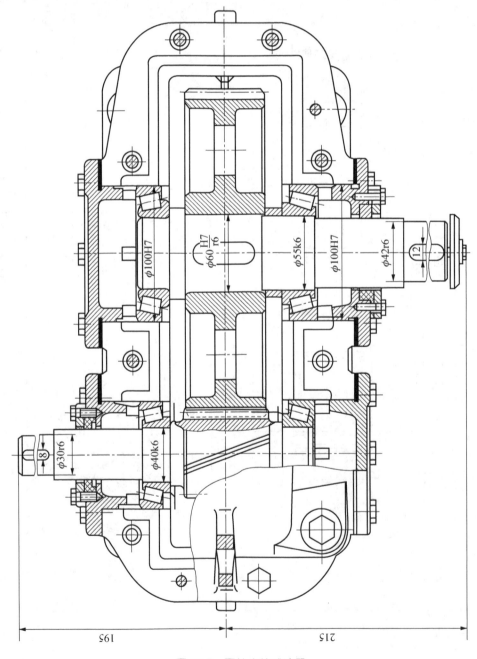

图 13.2 圆柱齿轮减速器

在设计方面，采用具有互换性的标准化零部件，可缩短设计周期，同时便于实现计算机辅助设计。在制造和装配方面，零件可以分散加工，集中装配，也有利于组织大规模专业化生产。在使用和维修方面，由于零件具有互换性，若零件损坏，可以使用同规格零件，减少了维修时间和费用。因此互换性原则是机械工业中的重要原则，是设计、制造中必须遵循的原则。

零部件的互换性要求，并不需要零件的几何参数绝对准确。加工过程中由于种种因素的影响，零件的尺寸、形状、位置及表面粗糙度等几何量总有或大或小的误差。但只要将这些几何量控制在一定的变动范围内，即可保证零件彼此的互换性，这个允许变动的范围称为公差。

设计者的任务就是正确地规定零件的公差，并在图样上明确地表示出来；加工人员应能看懂图样的这些精度要求，把零件的加工误差控制在规定的公差范围内。为了保证零件的互换性，使从事机械设计和加工的人员具有共同的技术语言和技术依据，国家对零件的精度及它们之间的配合实行了标准化。标准与标准化是实现互换性的前提。下面主要介绍有关极限与配合、形状和位置公差、表面粗糙度等的国家标准。

13.2.1　极限与配合

公差的最初萌芽产生于装配，机械中最基本的装配关系，就是一个零件的圆柱形(或非圆柱形)内表面包容另一个零件的圆柱形(或非圆柱形)外表面，即孔与轴的配合。所以，极限与配合标准是关于尺寸精度设计的一项应用广泛而重要的标准，也是最基础、最典型的标准。

1. 有关尺寸的术语

1) 线性尺寸

线性尺寸，简称尺寸，是指两点之间的距离，如直径、半径、宽度、深度、高度、中心距等。我国机械制图国家标准采用 mm(毫米)为尺寸的特定单位，因此，在图样上标注尺寸时，可将单位省略，仅标注数值，如直径$\phi40$、长度 100 等。当以其他单位作为特定单位表示尺寸时，则应注明相应的长度单位。

2) 公称尺寸

公称尺寸是由图样规范确定的理想形状要素的尺寸。孔用 D 表示，轴用 d 表示(一般来说，与孔有关的代号用大写表示，与轴有关的代号用小写表示)。公称尺寸由设计者根据零件的强度、刚度、结构、工艺等多种要求进行计算，然后再标准化(圆整)，详见《机械设计手册》。

3) 极限尺寸

极限尺寸是指允许尺寸变化的两个界限尺寸。其中较大的一个称为上极限尺寸，用 D_{max} 或 d_{max} 来表示，较小的一个称为下极限尺寸，用 D_{min} 或 d_{min} 来表示。

4) 实际尺寸

实际尺寸是指通过两点法测量得到的尺寸，也称为测量尺寸，用 D_a 或 d_a 来表示。由于测量误差的存在，实际尺寸不是零件尺寸的真值。同时，由于零件表面总是存在形状误差，所以被测表面各处的实际尺寸也是不完全相同的，可通过多处测量确定实际尺寸。

2. 有关偏差、公差的术语

1) 尺寸偏差

尺寸偏差简称偏差，是指某一尺寸减去公称尺寸所得的代数差。

(1) 极限偏差。极限尺寸与公称尺寸之差称为极限偏差。上极限尺寸与公称尺寸之差称为上极限偏差，用 ES 或 es 表示。下极限尺寸与公称尺寸之差称为下极限偏差，用 EI 或 ei 表示。

$$ES=D_{max}-D；\quad EI=D_{min}-D$$
$$es=d_{max}-d；\quad ei=d_{min}-d$$

为了满足孔与轴配合的不同松紧要求，孔或轴的极限尺寸可能大于、小于或等于其基本尺寸，相应的极限偏差的数值可能是正值、负值或零值。偏差值除零外，前面必须冠以正负号。

(2) 标注。上极限偏差标在公称尺寸右上角，下极限偏差标在上极限偏差正下方，与公称尺寸在同一底线上。例如图 13.1 中 $\phi40^{+0.018}_{+0.002}$ mm 表示公称尺寸为 $\phi40$mm，上极限偏差为+0.018mm，下极限偏差为+0.002mm。

2) 尺寸公差

尺寸公差简称公差，是指允许尺寸的变动量。孔和轴的公差分别用 T_D 和 T_d 表示。明显地

$$T_D=D_{max}-D_{min}=ES-EI$$
$$T_d=d_{max}-d_{min}=es-ei$$

公差的大小表示对零件加工精度要求的高低。由上式可知，公差值不可能为负值和零，即加工误差不可能不存在。在机械制造中，零件的精度要求越高，给定公差就越小，制造越困难。

3) 公差带

公称尺寸、极限偏差和公差三者的关系，可以用图解方式来表示，称为公差带图。利用公差带图可以清楚地表达公差值的大小和偏离公称尺寸的程度。公差带图由零线和公差带两部分组成。零线是表示公称尺寸的一条基准线，通常零线沿水平方向绘制，正偏差位于其上，负偏差位于其下，画图时在零线左端标出"+""-""0"，在左下角将公称尺寸标注在单向箭头指向零线的尺寸线上；公差带是上、下极限偏差线段所限定的一个区域，用矩形框表示，矩形的长度没有实际意义，矩形的宽度表示公差值的大小，孔和轴用不同的剖面符号表示，如图 13.3 所示。从图中可以看出，构成公差带的两个要素是公差带的大小和公差带相对零线的位置。图 13.1 中轴上键槽宽度尺寸 $12^{0}_{-0.043}$ 的公差带图如图 13.4 所示。

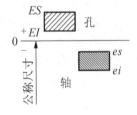

图 13.3　公差带图

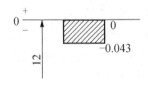

图 13.4　轴键槽宽度尺寸的公差带图

3. 有关配合的术语

1) 配合

配合是指公称尺寸相同，相互结合的孔和轴公差带之间的关系。例如，图 13.2 中减速器输出轴与齿轮内孔的配合为 $\phi60\dfrac{H7}{r6}$。不同的配合反映了装配后不同的松紧程度和松紧变

化程度，配合的松紧主要与间隙和过盈及其大小有关。

间隙或过盈是指孔的尺寸减去相配合轴的尺寸所得的代数差。此差值为正时称为间隙，用 X 表示；此差值为负时称为过盈，用 Y 表示。

(1) 间隙配合。间隙配合是指孔的尺寸大于或等于轴的尺寸，即孔公差带在轴公差带之上(包括 $X_{min}=0$)。对一批零件而言，所有孔的尺寸大于轴的尺寸。间隙配合的性质用以下两个特征值表示：

最大间隙 $X_{max}=D_{max}-d_{min}=ES-ei$，表示间隙配合中的最松状态；

最小间隙 $X_{min}=D_{min}-d_{max}=EI-es$，表示间隙配合中的最紧状态。

(2) 过盈配合。过盈配合是指孔的尺寸小于或等于轴的尺寸，即孔公差带在轴公差带之下(包括 $Y_{min}=0$)。对一批零件而言，所有孔的尺寸小于轴的尺寸。过盈配合的性质用以下两个特征值表示：

最大过盈 $Y_{max}=D_{min}-d_{max}=EI-es$，表示过盈配合中的最紧状态；

最小过盈 $Y_{min}=D_{max}-d_{min}=ES-ei$，表示过盈配合中的最松状态。

(3) 过渡配合。过渡配合是指孔的尺寸既有大于也有小于或等于轴的尺寸的情况，即孔与轴的公差带相互交叠。过渡配合的间隙或过盈数值都较小，一般来讲，过渡配合的工件精度都较高。过渡配合的性质用以下两个特征值表示：

最大间隙 $X_{max}=D_{max}-d_{min}=ES-ei$，表示过渡配合中的最松状态；

最大过盈 $Y_{max}=D_{min}-d_{max}=EI-es$，表示过渡配合中的最紧状态。

注意：间隙数值前必须标"+"号，如+0.025mm。过盈数值前必须标"-"号，如-0.020mm。"+" "-"号在配合中仅代表间隙与过盈。

三种配合关系可以在公差带图中清楚地看出，如图 13.5 所示。

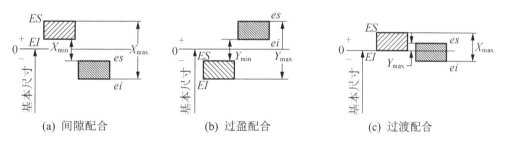

(a) 间隙配合　　　　　(b) 过盈配合　　　　　(c) 过渡配合

图 13.5　三种配合关系

2) 配合公差

国家标准规定，配合公差为间隙或过盈的允许变动量，是一个没有符号的绝对值，用 T_f 表示。配合公差是设计人员根据机器配合部位使用性能的要求对配合松紧变动量给定的允许值。配合公差越大，其松紧程度的变化范围越大，配合精度越低，反之亦然。

对于间隙配合：　　　　　　$T_f=|X_{max}-X_{min}|=X_{max}-X_{min}=T_D+T_d$

对于过盈配合：　　　　　　$T_f=|Y_{max}-Y_{min}|=Y_{min}-Y_{max}=T_D+T_d$

对于过渡配合：　　　　　　$T_f=|X_{max}-Y_{max}|=X_{max}-Y_{max}=T_D+T_d$

上式说明：对于各类配合，其配合公差等于相互配合的孔公差和轴公差之和；配合精度(配合公差)取决于相互配合的孔和轴的尺寸精度(尺寸公差)，配合精度越高，则孔、轴的加工精度也越高。设计时，可根据配合公差来确定孔和轴的尺寸公差。

4. 标准公差

标准公差为国家标准规定的公差值。它是根据公差等级、公称尺寸分段等计算，再经圆整后确定的。实际使用时，可查表得到。为了保证零部件具有互换性，必须按国家标准规定的标准公差对零部件的加工尺寸提出明确的公差要求。在机械产品中，常用尺寸是指小于或等于 500mm 的尺寸，它们的标准公差值详见表 13-1。

表 13-1   标准公差数值(摘自 GB/T 1800.1—2009)

公称尺寸/mm	标准公差等级/μm																	
	IT1	IT2	IT3	IT4	IT5	IT6	IT7	IT8	IT9	IT10	IT11	IT12	IT13	IT14	IT15	IT16	IT17	IT18
≤3	0.8	1.2	2	3	4	6	10	14	25	40	60	100	140	250	400	600	1000	1400
>3~6	1	1.5	2.5	4	5	8	12	18	30	48	75	120	180	300	480	750	1200	1800
>6~10	1	1.5	2.5	4	6	9	15	22	36	58	90	150	220	360	580	900	1500	2200
>10~18	1.2	2	3	5	8	11	18	27	43	70	110	180	270	430	700	1100	1800	2700
>18~30	1.5	2.5	4	6	9	13	21	33	52	84	130	210	330	520	840	1300	2100	3300
>30~50	1.5	2.5	4	7	11	16	25	39	62	100	160	250	390	620	1000	1600	2500	3900
>50~80	2	3	5	8	13	19	30	46	74	120	190	300	460	740	1200	1900	3000	4600
>80~120	2.5	4	6	10	15	22	35	54	87	140	220	350	540	870	1400	2200	3500	5400
>120~180	3.5	6	8	12	18	25	40	63	100	160	250	400	630	1000	1600	2500	4000	6300
>180~250	4.5	7	10	14	20	29	46	72	115	185	290	460	720	1150	1850	2900	4600	7200
>250~315	6	8	12	16	23	32	52	81	130	210	320	520	810	1300	2100	3200	5200	8100
>315~400	7	9	13	18	25	36	57	89	140	230	360	570	890	1400	2300	3600	5700	8900
>400~500	8	10	15	20	27	40	63	97	155	250	400	630	970	1550	2500	4000	6300	9700
>500~630	9	11	16	22	30	44	70	110	175	280	440	700	1100	1750	2800	4400	7000	11000
>630~800	10	13	18	25	35	50	80	125	200	320	500	800	1250	2000	3200	5000	8000	12500

注：1. 基本尺寸大于 500mm 的 IT1~IT5 的数值为试行的。

2. 基本尺寸小于或等于 1mm 时，无 IT14~IT18。

由于不同零件和零件上不同部位的尺寸对精确程度的要求往往不同，因此，为了满足生产的需要，国家标准设置了 20 个公差等级。GB/T 1800.1—2009《产品几何技术规范(GPS) 极限与配合   第 1 部分：公差、偏差和配合的基础》中，各级公差等级的代号分别为 IT01，IT0，IT1，IT2，IT3…IT18，其中 IT01 最高，等级依此降低，IT18 最低。从表 13-1 中可以看出，公差等级越高，公差值越小。其中，IT01~IT11 主要用于配合尺寸，而 IT12~IT18 主要用于非配合尺寸。同时还可看出，同一公差等级中，公称尺寸越大，公差值也越大，但对所有公称尺寸的一组公差被认为具有同等精度。零件加工的难易程度与公差等级有关，公差等级越高，加工难度越大。

5. 基本偏差

1) 基本偏差代号

在设计中，仅仅知道标准公差，还无法确定公差带相对于零线的位置。基本偏差是国家标准规定的，用来确定公差带相对于零线位置的上极限偏差或下极限偏差，一般为靠近零线的那个偏差。根据实际需要，国家标准对孔和轴各规定了 28 个基本偏差，分别用一个或两个拉丁字母表示，如图 13.6 所示。

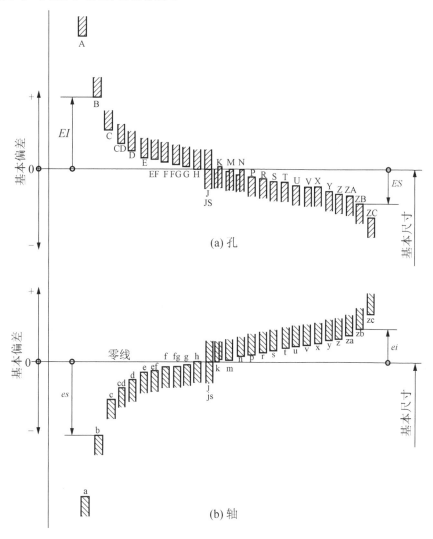

图 13.6 孔和轴的基本偏差系列

图 13.6 中只画出公差带基本偏差的一端，另一端开口则表示将由公差值来决定。对于轴的 a 至 h 公差带位于零线下方，其基本偏差是上极限偏差 es，且偏差值由负值依次变化至零；js、j 的公差带在零线附近；k 至 zc 的公差带在零线上方，其基本偏差是下极限偏差 ei，偏差值依次增大。从图 13.6 中可以看出，代号相同的孔的公差带位置和轴的公差带位置相对零线基本对称(个别等级的代号相差一个 $\varDelta$，如 R6 孔和 r6 轴等)。

2) 基本偏差数值

基本偏差数值是根据实践经验和理论分析计算得到的，实际使用时可查表 13-2 和表 13-3。

从表 13-2 和表 13-3 中可以看出，代号为 H 的孔的基本偏差 EI 总是等于零，我们把代号为 H 的孔称为基准孔；代号为 h 的轴的基本偏差 es 总是等于零，我们把代号为 h 的轴称为基准轴。

表 13-2　尺寸≤500mm 的轴的基本偏差

基本偏差代号		上偏差 es											js[2]
公称尺寸/mm		a[1]	b[1]	c	cd	d	e	ef	f	fg	g	h	
大于	至					所有的级							
	3	-270	-40	-60	-34	-20	-14	-10	-6	-4	-2	0	
3	6	-270	-40	-70	-46	-30	-20	-14	-10	-6	-4	0	
6	10	-280	-150	-80	-56	-40	-25	-18	-13	-8	-5	0	
10	14	-290	-150	-95	—	-50	-32	—	-16	—	-6	0	
14	18	-290	-150	-95	—	-50	-32	—	-16	—	-6	0	
18	24	-300	-160	-110	—	-65	-40	—	-20	—	-7	0	偏差 $=\dfrac{\mathrm{IT}}{2}$
24	30	-300	-160	-110	—	-65	-40	—	-20	—	-7	0	
30	40	-310	-170	-120	—	-80	-50	—	-25	—	-9	0	
40	50	-320	-180	-130	—	-80	-50	—	-25	—	-9	0	
50	65	-340	-190	-140	—	-100	-60	—	-30	—	-10	0	
65	80	-360	-200	-150	—	-100	-60	—	-30	—	-10	0	
80	100	-380	-220	-170	—	-120	-72	—	-36	—	-12	0	
100	120	-410	-240	-180	—	-120	-72	—	-36	—	-12	0	
120	140	-460	-260	-200	—	-145	-85	—	-43	—	-14	0	
140	160	-520	-280	-210	—	-145	-85	—	-43	—	-14	0	
160	180	-580	-310	-230	—	-145	-85	—	-43	—	-14	0	
180	200	-660	-340	-240	—	-170	-100	—	-50	—	-15	0	
200	225	-740	-380	-260	—	-170	-100	—	-50	—	-15	0	
225	250	-820	-420	-280	—	-170	-100	—	-50	—	-15	0	
250	280	-920	-480	-300	—	-190	-110	—	-56	—	-17	0	
280	315	-1050	-540	-330	—	-190	-110	—	-56	—	-17	0	
315	355	-1200	-600	-360	—	-210	-125	—	-62	—	-18	0	
355	400	-1350	-680	-400	—	-210	-125	—	-62	—	-18	0	
400	450	-1500	-760	-440	—	-230	-135	—	-68	—	-20	0	
450	500	-1650	-840	-480	—	-230	-135	—	-68	—	-20	0	

① 公称尺寸小于 1mm 时，各级的 a 和 b 均不采用。

② js 的数值：在 7～11 级时，如果以微米表示的 IT 数值是一个奇数，则取 js=±(IT-1)/2。

(摘自 GB/T 1800.1—2009)　　　　　　　　　　　　　　　　　　　　（单位：μm）

下偏差 ei																		
j			k		m	n	p	r	s	t	u	v	x	y	z	za	zb	zc
5级与6级	7级	8级	4~7级	≤3级>8级	所有的级													
-2	-4	-6	0	0	+2	+4	+6	+10	+14	—	+18	—	+20	—	+26	+32	+40	+60
-2	-4	—	+1	0	+4	+8	+13	+15	+19	—	+23	—	+28	—	+35	+42	+50	+80
-2	-5	—	+1	0	+6	+10	+15	+19	+23	—	+28	—	+34	—	+42	+52	+67	+97
-3	-6	—	+1	1	+7	+12	+18	+23	+28	—	+33	—	+40	—	+50	+64	+90	+130
												+39	+45	—	+60	+77	+108	+150
-4	-8	—	+2	0	+8	+15	+22	+28	+35	—	41	+47	+54	+63	+73	+98	+136	+188
										+41	+48	+55	+64	+75	+88	+118	+160	+218
-5	-10	—	+2	0	+9	+17	+26	+34	+43	+48	+60	+68	+80	+94	+112	+148	+200	+274
										+54	+70	+81	+97	+114	+136	+180	+242	+325
-7	-12	—	+2	0	+11	+20	+32	+41	+53	+66	+87	+102	+122	+144	+172	+226	+300	+405
								+43	+59	+75	+102	+120	+146	+174	+210	+274	+360	+480
-9	-15	—	+3	0	+13	+23	+37	+51	+71	+91	+124	+146	+178	+214	+258	+335	+445	+585
								+54	+79	+104	+144	+172	+210	+254	+310	+400	+525	+690
-11	-18	—	+3	0	+15	+27	+43	+63	+92	+122	+170	+202	+248	+300	+365	+470	+620	+800
								+65	+100	+134	+190	+228	+280	+340	+415	+535	+700	+900
								+68	+108	+146	+210	+252	+310	+380	+465	+600	+780	+1000
-13	-21	—	+4	0	+17	+31	+50	+77	+122	+166	+236	+284	+350	+425	+520	+670	+880	+1150
								+80	+130	+180	+258	+310	+385	+470	+575	+740	+960	+1250
								+84	+140	+196	+284	+340	+425	+520	+640	+820	+1050	+1350
-16	-26	—	+4	0	+20	+34	+56	+94	+158	+218	+315	+385	+475	+580	+710	+920	+1200	+1550
								+98	+170	+240	350	+425	+525	+650	+790	+1000	+1300	+1700
-18	-28	—	+4	0	+21	+37	+62	+108	+190	+268	+390	+475	+590	+730	+900	+1150	+1500	+1900
								+114	+208	+294	+435	+530	+660	+820	+1000	+1300	+1650	+2100
-20	-32	—	+5	0	+23	+40	+68	+126	+232	+330	+490	+595	+740	+920	+1100	+1450	+1850	+2400
								+132	+252	+360	+540	+660	+820	+1000	+1250	+1600	+2100	+2600

表 13-3　尺寸≤500mm 的孔的基本偏差

基本偏差代号	下偏差 EI											JS
	A[①]	B[①]	C	CD	D	E	EF	F	FG	G	H	
公称尺寸/mm	公差等级											
大于　至	所有的级											
3	+270	+40	+60	+34	+20	+14	+10	+6	+4	+2	0	偏差$=\pm\dfrac{\text{IT}}{2}$
3　　6	+270	+40	+70	+46	+30	+20	+14	+10	+6	+4	0	
6　　10	+280	+150	+80	+56	+40	+25	+18	+13	+8	+5	0	
10　14	+290	+150	+95	—	+50	+32	—	+16	—	+6	0	
14　18												
18　24	+300	+160	+110	—	+65	+40	—	+20	—	+7	0	
24　30												
30　40	+310	+170	+120	—	+80	+50	—	+25	—	+9	0	
40　50	+320	+180	+130									
50　65	+340	+190	+140	—	+100	+60	—	+30	—	+10	0	
65　80	+360	+200	+150									
80　100	+380	+220	+170	—	+120	+72	—	+36	—	+12	0	
100　120	+410	+240	+180									
120　140	+460	+260	+200	—	+145	+85	—	+43	—	+14	0	
140　160	+520	+280	+210									
160　180	+580	+310	+230									
180　200	+660	+340	+240	—	+170	+100	—	+50	—	+15	0	
200　225	+740	+380	+260									
225　250	+820	+420	+280									
250　280	+920	+480	+300	—	+190	+110	—	+56	—	+17	0	
280　315	+1050	+540	+330									
315　355	+1200	+600	+360	—	+210	+125	—	+62	—	+18	0	
355　400	+1350	+680	+400									
400　450	+1500	+760	+440	—	+230	+135	—	+68	—	+20	0	
450　500	+1650	+840	+480									

① 公称尺寸在 1mm 以下，各级的 A 和 B 及大于 8 级的 N 均不采用。

② 标准公差不大于 IT8 的 K、M、N 及不大于 IT7 的 P~ZC 时，从续表的右侧选取 Δ 值。例如，大于

(摘自 GB/T 1800.1—2009)　　　　　　　　　　　　　　　　　　　　　　　　　（单位：μm）

上偏差 ES（下列 6～8、≤8、>8 等为公差等级）

J			K		M		N		P~ZC	P	R	S	T	U	V	X	Y	Z	ZA	ZB	ZC	Δ					
6	7	8	≤8	>8	≤8	>8	≤8	>8	≤7	>7级												3	4	5	6	7	8
+2	+4	+6	0	0	-2	-2	-4	-4	在大于7级的相应数值上增加一个Δ值	-6	-10	-14	—	-18	—	-20	—	-26	-32	-40	-60	0	0	0	0	0	0
+5	+6	+10	-1+Δ	—	-4+Δ	-4	-8+Δ	0		-12	-15	-19	—	-23	—	-28	—	-35	-42	-50	-80	1	1.5	1	3	4	6
+5	+8	+12	-1+Δ	—	-6+Δ	-6	-10+Δ	0		-15	-19	-23	—	-28	—	-34	—	-42	-52	-67	-97	1	1.5	2	3	6	7
+6	+10	+15	-1+Δ	—	-7+Δ	-7	-12+Δ	0		-18	-23	-28	—	-33	—	-40	—	-50	-64	-90	-130	1	2	3	3	7	9
															-39	-45	—	-60	-77	-108	-150						
+8	+12	+20	-1+Δ	—	-8+Δ	-8	-15+Δ	0		-22	-28	-35	—	-41	-47	-54	-63	-73	-98	-136	-188	1.5	2	3	4	8	12
													-41	-48	-55	-64	-75	-88	-118	-160	-218						
+10	+14	+24	-2+Δ	—	-9+Δ	-9	-17+Δ	0		-26	-34	-43	-48	-60	-68	-80	-94	-112	-148	-200	-274	1.5	3	4	5	9	14
													-54	-70	-81	-97	-114	-136	-180	-242	-325						
+13	+18	+28	-2+Δ	—	-11+Δ	-11	-20+Δ	0		-32	-41	-53	-66	-87	-102	-122	-144	-172	-226	-300	-405	2	3	5	6	11	16
											-43	-59	-75	-102	-120	-146	-174	-210	-274	-360	-480						
+16	+22	+34	-3+Δ	—	-13+Δ	-13	-23+Δ	0		-37	-51	-71	-91	-124	-146	-178	-214	-258	-335	-445	-585	2	4	5	7	13	19
											-54	-79	-104	-144	-172	-210	-254	-310	-400	-525	-690						
+18	+26	+41	-3+Δ	—	-15+Δ	-15	-27+Δ	0			-63	-92	-122	-170	-202	-248	-300	-365	-470	-620	-800	3	4	6	7	15	23
										-43	-65	-100	-134	-190	-228	-280	-340	-415	-535	-700	-900						
											-68	-108	-146	-210	-252	-310	-380	-465	-600	-780	-1000						
+22	+30	+47	-4+Δ	—	-17+Δ	-17	-31+Δ	0			-77	-122	-166	-236	-284	-350	-425	-520	-670	-880	-1150	3	4	6	9	17	26
										-50	-80	-130	-180	-258	-310	-385	-470	-575	-740	-960	-1250						
											-84	-140	-196	-284	-340	-425	-520	-640	-820	-1050	-1350						
+25	+36	+55	-4+Δ	—	-20+Δ	-20	-34+Δ	0			-94	-158	-218	-315	-385	-475	-580	-710	-920	-1200	-1550	4	4	7	9	20	29
										-56	-98	-170	-240	-350	-425	-525	-650	-790	-1000	-1300	-1700						
+29	+39	+60	-4+Δ	—	-21+Δ	-21	-37+Δ	0			-108	-190	-268	-390	-475	-590	-730	-900	-1150	-1500	-1900	4	5	7	11	21	32
										-62	-114	-208	-294	-435	-530	-660	-820	-1000	-1300	-1650	-2100						
+33	+43	+66	-5+Δ	—	-23+Δ	-23	-40+Δ	0			-126	-232	-330	-490	-595	-740	-920	-1100	-1450	-1850	-2400	5	5	7	13	23	34
										-68	-132	-252	-360	-540	-660	-820	-1000	-1250	-1600	-2100	-2600						

18～30mm 的 P7，Δ=8μm，因此 ES=-14μm。

3) 公差带代号

把孔、轴的基本偏差代号和公差等级代号组合，就组成它们的公差带代号，如孔公差带代号 H7、F8，轴公差带代号 g6、m7。

把孔和轴的公差带代号组合，就组成配合代号，用分数形式表示，分子代表孔，分母代表轴，如 H8/f8、M7/h6。

【例 13.1】 图 13.2 中减速器输出轴与齿轮内孔的配合为ϕ60H7/r6，试通过画公差带图分析它们属于哪类配合，并计算它们的极限盈、隙指标。

解：查表 13-1，得 IT6=0.019mm，IT7=0.030mm；

查表 13-3，得孔的基本偏差 $EI=0$，则 $ES=EI+T_D=0+0.030=0.030$(mm)；

查表 13-2，得轴的基本偏差 $ei=0.041$mm，则 $es=ei+T_d=0.041+0.019=0.060$(mm)。公差带图如图 13.7 所示。

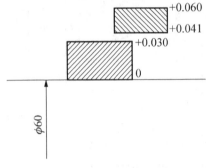

图 13.7 孔、轴公差带图

由于孔的公差带在轴的公差带的下方，所以该配合为过盈配合，其极限盈、隙指标如下：

$$Y_{max}=D_{min}-d_{max}=EI-es=0-0.060=-0.060\text{(mm)}$$
$$Y_{min}=D_{max}-d_{min}=ES-ei=0.030-0.041=-0.011\text{(mm)}$$

4) 极限与配合在图样上的标注

零件图上尺寸的标注方法有三种，如图 13.8 所示。一般大批量生产用图 13.8(a)所示的方法标注；单件小批生产用图 13.8(b)所示的方法标注；生产批量灵活的场合用图 13.8(c)所示的方法标注。装配图上，在公称尺寸之后标注配合代号，如图 13.9 所示。标注标准件、外购件与零件的配合代号时，可以仅标注相配零件的公差带代号，在图 13.2 中，滚动轴承内圈与轴的配合、外圈与机座孔的配合，就只标了轴和机座孔的公差带代号。

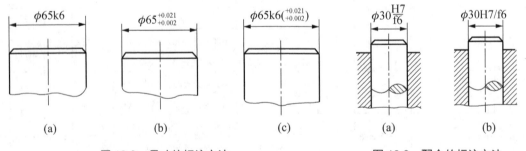

图 13.8 尺寸的标注方法   图 13.9 配合的标注方法

6. 配合制

配合制是指同一极限制的孔和轴组成配合的一种制度。孔与轴的配合性质取决于孔、轴公差带之间的相对位置。为了用较少的标准公差带形成较多的配合，国家标准规定了两种平行的配合制：基孔制和基轴制。

基孔制是指基准孔(代号为 H，其下偏差 $EI=0$)与不同基本偏差的轴的公差带形成各种配合的一种制度，如图 13.10(a)所示。H7/m6、H8/f7 均属于基孔制配合代号。

基轴制是指基准轴(代号为 h,其上偏差 $es=0$)与不同基本偏差的孔的公差带形成各种配合的一种制度,如图 13.10(b)所示。M7/h6、F8/h7 均属于基轴制配合代号。

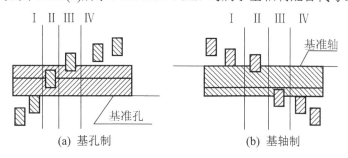

(a) 基孔制　　　　　　　　　(b) 基轴制

图 13.10　配合制

Ⅰ—间隙配合;Ⅱ—过渡配合;Ⅲ—过渡或过盈配合;Ⅳ—过盈配合

配合制确定后,由于基准孔和基准轴位置的特殊性,可以方便地从配合代号直接判断出配合性质。

对于基孔制配合:H/a～H/h 形成间隙配合;

H/js～H/m 形成过渡配合;

H/n、H/p 形成过渡或过盈配合;

H/r～H/zc 形成过盈配合;

对于基轴制配合:A/h～H/h 形成间隙配合;

JS/h～M/h 形成过渡配合;

N/h、P/h 形成过渡或过盈配合;

R/h～ZC/h 形成过盈配合。

不难发现,由于基本偏差的基本对称性,配合 H7/m6 和 M7/h6、H8/f7 和 F8/h7 具有相同或基本相同的极限盈、隙指标,这类配合称为同名配合。

7. 常用和优先的公差带与配合

GB/T 1800.1—2009 规定了 20 个公差等级和 28 种基本偏差,其中基本偏差 j 仅保留 j5～j8,J 仅保留 J6～J8。由此可以得到轴公差带(28-1)×20+4=544 种,孔公差带(28-1)×20+3=543 种。这么多公差带如都应用,显然是不经济的。为了尽可能地缩小公差带的选用范围,减少定尺寸刀具、量具的规格和数量,GB/T 1800.1—2009 对孔及轴规定了一般、常用和优先公差带,如图 13.11 和图 13.12 所示。

图中列出的为一般公差带,方框内为常用公差带,圆圈内为优先公差带。选用公差带时,应按优先、常用、一般公差带的顺序选取。若一般公差带中也没有满足要求的公差带,则按 GB/T 1800.1—2009 中规定的标准公差和基本偏差组成的公差带来选取,必要时还可考虑用延伸和插入的方法来确定新的公差带。

GB/T 1800.1—2009 还规定基孔制常用配合 59 种,优先配合 13 种(表 13-4);基轴制常用配合 47 种,优先配合 13 种(表 13-5)。

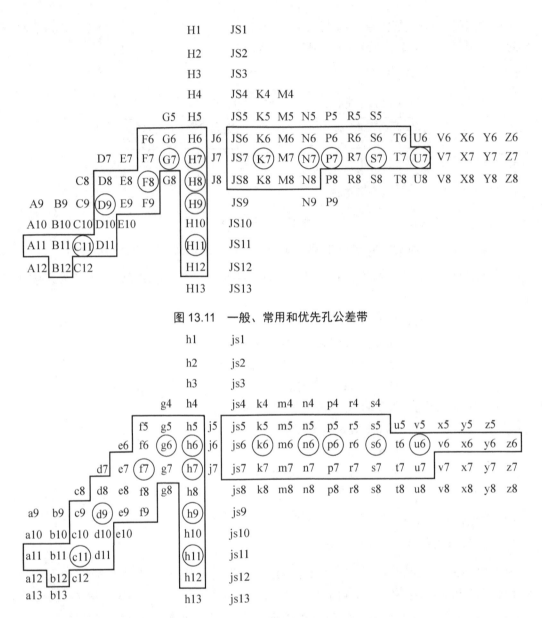

图 13.11　一般、常用和优先孔公差带

图 13.12　一般、常用和优先轴公差带

表 13-4　基孔制优先、常用配合(摘自 GB/T 1800.1—2009)

基准孔	轴																				
	a	b	c	d	e	f	g	h	js	k	m	n	p	r	s	t	u	v	x	y	z
	间隙配合								过渡配合				过盈配合								
H6						$\dfrac{H6}{f5}$	$\dfrac{H6}{g5}$	$\dfrac{H6}{h5}$	$\dfrac{H6}{js5}$	$\dfrac{H6}{k5}$	$\dfrac{H6}{m5}$	$\dfrac{H6}{n5}$	$\dfrac{H6}{p5}$	$\dfrac{H6}{r5}$	$\dfrac{H6}{s5}$	$\dfrac{H6}{t5}$					
H7						$\dfrac{H7}{f6}$	$\dfrac{H7}{g6}$	$\dfrac{H7}{h6}$	$\dfrac{H7}{js6}$	$\dfrac{H7}{k6}$	$\dfrac{H7}{m6}$	$\dfrac{H7}{n6}$	$\dfrac{H7}{p6}$	$\dfrac{H7}{r6}$	$\dfrac{H7}{s6}$	$\dfrac{H7}{t6}$	$\dfrac{H7}{u6}$	$\dfrac{H7}{v6}$	$\dfrac{H7}{x6}$	$\dfrac{H7}{y6}$	$\dfrac{H7}{z6}$

续表

基准孔	a	b	c	d	e	f	g	h	js	k	m	n	p	r	s	t	u	v	x	y	z
	间隙配合								过渡配合				过盈配合								
H8					$\frac{H8}{e7}$	▼$\frac{H8}{f7}$	$\frac{H8}{g7}$	▼$\frac{H8}{h7}$	$\frac{H8}{js7}$	$\frac{H8}{k7}$	$\frac{H8}{m7}$	$\frac{H8}{n7}$	$\frac{H8}{p7}$	$\frac{H8}{r7}$	$\frac{H8}{s7}$	$\frac{H8}{t7}$	$\frac{H8}{u7}$				
				$\frac{H8}{d8}$	$\frac{H8}{e8}$	$\frac{H8}{f8}$		$\frac{H8}{h8}$													
H9			$\frac{H9}{c9}$	▼$\frac{H9}{d9}$	$\frac{H9}{e9}$	$\frac{H9}{f9}$		▼$\frac{H9}{h9}$													
H10			$\frac{H10}{c10}$	$\frac{H10}{d10}$				$\frac{H10}{h10}$													
H11	$\frac{H11}{a11}$	$\frac{H11}{b11}$	▼$\frac{H11}{c11}$	$\frac{H11}{d11}$				▼$\frac{H11}{h11}$													
H12		$\frac{H12}{b12}$						$\frac{H12}{h12}$													

注：1. $\dfrac{H6}{r5}$、$\dfrac{H7}{p6}$ 在公称尺寸小于或等于 3mm 和 $\dfrac{H8}{r7}$ 在小于或等于 100mm 时，为过渡配合。

　　2. 标注▼的配合为优选配合。

表 13-5　基轴制优先、常用配合(摘自 GB/T 1800.1—2009)

基准轴	A	B	C	D	E	F	G	H	Js	K	M	N	P	R	S	T	U	V	X	Y	Z
	间隙配合								过渡配合				过盈配合								
h5						$\frac{F6}{h5}$	$\frac{G6}{h5}$	$\frac{H6}{h5}$	$\frac{Js6}{h5}$	$\frac{K6}{h5}$	$\frac{M6}{h5}$	$\frac{N6}{h5}$	$\frac{P6}{h5}$	$\frac{R6}{h5}$	$\frac{S6}{h5}$	$\frac{T6}{h5}$					
h6						$\frac{F7}{h6}$	▼$\frac{G7}{h6}$	▼$\frac{H7}{h6}$	$\frac{Js7}{h6}$	▼$\frac{K7}{h6}$	$\frac{M7}{h6}$	▼$\frac{N7}{h6}$	▼$\frac{P7}{h6}$	$\frac{R7}{h6}$	▼$\frac{S7}{h6}$	$\frac{T7}{h6}$	▼$\frac{U7}{h6}$				
h7					$\frac{E8}{h7}$	▼$\frac{F8}{h7}$		▼$\frac{H8}{h7}$	$\frac{Js8}{h7}$	$\frac{K8}{h7}$	$\frac{M8}{h7}$	$\frac{N8}{h7}$									
h8				$\frac{D8}{h8}$	$\frac{E8}{h8}$	$\frac{F8}{h8}$		$\frac{H8}{h8}$													
h9				▼$\frac{D9}{h9}$	$\frac{E9}{h9}$	$\frac{F9}{h9}$		▼$\frac{H9}{h9}$													
h10				$\frac{D10}{h10}$				$\frac{H10}{h10}$													
h11	$\frac{A11}{h11}$	$\frac{B11}{h11}$	▼$\frac{C11}{h11}$	$\frac{D11}{h11}$				▼$\frac{H11}{h11}$													
h12		$\frac{B12}{h12}$						$\frac{H12}{h12}$													

注：标注▼的配合为优选配合。

8. 一般公差——线性尺寸的未注公差

为了简化图样，突出配合尺寸的重要性，对尺寸精度要求不高的非配合尺寸，只标注基本尺寸，这类未注公差的尺寸通常均按一般公差来处理。所谓一般公差是指在车间普通工艺条件下，机床设备一般加工能力可保证的公差。在正常维护和操作的情况下，一般公差代表车间的一般的经济加工精度，主要用于较低精度的非配合尺寸。一般公差在正常情况下，一般不用测量，主要由工艺设备和加工者自行控制。GB/T 1804—2000《一般公差 未注公差的线性和角度尺寸的公差》规定了线性尺寸的一般公差等级和极限偏差，实际应用时可根据产品的精度要求和车间的加工条件，从表 13-6 中选取。采用一般公差的尺寸，在该尺寸后不需注出其极限偏差数值，而是在技术要求里作统一说明。例如当一般公差选用中等级时，可在技术要求中说明：线性尺寸未注公差按 GB/T 1804—m。

表 13-6　线性尺寸的一般公差等级和极限偏差数值

| 公差等级 | 线性尺寸的极限偏差数值/μm | | | | | | | | 倒圆半径与倒角高度尺寸的极限偏差数值/μm | | | |
| | 尺寸分段/mm | | | | | | | | 尺寸分段/mm | | | |
	0.5~3	>3~6	>6~30	>30~120	>120~400	>400~1000	>1000~2000	>2000~4000	0.5~3	>3~6	>6~30	>30
f(精密级)	±0.05	±0.05	±0.1	±0.15	±0.2	±0.3	±0.5	—	±0.2	±0.5	±1	±2
m(中等级)	±0.1	±0.1	±0.2	±0.3	±0.5	±0.8	±1.2	±2				
c(粗糙级)	±0.2	±0.3	±0.5	±0.8	±1.2	±2	±3	±4	±0.4	±1	±2	±4
v(最粗级)	—	±0.5	±1	±1.5	±2.5	±4	±6	±8				

9. 极限与配合的选择

极限与配合的选择是机械设计和制造中的重要环节，对提高产品性能、质量、降低成本起着重要作用。极限与配合的选择就是选择配合制、标准公差等级、配合种类。选择的原则是在满足使用要求的前提下降低成本。

1) 配合制的选择

(1) 一般情况下优先选用基孔制。优先选用基孔制，这主要是从零件的工艺性和经济性来考虑的。孔通常用定值刀具加工，用极限量规检验，当孔的基本尺寸和公差等级相同而基本偏差改变时，就需更换刀具、量具。但是，一种规格的砂轮或车刀，可以加工不同基本偏差的轴，同时轴还可以用通用量具进行测量。因此，为了减少定值刀具、量具的规格和数量，利于生产，提高经济性，应优先选用基孔制。

(2) 在下列情况下，应选用基轴制。

① 当一轴多孔配合时，为了简化加工和装配，往往采用基轴制配合。如图 13.13(a)所示，内燃机中活塞销与活塞孔的配合要求紧些(M6/h5)，而活塞销与连杆孔的配合则要求松些(H6/h5)。若采用基孔制[图 13.13(b)]，则活塞孔和连杆孔的公差带相同，而两种不同的配合就需要按两种公差带来加工活塞销，这时的活塞销就应制成阶梯形。这种形状的活塞销加工不方便，而且装配不利(将连杆孔刮伤)。反之，采用基轴制[图 13.13(c)]，则活塞销按

一种公差带加工，而活塞孔和连杆孔按不同的公差带加工，来获得两种不同的配合，加工方便，并能顺利装配。

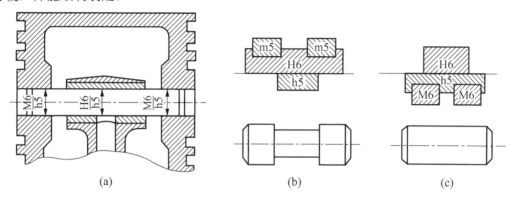

图 13.13　基准制配合选择示例(1)

② 农业、建筑、纺织机械中经常使用具有一定精度的冷拉棒料(这种原材料已经标准化)直接做轴，不必加工。在这种情况下，应采用基轴制，再按配合要求选用适当的孔公差带加工孔。这种选择在技术上、经济上都是合理的。

(3) 与标准件配合时，必须以标准件为基准件来选配合制。因为标准件通常由专业工厂大量生产，在制造时其配合部位的配合制已确定。例如，在键与键槽的配合中，键相当于"轴"，键槽相当于"孔"，由于键是标准件，因此键与键槽的配合采用基轴制。另外销与销孔的配合应采用基轴制；滚动轴承内圈与轴颈的配合采用基孔制，外圈与机座孔的配合采用基轴制。

(4) 在特殊需要时可采用非配合制配合。所谓非配合制配合是指由不包含基本偏差 H和 h 的任一孔、轴公差带组成的配合。当机器上出现一个非基准孔(轴)与两个以上的轴(孔)要求组成不同性质的配合时，肯定至少有一个非基准制配合。如图 13.14(a)所示，机座孔同时与滚动轴承外圈和端盖配合，滚动轴承是标准件，它与轴承座孔的配合应为基轴制过渡配合，选轴承座孔公差带为 ϕ52J7，而机座孔与端盖的配合应是较低精度的间隙配合，由于机座孔是通孔，在一次装夹下精加工而成，故只有把端盖的公差带安排在 J7 的下方，如图 13.14(b)所示，最后确定端盖与轴承座孔之间的配合为非基准制配合 ϕ52J7/f9。

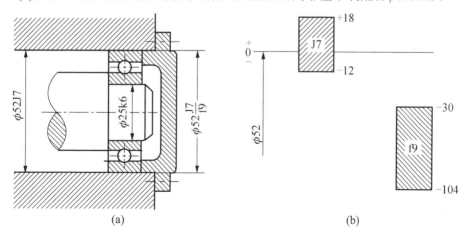

图 13.14　基准制配合选择示例(2)

2) 公差等级的选择

公差等级选择的实质就是尺寸制造精度的确定,解决零部件使用要求、制造工艺和成本之间的关系。尺寸精度与加工的难易程度、加工的成本及零件的工作质量有关。公差等级越高,合格零件尺寸的大小越趋一致,配合精度就越高,但加工的成本也越高;反之,公差等级越低,配合精度就越低,产品使用性能越差,但加工的成本越低。选择公差等级的基本原则是:在满足使用要求的前提下,尽量选取低的公差等级。公差等级的选择方法通常采用类比法,具体选用时应考虑以下几个方面:

(1) 孔和轴的工艺等价性。孔和轴的工艺等价性即孔和轴加工难易程度应相同。一般地说,孔的公差等级低于 8 级时,孔和轴的公差等级取相同;孔的公差等级高于 8 级时,轴应比孔高一级;孔的公差等级等于 8 级时,两者均可。这样可保证孔和轴的工艺等价性,如 H9/d9、H8/f7、H8/n8、H7/p6。

(2) 公差等级的应用范围。公差等级可根据具体应用选择,对精度要求很高的配合,如机床主轴与精密滚动轴承的配合可选 IT3~IT5(孔为 IT6);对传动机构中的齿轮与轴的配合、轴与轴承的配合、曲轴与轴承的配合等可选 IT6 (孔为 IT7);对机床中的次要配合,重型机械、农业机械中齿轮与轴的配合等可选 IT7、IT8。表 13-7 列出了各种公差等级的应用范围,选择时可作参考。

表 13-7　各种公差等级的应用范围

应用	公差等级																		
	IT01	IT0	IT1	IT2	IT3	IT4	IT5	IT6	IT7	IT8	IT9	IT10	IT11	IT12	IT13	IT14	IT15	IT16	IT17	IT18
量块	○	○																		
量规			○	○	○	○	○	○	○	○										
配合尺寸							○	○	○	○	○	○	○	○						
精密尺寸				○	○	○	○													
非配合尺寸														○	○	○	○	○	○	○
原材料尺寸										○	○	○	○	○						

(3) 公差等级与加工方法的关系。轴在车削时一般为 IT7~IT11,磨削可达 IT5~IT8,珩磨可高达 IT4~IT7。表 13-8 列出了各种加工方法能够达到的公差等级,选择时可作参考。

表 13-8　公差等级与加工方法的关系

加 工 方 法	公差等级(IT)																
	01	0	1	2	3	4	5	6	7	8	9	10	11	12	13	14	15	16
研 磨																		
珩																		
圆磨、平磨																		

续表

加工方法	公差等级(IT)																	
	01	0	1	2	3	4	5	6	7	8	9	10	11	12	13	14	15	16
金刚石车、金刚石镗							━	━	━									
拉　削							━	━	━	━								
铰　孔								━	━	━	━	━						
车、镗									━	━	━	━	━					
铣										━	━	━	━					
刨、插												━	━	━	━			
钻　孔												━	━	━	━			
滚压、挤压								━	━	━	━	━						
冲　压												━	━	━	━	━		
压铸													━	━	━			
粉末冶金成型								━	━	━								
粉末冶金烧结									━	━	━	━						
砂型铸造、气割																	━	━
锻　造																	━	━

(4) 相关件和相配件的精度。相关件的精度等级高，就应选较高的精度等级；反之，就选较低的精度等级。例如，齿轮孔与轴的配合取决于齿轮的精度等级(可参阅有关齿轮的国家标准)。

(5) 加工成本。如图 13.14 所示的端盖与机座孔的配合，按工艺等价原则，端盖应选 6 级公差(加工成本较高)，但考虑端盖与机座孔的配合是非基准制配合，精度要求不高，属大间隙的间隙配合，此处选择了 9 级公差，有效地降低了成本。

3) 配合的选择

配合的选择就是在确定了基准制和公差等级的基础上，进一步确定配合类别和非基准件基本偏差代号。设计时，应尽可能地选用优先配合，其次是常用配合。

(1) 配合类别的确定。

选择时应首先根据使用要求确定是间隙配合、过渡配合，还是过盈配合，确定原则是：相对运动速度越高或次数越频繁，拆装频率越高，定心精度要求越低，间隙越大；定心要求越高，传递转矩越大，过盈量越大。间隙配合主要用于相互配合的孔和轴有相对运动或需要经常拆装的场合。如图 13.14 中，轴承端盖与机座的配合，由于需要经常拆装，选用了大间隙的间隙配合 J7/f9；而图 13.15 所示的车床主轴支承套，由于定心要求高，选用了小间隙的间隙配合 H6/h5。过渡配合的定位精度比间隙配合的定位精度高，拆装又比过盈配合方便，因此，过渡配合广泛应用于有对中性要求，

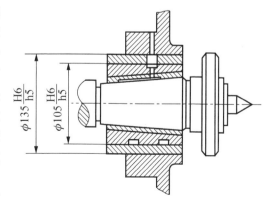

图 13.15　主轴支承套定位

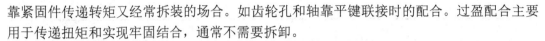

靠紧固件传递转矩又经常拆装的场合。如齿轮孔和轴靠平键联接时的配合。过盈配合主要用于传递扭矩和实现牢固结合，通常不需要拆卸。

(2) 具体配合的选择。

配合类别确定后，就要具体选择配合，也就是选择基本偏差的代号，方法有三种：类比法、计算法和试验法。这里只介绍类比法和计算法。

① 类比法。该方法应用最广。用类比法选择配合，要重点掌握各种配合的特征和应用场合，尤其是对国家标准所规定的优先配合、常用配合更要熟悉。表 13-9 列出了公称尺寸≤500mm 优先配合的特征及应用。表 13-10 列出了轴的基本偏差的选用说明和应用。

表 13-9　公称尺寸≤500mm 优先配合的特征及应用

配合类别	配合特征	配 合 代 号	应 用 举 例
间隙配合	特大间隙	$\frac{H11}{a11}$　$\frac{H11}{b11}$　$\frac{H12}{b12}$	用于高温或工作时要求大间隙的配合
	很大间隙	$\boxed{\frac{H11}{c11}}$　$\frac{H11}{d11}$	用于工作条件较差、受力变形或为了便于装配而需要大间隙的配合和高温工作的配合
	较大间隙	$\frac{H9}{c9}$　$\frac{H10}{c10}$　$\frac{H8}{d8}$　$\boxed{\frac{H9}{d9}}$　$\frac{H10}{d10}$　$\frac{H8}{e7}$　$\frac{H8}{e8}$　$\frac{H9}{e9}$	用于高速重载的滑动轴承或大直径的滑动轴承，也可用于大跨距或多支点支承的配合
	一般间隙	$\frac{H6}{f5}$　$\frac{H7}{f6}$　$\boxed{\frac{H8}{f7}}$　$\frac{H8}{f8}$　$\frac{H9}{f9}$	用于一般转速的间隙配合，当温度影响不大时，广泛应用于普通润滑油润滑的支承处
	很小间隙	$\boxed{\frac{H7}{g6}}$　$\frac{H8}{g7}$	用于精密滑动零件或缓慢间隙回转的零件配合
	很小间隙和零间隙	$\frac{H6}{g5}$　$\frac{H6}{h5}$　$\boxed{\frac{H7}{h6}}$　$\boxed{\frac{H8}{h7}}$　$\frac{H8}{h8}$　$\boxed{\frac{H9}{h9}}$　$\boxed{\frac{H10}{h10}}$　$\boxed{\frac{H11}{h11}}$　$\frac{H12}{h12}$	用于不同精度要求的一般定位件的配合和缓慢移动与摆动零件的配合
过渡配合	绝大部分有微小间隙	$\frac{H6}{js5}$　$\frac{H7}{js6}$　$\frac{H8}{js8}$	用于易装拆的定位配合或加紧固件后可传递一定静载荷的配合
	大部分有微小间隙	$\frac{H6}{k5}$　$\boxed{\frac{H7}{k6}}$　$\frac{H8}{k7}$	用于稍有振动的定位配合，加紧固件后可传递一定载荷，装拆方便，可用木锤敲入
	大部分有微小过盈	$\frac{H6}{m5}$　$\frac{H7}{m6}$　$\frac{H8}{m7}$	用于定位精度较高且能抗振的定位配合。加键可传递较大载荷。可用铜锤或小压力压入
	绝大部分有微小过盈	$\boxed{\frac{H7}{n6}}$　$\frac{H8}{n7}$	用于精密定位或紧密组合件的配合，加键能传递大力矩或冲击性载荷，只能在大修时拆卸
	绝大部分有较小过盈	$\frac{H8}{p7}$	加键后能传递很大力矩，且承受振动和冲击的配合。装配后不再拆卸
过盈配合	轻型	$\frac{H6}{n5}$　$\frac{H6}{p5}$　$\boxed{\frac{H7}{p6}}$　$\frac{H6}{r5}$　$\frac{H7}{r6}$　$\frac{H8}{r8}$	用于精确的定位配合，一般不能靠过盈配合传递力矩，要传递力矩需加紧固件
	中型	$\frac{H6}{s5}$　$\boxed{\frac{H7}{s6}}$　$\frac{H8}{s7}$　$\frac{H6}{t5}$　$\frac{H7}{t6}$　$\frac{H8}{t7}$	不加紧固件就可传递较小力矩和轴向力。加紧固件后可承受较大载荷或动载荷的配合

续表

配合类别	配合特征	配 合 代 号	应 用 举 例
过盈配合	重型	$\dfrac{H7}{u6}$　$\dfrac{H8}{u7}$　$\dfrac{H7}{v6}$	不需加紧固件就能传递和承受大的力矩及动载荷的配合。要求零件有高强度
	特重型	$\dfrac{H7}{x6}$　$\dfrac{H7}{y6}$　$\dfrac{H7}{z6}$	能传递和承受很大的力矩和动载荷的配合，须经试验后方可应用

注：1. 带"☐"的配合为优先配合。

　　2. 国家标准规定的 47 种基轴制配合的应用与本表中的同名配合相同。

表 13-10　轴的基本偏差的选用说明和应用

配合	基本偏差	特征及应用
间隙配合	a、b	可得到特别大的间隙，应用很少
	c	可得到很大的间隙，一般适用于缓慢、松弛的间隙配合，用于工作条件较差、受力变形或为了便于装配，而必须较大的间隙，推荐配合为 H11/c11。也用于热动间隙配合。H9/c9 适用于轴在高温工作的紧密动配合，如内燃机排气阀和导管
	d	适用于松的转动配合，如密封盖、滑轮、空转带轮与轴的配合。也适用于大直径滑动轴承配合及其他重型机械(如球磨机、重型弯曲机)中的一些滑动支承配合。多用 IT7～IT11 级
	e	适用于要求有明显间隙，易于转动的支承配合，如大跨距支承、多余点支承等配合。高等级的轴适用于大的、高速、重载支承，如涡轮发动机、大的电动机的支承。也适用于内燃机主要轴承、凸轮轴支承、摇臂支承等配合。多用 IT7～IT9 级
	f	适用于一般转动配合，广泛用于普通润滑油(或润滑脂)润滑的支承，如齿轮箱、小电动机、泵等转轴与滑动支承的配合。多用 IT6～IT8 级
	g	配合间隙小，制造成本高，除很轻负荷的精密装置外，不推荐用于转动配合。最适合于不回转的精密滑动配合，也用于插销等定位配合，如精密连杆轴承、活塞、滑阀、连杆销。多用 IT5～IT7 级
	h	广泛用于无相对转动的零件，作为一般的定位配合；若没有温度、变形等影响，也用于精密滑动配合。多用 IT4～IT11 级
过渡配合	js	平均间隙较小，多用于要求平均间隙比 h 轴小，并允许略有过盈的定位配合，如联轴节、齿圈与钢制轮毂等，一般可用手或木锤装配。多用 IT4～IT7 级
	k	平均间隙接近于零，推荐用于要求略有过盈的定位配合，例如，为了消除振动的定位配合。一般用木锤装配。多用 IT4～IT7 级
	m	平均过盈较小，适用于不允许活动的精密定位配合。一般用木锤装配。多用 IT4～IT7 级
	n	平均过盈比 m 稍大，很少得到间隙，适用于定位要求较高且不常拆的配合，用铜锤或压力机装配。多用 IT4～IT7 级
过盈配合	p	用于小过盈配合。与 H6 或 H7 配合时是过盈配合，而与 H8 配合时为过渡配合。对非铁类零件，为轻的压入配合；对钢、铸铁、铜—钢组件装配，为标准压力配合。多用 IT5～IT7 级
	r	用于传递大扭矩或冲击载荷需要加键的配合，对铁类零件，为轻的打入配合。多用 IT5～IT7 级
	s	用于钢制或铁制零件的永久性配合和半永久性配合，可产生相当大的结合力。用压力机或热胀冷缩法装配。多用 IT5～IT7 级
	t～zc	过盈量依次增大，除 u 外，一般不推荐

GB/T 1801—2009《产品几何技术规范(GPS) 极限与配合 公差带和配合的选择》也规定了标准件的常用配合。表 13-11 为平键联接的三种配合及应用。

表 13-11 平键联接的三种配合及应用

配合种类	尺寸 b 的公差带			配合性质及应用
	键	轴槽	轮毂槽	
较松联接		H9	D10	键在轴上及轮毂中均能滑动,主要用于导向平键,轮毂可在轴上作轴向移动
一般联接	h9	N9	JS9	键在轴上及轮毂中均固定,用于载荷不大的场合
较紧联接		P9	P9	键在轴上及轮毂中均固定,而比一般联接配合更紧,主要用于载荷较大,载荷具有冲击性,以及双向传递扭矩的场合

在选择配合时,还要综合考虑以下一些因素:

a. 受载荷情况。若载荷较大,对过盈配合而言,要求过盈量增大,对过渡配合而言,要选用过盈概率大的过渡配合。

b. 拆装情况。经常拆装的孔和轴的配合比不经常拆装的孔和轴的配合要松些。有些虽不经常拆装,但受结构限制而装配困难的配合,也要选松一些的配合。

c. 配合件的结合长度和几何误差。若结合面较长时,由于受几何误差的影响,实际形成的配合比结合面短的配合要紧些,所以在选择配合时应适当减小过盈或增大间隙。

d. 配合件的材料。当配合件中有一件是铜或铝等塑性材料时,这种配合件容易变形,选择配合时可适当增大过盈或减小间隙。

e. 工作温度。若工作温度与装配温度相差较大,在选择配合时,要考虑到热变形的影响。

f. 装配变形。主要针对一些薄壁零件,如图 13.16 所示,由于套筒外表面与箱体孔为较大的过盈配合,当套筒压入箱体孔后,套筒内孔会收缩,使内孔变小,这样就满足不了 ϕ60H7/f6 的使用要求。所以,在选择套筒内孔与轴的配合时,应考虑此变形量。

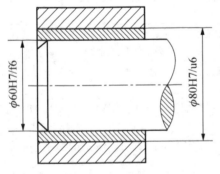

图 13.16 具有装配变形的结构

g. 生产类型。在大批量生产时,加工后的尺寸通常按正态分布。但在单件小批生产时,多采用试切法,加工后孔的尺寸多偏向最小极限尺寸,轴多偏向最大极限尺寸。因此,在选择配合时,应考虑零件的生产类型和影响。

② 计算法。当配合要求非常明确时,可通过计算并查表来确定配合。步骤如下:

a. 确定基准制。

b. 根据极限盈、隙计算配合公差。

c. 根据配合公差,查表选取孔、轴的公差等级。

d. 按公式计算基本偏差数值、确定基本偏差代号。

e. 校核计算结果。

【例 13.2】已知孔、轴配合的基本尺寸 ϕ25mm,要求配合的间隙 X=+0.074～+0.040mm,试确定孔、轴的公差等级并选择适当配合。

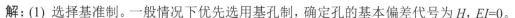

解：(1) 选择基准制。一般情况下优先选用基孔制，确定孔的基本偏差代号为 H，$EI=0$。

(2) 计算配合公差。配合公差为

$$T_f=|X_{max}-X_{min}|=X_{max}-X_{min}=0.074-0.040=0.034(\text{mm})$$

(3) 确定公差等级。假设孔、轴同级配合，则 $T_D=T_d=T_f/2=0.017\text{mm}$。查表 13-1 可知：IT6=0.013mm，IT7=0.021mm，所以孔、轴公差等级介于 IT6～IT7 之间。考虑到工艺等价原则，在 IT6～IT7 之间孔应比轴低一个公差等级，故选孔为 7 级公差 $T_D=0.021\text{mm}$，轴选用 6 级公差 $T_d=0.013\text{mm}$，且 $T_D+T_d=0.021+0.013=0.034(\text{mm})=T_f$，故选择合适。

(4) 计算基本偏差数值，确定基本偏差代号。

孔：基本偏差代号为 H，$EI=0$，$ES=EI+T_D=+0.021\text{mm}$。

轴：由 $X_{min}=EI-es=0.040\text{mm}$，可知 $es=EI-X_{min}=-0.040\text{mm}$。对照表 13-2 可知，基本偏差代号为 e 的轴可以满足要求。所以轴的公差代号为 e6，其下偏差 $ei=es-T_d=-0.040-0.013=-0.053(\text{mm})$。

孔、轴配合为 $\phi25\text{H7/e6}$。

(5) 校核计算结果。

$$\phi25\text{H7/e6}：X_{max}=ES-ei=+0.021-(-0.053)=+0.074(\text{mm})$$

$$X_{min}=EI-es=0-(-0.040)=+0.040(\text{mm})$$

符合 $X=+0.074～+0.040\text{mm}$ 的要求。

13.2.2　几何公差简介

图 13.17(a)所示为一对孔和轴组成的间隙配合。小轴加工后的实际尺寸和形状如图 13.17(b)所示。由于形状误差的影响，轴与孔无法进行装配。图 13.18(a)所示为一对台阶轴和台阶孔，图 13.18(b)所示为台阶轴加工后的实际尺寸和形状。加工后的尺寸是合格的，但由于基本尺寸为 $\phi29\text{mm}$ 和 $\phi14\text{mm}$ 的两段轴的轴线不处在同一直线上，即存在位置误差，因而台阶轴无法装配到合格的台阶孔中。

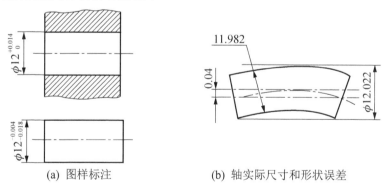

(a) 图样标注　　　　　(b) 轴实际尺寸和形状误差

图 13.17　轴形状误差对配合性能的影响

这就说明为了提高产品质量和保证互换性，不仅要对零件的尺寸误差进行限制，还要对加工零件的表面、轴线、中心对称平面等的实际形状和位置误差，给出一个经济、合理的误差变动范围，这就是几何公差(旧标准中称形位公差)。正确给定几何公差是零件精度设计的重要内容。零件的几何公差影响机器的精度、结合强度、密封性能、工作平稳性、使用寿命等，是评定产品质量的一项重要技术指标。

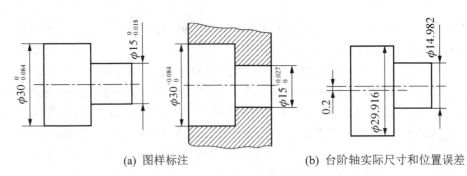

(a) 图样标注   (b) 台阶轴实际尺寸和位置误差

图 13.18   台阶轴的位置误差

1. 几何公差的研究对象

几何公差的研究对象是构成零件几何特征的点、线、面等几何要素，如图 13.19 所示。

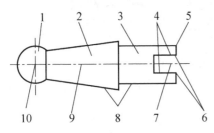

图 13.19   零件几何要素

1—球面；2—圆锥面；3—圆柱面；
4—两平行平面；5—平面；6—棱线；
7—中心平面；8—素线；9—轴线；10—球心

几何要素可以从不同的角度来分类：

(1) 按结构特征，可分为组成(轮廓)要素和导出(中心)要素。组成要素如图 13.19 中的 1、2、3、4、5、6、8 要素，导出要素如图 13.19 中的 7、9、10 要素。

(2) 按所处地位，可分为被测要素和基准要素。如图 13.19 中，若平面 5 相对轴线 9 有垂直度要求，则平面 5 为被测要素，轴线 9 为基准要素。

2. 几何公差的几何特征与符号

国家标准将几何公差分为形状公差、方向公差、位置公差和跳动公差，规定了各类几何公差的几何特征与符号，见表 13-12。

表 13-12   几何公差的几何特征与符号

公差类型	几何特征	符 号	有无基准	公差类型	几何特征	符 号	有无基准
形状公差	直线度	—	无	方向公差	面轮廓度	⌒	有
	平面度	▱	无	位置公差	位置度	⊕	有或无
	圆度	○	无		同心度 (用于中心点)	◎	有
	圆柱度	⌀	无		同轴度 (用于轴线)	◎	有
	线轮廓度	⌒	无				
	面轮廓度	⌒	无		对称度	⹀	有
方向公差	平行度	//	有		线轮廓度	⌒	有
	垂直度	⊥	有		圆轮廓度	⌒	有
	倾斜度	∠	有	跳动公差	圆跳动	↗	有
	线轮廓度	⌒	有		全跳动	↗↗	有

3. 几何公差的标注

(1) 采用框格标注。框格可有 2～5 格，第一格填写几何特征符号，第二格填写公差值及相关符号，第三格以后填写基准代号及有关符号，如图 13.20 所示。

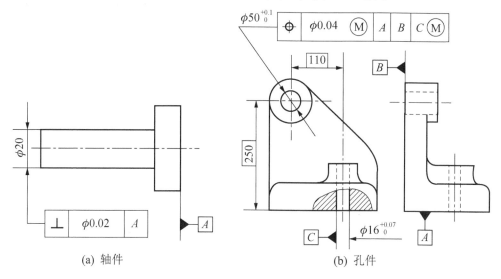

图 13.20　几何公差代号的标注示例

(2) 区分被测要素和基准要素。被测要素用箭头指示，基准要素用基准符号指示。基准符号由基准代号、方格、涂黑或空白的三角形等组成。基准代号用大写字母表示(不用 E、I、J、M、O、P、L、R、F，这 9 个字母在几何公差的标注中另有含义)。无论基准代号的方向如何，字母都应水平书写，同时表示基准的字母还应标注在公差框格内。如图 13.20 所示，$\phi 20$mm 轴的轴线、$\phi 50$mm 孔的轴线均为被测要素；端面 A、B、$\phi 16$mm 孔的轴线均为基准要素。

(3) 区分组成要素和导出要素。组成要素不能与尺寸线对齐，而导出要素必须与尺寸线对齐。如图 13.20 所示，$\phi 20$mm 轴的轴线、$\phi 50$mm 孔的轴线、$\phi 16$mm 孔的轴线均为导出要素，不论是基准要素还是被测要素，都必须与尺寸线对齐。又如图 13.21(a)所示，被测要素为素线，不是导出要素，所以不能与尺寸线对齐。

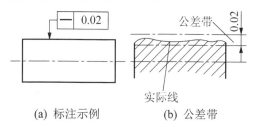

(a) 标注示例　　　(b) 公差带

图 13.21　圆柱面素线直线度公差带示意图

4. 几何公差带的特点

1) 直线度、平面度、圆度和圆柱度公差带

直线度、平面度、圆度和圆柱度都是形状公差，是限制单一被测实际要素对其理想要

素允许的变动量。它们的公差带是限制单一实际被测要素变动的区域。如图 13.21 所示，被测圆柱面上任一素线的直线度公差是 0.02mm。其公差带是距离为 0.02mm 的两平行直线之间的区域，实际被测圆柱面上任一素线都应位于这两条平行直线内。

又如图 13.22 所示，被测圆柱面的轴线的直线度公差是 $\phi 0.04$mm。其公差带为直径为 0.04mm 的小圆柱，实际被测圆柱面的轴线应位于此小圆柱内。

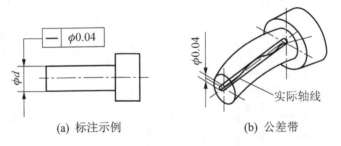

图 13.22　圆柱面轴线直线度公差带示意图

再如图 13.23 所示，被测表面的平面度公差是 0.1mm。其公差带为距离为 0.1mm 的两平行平面之间的区域，实际被测表面应位于这两个平行平面之间。

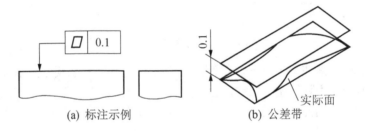

图 13.23　平面度示意图

虽然形状公差带的形状千变万化，但仍可发现它们的共同特点：位置不固定，方向浮动，没有基准要求。

2) 线轮廓度与面轮廓度公差带

线轮廓度与面轮廓度是对非圆曲线或曲面的形状精度要求。其可以①限定形状误差，②在限制形状、方向或位置误差的同时，对其基准提出要求。满足条件①的属于形状公差；满足条件②的属于方向公差或位置公差。它们是关联要素在方向或位置上相对于基准所允许的变动全量。线(面)轮廓度公差带是包络一系列直径为公差值 t 的圆的两包络线(面)之间的区域。实际线(面)上各点应在公差带内，如图 13.24 和图 13.25 所示。

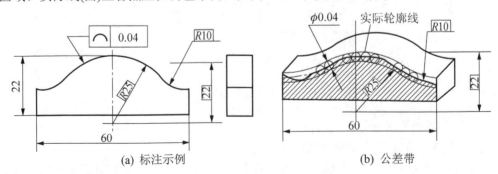

图 13.24　线轮廓度示意图

线轮廓度与面轮廓度公差带的特点是理想要素必须用带方框的理论正确尺寸表示出来，公差带对称于理想要素，位置可固定，也可浮动(视有无基准而定)。

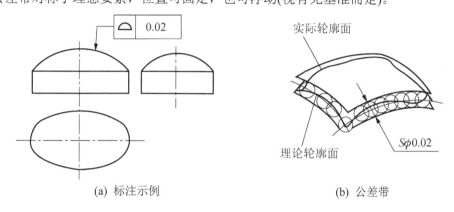

图 13.25　面轮廓度示意图

3) 方向公差带

方向公差有平行度、垂直度和倾斜度三个项目及线、面轮廓度。方向公差是关联被测要素对其具有确定方向的理想要素允许的变动量。方向公差带的特点是方向公差带相对基准有确定的方向，位置浮动，并具有综合控制被测要素形状和方向的功能。如图 13.26 所示，被测表面对基准面 A 的平行度公差是 0.01mm。其公差带是距离为 0.01mm 且与基准面 A 平行的两平行平面之间的区域。实际被测表面应位于这两个平行平面之间。

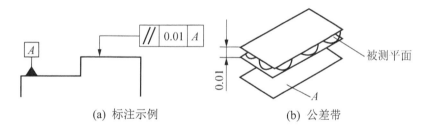

图 13.26　平行度公差带示意图

此公差带不但控制了被测平面的方向(平行度)，而且控制了被测要素的形状(平面度)。

又如图 13.27 所示，被测圆柱面的轴线对左端面 A 的垂直度公差是 ϕ0.1mm。其公差带为垂直于基准面 A 的直径为 0.1mm 的小圆柱，实际被测圆柱面的轴线应位于此小圆柱内。

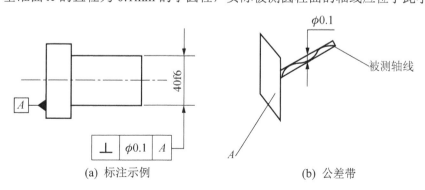

图 13.27　垂直度公差带示意图

对于此公差带，当满足垂直度要求时，被测要素轴线的形状误差(直线度)也不会超过0.1mm。

当被测要素和基准要素的方向角大于 0° 且小于 90° 时，可以使用倾斜度。此时，倾斜角须用方框表示。如图 13.28 所示，被测表面对基准线 A (基准轴线)的倾斜度公差是 0.1mm。其公差带是距离为 0.1mm 且与基准线成 60° 的两平行平面之间的区域，实际被测表面应位于这两个平行平面之间。

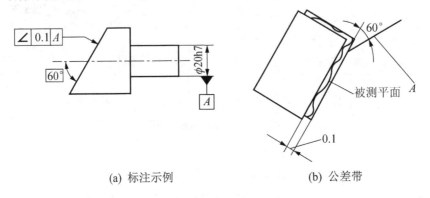

(a) 标注示例　　　　　　　　　(b) 公差带

图 13.28　倾斜度公差带示意图

4) 位置公差带

位置公差有同轴度(同心度)、对称度和位置度三个项目及线、面轮廓度。位置公差是关联被测要素对其有确定位置的理想要素允许的变动量。位置公差带的特点是公差带相对基准有确定的方向，位置固定，并具有综合控制被测要素形状、方向和位置的功能。被测要素的理想位置一般必须由基准和理论正确尺寸共同确定。如图 13.29 所示，被测表面相对于以基准线 A(基准轴线)和基准面 B 的理论正确尺寸 100mm 的位置度公差是 0.1mm。其公差带是距离为 0.1mm 且以面的理想位置为中心配置的两平行平面之间的区域。面的理想位置由相对于三基面体系的理论正确尺寸 100mm 确定。实际被测表面应位于这两个平行平面之间。

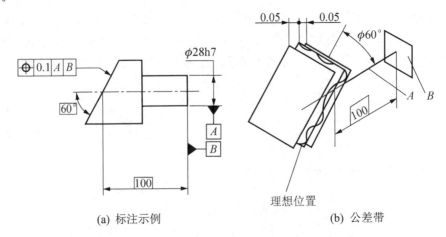

(a) 标注示例　　　　　　　　　(b) 公差带

图 13.29　位置度公差带示意图

当满足位置度要求时，被测要素平面的形状误差(平面度)、定向误差(倾斜度)也不会超过 0.1mm。

又如图 13.30 所示，被测圆柱的轴线相对左端大圆柱的轴线 A(基准轴线)的同轴度公差为 ϕ0.02mm。其公差带为直径为 0.02mm 的小圆柱，该小圆柱的轴线与基准轴线 A 同轴，实际被测圆柱的轴线应位于此小圆柱内。

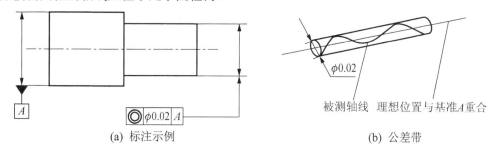

(a) 标注示例　　　　　　　　　　(b) 公差带

图 13.30　同轴度公差带示意图

当满足同轴度要求时，被测要素轴线的直线度、平行度误差也不会超过 0.02mm。

又如图 13.31 所示，被测中心平面相对基准中心平面 A 的对称度公差是 0.02mm。其公差带是距离为 0.02mm 且相对基准中心平面 A 对称配置的两平行平面之间的区域。实际被测中心平面应位于这两个平行平面内。

当满足对称度要求时，被测要素平面的平面度、平行度误差也不会超过 0.02mm。

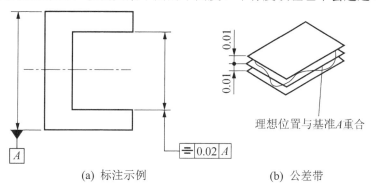

(a) 标注示例　　　　　　　　　　(b) 公差带

图 13.31　对称度公差带示意图

5) 跳动公差

跳动公差分为圆跳动和全跳动。跳动公差是被测实际要素绕基准轴线连续回转时所允许的最大跳动量。

圆跳动是被测实际要素某一固定参考点围绕基准轴线作无轴向移动、回转一周中，由位置固定的指示器在给定方向上测得的最大读数与最小读数之差,如图13.32和图13.33所示。

全跳动是被测实际要素绕基准轴线作无轴向移动的连续回转，同时指示器沿理想要素连续移动(或被测实际要素每回转一周，指示器沿理想要素作间断移动)，由指示器在给定方向上测得的最大读数与最小读数之差，如图 13.34 和图 13.35 所示。

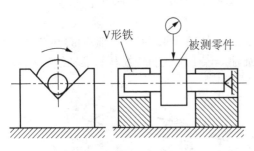

图 13.32　测量径向圆跳动

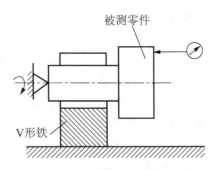

图 13.33　测量端面圆跳动

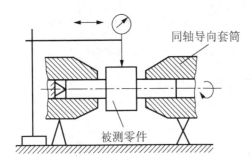

图 13.34　测量径向全跳动

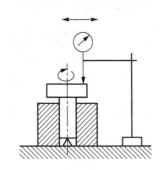

图 13.35　测量端面全跳动

5. 几何公差值

几何公差值和尺寸公差值一样,有标准公差值。在国家标准中,将几何公差分为 12～13 个公差等级,其中,0(1)级最高,12 级最低,6、7 级为基本级。具体的公差值可查表 13-13～表 13-16。

表 13-13　直线度和平面度公差值(摘自 GB/T 1184－1996)

主参数/mm	公差等级											
	1	2	3	4	5	6	7	8	9	10	11	12
	公差值/μm											
≤10	0.2	0.4	0.8	1.2	2	3	5	8	12	20	30	60
>10～16	0.25	0.5	1	1.5	2.5	4	6	10	15	25	40	80
>16～25	0.3	0.6	1.2	2	3	5	8	12	20	30	50	100
>25～40	0.4	0.8	1.5	2.5	4	6	10	15	25	40	60	120
>40～63	0.5	1	2	3	5	8	12	20	30	50	80	150
>63～100	0.6	1.2	2.5	4	6	10	15	25	40	60	100	200
>100～160	0.8	1.5	3	5	8	12	20	30	50	80	120	250
>160～250	1	2	4	6	10	15	25	40	60	100	150	300
>250～400	1.2	2.5	5	8	12	20	30	50	80	120	200	400
>400～630	1.5	3	6	10	15	25	40	60	100	150	250	500

表 13-14 圆度和圆柱度公差值(摘自 GB/T 1184—1996)

主参数/mm	公差等级												
	0	1	2	3	4	5	6	7	8	9	10	11	12
	公差值/μm												
≤3	0.1	0.2	0.3	0.5	0.8	1.2	2	3	4	6	10	14	25
>3～6	0.1	0.2	0.4	0.6	1	1.5	2.5	4	5	8	12	18	30
>6～10	0.12	0.25	0.4	0.6	1	1.5	2.5	4	6	9	15	22	36
>10～18	0.15	0.25	0.5	0.8	1.2	2	3	5	8	11	18	27	43
>18～30	0.2	0.3	0.6	1	1.5	2.5	4	6	9	13	21	33	52
>30～50	0.25	0.4	0.6	1	1.5	2.5	4	7	11	16	25	39	62
>50～80	0.3	0.5	0.8	1.2	2	3	5	10	13	19	30	46	74
>80～120	0.4	0.6	1	1.5	2.5	4	6	10	15	22	35	54	87
>120～180	0.6	1	1.2	2	3.5	5	8	12	18	25	40	63	100

表 13-15 平行度、垂直度、倾斜度公差值(摘自 GB/T 1184—1996)

主参数 $L, d(D)$ /mm	公差等级											
	1	2	3	4	5	6	7	8	9	10	11	12
	公差值/μm											
≤10	0.4	0.8	1.5	3	5	8	12	20	30	50	80	120
>10～16	0.5	1	2	4	6	10	15	25	40	60	100	150
>16～25	0.6	1.2	2.5	5	8	12	20	30	50	80	120	200
>25～40	0.8	1.5	3	6	10	15	25	40	60	100	150	250
>40～63	1	2	4	8	12	20	30	50	80	120	200	300
>63～100	1.2	2.5	5	10	15	25	40	60	100	150	250	400
>100～160	1.5	3	6	12	20	30	50	80	120	200	300	500
>160～250	2	4	8	15	25	40	60	100	150	250	400	600
>250～400	2.5	5	10	20	30	50	80	120	200	300	500	800
>400～630	3	6	12	25	40	60	100	150	250	400	600	1000
>630～1000	4	8	15	30	50	80	120	200	300	500	800	1200
>1000～1600	5	10	20	40	60	100	150	250	400	600	1000	1500
>1600～2500	6	12	25	50	80	120	200	300	500	800	1200	2000
>2500～4000	8	15	30	60	100	150	250	400	600	1000	1500	2500
>4000～6300	10	20	40	80	120	200	300	500	800	1200	2000	3000
>6300～10000	12	25	50	100	150	250	400	600	1000	1500	2500	4000

表 13-16　同轴度、对称度、圆跳动和全跳动公差值(摘自 GB/T 1184—1996)

主参数 L, $d(D)$ /mm	公差等级											
	1	2	3	4	5	6	7	8	9	10	11	12
	公差值/μm											
≤1	0.4	0.6	1.0	1.5	2.5	4	6	10	15	25	40	60
>1~3	0.4	0.6	1.0	1.5	2.5	4	6	10	20	40	60	120
>3~6	0.5	0.8	1.2	2	3	5	8	13	25	50	80	150
>6~10	0.6	1	1.5	2.5	4	6	10	15	30	60	100	200
>10~18	0.8	1.2	2	3	5	8	12	20	40	80	120	250
>18~30	1	1.5	2.5	4	6	10	15	25	50	100	150	300
>30~50	1.2	2	3	5	8	12	20	30	60	120	200	400
>50~120	1.5	2.5	4	6	10	15	25	40	80	150	250	500
>120~250	2	3	5	8	12	20	30	50	100	200	300	600
>250~500	2.5	4	6	10	15	25	40	60	120	250	400	800
>500~800	3	5	8	12	20	30	50	80	150	300	500	1000
>800~1250	4	6	10	15	25	40	60	100	200	400	600	1200
>1250~2000	5	8	12	20	30	50	80	100	250	500	800	1500
>2000~3150	6	10	15	25	40	60	100	150	300	600	1000	2000
>3150~5000	8	12	20	30	50	80	120	200	400	800	1200	2500
>5000~8000	10	15	25	40	60	100	150	250	500	1000	1500	3000
>8000~10000	12	20	30	50	80	120	200	300	600	1200	2000	4000

6. 几何公差与尺寸公差的关系(公差原则)

对同一零件,往往既规定尺寸公差,又规定几何公差。从零件的功能考虑,给出的尺寸公差与几何公差既可能相互有关系,又可能相互无关系。通常用公差原则与公差要求表示尺寸公差和几何公差的关系,即图样上标注的尺寸公差和几何公差是如何控制被测要素的尺寸误差和几何误差的。

公差原则在大的方面可分为独立原则和相关要求两大类,相关要求又可分为包容要求、最大实体要求和最小实体要求及可应用于最大实体要求和最小实体要求的可逆要求。具体内容见表 13-17。

表 13-17　公差原则

名称 标注	定　义	图　例	解　释	应　用
独立原则(IP): 不进行标注	尺寸公差与几何公差各自独立	（图例：$\phi150h7\binom{0}{-0.04}$，标注 — 0.06 和 ○ 0.04）	图中表示轴的局部实际尺寸应在最大极限尺寸与最小极限尺寸之间,即 $\phi149.96$~$\phi150$mm 之间,不管实际尺寸为何值,连杆孔轴线的直线度误差不允许大于 0.06mm。其圆度误差不允许大于 0.04mm	应用较广,如连杆孔

续表

名称标注	定　义	图　例	解　释	应　用
包容原则(ER)：标注 E	被测实际要素处位于具有理想形状的包容面内	$\phi150h7(^{\ 0}_{-0.04})$　E 最大实际尺寸的理想形状包容面 $\phi150$　$\phi149.96$　$\phi149.96$　0.04 局部实际直径	当实际尺寸为 $\phi150$mm 时，其几何公差为零；当实际尺寸为 $\phi149.96$mm 时，允许轴心线直线度为 0.04mm	常用于配合性质要求严格的场合，如滑动轴承与座孔的配合
最大实体要求(MMR)：标注 M	被测要素的几何公差值是在该要素处于最大实体状态时给出的	— $\phi0.1$ Ⓜ $\phi20(^{\ 0}_{-0.3})$　$\phi20(d_{MV})$　$\phi20(d_M)$　$f=\phi0.1$	若尺寸为 $\phi19.8$mm，则允许的直线度误差为 $\phi(0.1+0.2)$mm$=\phi0.3$mm；当实际尺寸为最小实体尺寸 $\phi19.7$mm 时，允许的直线度误差为最大	用于需要保证装配成功率的场合，如螺栓组联接处的位置度要求
最小实体要求(LMR)：标注 L	控制被测要素的实际轮廓处于其最小实体实效边界之内	— $\phi0.1$ Ⓛ $\phi20(^{\ 0}_{-0.3})$　$\phi19.6(d_{LV})$　$\phi19.7(d_L)$　$\phi0.1$	当轴的实际尺寸为最小实体尺寸 $\phi19.7$mm 时，轴心线的直线度公差为给定的 $\phi0.1$mm；当轴的实际尺寸为最大实体尺寸 $\phi20$mm 时，直线度误差允许达到最大值 $\phi(0.1+0.3)$mm$=\phi0.4$mm	用于保证零件的最小壁厚，如耳板中心的位置度公差

7. 几何公差的选用

　　正确地选用几何公差项目，合理地确定几何公差值，对提高产品的质量和降低成本，具有十分重要的意义。

　　1) 几何公差项目的选择

　　几何公差项目选择的基本依据是要素的几何特征、零件的结构特点和使用要求。几何公差项目的选用主要根据零件的功能要求而定，如影响回转精度和工作精度的要控制圆柱度和同轴度；齿轮箱两轴孔的中心线不平行，将影响齿轮啮合，降低承载能力。轴类零件的几何公差项目主要有与轴承、齿轮、联轴器、带轮等配合表面的圆柱度，轴径公共轴线的同轴度、跳动公差，键槽对轴线的对称度等。表 13-18 为轴的几何公差推荐项目。

表 13-18　轴的几何公差推荐项目

内　容	项　目	符　号	推荐用公差等级/IT	对工作性能的影响
形状公差	与传动零件轴孔、轴承孔相配合的圆柱面的圆柱度	/◯/	6~8	影响传动零件、轴承与轴的配合松紧及对中性
位置公差	与传动零件及轴承相配合的圆柱面相对于轴心线的径向全跳动	↗↗	6~8	影响传动件和轴承的运转偏心
	齿轮、轴承的定位端面相对于轴心线的端面圆跳动	↗	6~7	影响齿轮和轴承的定位及受载均匀性
	与传动零件相配合的圆柱面相对于轴心线的径向圆跳动		6~8	影响轴和传动件的运转同心度
	与轴承相配合的圆柱面相对于轴心线的径向圆跳动		5~6	影响轴和轴承的运转同心度
	键槽侧面对孔心线的对称度	=	7~9	影响键受载的均匀性及装拆的难易

另外，在满足功能要求的前提下，为了方便检测，应该选用测量简便的公差项目代替难以测量的公差项目，有时可将所需的公差项目用控制效果相同或相近的公差项目来代替。

2) 几何公差值的确定

几何公差值是根据零件的功能要求，并考虑加工的经济性和零件的结构、刚性等情况综合确定的。几何公差值的大小又取决于几何公差等级。因此，确定几何公差值实际上就是确定几何公差等级。对几何公差等级要求比较高的(0)1~8级，应注明几何公差值。几何公差等级与尺寸等级、表面粗糙度、加工方法等因素有关，故选择几何公差等级时，可参照这些影响因素加以综合考虑。

几何公差值的选用应遵守下列普遍原则：$T_形 < T_位 < T_尺$。一般而言，可以先确定和平键、滚动轴承、齿轮等标准件、通用件相配合部位的几何公差要求(可从平键、滚动轴承、齿轮等标准件、通用件使用手册中查取)，再类比确定其余部位的几何公差要求。

对于下列情况，考虑到加工的难易程度和除主参数外的其他参数的影响，在满足零件功能的要求下，应适当降低1~2级选用。

(1) 孔相对于轴。

(2) 长径比较大的轴或孔。

(3) 距离较大的轴或孔。

(4) 宽度较大(一般大于长度的1/2)的零件表面。

(5) 线对线和线对面相对于面对面的平行度。

(6) 线对线和线对面相对于面对面的垂直度。

3) 基准的选用

基准的确定应在满足设计要求的前提下，选加工或装配中的定位表面作基准，力求使设计基准、加工基准、检测基准三者统一，以消除由于基准不重合而引起的误差。同时，为了简化工、夹、量具的设计和制造及测量的方便，在同一零件上的各项位置公差应尽量采用同一基准。

4) 公差原则与公差要求的选择

选择公差原则与公差要求，必须结合零件具体的使用要求和工艺条件作具体分析，但就总的应用原则来说，公差原则和公差要求的选择是在保证使用功能要求的前提下，尽量提高加工的经济性。具体地说，应综合考虑下面几个因素：

(1) 功能性要求。采用何种公差原则，主要应从零件的使用功能要求来考虑。

(2) 设备状况。机床的精度在很大程度上决定了加工中零件的几何误差的大小，因而采用相关公差要求时，应分析由于设备因素所造成的几何误差有多大，以及尺寸公差补偿的余地有多大。

(3) 生产批量。一般情况下，大批量生产时采用相关要求较为经济。

(4) 操作技能。操作技能的高低，在很大程度上决定了尺寸误差的大小。

13.2.3　表面粗糙度简介

1. 表面粗糙度的概念

为了保证和提高产品的质量，促进互换性生产，除了要对零件各部分结构的尺寸、形状和位置给出公差要求外，还应根据功能需要对其表面结构给出要求。表面结构是表面粗糙度、表面波纹度、表面缺陷、表面纹理和表面几何形状的总称。由于机械加工中切削刀痕或机床振动等原因，零件加工表面上会出现较小间距的峰谷，这些峰谷所组成的微观几何形状特征，称为表面粗糙度。目前大部分零件的表面结构是通过限制表面粗糙度来给出要求的。表面粗糙度值越大，则表面越粗糙，零件的耐磨性越差，配合性质越不稳定(使间隙增大，过盈减小)，对应力集中越敏感，疲劳强度越差，金属表面越易锈蚀。此外，表面粗糙度还会影响机器的工作精度和平稳性、结合面的密封性、产品的外观和表面涂层的质量等。所以，对零件提出表面粗糙度要求，是精度设计中不可缺少的一个方面。

2. 表面粗糙度的评定

1) 取样长度和评定长度

取样长度 l_r 是指用于判别表面粗糙度特征的一段基准线长度，如图 13.36 所示。标准规定取样长度按表面粗糙程度合理取值，通常应取至少包含五个轮廓峰和轮廓谷的基准线长度。

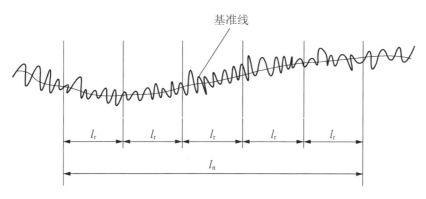

图 13.36　取样长度和评定长度

评定长度 l_n 是指评定轮廓表面粗糙度所必需的一段长度。一般情况下，标准推荐 $l_n = 5l_r$。

取样长度 l_r 和评定长度 l_n 的取值可参阅表 13-19。

表 13-19　Ra、Rz 参数值与取样长度 l_r 的对应关系(摘自 GB/T 1031—2009)

$Ra/\mu m$	$Rz/\mu m$	l_r/mm	$l_n/mm(l_n = 5 \times l_r)$
≥0.008～0.02	≥0.025～0.10	0.08	0.4
>0.02～0.1	>0.10 ～0.50	0.25	1.25
>0.1～2.0	>0.50～10.0	0.8	4.0
>2.0～10.0	>10.0～50.0	2.5	12.5
>10.0～80.0	>50.0～320	8.0	40.0

2) 基准线

基准线是用于评定表面粗糙度参数的给定线。标准规定，基准线的位置可用轮廓的算术平均中线近似地确定。

轮廓的算术平均中线是指划分轮廓使上、下两边面积相等的线，如图 13.37 所示。

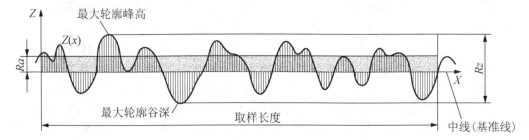

图 13.37　幅度特征参数

3) 表面粗糙度的评定参数

为满足对零件表面不同的功能要求，从不同角度反映表面粗糙度的状态特征，国家标准从实际轮廓的幅度、横向间距和形状三个方面，规定了相应的评定参数。对于大多数加工表面，只需给出幅度方面的参数，主要有轮廓的算术平均偏差 Ra、轮廓的最大高度 Rz，具体介绍如下：

(1) 轮廓的算术平均偏差 Ra。在一个取样长度内，被测实际轮廓上各点到轮廓中线的纵坐标值 $Z(x)$ 绝对值的算术平均值(图 13.37)，用下式表示

$$Ra = \frac{1}{l_r} \int_0^{l_r} |z(x)| dx$$

或近似为

$$Ra = \frac{1}{n} \sum_{i=1}^{n} |Z_i|$$

(2) 轮廓的最大高度 Rz。在一个取样长度内，最大轮廓峰高与轮廓谷深之和(图 13.38)。

幅度参数值常用的范围为 Ra 为 0.025～6.3μm，在该范围内用轮廓仪能很方便地测出 Ra 的实际值；Rz 为 0.1～25μm。Ra 能充分反映零件表面微观几何形状特征，故优先选用 Ra。在 Ra<0.025μm 或 Ra>6.3μm 范围内，多采用 Rz。当表面不允许出现较深加工痕迹，要求保证零件的抗疲劳强度和密封性时，需选用 Rz；当测量面积很小时，如顶尖、刀具的刃部、仪表小元件表面，难以取得一个规定的取样长度，用 Ra 困难，采用 Rz 容易。

3. 表面粗糙度的标注

1) 表面结构的图形符号

GB/T 131—2006《产品几何技术规范(GPS)技术产品文件中表面结构的表示法》规定了图样上表面结构要求的图形符号表示方法。图形符号有四种,其种类及含义说明见表 13-20。

表 13-20　表面结构的图形符号及含义说明(摘自 GB/T 131—2006)

序号	种　　类	图　形　符　号	含　义　说　明
1	基本图形符号	 √	未指定工艺方法的表面,仅用于简化代号标注,没有补充说明时不能单独使用
2	扩展图形符号	 √ (去除材料)	用去除材料的方法获得的表面。例如,车、铣、钻、磨、剪切、抛光、腐蚀、电火花加工等。仅当其含义是"被加工表面"时可单独使用
		 √ (不去除材料)	用不去除材料获得的表面。例如铸锻、冲压变形、热轧、冷轧、粉末冶金等,或保持上道工序形成的表面
3	完整图形符号	 允许任何工艺　去除材料　不去除材料	在以上三个图形符号的长边上加一横线,用来标注有关参数和补充信息。在报告和合同的文本中,左边的三个完整图形符号还分别可用 APA、MRR 和 NMR 文字表达
4	工件轮廓各表面的图形符号	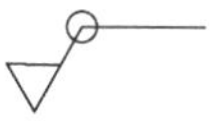 ○	表示视图上构成封闭轮廓的各表面有相同的表面结构要求。如果标注会引起歧义时,各表面应分别标注

2) 表面结构完整图形符号的组成及其注法

表面结构完整图形符号是在表面结构基本符号的周围,注上表面结构的单一要求和补充要求。如图 13.38 所示,该图是通用意义上的完整标注,实际应用中不必注齐所有项目,而应视具体功能要求来确定注出的部分。

幅度参数是基本参数,是标准规定的必选参数。无论选用 Ra 还是选用 Rz 作为评定参数,参数值前都需标出相应的参数代号 Ra 和 Rz。表面结构代号的标注方法及其意义见表 13-21,其中,图样上标注表面粗糙度参数的上限值或下限值时,表示在表面粗糙度参数的所有实测中,允许超过规定值的个数少于总数的 16%("16%规则");图样上标注表面粗糙度参数的最大值时,表示表面粗糙度参数的所有实测值均不得超过该规定值("最大规则")。

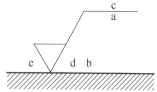

图 13.38　表面结构完整图形符号的组成

位置 a——注写表面结构的单一要求
位置 b——注写第二个表面结构要求
位置 c——注写加工方法
位置 d——注写表面纹理和方向
位置 e——注写加工余量

表 13-21　表面结构代号的注法及含义

符　号	含义/解释
$\sqrt{}$ Rz 0.8	不允许去除材料,单向上限值,默认传输带,R 轮廓,粗糙度的最大高度为 0.8μm,评定长度为 5 个取样长度(默认),"16%规则"(默认)
$\sqrt{}$ Rz max 0.2	去除材料,单向上限值,默认传输带,R 轮廓,粗糙度最大高度的最大值为 0.2μm,评定长度为 5 个取样长度(默认),"最大规则"
$\sqrt{}$ 0.008–0.8/Ra3.2	去除材料,单向上限值,传输带 0.008~0.8mm,R 轮廓,轮廓算术平均偏差为 3.2μm,评定长度为 5 个取样长度(默认),"16%规则"(默认)
$\sqrt{}$ –0.8/Ra3 3.2	去除材料,单向上限值,传输带根据 GB/T 6062 定,取样长度 0.8μm(λ,默认为 0.0025mm),R 轮廓,算术平均偏差为 3.2μm,评定长度包含 3 个取样长度,"16% 规则"(默认)
$\sqrt{}$ U Ra max 3.2 L Ra 0.8	不允许去除材料,双向极限值,两极限值均使用默认传输带,R 轮廓,上限值:算术平均偏差为 3.2μm,评定长度为 5 个取样长度(默认),"最大规则";下限值:算术平均偏差为 0.8μm,评定长度为 5 个取样长度(默认),"16%规则"(默认)

3) 表面结构要求在图样中的注法

(1) 表面结构要求对每一表面一般只注一次,并尽可能注在相应的尺寸及其公差的同一视图上。除非另有说明,所有标注的表面结构要求是对完工零件表面的要求。

(2) 表面结构的注写和读取方向与尺寸的注写和读取方向一致。

(3) 表面结构要求可以标注在轮廓线上,其符号应从材料外指向接触表面。

零件表面结构要求常见的图样注法举例如图 13.39~图 13.43 所示。

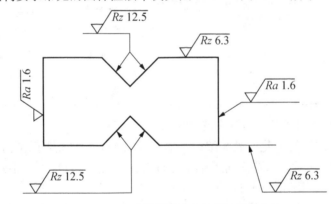

图 13.39　表面结构要求在轮廓线上的标注

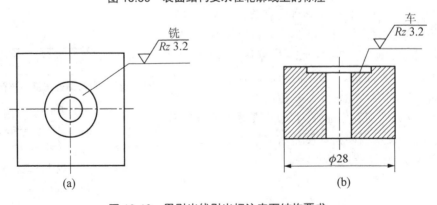

图 13.40　用引出线引出标注表面结构要求

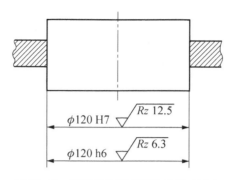

图 13.41　表面结构要求标注在尺寸线上

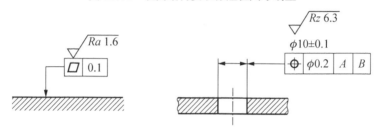

图 13.42　表面结构要求标注在几何公差框格的上方

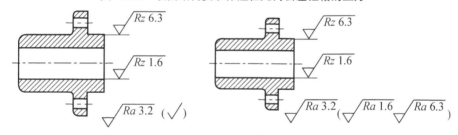

图 13.43　大多数表面有相同表面结构要求的简化注法

4) 表面结构要求图样标注的演变

表面结构要求图样标注从 GB/T 131 演变到现在，共有三版，见表 13-22。

表 13-22　表面结构要求图样标注的演变

GB/T 131 的版本			
1983(第一版)[①]	1993(第二版)[②]	2006(第三版)[③]	说明主要问题的示例
1.6	1.6　1.6—	Ra 1.6	Ra 只采用"16%规则"
R_y 3.2	R_y 3.2 R_y 3.2—	Rz 3.2	除了 Ra 外采用"16%规则"的参数
④	1.6max	Ramax1.6	"最大规则"
1.6/0.8	1.6/0.8	−0.8/Ra 1.6	Ra 加取样长度
④	④	0.025−0.8/Ra 1.6	Ra 加传输带
R_y 3.2/0.8	R_y 3.2/0.8	−0.8/Rz 6.3	除 Ra 外其他参数及取样长度

续表

GB/T 131 的版本			
1983(第一版)[1]	1993(第二版)[2]	2006(第三版)[3]	说明主要问题的示例
R_y 1.6 6.3 ▽	R_y 1.6 6.3 ▽	▽ Ra 1.6 Rz 6.3	Ra 及其他参数
—[4]	R_y 3.2 ▽	▽ $Rz3$ 6.3	评定长度中的取样长度个数如果不是 5
—[4]	—[4]	▽ L Ra 1.6	下限值
3.2 1.6 ▽	3.2 1.6 ▽	▽ U Ra 3.2 L Ra 1.6	上、下限值

[1] 既没有定义默认值也没有其他的细节,尤其是无默认评定长度、无默认取样长度、无"16%规则"或"最大规则"。

[2] 在 GB/T 3505—1983 和 GB/T 10610—1989 中定义的默认值和规则仅用于参数 Ra,R_y 和 R_z(十点高度)。此外,GB/T 131—1993 中存在参数代号书写不一致问题,标准正文要求参数代号第二个字母标准为下标,但在所有的图表中,第二个字母都是小写,而当时所有的其他表面结构标准都使用下标。

[3] 新的 Rz 为原 R_y 的定义,原 R_y 的符号不再使用。

[4] 表示没有该项。

4. 表面粗糙度数值的选用

表面粗糙度的评定参数值已经标准化,设计时应按国家标准 GB/T 1031—2009 规定的参数值系列选取(表 13-23、表 13-24),幅度特征参数值分为系列值和补充系列,选用时应优先采用系列值。

表 13-23　轮廓算术平均偏差 Ra 的数值(摘自 GB/T 1031—2009)　　　　(单位:μm)

系列值	0.012, 0.025, 0.050, 0.10, 0.20, 0.40, 0.80, 1.60, 3.2, 6.3, 12.5, 25, 50, 100
补充系列	0.008, 0.010, 0.016, 0.020, 0.032, 0.040, 0.063, 0.080, 0.125, 0.160, 0.25, 0.32, 0.50, 0.63, 1.0, 1.25, 2.0, 2.5, 4.0, 5.0, 8.0, 10.0, 16.0, 20, 32, 40, 63, 80

表 13-24　轮廓的最大高度 Rz 的数值(摘自 GB/T 1031—2009)　　　　(单位:μm)

系列值	0.025, 0.05, 0.1, 0.2, 0.4, 0.8, 1.6, 3.2, 6.3, 12.5, 25, 50, 100, 200, 400, 800, 1600
补充系列	0.032, 0.040, 0.063, 0.080, 0.125, 0.160, 0.25, 0.32, 0.50, 0.63, 1.0, 1.25, 2.0, 2.5, 4.0, 5.0, 8.0, 10.0, 16.0, 20, 32, 40, 63, 80, 125, 160, 250, 320, 500, 630, 1000, 1250

在实际应用中,由于轴的各个部位的功能不同,因此在确定轴的表面粗糙度时也应有所不同。有的表面已由有关标准做了明确规定,如安装滚动轴承、齿轮和蜗轮的轴表面,应按国家标准推荐的数值确定,如表 13-25 为轴加工表面粗糙度值 Ra 的推荐值。其他表面可根据使用要求用类比法来确定,其选择原则如下:

(1) 同一零件上,工作表面的粗糙度值应比非工作表面小。

(2) 摩擦表面的粗糙度值应比非摩擦表面小,滚动摩擦表面的粗糙度值应比滑动摩擦表面小。

(3) 运动速度高、单位面积压力大的表面以及受交变应力作用的重要零件圆角、沟槽的表面粗糙度值都要小。

(4) 配合性质要求越稳定，其配合表面的粗糙度值应越小。配合性质相同时，小尺寸结合面的粗糙度值应比大尺寸结合面小。同一公差等级时，轴的粗糙度值应比孔的小。

(5) 表面粗糙度参数值应与尺寸公差及形位公差相协调。

(6) 防腐性、密封性要求高，外表美观等表面的表面粗糙度值应较小。

(7) 凡有关标准已对表面粗糙度要求作出规定，则应按标准确定该表面粗糙度参数值。

表 13-25   轴加工表面粗糙度值 Ra 的推荐值

与普通精度等级滚动轴承相配合的表面	0.8(轴承内径 $d \leqslant 80$mm)			
	1.6(轴承内径 $d > 80$mm)			
与滚动轴承相配合的轴肩端面	1.6			
与传动件及联轴器等相配合的表面	1.6~0.4			
与传动件及联轴器等相配合的轴肩端面	3.2~1.6			
平键键槽	3.2~1.6(工作面)，6.3(非工作面)			
与轴承密封装置相接触的表面	毛毡圈	橡胶油封		间隙或迷宫密封
	与轴接触的圆周速度/(m/s)			3.2~1.6
	$\leqslant 3$	>3~5	>5~10	
	3.2~1.6	0.8~0.4	0.4~0.2	
螺纹牙工作面	0.8(精密精度螺纹)，1.6(中等精度螺纹)			
其他表面	6.3~3.2(工作面)，12.5~6.3(非工作面)			

13.3   任务实施

分析图 13.1 减速器输出轴上标注的精度符号，确定各项精度要求。

解：1) 尺寸精度分析

轴上标注的 $\phi 40^{+0.018}_{+0.002}$、 $\phi 42^{+0.025}_{+0.009}$、 $\phi 30^{+0.021}_{+0.008}$ 及键槽处标注的 $\phi 12^{0}_{-0.043}$、 $\phi 8^{0}_{-0.036}$ 都属于尺寸精度，其设计过程可按下述步骤进行：

(1) 查表 13-9 或表 13-11(键与键槽的配合)用类比法选定孔和轴的配合代号。

查表 13-9，选轴与轴承的配合为 $\phi 40$k6，轴与齿轮的配合为 $\phi 42$ H7/m6，轴与联轴器的配合为 $\phi 30$ H7/m6。再查表 13-11，选键与键槽的配合分别为 12 N9/h9 、 8 N9/h9 。

(2) 根据轴的公差代号，查表 13-2 和表 13-1，确定上、下极限偏差。

例如， $\phi 40^{+0.018}_{+0.002}$，已知其配合代号为 $\phi 40$k6，查表 13-2 得下偏差 $ei = +2\mu$m，再查表 13-1 知 6 级公差 $T_d = 16\mu$m，所以上偏差 $es = ei + T_d = +2 + 16 = +18(\mu$m$) = +0.018$mm。

(3) 将尺寸精度内容按规定标注在零件图中。

2) 形状和位置精度分析

| ↗ 0.012 A | ↗ 0.015 A | ↗ 0.010 A | ↗ 0.012 A / 0.004 | ☰ 0.020 D | ☰ 0.015 C |

上面所列各项都属于形状和位置精度。其设计过程可按下述步骤进行：

(1) 查表 13-18，选定轴的公差项目及公差等级。图 13.1 中减速器输出轴包含的主要公差项目分析如下：2×φ40k6 处轴颈有两项几何公差要求，圆柱度要求是因为滚动轴承容易变形，内圈的变形必须靠轴颈的形状精度来校正；而圆跳动要求是为了满足轴和轴承的运转同心度；轴环两端面有圆跳动要求，这主要是为了左侧滚动轴承和右侧齿轮的轴向定位。为了满足齿轮和轴的定心要求，对 φ42m6 表面提出了圆跳动要求；为了使平键工作面承载均匀，提出了轴键槽对孔心线的对称度要求；当键长 L 与键宽 b 之比大于或等于 8($L/b \geqslant 8$)时，还应提出键的两工作侧面在键长方向上的平行度要求。

(2) 选择基准。轴类零件中的圆柱度、圆跳动通常选轴心线 A 为基准；键槽处的对称度分别选各自的轴线 C、D 作为基准。

(3) 根据几何公差等级，分别查表 13-14～表 13-16(圆柱度查表 13-14，平行度查表 13-15，对称度和圆跳动查表 13-16)确定公差值。

几何公差值也可通过查阅机械设计手册及相关国家标准来确定。例如，φ42m6 表面的圆跳动公差，考虑到此处尺寸公差为 6 级精度，属于较高精度要求，圆跳动公差也选择比基本级 7 级高一级的 6 级，查表 13-16 可知圆跳动公差值为 0.012mm。

(4) 将几何公差内容及基准符号按规定标注在零件图中。

3) 表面粗糙度分析

查表 13-24，也可参阅有关机械设计手册，用类比法确定。图 13.1 中 φ40mm 轴颈，表面粗糙度参数 Ra 为 0.8μm；与滚动轴承、齿轮及联轴器相配合的轴肩端面，Ra 均为 1.6μm；与齿轮、联轴器相配合的 φ42mm、φ30mm 表面，Ra 均为 1.6μm；平键键槽处，工作面(两侧面)Ra 为 3.2μm，非工作面(底面)Ra 为 6.3μm。其余表面粗糙度参数 Ra 都为 12.5μm。

13.4 任务评价

本任务评价考核见表 13-26。

表 13-26 任务评价考核

序号	考核项目	权重	检查标准	得分
1	标准化和互换性的基本概念	10%	(1) 互换性的基本概念及有关术语和定义； (2) 标准化的基本概念及有关术语和定义	
2	极限与配合的规律和应用	40%	(1) 了解极限与配合的基本术语和定义； (2) 熟悉标准公差和基本偏差系列； (3) 掌握公差带和配合的表示方法及图样标注； (4) 了解一般、常用和优先的公差带和配合； (5) 掌握极限与配合的选择	

序号	考 核 项 目	权重	检 查 标 准	得分
3	常用件的几何公差要求	30%	(1) 了解几何公差的基本概念； (2) 熟悉几何公差的几何特征与符号； (3) 熟悉几何公差的标注； (4) 了解几何公差带的特点； (5) 掌握几何公差的选用方法	
4	常用件的表面粗糙度值	20%	(1) 了解表面粗糙度的基本概念和评定参数； (2) 熟悉表面粗糙度的标注； (3) 掌握表面粗糙度值的选用方法	

习　题

13.1　什么是标准公差？什么是基本偏差？二者各自的作用是什么？

13.2　什么是配合？当基本尺寸相同时，如何判断孔、轴配合性质的异同？

13.3　间隙配合、过渡配合、过盈配合分别应用于什么场合？

13.4　什么是配合制？国家标准规定了几种配合制？如何正确选择？

13.5　零件表面的粗糙度会对零件的使用性能产生哪些影响？

13.6　为什么要规定取样长度和评定长度？

13.7　表面粗糙度主参数 Ra、Rz 对于同一测量表面哪一个大？哪一个小？为什么？

13.8　按 $\phi30k6$ 加工一批轴，完工后测得这批轴的最大实际尺寸为 $\phi30.015$mm，最小为 $\phi30$mm。问该轴的尺寸公差为多少？这批轴是否全部合格？为什么？

13.9　查表画出下列相互配合的孔、轴的公差带图，说明配合性质及配合制，并计算极限盈、隙指标。

(1) $\phi20H8/f7$；(2) $\phi60H6/p5$；(3) $\phi110S5/h4$；

(4) $\phi45JS6/h5$；(5) $\phi40H7/t6$；(6) $\phi90D9/h9$。

13.10　已知孔轴配合的基本尺寸为 $\phi30$mm，其配合的最大间隙为 +30μm，孔的下偏差为 -11μm，轴的下偏差为 -16μm，轴的公差为 16μm，试确定孔轴的尺寸。

13.11　设采用基孔制，孔、轴公称尺寸和使用要求如下，试确定配合代号。

(1) $D=40$mm，$X_{max}=+0.066$mm，$X_{min}=+0.025$mm；

(2) $D=100$mm，$Y_{min}=-0.017$mm，$Y_{max}=-0.125$mm；

(3) $D=10$mm，$X_{max}=+0.016$mm，$Y_{max}=-0.021$mm；

13.12　请改正图 13.44 中几何公差标注的错误。

13.13　将下列各项几何公差要求标注在图 13.45 上。

(1) 左端面的平面度公差 0.01mm。

(2) 右端面对左端面的平行度公差 0.04mm。

(3) $\phi70$mm 孔轴线对左端面的垂直度公差 0.02mm。

(4) $\phi210$mm 外圆轴线对 $\phi70$mm 孔的同轴度公差 $\phi0.03$mm。

(5) $4\times\phi20H8$mm 孔轴线对左端面及 $\phi70$mm 孔轴线的位置度公差为 $\phi0.15$mm。

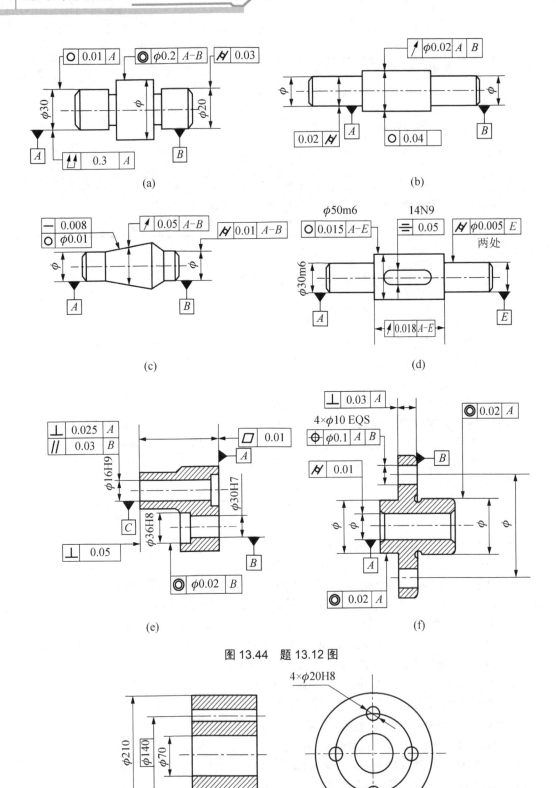

图 13.44　题 13.12 图

图 13.45　题 13.13 图

13.14 根据零件图的标注填写下面表格，如图 13.46 所示。

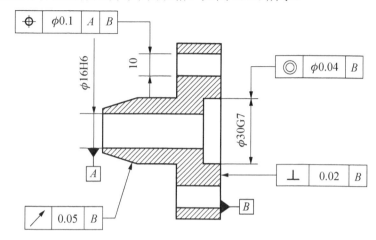

代号	解释代号含义	公差带形状
◎ $\phi0.04$ B		
⊕ $\phi0.1$ A B		
⊥ 0.02 B		
↗ 0.05 B		

图 13.46 题 13.14 图

13.15 试将下列技术要求标注在图 13.47 上。

(1) ϕd 圆柱面的尺寸为 $\phi30_{-0.025}^{0}$ mm，采用包容要求，ϕD 圆柱面的尺寸为 $\phi50_{-0.039}^{0}$ mm，采用独立原则。

(2) ϕd 表面粗糙度的最大允许值为 Ra=1.25μm，ϕD 表面粗糙度的最大允许值为 Ra=2μm。

(3) 键槽侧面对 ϕD 轴线的对称度公差为 0.02mm。

(4) ϕD 圆柱面对 ϕd 轴线的径向圆跳动量不超过 0.03mm，轴肩端平面对 ϕd 轴线的端面圆跳动不超过 0.05mm。

13.16 将下列表面粗糙度的要求标注在图 13.48 上。

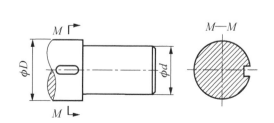

图 13.47 题 13.15 图

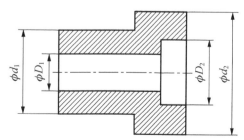

图 13.48 题 13.16 图

(1) ϕD_1 孔的表面粗糙度参数 Ra 的最大值为 3.2μm。

(2) ϕD_2 孔的表面粗糙度参数 Ra 的上、下限值应在 3.2～6.3μm。

(3) 凸缘右端面采用铣削加工，表面粗糙度参数 Rz 的上限值为 12.5μm，加工纹理呈近似放射形。

(4) ϕd_1 和 ϕd_2 的圆柱面表面粗糙度参数 Rz 的最大值为 25μm。

(5) 其余表面的表面粗糙度参数 Ra 的最大值为 12.5μm。

13.17　试简述轴类零件中精度设计的内容与方法。

附　　录

附表 1　深沟球轴承(摘自 GB/T 276—2013)

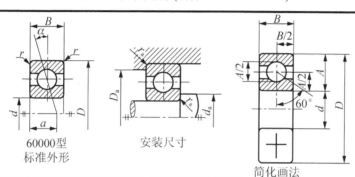

60000型
标准外形

安装尺寸

简化画法

轴承代号	基本尺寸/mm				安装尺寸/mm			基本额定动载荷 C_r	基本额定静载荷 C_{0r}	极限转速/(r/min)		原轴承代号
	d	D	B	r_{min}	d_{amin}	D_{amax}	r_{amax}	KN		脂润滑	油润滑	
6000	10	26	8	0.3	12.4	23.6	0.3	4.58	1.98	20000	28000	100
6001	12	28	8	0.3	14.4	25.6	0.3	5.10	2.38	19000	26000	101
6002	15	32	9	0.3	17.4	29.6	0.3	5.58	2.85	18000	24000	102
6003	17	35	10	0.3	19.4	32.6	0.3	6.00	3.25	17000	22000	103
6004	20	42	12	0.6	25	37	0.6	9.38	5.02	15000	19000	104
6005	25	47	12	0.6	30	42	0.6	10.0	5.85	13000	17000	105
6006	30	55	13	1	36	49	1	13.2	8.30	10000	14000	106
6007	35	62	14	1	41	56	1	16.2	10.5	9000	12000	107
6008	40	68	15	1	46	62	1	17.0	11.8	3500	11000	108
6009	45	75	16	1	51	69	1	21.0	14.8	8000	10000	109
6010	50	80	16	1	56	74	1	22.0	16.2	7000	9000	110
6011	55	90	18	1.1	62	83	1	30.2	21.8	6300	8000	111
6012	60	95	18	1.1	67	88	1	31.5	24.2	6000	7500	112
6013	65	100	18	1.1	72	93	1	32.0	24.8	5600	7000	113
6014	70	110	20	1.1	77	103	1	38.5	30.5	5300	6700	114
6015	75	115	20	1.1	82	108	1	40.2	33.2	5000	6300	115
6016	80	125	22	1.1	87	118	1	47.5	39.8	4800	6000	116
6017	85	130	22	1.1	92	123	1	50.8	42.8	4500	5600	117
6018	90	140	24	1.5	99	131	1.5	58.0	49.8	4300	5300	118
6019	95	145	24	1.5	104	136	1.5	57.8	50.0	4000	5000	119
6020	100	150	24	1.5	109	141	1.5	64.5	56.2	3800	4800	120

续表

轴承代号	基本尺寸/mm				安装尺寸/mm			基本额定动载荷 C_r	基本额定静载荷 C_{0r}	极限转速/(r/min)		原轴承代号
	d	D	B	r_{min}	d_{amin}	D_{amax}	r_{amax}	KN		脂润滑	油润滑	
6200	10	30	9	0.6	15	25	0.6	5.10	2.38	19000	26000	200
6201	12	32	10	0.6	17	27	0.6	6.82	3.05	18000	24000	201
6202	15	35	11	0.6	20	30	0.6	7.65	3.72	17000	22000	202
6203	17	40	12	0.6	22	35	0.6	9.58	4.78	16000	20000	203
6204	20	47	14	1	26	41	1	12.8	6.65	14000	18000	204
6205	25	52	15	1	31	46	1	14.0	7.88	12000	16000	205
6206	30	62	16	1	36	56	1	19.5	11.5	9500	13000	206
6207	35	72	17	1.1	42	65	1	25.5	15.2	8500	11000	207
6208	40	80	18	1.1	47	73	1	29.5	18.0	8000	10000	208
6209	45	85	19	1.1	52	78	1	31.5	20.5	7000	9000	209
6210	50	90	20	1.1	57	83	1	35.0	23.2	6700	8500	210
6211	55	100	21	1.5	64	91	1.5	43.2	29.2	6000	7500	211
6212	60	110	22	1.5	69	101	1.5	47.8	32.8	5600	7000	212
6213	65	120	23	1.5	74	111	1.5	57.2	40.0	5000	6300	213
6214	70	120	24	1.5	79	116	1.5	60.8	45.0	4800	6000	214
6215	75	130	25	1.5	84	121	1.5	66.0	49.5	4500	5600	215

附表 2　角接触球轴承(摘自 GB/T 292—2007)

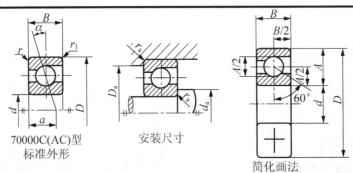

70000C(AC)型
标准外形

安装尺寸

简化画法

轴承型号		基本尺寸/mm			其他尺寸/mm				安装尺寸/mm			基本额定动载荷 C_r/kN		基本额定静载荷 C_{0r}/kN		极限转速/(r/min)	
		d	D	B	a		r_{min}	r_{1min}	d_{amax}	D_{amax}	r_{amax}	70000 C型	70000 AC型	70000 C型	70000 AC型	脂润滑	油润滑
					70000 C型	70000 AC型											
7204C	7204AC	20	47	14	11.5	14.9	1	0.3	26	41	1	11.2	10.8	7.46	7.00	13000	18000
7205C	7205AC	25	52	15	12.7	16.4	1	0.3	31	46	1	12.8	12.2	8.95	8.38	11000	16000
7206C	7206AC	30	62	16	14.2	18.7	1	0.3	36	56	1	17.8	16.8	12.8	12.2	9000	13000
7207C	7207AC	35	72	17	15.7	21	1.1	0.6	42	65	1	23.5	22.5	17.5	16.5	8000	11000

轴承型号		基本尺寸/mm			其他尺寸/mm				安装尺寸/mm			基本额定动载荷 C_r/kN		基本额定静载荷 C_{0r}/kN		极限转速/(r/min)	
					a												
		d	D	B	70000 C 型	70000 AC 型	r_{min}	r_{1min}	d_{amax}	D_{amax}	r_{amax}	70000 C 型	70000 AC 型	70000 C 型	70000 AC 型	脂润滑	油润滑
7208C	7208AC	40	80	18	17	23	1.1	0.6	47	73	1	26.8	25.8	20.5	19.2	7500	10000
7209C	7209AC	45	85	19	18.2	24.7	1.1	0.6	52	78	1	29.8	28.2	23.8	22.5	6700	9000
7210C	7210AC	50	90	20	19.4	26.3	1.1	0.6	57	83	1	32.8	31.5	26.8	25.2	6300	8500
7211C	7211AC	55	100	21	20.9	28.6	1.5	0.6	64	91	1.5	40.8	38.8	33.8	31.8	5600	7500
7212C	7212AC	60	110	22	22.4	30.8	1.5	0.6	69	101	1.5	44.8	42.8	37.8	35.5	5300	7000
7213C	7213AC	65	120	23	24.2	33.5	1.5	0.6	74	111	1.5	53.8	51.2	46.0	43.2	4800	6300
7214C	7214AC	70	125	24	25.3	35.1	1.5	0.6	79	116	1.5	56.0	53.2	49.2	46.2	4500	6700
7304C	7304AC	20	52	15	11.3	16.8	1.1	0.6	27	45	1	14.2	13.8	9.68	9.10	12000	17000
7305C	7305AC	25	62	17	13.1	19.1	1.1	0.6	32	55	1	21.5	20.8	15.8	14.8	9500	14000
7306C	7306AC	30	72	19	15	22.2	1.1	0.6	37	65	1	26.2	25.2	19.8	18.5	8500	12000
7307C	7307AC	35	80	21	16.6	24.5	1.5	0.6	44	71	1.5	34.2	32.8	26.8	24.8	7500	10000
7308C	7308AC	40	90	23	18.5	27.5	1.5	0.6	49	81	1.5	40.2	38.5	32.3	30.5	6700	9000
7309C	7309AC	45	100	25	20.2	30.2	1.5	0.6	54	91	1.5	49.2	47.5	39.8	37.2	6000	8000
7310C	7310AC	50	110	27	22	33	2	2	60	100	2	58.5	55.5	47.2	44.5	5600	7500
7311C	7311AC	55	120	29	23.8	35.8	2	2	65	110	2	70.5	67.2	60.5	56.8	5000	6700
7312C	7312AC	60	130	31	25.6	38.7	2.1	1.1	72	118	2.1	80.5	77.8	70.2	65.8	4800	6300
7313C	7313AC	65	140	33	27.4	41.5	2.1	1.1	77	128	2.1	91.5	89.8	80.5	75.5	4300	5600
7314C	7314AC	70	150	35	29.2	44.3	2.1	1.1	82	138	2.1	102	98.5	91.5	86.0	4000	5300
	7406AC	30	90	23		26.1	1.5	0.6	39	81	1		42.5		32.2	7500	10000
	7407AC	35	100	25		29	1.5	0.6	44	91	1.5		53.8		42.5	6300	8500
	7408AC	40	110	27		31.8	2	1	50	100	2		62.0		49.5	6000	8000
	7409AC	45	120	29		34.6	2	1	55	110	2		66.8		52.8	5300	7000
	7410AC	50	130	31	—	37.4	2.1	1.1	62	118	2.1	—	76.5	—	64.2	5000	6700
	7412AC	60	150	35		43.1	2.1	1.1	72	138	2.1		102		90.8	4300	5600
	7414AC	70	180	42		51.5	3	1.1	84	166	2.5		125		125	3600	4800
	7416AC	80	200	48		58.1	3	1.1	94	186	2.5		152		162	3200	4300
	7418AC	90	215	54		64.8	4	1.5	108	197	3		178		205	2800	3600

附表 3 圆锥滚子轴承(摘自 GB/T 297—2015)

(单位: mm)

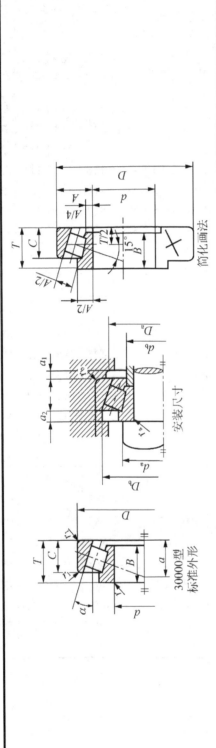

30000型
标准外形

安装尺寸

简化画法

轴承型号	基本尺寸/mm					其他尺寸/mm			安装尺寸/mm								计算系数			基本额定载荷/kN		极限转速/(r/min)	
	d	D	T	B	C	$a \approx$	r_{min}	r_{1min}	d_{amin}	d_{bmin}	D_{amax}	D_{bmax}	a_{1min}	a_{2min}	r_{amax}	r_{bmax}	e	Y	Y_0	动载荷 C_r	静载荷 C_{or}	脂润滑	油润滑
30203	17	40	13.25	12	11	9.8	1	1	23	23	34	37	2	2.5	1	1	0.35	1.7	1	20.8	21.8	9000	12000
30204	20	47	15.25	14	12	11.2	1	1	26	27	41	43	2	3.5	1	1	0.35	1.7	1	28.2	30.5	8000	10000
30205	25	52	16.25	15	13	12.6	1	1	31	31	46	48	2	3.5	1	1	0.37	1.6	0.9	32.2	37.0	7000	90000
30206	30	62	17.25	16	14	13.8	1	1	36	37	56	58	2	3.5	1	1	0.37	1.6	0.9	43.2	50.5	6000	7500
30207	35	72	18.25	17	15	15.3	1.5	1.5	42	44	65	67	3	3.5	1.5	1.5	0.37	1.6	0.9	54.2	63.5	5300	6700
30208	40	80	19.75	18	16	16.9	1.5	1.5	47	49	73	75	3	4	1.5	1.5	0.37	1.6	0.9	63.0	74.0	5000	6300
30209	45	85	20.75	19	16	18.6	1.5	1.5	52	53	78	80	3	5	1.5	1.5	0.4	1.5	0.8	67.8	83.5	4500	5600
30210	50	90	21.75	20	17	20	1.5	1.5	57	58	83	86	3	5	1.5	1.5	0.42	1.4	0.8	73.2	92.0	4300	5300
30211	55	100	22.75	21	18	21	2	1.5	64	64	91	95	4	5	2	1.5	0.4	1.5	0.8	90.8	115	3800	4800

续表

轴承型号	基本尺寸/mm					其他尺寸/mm											计算系数			基本额定载荷/kN		极限转速/(r/min)	
	d	D	T	B	C	$a\approx$	r_{min}	r_{1min}	d_{amin}	d_{bmin}	D_{amax}	D_{bmax}	a_{1min}	a_{2min}	r_{amax}	r_{bmax}	e	Y	Y_0	动载荷 C_r	静载荷 C_{or}	脂润滑	油润滑
30212	60	110	23.75	22	19	22.4	2	1.5	69	69	101	103	4	5	2	1.5	0.4	1.5	0.8	102	130	3600	4500
30213	65	120	24.25	23	20	24	2	1.5	74	77	111	114	4	5	1.5	1.5	0.4	1.5	0.8	120	152	3200	4000
30214	70	125	26.25	24	21	25.9	2	1.5	79	81	116	119	4	5.5	1.5	1.5	0.42	1.4	0.8	132	175	3000	3800
30303	17	47	15.25	14	12	10	1	1	23	25	41	43	3	3.5	1	1	0.29	2.1	1.2	28.2	27.2	8500	11000
30304	20	52	16.25	15	13	11	1.5	1.5	27	28	45	48	3	3.5	1.5	1.5	0.3	2	1.1	33.0	33.2	7500	9500
30305	25	62	18.25	17	15	13	1.5	1.5	32	34	55	58	3	3.5	1.5	1.5	0.3	2	1.1	46.8	48.0	6300	8000
30306	30	72	20.75	19	16	15	1.5	1.5	37	40	65	66	3	5	1.5	1.5	0.31	1.9	1	59.0	63.0	5600	7000
30307	35	80	22.75	21	18	17	2	1.5	44	45	71	74	3	5	2	1.5	0.31	1.9	1	75.2	82.5	5000	6300
30308	40	90	25.75	23	20	19.5	2	1.5	49	52	81	84	3	5.5	2	1.5	0.35	1.7	1	90.8	108	4500	5600
30309	45	100	27.25	25	22	21.5	2	1.5	54	59	91	94	3	5.5	2	1.5	0.35	1.7	1	108	130	4000	5000
30310	50	110	29.25	27	23	23	2.5	2	60	65	100	103	4	6.5	2.1	2	0.35	1.7	1	130	158	3800	4800
30311	55	120	31.5	29	25	25	2.5	2	65	70	110	112	4	6.5	2.1	2	0.35	1.7	1	152	188	3400	4300
30312	60	130	33.5	31	26	26.5	3	2.5	72	76	118	121	5	7.5	2.5	2.1	0.35	1.7	1	170	210	3200	4000
30313	65	140	36	33	28	29	3	2.5	77	83	128	131	5	8	2.5	2.1	0.35	1.7	1	195	242	2800	3600
30314	70	150	38	35	30	30.6	3	2.5	82	89	138	141	5	8	2.5	2.1	0.35	1.7	1	218	272	2600	3400
32206	30	62	21.25	20	17	15.4	1	1	36	36	56	58	3	4.5	1	1	0.37	1.6	0.9	51.8	63.8	6000	7500
32207	35	72	24.25	23	19	17.6	1.5	1.5	42	42	65	68	3	5.5	1.5	1.5	0.37	1.6	0.9	705	89.5	5300	6700
32208	40	80	24.75	23	19	19	1.5	1.5	47	48	73	75	3	6	1.5	1.5	0.37	1.6	0.9	77.8	97.2	5000	6300
32209	45	85	24.75	23	19	20	1.5	1.5	52	53	78	81	3	6	1.5	1.5	0.4	1.5	0.8	80.8	106	4500	5600
32210	50	90	24.75	23	19	21	1.5	1.5	57	57	83	86	3	6	1.5	1.5	0.42	1.4	0.8	82.8	109	4300	5300

续表

轴承型号	基本尺寸/mm					其他尺寸/mm											计算系数			基本额定载荷/kN		极限转速/(r/min)	
	d	D	T	B	C	$a\approx$	r_{min}	r_{1min}	d_{amin}	d_{bmin}	D_{amax}	D_{bmax}	a_{1min}	a_{2min}	r_{amax}	r_{bmax}	e	Y	Y_0	动载荷 C_r	静载荷 C_{or}	脂润滑	油润滑
32211	55	100	26.75	25	21	22.5	2	1.5	64	62	91	96	4	6	2	1.5	0.4	1.5	0.8	108	142	3800	4800
32212	60	110	29.75	28	24	24.9	2	1.5	69	68	101	105	4	6	2	1.5	0.4	1.5	0.8	132	180	3600	4500
32213	65	120	32.75	31	27	27.2	2	1.5	74	75	111	115	4	6	2	1.5	0.4	1.5	0.8	160	222	3200	4000
32214	70	125	33.25	31	27	27.9	2	1.5	79	79	116	120	4	6.5	2	1.5	0.42	1.4	0.8	168	238	3000	3800
32303	17	47	20.25	19	16	12	1	1	23	25	41	43	3	4.5	1	1	0.29	2.1	1.2	35.2	36.2	8500	11000
32304	20	52	22.25	21	18	13.4	1.5	1.5	27	26	45	48	3	4.5	1.5	1.5	0.3	2	1.1	42.8	46.2	7500	9500
32305	25	62	25.25	24	20	15.5	1.5	1.5	32	32	55	58	3	5.5	1.5	1.5	0.3	2	1.1	61.5	68.8	6300	8000
32306	30	72	28.75	27	23	18.8	1.5	1.5	37	38	65	66	4	6	1.5	1.5	0.31	1.9	1	81.5	96.5	5600	7000
32307	35	80	32.75	31	25	20.5	2	1.5	44	43	71	74	4	8	2	1.5	0.31	1.9	1	99.0	118	5000	6300
32308	40	90	35.25	33	27	23.4	2	1.5	49	49	81	93	4	8.8	2	1.5	0.35	1.7	1	115	148	4500	5600
32309	45	100	38.25	36	30	25.6	2	1.5	54	56	91	93	4	8.5	2	1.5	0.35	1.7	1	145	188	4000	5000
32310	50	110	42.25	40	33	28	2.5	2	60	61	100	102	5	9.5	2.1	2	0.35	1.7	1	178	235	3800	4800
32311	55	120	45.5	43	35	30.6	2.5	2	65	66	110	111	5	10.5	2.1	2	0.35	1.7	1	202	270	3400	4300
32312	60	130	48.5	46	37	32	3	2.5	72	72	118	122	6	11.5	2.5	2.1	0.35	1.7	1	228	302	3200	4000
32313	65	140	51	48	39	34	3	2.5	77	79	128	131	6	12	2.5	2.1	0.35	1.7	1	260	350	2800	3600
32314	70	150	54	51	42	36	3	2.5	82	84	138	141	6	12	2.5	2.1	0.35	1.7	1	298	408	2600	3400

附表 4　毡圈油封及槽(摘自 JB/ZQ 4606—1997)　　　　　　　(单位：mm)

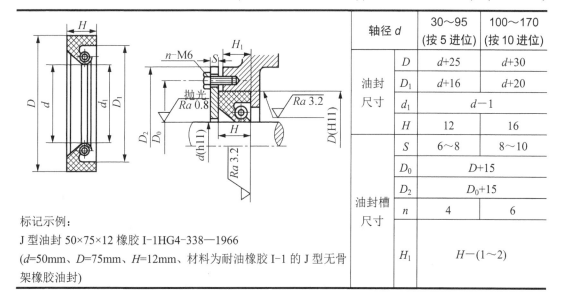

轴径 d	毡圈			槽				
	D	d_1	B_1	D_0	d_0	b	B_{min}	
							钢	铸铁
15	29	14	6	28	16	5	10	12
20	33	19		32	21			
25	39	24	7	38	26	6	12	15
30	45	29		44	31			
35	49	34		48	36			
40	53	39		53	41			
45	61	44	8	60	46	7		
50	69	49		68	51			
55	74	53		72	56			
60	80	58		78	61			
65	84	63		82	66			
70	90	68		88	71			
75	94	73		92	77			
80	102	78	9	100	82	8	15	18
85	107	83		105	87			
90	112	88		110	92			
95	117	93	10	115	97			
100	122	98		120	102			

标记示例：

毡圈 40　　JB/ZQ 4606—1997

(d=40mm 的毡圈)

材料：半粗羊毛毡

注：本标准适用于线速度 v<5m/s。

附表 5　J 型无骨架橡胶油封(摘自 HG 4—338—1966)(1988 年确认继续执行)　　(单位：mm)

轴径 d		30～95 (按 5 进位)	100～170 (按 10 进位)
油封尺寸	D	d+25	d+30
	D_1	d+16	d+20
	d_1	d−1	
	H	12	16
	S	6～8	8～10
油封槽尺寸	D_0	D+15	
	D_2	D_0+15	
	n	4	6
	H_1	H−(1～2)	

标记示例：

J 型油封 50×75×12 橡胶 I-1HG4-338—1966

(d=50mm、D=75mm、H=12mm、材料为耐油橡胶 I-1 的 J 型无骨架橡胶油封)

附表6　联轴器轴孔和键槽的形式、代号及系列尺寸(摘自 GB/T 3852—2008)　(单位：mm)

长圆柱形轴孔(Y 型)	有沉孔的短圆柱形轴孔(J 型)	无沉孔的短圆柱形轴孔(J₁ 型)	有沉孔的圆锥形轴孔(Z 型)
轴孔			
键槽 A型	B型		C型

直径	轴孔长度 L (Y型)	轴孔长度 L (J、J₁ Z型)	L_1	沉孔 d_1	沉孔 R	C型键槽 b	C型键槽 公差尺寸	C型键槽 极限偏差	直径	轴孔长度 L (Y型)	轴孔长度 L (J、J₁ Z型)	L_1	沉孔 d_1	沉孔 R	C型键槽 b	C型键槽 公差尺寸	C型键槽 极限偏差
d、d_z									d、d_z								
16						3	8.7		55	112	84	112	95		14	29.2	
18	42	30	42				10.1		56							29.7	
19						4	10.6		60							31.7	
20				38			10.9		63				105		16	32.2	
22	52	38	52		1.5		11.9		65	142	107	142		2.5		34.2	
24							13.4	+0.1	70							36.8	
25	62	44	62			6	13.7		71				120		18	37.3	
28				48			15.2		75							39.3	
30							15.8		80				140		20	41.6	+0.2
32	82	60	82	55			17.3		85	172	132	172				44.1	
35							18.3		90				160		22	47.1	
38							20.3		95					3		49.6	
40				65			21.2		100				180		25	51.3	
42					2		22.2		110							56.3	
45	112	82	112				23.7	+0.2	120	212	167	212				62.3	
48				80			25.2		125				210		28	64.8	
50				95			26.2		130	252	202	252	235	4		66.4	

注：无沉孔的圆锥形轴孔(Z₁ 型)和 B₁ 型、D 型键槽尺寸，详见 GB/T 3852—2008。

附表 7　凸缘联轴器(摘自 GB/T 5843—2003)

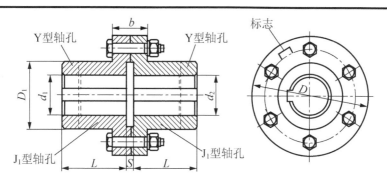

GY型凸缘联轴器

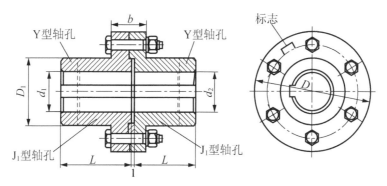

YGS型有对中榫凸缘联轴器

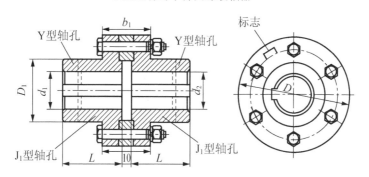

GYH型有对中环凸缘联轴器

型号	公称转矩 T_n/ (N·m)	许用转速[n]/ (r/min)	轴孔直径 d_1、d_2/mm	轴孔长度 L/mm		D/mm	D_1/mm	b/mm	b_1/mm	S/mm	转动惯量 J/ (kg·m²)	质量 m/kg
				Y 型	J_1 型							
GY1 GYS1 GYH1	25	12000	12	32	27	80	30	26	42	6	0.008	L16
			14									
			16									
			18	42	30							
			19									

续表

型号	公称转矩 T_n/(N·m)	许用转速 $[n]$/(r/min)	轴孔直径 d_1、d_2/mm	轴孔长度 L/mm Y 型	J_1 型	D/mm	D_1/mm	b/mm	b_1/mm	S/mm	转动惯量 J/(kg·m²)	质量 m/kg
GY2 GYS2 GYH2	63	10000	16			90	40	28	44	6	0.0015	1.72
			18	42	30							
			19									
			20									
			22	52	38							
			24									
			25	62	44							
GY3 GYS3 GYH3	112	9500	20			100	45	30	46	6	0.0025	2.38
			22	52	38							
			24									
			25	62	44							
			28									
GY4 GYS4 GYH4	224	9000	25	62	44	105	55	32	48	6	0.003	3.15
			28									
			30									
			32	82	60							
			35									
GY5 GYS5 GYH5	400	8000	30			120	68	36	52	8	0.007	5.43
			32	82	60							
			35									
			38									
			40	112	84							
			42									
GY6 GYS6 GYH6	900	6800	38	82	60	140	80	40	56	8	0.015	7.59
			40									
			42									
			45	112	84							
			48									
			50									
GY7 GYS7 GYH7	1600	6000	48			160	100	40	56	8	0.031	13.1
			50	112	84							
			55									
			56									
			60	142	107							
			63									

注：质量、转动惯量是按 GY 型联轴器 Y/J_1 轴孔组合形式和最小轴孔直径计算的。

附表 8　弹性套柱销联轴器(摘自 GB/T 4323—2002)

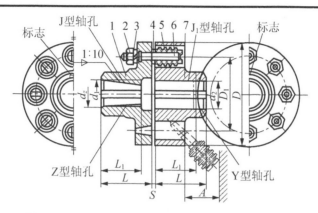

1、7—半联轴器；2—螺母；3—弹簧垫圈；4—挡圈；5—弹性套；6—核销

型号	许用转矩 T/(N·m)	许用转速 n/(r/min)		轴孔直径/mm		轴孔长度/mm				D/mm	d/mm	S/m	A/mm (≤)	质量/kg	转动惯量 J/(kg·m²)
		铁	钢	铁	钢	Y 型	J、J₁、Z 型		L 推荐						
						L	L₁								
LT3	31.5	4700	6300	16、18、19		42	30	42	38	95				1.96964	0.00216
				20	20、22	52	38	52			23	4	35		
LT4	63	4200	5700	20、22、24					40	106				2.45319	0.00336
				—	25、28	62	44	62							
LT5	125	3600	4600	25、28					50	130				5.30237	0.01099
				32、32	30、32、35	82	60	82							
LT6	250	3300	3800	32、35、38					55	160	38	5	45	8.37966	0.02552
				40	40、42										
LT7	500	2800	3600	40、42、45	40、42、45、48	112	84	112	65	190				12.1774	0.05091
LT8	710	2400	3000	45、48、50、55					70	224				19.7141	0.12084
				—	56										
				—	60、63	142	107	142							
LT9	1000	2100	2850	50、50、56		112	84	112	80	250	48	6	65	25.7532	0.19045
				60、63、		142	107	142							
				—	65、70、71										
LT10	2000	1700	2300	63、65、70、71、75		142	107	142	100	315	58	8	80	50.3517	0.57998
				80、85	80、85、90、95	172	132	172							

附表9　弹性柱销联轴器(摘自 GB/T 5014—2003)

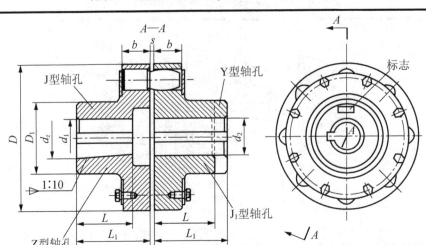

型号	公称转矩 T_n/(N·m)	许用转速 $[n]$/(r/min)	轴孔直径 d_1、d_2、d_z/mm	轴孔长度/mm			D/mm	D_1/mm	b/mm	s/mm	转动惯量 J/(kg·m²)	质量 m/kg
				Y型	J、J_1、Z型							
				L	L	L_1						
LX1	250	8500	12、14	32	27	—	90	40	20	2.5	0.002	2
			16、18、19	42	30	42						
			20、22、24	52	38	52						
LX2	560	6300	20、22、24	52	38	52	120	55	28	2.5	0.009	5
			25、28	62	44	62						
			30、32、35	82	60	82						
LX3	1250	4750	30、32、35、38	82	60	82	160	75	36	2.5	0.026	8
			112、84、112	112	84	112						
			45、48	112	84	112						
LX4	2500	3870	40、42、45、48、50、55、56	112	84	112	195	100	45	3	0.109	22
			60、63	142	107	142						
LX5	3150	3450	50、55、56	112	84	112	230	120	45	3	0.191	30
			60、63、65、70、71、75	142	107	142						
LX6	6300	2720	60、63、65、70、71、75	142	107	142	280	140	56	4	0.543	53
			80、85	172	132	172						
LX7	11200	2360	70、71、75	142	107	142	320	170	56	4	1.314	98
			80、85、90、95	172	132	172						
			100、110	212	167	212						
LX8	16000	2120	80、85、90、95	172	132	172	360	200	56	5	2.023	119
			100、110、120、125	212	167	212						

　　注：质量、转动惯量是按 J/Y 轴孔组合形式和最小轴孔直径计算的。

附表 10　Y 系列(IP44)电动机的技术参数(摘自 JB/T 9616—1999)

电动机型号	额定功率/kW	满载转速/(r/min)	堵转转矩/(N·m) / 额定转矩/(N·m)	最大转矩/(N·m) / 额定转矩/(N·m)	电动机型号	额定功率/kW	满载转速/(r/min)	堵转转矩/(N·m) / 额定转矩/(N·m)	最大转矩/(N·m) / 额定转矩/(N·m)
同步转速 3000r/min，2 极					Y280M-6	55	980	1.8	2.0
Y801-2	0.75	2825	2.2	2.2	同步转速 1500r/min，4 极				
Y802-2	1.1	2825	2.2	2.2	Y801-4	0.55	1390	2.2	2.2
Y90S-2	1.5	2840	2.2	2.2	Y802-4	0.75	1390	2.2	2.2
Y90L-2	2.2	2840	2.2	2.2	Y90S-4	1.1	1400	2.2	2.2
Y100L-2	3	2880	2.2	2.2	Y90L-4	1.5	1400	2.2	2.2
Y112M-2	4	2890	2.2	2.2	Y100L1-4	2.2	1420	2.2	2.2
Y132S1-2	5.5	2900	2.0	2.2	Y100L2-4	3	1420	2.2	2.2
Y132S2-2	7.5	2900	2.0	2.2	Y112M-4	4	1440	2.2	2.2
Y160M1-2	11	2930	2.0	2.2	Y132S-4	5.5	1440	2.2	2.2
Y160M2-2	15	2930	2.0	2.2	Y132M-4	7.5	1440	2.2	2.2
Y160L -2	18.5	2930	2.0	2.2	Y160M-4	11	1460	2.2	2.2
Y180M -2	22	2950	2.0	2.2	Y160L-4	15	1460	2.2	2.2
Y200L1-2	30	2950	2.0	2.2	Y180M-4	18.5	1470	2.0	2.2
Y200L2-2	37	2950	2.0	2.2	Y180L-4	22	1470	2.0	2.2
Y225M-2	45	2970	2.0	2.2	Y200L-4	30	1470	2.0	2.2
Y250M-2	55	2970	2.0	2.2	Y225S-4	37	1480	1.9	2.2
同步转速 1000r/min，6 极					Y225M-4	45	1480	1.9	2.2
Y90S-6	0.75	910	2.0	2.0	Y250M-4	55	1480	2.0	2.2
Y90L-6	1.1	910	2.0	2.0	Y280S-4	75	1480	1.9	2.2
Y100L-6	1.5	940	2.0	2.0	同步转速 750r/min，8 极				
Y112M-6	2.2	940	2.0	2.0	Y132S-8	2.2	710	2.0	2.0
Y132S-6	3	960	2.0	2.0	Y132M-8	3	710	2.0	2.0
Y132M1-6	4	960	2.0	2.0	Y160M1-8	4	720	2.0	2.0
Y132M2-6	5.5	960	2.0	2.0	Y160M2-8	5.5	720	2.0	2.0
Y160M-6	7.5	970	2.0	2.0	Y160L -8	7.5	720	2.0	2.0
Y160L -6	11	970	2.0	2.0	Y180L -8	11	730	1.7	2.0
Y180L -6	15	970	1.8	2.0	Y200L-8	15	730	1.8	2.0
Y200L1-6	18.5	970	1.8	2.0	Y225S-8	18.5	730	1.7	2.0
Y200L2-6	22	970	1.8	2.0	Y225M-8	22	730	1.8	2.0
Y225M-6	30	980	1.7	2.0	Y250M-8	30	730	1.8	2.0
Y250M-6	37	980	1.8	2.0	Y280S-8	37	740	1.8	2.0
Y280S-6	45	980	1.8	2.0	Y280M-8	45	740	1.8	2.0

注：电动机型号意义：以 Y132S2-2-B3 为例，Y 表示系列代号，132 表示机座中心高，S2 表示短机座第二种铁心长度(M—中机座，L—长机座)，2 为电动机的极数，B3 表示安装形式。

参 考 文 献

[1] 曾德江，黄均平. 机械基础[M]. 北京：机械工业出版社，2010.

[2] 丁任亮. 金属材料及热处理[M]. 4 版. 北京：机械工业出版社，2010.

[3] 张瑞平. 金属工艺学[M]. 北京：冶金工业出版社，2008.

[4] 陈长生. 机械基础[M]. 北京：机械工业出版社，2011.

[5] 周彩荣. 互换性与测量技术[M]. 北京：机械工业出版社，2011.

[6] 董庆怀. 公差配合与技术测量 [M]. 北京：机械工业出版社，2011.

[7] 李敏. 机械设计与应用[M]. 北京：机械工业出版社，2010.

[8] 张永智. 机械零部件与传动结构[M]. 北京：机械工业出版社，2011.

[9] 崔学红，梁宝英. 机械设计基础[M]. 北京：机械工业出版社，2010.

[10] 徐起贺，刘静香. 机械设计基础[M]. 北京：机械工业出版社，2011.

[11] 柴鹏飞. 机械设计基础[M]. 2 版. 北京：机械工业出版社，2011.

[12] 陈庭吉. 机械设计基础[M]. 2 版. 北京：机械工业出版社，2010.

[13] 罗红专，易传佩. 机械设计基础[M]. 北京：机械工业出版社，2011.

[14] 田鸣. 机械技术基础[M]. 北京：机械工业出版社，2011.

[15] 闽小琪，万春芬. 机械设计基础课程设计[M]. 北京：机械工业出版社，2010.

[16] 范顺成. 机械设计基础 [M]. 4 版. 北京：机械工业出版社，2011.